普通高等教育"十二五"规划教材

# 大学计算机基础实验教程

周海芳　刘丽芳　柳　靖
周丽涛　刘　越　汪昌健　编著

科学出版社

北　京

# 内 容 简 介

本书是陈跃新等编著的《大学计算机基础》的配套实验教材，全面覆盖了教育部高等学校非计算机专业计算机基础课程教学指导分委员会提出的大学计算机基础教学的实验要求。

本书在内容编排上力求精练、系统、循序渐进，强调培养学生的自主学习能力。书中采用了大量图片，并提供了详细的操作步骤及与教材配套的电子资源，方便教学和自学。读者通过实验教程的学习，能加强使用计算机的意识，掌握应用计算机进行信息处理的基本技能，加深对计算机系统原理和计算思维方法的理解。

本书可作为高等院校各专业本科"大学计算机基础"课程的实验教材，也可作为计算机爱好者自学的参考书。

**图书在版编目(CIP)数据**

大学计算机基础实验教程/周海芳等编著. —北京: 科学出版社, 2012.8
（普通高等教育"十二五"规划教材）

ISBN 978-7-03-035352-8

I. ①大… Ⅱ. ①周… Ⅲ. ①电子计算机-高等学校-教材 Ⅳ. ①TP3

中国版本图书馆 CIP 数据核字 (2012) 第 189948 号

责任编辑: 潘斯斯　于海云 / 责任校对: 宋玲玲
责任印制: 闫　磊 / 封面设计: 迷底书装

科学出版社出版
北京东黄城根北街 16 号
邮政编码: 100717
http://www.sciencep.com

三河市骏杰印刷有限公司印刷
科学出版社发行　各地新华书店经销

2012 年 8 月第 一 版　　开本: 787×1092 1/16
2016 年 6 月第六次印刷　　印张: 25 3/4
字数: 596 000

定价: **54.00** 元 （含光盘）
（如有印装质量问题, 我社负责调换）

# 前　　言

人要成功融入社会所必备的思维能力，是由其所处时代能够获得的工具决定的。计算机是信息社会的必备工具之一，如何有效利用计算机分析和解决问题，将与阅读、写作和算术一样，成为 21 世纪每个人的基本技能，而不仅仅属于计算机专业人员。计算机正在对人们的生活、工作，甚至思维产生深刻的影响。

"大学计算机基础"是大学本科教育的第一门计算机公共基础课程，它的改革越来越受到人们的关注。教育部非计算机专业计算机基础课程教学指导分委员会在 2003 年就提出了课程改革的设想，随后在《关于进一步加强高等学校计算机基础教学的意见》和《高等学校非计算机专业计算机基础课程教学基本要求》中对这门课的性质、教学内容与要求、实施建议都做了比较详细的阐述。课程的主要目的是从使用计算机、理解计算机系统和计算思维三个方面培养学生的计算机应用能力。

本书是《大学计算机基础》（陈跃新等编著）的配套实验教材。《大学计算机基础》以理解计算机系统为重点，并注重向培养计算思维和问题求解能力延伸，本书以培养使用计算机的基本能力为重点，在内容编排上强调自主性和完整性，既可作为高校不同类别、不同专业本科"大学计算机基础"课程的实验教材，也可作为计算机爱好者自学的参考书。

本书的写作集体根据多年的教学实践，结合工具类参考书和案例式实验指导书的优点，采取以核心操作为基础、以单元实验为练手、以综合实验为进阶的内容组织方式，目的是为选用教材的学生和教师更好地服务。适合学生自学是本书的突出特点，学生可以根据各章节的内容和配套的实验操作视频独立完成所有的单元实验项目，这些单元实验全面地覆盖了教学指导分委员会制定的计算机基础课程实验教学的基本要求，满足通识教育的需要。在单元实验的基础上，本书进一步设计了特色鲜明的综合性实验，推荐了拓展技能的辅助资源，促进学生创新意识的培养，鼓励个性发挥，强化实验效果，强调解决问题的能力。这样的编排不仅可以大大提高实验教学辅导的效率，而且便于教师根据实际教学需要进行灵活的实验组合或裁剪，也便于学生根据自己的计算机应用水平选择学习起点和重点。

本书共 10 章，内容包括微型计算机系统的安装与配置、微型计算机操作系统的使用、文字处理、演示文稿设计、电子表格处理、网络基础应用、数据库设计实例与实验、多媒体应用技术体验、程序设计初步、网页制作与发布。各章都简要介绍了能完成这些应用需求的主流软件工具，并选择了 Windows、MS Office、ACDSee、Dreamweaver 等应用较广泛的软件及较为成熟的版本作为实验基础。特别纳入了程序设计体验性实验内容，一方面可以帮助学生加深对主教材中有关计算思维方法的理解；另一方面也有利于与后续程序设计课程的平滑衔接。本书在编写过程中力求内容精练、系统、循序渐进，书中采用了大量图片，操作步骤详细，并提供了与教材配套的实验素材、操作视频等电子资源，方便教学和自学。

本书第 1、2 章由周丽涛编写，第 3、4、5 章由柳靖编写，第 6、10 章由刘丽芳编写，第 7 章由汪昌健编写，第 8 章由周海芳、谭春娇编写，第 9 章由刘越编写，全书由周海芳负责统稿。宁洪、陈怀义、王保恒等教授对本书的编写给予了许多指导，谭春娇为本书的文字整理和校对做了大量工作。此外，本书还参考了很多文献资料和网络素材，在此一并表示衷心的感谢。

由于计算机技术发展很快，加上编者水平有限，书中不足之处在所难免，恳请广大读者批评指正。

编　者

2012 年 5 月

# 目　　录

# 第 1 章 微型计算机系统的安装与配置

【实验目标】

本章的主要目的是将微型计算机硬件知识应用到实际使用中，了解计算机硬件系统的安装与配置，学会如何组装微型计算机，了解并掌握常见操作系统的安装与配置，了解排除简单安装错误的方法，使学生通过本章节实验练习，掌握基本装机技能，培养计算机的硬件动手能力。

【实验方法】

为达到上述目标，本章设置了三个小节的单元实验，分别从微型计算机硬件组装、微型计算机操作系统安装、简单故障检测与排除三个方面训练学生的动手能力。

每个小节先详细介绍各自内容在功能上的实现方法及注意事项，再在小节最后给出多个单元实验进行练习。建议学习者先仔细阅读和理解各小节前面的内容，在充分理解的基础上，逐一完成后续的各个单元实验，其中操作系统的安装与配置实验可和第 2 章 2.5.3 节的单元实验合并体验，故障检测与排除实验可根据实际条件酌情删减。

## 1.1 微型计算机硬件系统的安装与配置

一台计算机在能够正常投入使用前，首先需要将各种硬件配件组装成一台完整的机器，即通常所说的裸机，然后在其上安装操作系统和各种应用软件。本小节主要介绍一台裸机的安装。

### 1.1.1 微型计算机硬件认知

一台完整的裸机主要包含主板、CPU、内存、硬盘、显卡、声卡、网卡、电源、DVD驱动器（或 DVD 刻录机）、主机箱、键盘、鼠标和显示器等各种配件。现在大多数主板都集成有显卡、声卡和网卡，但性能较独立的差，用户可根据实际需要选择是否配置独立的显卡和声卡。

图 1-1 和图 1-2 所示为微型台式计算机正面、背面主板接口示意图。图 1-3 所示为液晶显示器、键盘和鼠标示意图。图 1-4 所示为主板与显示器之间的数据连接线，也可用做主板与投影仪之间的数据连接。图 1-5 所示为装配好各配件的主机箱内部示意图。

1）内存

图 1-6 所示为目前占据市场主流的 DDR3 SDRAM 内存（又称内存条），内存容量从 1~16GB 不等，相较于 2006 年开始进入市场的 DDR2 SDRAM，DDR3 在基础架构上并没有本质的不同，但在一定程度上改进了 DDR2 内存出现的问题，具体表现在：

- 功耗和发热量较小。吸取了 DDR2 的教训，在控制成本的基础上减小了能耗和发热量，使得 DDR3 更易于被用户和厂家接受。
- 工作频率更高。由于能耗降低，DDR3 可实现更高的工作频率，在一定程度上弥补了延迟时间较长的缺点，更适合高端显卡对显存的需求。
- 降低显卡整体成本。DDR3 显存单颗颗粒容量较 DDR2 大，可有效减小显卡印制板（PCB）面积，降低成本和显存功耗。
- 通用性好。相对于 DDR 变更到 DDR2，DDR3 对 DDR2 的兼容性更好。

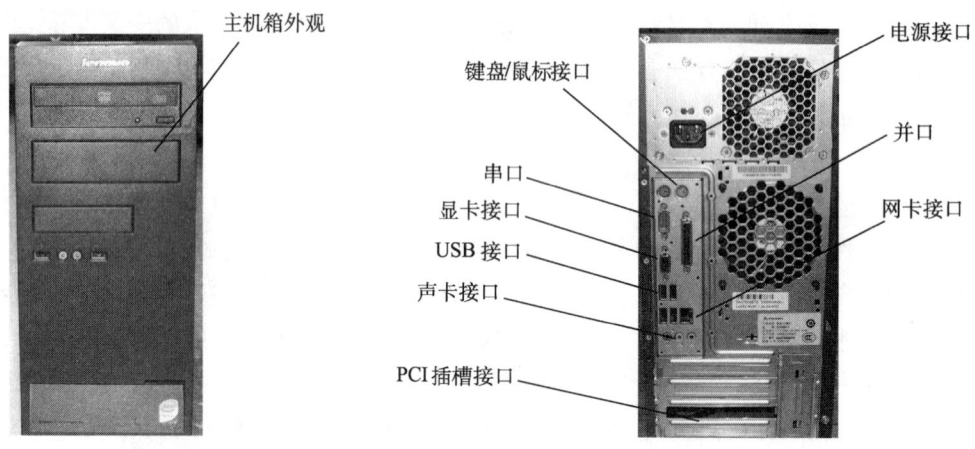

图 1-1　主机箱正面　　　　　　　　　　图 1-2　主机箱背面主板接口示意图

图 1-3　液晶显示器、键盘和鼠标　　　　图 1-4　显示器数据连接线

图 1-5　主机箱内部示意图

图 1-6　DDR3 内存

2）硬盘

图 1-7 和图 1-8 所示为微型台式计算机的硬盘接口示意图。目前市场台式机硬盘容量从 320GB~2TB 不等，转速主要分为 5400r/min 和 7200r/min，其中图 1-7 所示为老式的 IDE 并行数据接口，图 1-8 所示为目前主流的串行 Serial ATA（SATA）数据接口。两种接口的硬盘在硬盘外部传输速度方面，SATA 接口较 IDE 接口速度快，但受硬盘内部结构限制，硬盘内部传输速度比外部传输速度低，两者在实际应用中没有大的差别。不过因为 SATA 接口数据线信号引脚数少、体积小，因此对机箱散热更有利。图 1-9 所示为 SATA 接口和 IDE 接口的数据连接线。

图 1-7　硬盘——IDE 数据接口

图 1-8　硬盘——Serial ATA（SATA）数据接口

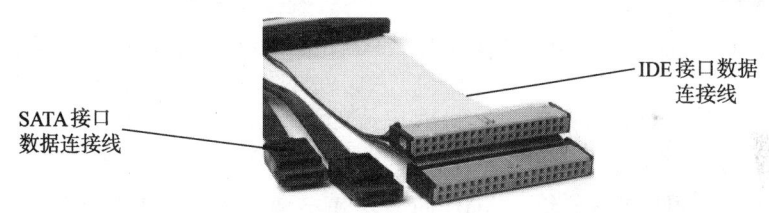

图 1-9　SATA 接口和 IDE 接口的数据连接线

3）CPU

图 1-10 所示为 CPU 及其主板接口示意图。老式的 CPU 引脚做在 CPU 芯片上，组装时将 CPU 引脚插入主板对应引脚针孔中，这种方式在组装时很容易导致 CPU 引脚的损坏，目前的 CPU 芯片在设计上已经舍弃了引脚，转而将引脚设计到主板上，改善了 CPU 组装时的损耗问题。

(a)

(b)

图 1-10　CPU 及其主板接口示意图

4）主板

主板，又叫主机板或系统板，是 CPU、内存、硬盘、显卡、声卡、键盘和鼠标等外设的连接载体，负责管理和协调其上各部件的工作，是微型计算机的重要部件之一。主板上主要有南北桥芯片组、BIOS 芯片、I/O 控制芯片、各种插槽、直流电源供电接插件等元器件。按照主板上各元器件电路特性及布局的不同设计有多种主板结构，目前市场主流的主板结构主要是 ATX（AT eXtended）和 Micro-ATX，在继承了老式主板功能的基础上，集成了图形处理、音频处理和网络适配器功能。图 1-11 和图 1-12 所示分别是 Intel 公司生产的两款主板 ATX 和 Micro ATX，相比较 ATX 主板，Micro ATX 主板减少了 DIMM 插槽和 PCI 扩展插槽，减小了主板面积，结构更为紧凑。

图 1-11　Intel DP43BFL 主板—ATX　　　　图 1-12　Intel DH61WW 主板—Micro ATX

（1）各种插槽。如图 1-5 所示，目前主流的 ATX 和 Micro ATX 主板上主要有 CPU 插槽、内存插槽、AGP 插槽、IDE 插槽、SATA 插槽及 PCI 插槽等。CPU 插槽和内存插槽分别用来固定 CPU 和内存条。AGP 插槽是显示适配器（简称显卡）与主板之间的接口，目前主板上已经集成了图形处理功能，在对图形、图像处理功能要求不高的情况下可不配置独立的显卡；IDE 插槽和 SATA 插槽是用来连接硬盘和光驱的接口，目前最新型号的主板已经取消了 IDE 插槽，只配置 SATA 插槽；PCI（Peripheral Component Interconnect，外设部件互连总线）插槽允许用户通过安装新的扩展卡扩充计算机的功能，多个 PCI 插槽内部相通，扩展卡可以插入其中任何一个。

（2）南北桥芯片组。微机主板上有两块重要的芯片：北桥和南桥。北桥芯片通常靠近 CPU 和 AGP 插槽，负责 CPU、内存和显卡之间的数据交互，因数据流量大、工作频率高，故发热量大，需要在芯片上加装散热片；南桥芯片通常位于 PCI 插槽附近，负责硬盘等存储设备和 PCI 之间的数据流通。一般主板以北桥芯片名称来命名。

（3）BIOS 芯片。BIOS 是 Basic Input-Output System 的缩写，指微机的基本输入/输出系统。微机主机加电后，在进入操作系统之前需要进行硬件识别、自检等工作，主板上的 BIOS 芯片中封装有微机系统的基本输入/输出程序、系统信息设置、开机上电自检程序和系统启动自举程序等，只有当 BIOS 程序运行正常，主机才能进入操作系统开始正常工作。早期用于存放 BIOS 程序的芯片是 ROM，用户不能修改其中的程序，随着技术和需求的发展和变化，现在的 BIOS 程序存放在 EEPROM 或闪存（Flash Memory）中，用户可以根据需要重新修改其中的 BIOS 程序。关于 BIOS 的具体功能详见 1.2.1 节。

【小贴士】CMOS: 本意是指互补金属氧化物半导体, 多用于集成电路芯片制造, 这里是指微机主板上的一块可读写的 RAM 芯片, 由主板上的电池供电, 即使系统关机掉电, 其内部信息也不会丢失。CMOS 主要用来保存当前系统配置的各项参数, 这些参数需要通过上面介绍的 BIOS 程序来完成设置。可通过拆卸主板上的电池清除 CMOS 中存放的参数, 俗称 "CMOS 放电"。

### 1.1.2　微型计算机整机安装

认识了微型计算机主机箱内部各种硬件配件后, 接着就是进行裸机的组装。

组装过程中需注意的事项主要有:

- 检查组装机器所需工具是否齐备, 主要是十字螺丝刀。
- 检查各种硬件配件和各种规格的螺丝是否齐备。
- 仔细观察每种配件的外部特征, 明了其安装方法。
- 不要粗暴安装, 要轻拿轻放。
- 防止静电。
- 遵循正确的组装顺序进行组装, 推荐顺序为电源→主板→CPU→CPU 散热片和风扇→内存→硬盘→光驱→独立显卡、声卡→显示器→键盘、鼠标。

### 1.1.3　单元实验

单元实验 1-1-1: 微机硬件系统的安装与配置

【实验条件和素材】

微机主机箱、微机电源、主板、CPU 芯片及散热片、内存、硬盘、光驱、显示器、鼠标、键盘各 1 个, 数据连接线若干根。

【实验要求】

(1) 将上述微机硬件设备组装成一台完整的微型计算机。

(2) 通电检查。

【小贴士】安装 CPU 时一定要看清针脚和方向 (见图 1-10), 对准再安放, 不要用力挤压, 如果方向不对, 稍微用力不当就可能导致引脚折断或变形, 或 CPU 报废。

单元实验 1-1-2: 微机硬件系统的拆卸

【实验条件和素材】

连接完整的微机 1 台。

【实验要求】

(1) 将连接完整的微机拆卸成独立元件。

(2) 建议拆卸顺序: 拔下外设连线→打开机箱盖→拆下各类适配卡→拔下驱动器数据线→拔下驱动器电源插头→拆下驱动器→拔下主板电源插头→其他插头→拆下主板。

【小贴士】各部件要轻拿轻放, 尤其是硬盘, 摔一下就会要了它的命, 不要挤压硬盘、光驱；拆 CPU 时，一定要先把 CPU 的卡子搬起，再轻轻拿起 CPU，并注意拔起的方向以便安装。

单元实验 1-1-3：双硬盘安装

**【实验条件和素材】**

硬盘 1 块，数据连接线 1 根。

**【实验要求】**

（1）在完成单元实验 1-1-1 的基础上，为主机安装第二块硬盘，注意主从盘的设置。

（2）通电进入系统 BIOS，检查双硬盘是否安装成功。

**【小贴士】** 一般在硬盘上都标有主从盘设置说明，其设置接口在数据接口附近，可按照硬盘使用用途不同设置主从盘。若要在硬盘上安装操作系统并用其启动机器，可设置成主盘；若将硬盘当成数据盘使用，可设置成从盘。操作系统均从主盘引导启动。

## 1.2　微型计算机操作系统的安装与配置

要使一台微型计算机能够真正运转使用，在硬件安装完毕后，需要进行操作系统的安装。本小节将介绍和训练与操作系统安装相关的实验技能。

在实施操作系统安装前，应做好相应的准备工作，主要包含下面几个方面：

（1）在完成微机硬件组装后，先通电进入 BIOS，完成相关配置，具体操作见 1.2.1 节。

（2）硬盘在使用前必须进行数据分区。可以根据机器硬盘容量大小，分析机器使用过程中可能存放的文件类型，以及个人的喜好，规划硬盘数据分区。建议：硬盘至少分为两个区，操作系统和应用软件安装在一个分区，其他数据文件存放在另一个分区。

（3）选择合适的操作系统版本。应从机器硬件配置、操作系统版本性能、个人使用熟练程度等多个方面考虑，如 32 位的 Windows XP SP2 专业版可适用的内存容量在 256MB ~ 3GB 之间，若机器配置了 4GB 的内存，安装 32 位的 Windows XP 将会浪费 1GB 的内存容量。再如，Windows XP Home 版和 Windows XP Professional 版在功能上存在一定的差别，尤其是在网络应用方面，用户在选择两者之一安装时应做好充分的了解。

（4）为各个数据分区选择合适的文件系统。根据所选操作系统版本、个人需求等选择合适的文件系统，目前常用的文件系统主要有 NTFS 和 FAT 两大类。

（5）安装前应准备好机器所需的显卡、声卡、网卡等驱动程序。

（6）建议采用原版光盘或可从光驱运行的安装光盘，并尽可能采取格式化安装分区的方式进行操作系统安装，以保证操作系统的纯净、正规和安全。为使机器能从光盘启动，应在安装前进入 BIOS，将系统第一优先启动设备设置为光驱。

（7）准备好合适的操作系统补丁程序。

（8）若是重新安装操作系统，安装前应备份 C 盘储存的个人资料，并按上面第(5)、(6)点进行。

（9）断开与计算机连接的外设如打印机、扫描仪、外置 MODEM、USB 设备等，防止安装过程中可能出现的资源冲突，造成安装程序死锁。

### 1.2.1　微型计算机 BIOS 的使用与配置

每台微机投入使用前应先对其主板中的 BIOS 程序进行基本的设置，主板 BIOS 程序主要以 AWARD BIOS、AMI BIOS 和 PHOENIX BIOS 三种程序为主。这三种 BIOS 程序界面不相同，但功能相差不大。图 1-13 所示是 AWARD BIOS 程序首界面。不同种类、机型的 BIOS 程序其进入方法也有所不同，通常会在开机画面有所提示，一般通过按 Del、F1 或 F2 等键进入 BIOS。在 BIOS 中，鼠标不能使用，必须通过键盘对其进行设置，具体使用键盘的方法在其相应画面中均有提示，也可通过按 F1 键打开帮助界面了解。

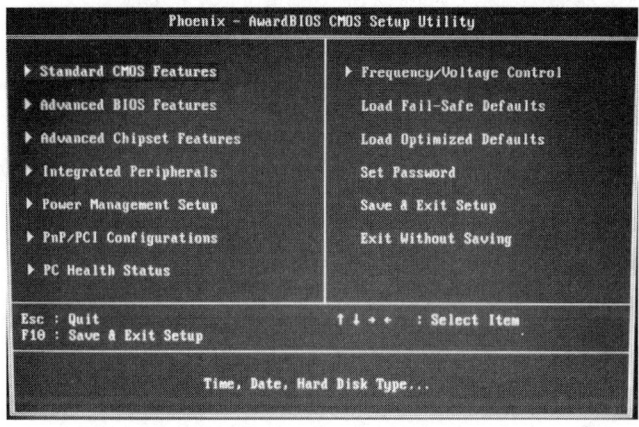

图 1-13　AWARD BIOS 程序首界面

下面以 AWARD BIOS 程序为例简单介绍 BIOS 的使用与配置。BIOS 的主要内容包括 Standard CMOS Features、Advanced BIOS Features、Advanced Chipset Features、Power Management Setup、PnP/PCI Configurations、Integrated Peripherals、PC Health Status、Set Password（Change Supervisor Password、Change User Password）、Load Optional Defaults 等子菜单。

这里介绍其中几个常用的选项功能。

（1）Standard CMOS Features 子菜单：主要用来设置系统日期和时间、识别和显示主机中安装的 IDE 设备。主要选项如下。

- System Date（mm:dd:ww）：设定系统日期。
- System Time（hh:mm:ss）：设定系统时间。
- Primary IDE Master：显示第一主 IDE 设备，一般为硬盘。
- Primary IDE Slave：显示第一从 IDE 设备，可以是硬盘或光驱等。
- Secondary IDE Master：显示第二主 IDE 设备，可以是硬盘或光驱等。
- Secondary IDE Slave：显示第二从 IDE 设备，可以是硬盘或光驱等。
- Third IDE Master：显示第三主 IDE 设备，可以是硬盘或光驱等。

- Third IDE Slave：显示第三从 IDE 设备，可以是硬盘或光驱等。
- Halt On：设置系统自我检测的中断位置，包括 All Errors、All Errors but 两个选项。

（2）Advanced BIOS Features 子菜单：其中的 Boot Sequence 可以设置系统开机启动顺序，下设 First Boot Device、Second Boot Device、Third Boot Device 等选项，分别对应第一、第二、第三优先开机装置，包括光驱、硬盘、USB 等。

（3）Change Supervisor Password 子菜单：设置进入系统 BIOS 的密码。

（4）Change User Password 子菜单：设置系统开机密码。

### 1.2.2 操作系统安装

按照前面讲述的准备工作做好后，就可以开始安装操作系统。下面以 Windows XP Professional 简体中文版操作系统为例，讲述主要的安装步骤。

（1）将 Windows XP Professional 安装光盘放入光驱。

（2）接通电源开机，计算机从光驱引导，屏幕上显示 Press any key to boot from CD，即请按任意键从光驱启动。

（3）安装程序检测计算机的硬件配置，从安装光盘中提取必要的安装文件，之后出现欢迎使用安装程序菜单。

（4）按照安装程序菜单选择所需功能：

① 如果想退出安装，请按 F3 键；

② 如果需要修复操作系统，请按 R 键；

③ 如果想开始安装 Windows XP Professional，请按 Enter 键继续。

（5）建议选择安装操作系统，不要选择修复操作系统。

（6）仔细阅读 Windows XP Professional 许可协议，按 F8 键同意该协议。

（7）出现硬盘分区信息界面，按要求删除和设置硬盘数据分区信息（注意：分区一旦删除后，原分区中的资料将全部丢失，因此在删除分区前请做好重要资料的备份工作）。

（8）完成分区操作后，选择准备安装操作系统的分区，格式化该分区。

（9）分区格式化完成后，系统自动进入后续安装步骤，按照安装程序提示即可完成操作系统的安装。

（10）安装完操作系统后，安装合适的操作系统 Service Pack（SP）补丁程序。

【小贴士】不论第一次安装还是重新安装操作系统，建议在安装过程中格式化 C 盘，其他数据分区可以在操作系统安装完毕，进入操作系统后再进行格式化和数据整理工作。

### 1.2.3 设备驱动程序简介

设备驱动程序（Device Driver）相当于硬件设备与操作系统的接口，可以使计算机和硬件设备实现相互间的通信，操作系统通过这个接口控制硬件设备的工作，如果一个硬件设备的驱动程序没有正确安装，则该设备不能正常工作。

因此，当操作系统安装完毕后，第一件要做的工作便是安装硬件设备的驱动程序。通常在安装一个原本不属于微机的硬件设备时，系统会要求安装驱动程序，主要包括显卡、声卡、网卡、扫描仪、打印机、调制解调器（Modem）等。目前随着计算机硬件设备的升级、操作系统功能的增强，上述大多数硬件设备在使用前都不需要再单独安装驱动程序。例如，在带有集成显卡、声卡和网卡的主板上安装 Windows XP 及以上版本的操作系统，一般系统会自动安装相应设备的驱动程序，若为追求高品质的图形图像效果而安装独立显卡，则通常情况下需要安装其相应的驱动程序。再如，Windows 7 操作系统自带有绝大多数设备的驱动程序，通常情况下不再需要额外安装驱动程序。

驱动程序按照其提供的硬件支持可以分为显卡驱动程序、声卡驱动程序、打印机驱动程序、扫描仪驱动程序、网络设备驱动程序等。驱动程序通常可通过三种途径得到，一是操作系统自带有大量驱动程序；二是购买的硬件附带有驱动程序；三是从 Internet 上下载驱动程序。从其来源和发布上可将驱动程序分为官方正式版、微软 WHQL 认证版、第三方驱动、发烧友修改版、Beta 测试版等，操作系统不同，相应的硬件驱动程序也不同，各个硬件厂商为了保证硬件的兼容性及增强硬件的功能，会不断升级驱动程序，因此建议通过 Internet 下载最新的驱动程序。

在 Windows 操作系统中，安装驱动程序的方法一般有两种：

（1）直接运行设备驱动程序的安装软件，按照安装提示进行操作。

（2）进入操作系统控制面板，选择"添加/删除硬件"，按照提示安装设备驱动程序。

### 1.2.4　单元实验

单元实验 1-2-1：BIOS 使用与配置

【实验要求】

（1）检查系统日期和时间是否准确，若不准确，设置正确的日期和时间。

（2）验证 BIOS 中识别的硬盘和内存是否正确。

（3）设置系统开机启动顺序，第一优先为光驱，第二优先为硬盘。

（4）设置系统进入 BIOS 密码。

（5）设置系统开机密码。

【小贴士】如果忘记系统 BIOS 密码或开机密码，可通过给主板上的 CMOS 放电清空密码。

单元实验 1-2-2：Windows XP Professional 简体中文版操作系统安装

【实验设备】

Windows XP Professional 简体中文版操作系统安装光盘 1 张。

【实验要求】

（1）参考辅助阅读资料中提供的"Windows XP 操作系统安装指南"，从光驱以重新安装的方式安装 Windows XP Professional 简体中文版操作系统。

（2）将硬盘分为三个分区，分别为 C、D、E，分别占硬盘容量的 30%、40% 和 30%。

单元实验 1-2-3：驱动程序安装

【实验设备】

打印机及配套驱动程序 1 套，独立网卡及配套驱动程序 1 套。

【实验要求】

（1）选择 1.2.3 节提到的第一种驱动程序安装方法，安装打印机驱动程序，并打印测试页检测安装是否成功。

（2）选择 1.2.3 节提到的第二种驱动程序安装方法，安装独立网卡，通过操作系统"控制面板/性能和维护/系统"，打开"硬件"选项卡，单击进入"设备管理器"检查网卡是否安装成功。

（3）按照（2）的方法进入"设备管理器"，检查其中是否存在工作不正常的硬件设备，若有，通过查看操作系统帮助文档解决。

# 1.3　微型计算机系统故障检测与排除

计算机系统的故障主要可以分为硬件故障和软件故障，这里主要介绍一些简单的硬件故障检测与排除方法。本小节内容主要参考联想公司内部发行的《电脑维护》资料。

在进行故障检测时，一定要通过认真的观察才可进行判断与维修。应尽可能按照如下原则操作：

（1）"先想后做"，做到心中有数。先全面观察机器出现的所有不正常现象，初步判断可能是哪些设备或哪些软件出现故障；对于可能出现故障的设备或软件，尽可能地先通过查阅相关资料查找维修方法，再着手维修；在分析判断过程中，尽可能先依靠自身的知识、经验进行判断，再向有经验的人员寻求帮助。

（2）"先软后硬"。进行故障检测时，对不正常现象，应先判断是否为软件故障，再从硬件方面检查。

（3）"抓主要矛盾"。进行故障检测维修时，若发现有两个或两个以上设备或软件出现故障时，应该先判断、维修主要的故障设备或软件，再维修次要故障设备或软件。

## 1.3.1　微型计算机系统安装常见故障

本小节介绍一些常见的微机安装故障，下面列出了计算机从开机到关机期间可能出现的一些故障分类，并列出了部分故障现象。

1. 加电类故障可能的故障现象

（1）主机不能加电或有时不能加电、开机掉闸、机箱金属部分带电等。

（2）开机没有显示或开机报警。

（3）自检报错、自检显示的配置与实际不符。

（4）反复重启或死机。

（5）不能进入 BIOS 或刷新 BIOS 后出错。

（6）CMOS 掉电或时钟不准。

（7）机器噪音大、自动开关机、电源设备问题等其他故障。

2．启动与关闭类故障可能的故障现象

（1）操作系统启动过程中死机、报错、黑屏、反复重启等。

（2）操作系统启动过程中，总是执行一些不应该的操作或程序。

（3）操作系统只能以安全模式或命令行模式启动。

（4）关闭操作系统时死机或报错。

3．磁盘类故障可能的故障现象

（1）硬盘工作时声音异常，噪音较大。

（2）BIOS 不能正确识别硬盘、硬盘干扰其他驱动器的工作等。

（3）硬盘不能分区或格式化、有坏道、容量不正确、数据损失等。

（4）硬盘逻辑驱动器盘符丢失或被更改、访问硬盘时报错。

（5）硬盘保护卡、还原卡引起的故障。

（6）光驱工作时声音异常，光驱划盘、托盘不能弹出或关闭等。

（7）光驱盘符丢失或被更改、系统检测不到光驱等。

（8）访问光驱时死机或报错等。

4．显示类故障可能的故障现象

（1）开机无显示、显示器不能加电。

（2）显示抖动或滚动、显示发虚、偏色、花屏等。

（3）在某种应用或配置下花屏、发暗、重影、死机等。

（4）屏幕参数不能设置或更改。

（5）系统休眠唤醒后显示异常。

显示故障有时并不是显示设备或配件引起的，机器其他设备或软件也有可能引起显示方面的故障，应注意全面观察和判断。

5．安装软件可能的故障现象

（1）安装操作系统时，出现死机或报错。

（2）硬件设备驱动程序安装不成功、安装后系统无反应或异常。

（3）安装应用软件时报错、重启、死机等。

（4）应用软件安装后无法卸载或卸载后无法再安装等。

## 1.3.2　微型计算机系统故障检测常用方法

微机故障检测的方法主要有观察法、最小系统法、逐步添加/去除法、隔离法、替换法、比较法、升降温法、敲打法、对电脑产品进行清洁的建议等，具体操作方法受篇幅所限这里不做详细介绍。

针对 1.3.1 小节中"磁盘类故障"，可以从下列方面进行检测。

1．检查硬盘连接

（1）硬盘电源线是否已正确连接，不应有接反、过松或插不到位的现象。

（2）硬盘数据线是否接错或接反，是否连接到主板上的正确接口，主板上硬盘接口中的接针是否有折断、歪斜等状况。

（3）硬盘数据线类型是否与硬盘的技术规格要求相符。

（4）硬盘连接线是否有破损或硬折痕，可通过更换连接线检查。

（5）硬盘上的 ID 跳线是否正确，它应与连接在线缆上的位置匹配。

2. 检查硬盘外观

（1）硬盘外部是否有破损。

（2）硬盘电源插座之接针是否有虚焊或脱焊现象。

（3）加电后，硬盘自检时指示灯是否不亮或常亮，工作时指示灯是否能正常闪亮。

（4）加电后，倾听硬盘驱动器的运转声音是否正常，不应有异常的声响及过大的噪声。

3. 检查硬盘供电

加电后，机器电源是否能够正常供电，供电电压是否在允许范围内，波动范围是否在允许的范围内等。

### 1.3.3　单元实验

单元实验 1-3-1：内存故障检测与排除之一

【实验准备】

将内存插在主板 DIMM2 或 DIMM3 插槽上。

【故障现象】

开机无显示，但机器不报警。

【解决方案】

经测试，有部分主板，当 DIMM1 上不插内存时，即使 DIMM2、DIMM3 都插上内存，开机也是无显示。当 DIMM1 插上内存时，不管 DIMM2、DIMM3 上是否插有内存，开机正常。此问题是由于主板集成的显卡使用的显存是共享物理内存的，而显存所要求的物理内存是从插在 DIMM1 上内存中取得，当 DIMM1 上没有插内存时，集成显卡无法从物理内存中取得显存，故用户开机时无显示。

【实验要求】

重现上述故障，并排除。

单元实验 1-3-2：内存故障检测与排除之二

【故障现象】

开机后主机发出长时间不间断的报警声。

【解决方案】

此种故障现象通常表明内存条未插紧或已经损坏。可先对内存条和内存插槽进行卫生清理并重新正确安装内存条，若还不行，则可通过更换一块已知为好的内存条来帮助判断该内存条是否已损坏。若损坏，则更换新内存条。

【实验要求】

重现上述故障，并排除。

单元实验 1-3-3：显卡故障检测与排除之一

【故障现象】

开机主机运行正常，但无显示。

【解决方案】

打开主机箱，检查机器硬件环境，发现主机随机附带两块显卡，一个是主板集成显卡，一个是单独的显卡，仔细检查显卡连接线，发现显示器信号线接到了主板集成的显卡接头上，这样会导致开机无显示，但是此时主机工作正常。

【实验要求】

重现上述故障，并排除。

单元实验 1-3-4：显卡故障检测与排除之二

【故障现象】

开机后主机发出 1 长 2 短的报警信号。

【解决方案】

开机发出 1 长 2 短报警信号通常是显卡或显示器出现故障。先检查显卡工作是否正常，可通过清理显卡接口和主板 AGP 插槽卫生、检查插槽接口连接、更换好的显卡检测等简单手段排除故障；若显卡工作正常，再检查显示器。

【实验要求】

重现上述故障，并排除。

单元实验 1-3-5：显示类故障检测与排除

【故障现象】

游戏"三角洲部队-大地勇士"，在联想 810（e）系列主板的机器上运行（同禧、逐日系列）时，若用随机带的显卡驱动程序安装，在进入游戏画面时，机器死机。

【解决方案】

了解机器显卡型号，在 Internet 上搜索新版本的驱动并下载，进行升级。

【实验要求】

重现上述故障，并排除。

【小贴士】在玩 3D 游戏时遇到死机现象，多数是显卡故障，在无备件替换时，可从网上下载一个 Direct control 软件，通过它屏蔽掉 AGP 支持。再玩 3D 游戏，如不死机，说明问题很可能出在主板、内存等处；如死机，则很可能是显卡出现故障了。

# 1.4  辅助阅读资料

[1]  我乐网.微机故障检测流程视频. http://www.56.com/w67/play_album-aid-5751325_
vid-MzU1MDA0Nzg.html.

[2]  洱吧下载. 微机硬件系统组装调试.http://www.28gl.com/jsj/pc/2009-10-08/28744.
html.

[3]  Windows XP 操作系统安装指南.

# 第 2 章　微型计算机操作系统的使用

【实验目标】

　　本章的主要目标是了解微机操作系统，掌握操作系统中文件系统的使用，掌握系统简单配置方法，了解常用应用软件的安装与使用，培养实际使用微机的能力。

【实验方法】

　　本章共分为 5 小节，在介绍常用微机操作系统的基础上，详细介绍了 Windows XP 的文件系统、Windows XP 的控制面板及系统的一些其他功能，最后介绍了常用压缩软件和虚拟机的安装与使用。

　　每个小节先详细介绍各自内容在功能上的实现方法及注意事项，再在小节后给出多个单元实验进行练习。建议读者先仔细阅读和理解各小节前面的内容，在充分理解的基础上，逐一完成后续的各个单元实验。

　　本章第 2 小节介绍操作系统中文件系统的使用，要求必须熟练掌握，第 3 小节介绍操作系统的系统设置与使用，可酌情删减。每小节单元实验均从易到难，有一定基础的用户可根据个人已掌握的实际技能情况有选择地练习。

## 2.1　常用操作系统简介

　　从微型计算机面世以来，出现过各种各样的操作系统，经过多年发展和市场竞争，目前在微机操作系统这个领域内占据主要市场的主要有 Windows 操作系统和 Linux 操作系统。

1. Windows 操作系统

　　Windows 系列视窗操作系统由美国微软公司（Microsoft）开发销售。从 1985 年至今，微软公司开发出多种 Windows 操作系统，Windows XP 是基于 Windows 2000 的产品。

　　2001 年 10 月，Windows XP 正式发布，最初发行了两个 32 位版本：家庭版（Windows XP Home Edition）和专业版（Windows XP Professional Edition）。2005 年，微软公司发布了 64 位 XP 客户端和服务器两个系列，用于支持 Intel 和 AMD 的 64 位桌面处理器。2006 年，苹果公司推出英特尔芯片 Mac 电脑，向用户开放安装 Windows XP。2007 年初，微软高调发布 Windows Vista，并计划从 2007 年 6 月 30 日起，停止 Windows XP 操作系统的销售。由于 Windows Vista 兼容性差、要求配置高等问题未能得到用户认可，微软推迟停止 XP 发售的计划。2009 年，Windows 7 操作系统正式上市并获得用户好评，逐渐替代 Windows XP。微软计划到 2014 年终止对 Windows XP 操作系统的一切技术支持。

安装 Windows XP 操作系统，对主机硬件有一定的要求，最低技术参数指标如下。

- 处理器（CPU）：时钟频率为 300MHz 或更高的单处理器；至少达到 233MHz 双处理器系统；使用 Intel Pentium/Celeron 系列、AMD K6/Athlon/Duron 系列或兼容的处理器。
- 内存（RAM）：128MB RAM 或更高（最低支持 64MB，可能会影响性能和某些功能）。
- 硬盘：至少达到 1.5GB 可用硬盘空间。
- 显示卡和监视器：SuperVGA（800×600）或分辨率更高的视频适配器和监视器。
- 其他设备：CD-ROM 或 DVD 驱动器，键盘和 Microsoft 鼠标或兼容的指针设备。

Windows XP 自发布以来，相继推出多个版本，其中使用最广的是 32 位的家庭版（Windows XP Home Edition）、专业版（Windows XP Professional Edition）以及 64 位的 Windows XP Professional X64 Edition。

- 家庭版（Windows XP Home Edition）：面向家庭用户，在功能上较专业版有所减弱，主要表现为：没有组策略、远程桌面、EFS 文件加密、多语言、连接 Netware 服务器的功能、只支持 1 个 CPU 和 1 个显示器（可以支持单 CPU 多核心，如双核、四核）、不具备访问控制和 IIS 服务以及不能归为域等。
- 专业版（Windows XP Professional Edition）：是面向企业、开发人员的版本，与家庭版相比提供更加全面的功能，是 Windows XP 的全功能版本。专业版可支持 2 个 CPU 和最多 9 个显示器。
- Windows XP Professional X64 Edition：支持英特尔（Intel）IA-64 架构和超微（AMD）的 X86-64 架构，拥有 64 位寻址能力，可用在一般 X86-64 架构的工作站、桌面电脑、笔记本电脑以及高端 IA-64 架构的工作站上。支持双处理器，最低支持 256MB 内存，最高支持 16GB 内存。64 位 Windows 的最大缺陷是兼容性较差，例如 64 位和 32 位 Windows XP 的硬件设备驱动程序完全不能混用。

随着 Windows XP 的推广，其内在的缺陷也暴露得越来越多，为解决暴露出来的众多问题，微软陆续推出了多款更新包（Service Packs）。

- Windows XP Service Pack 1（SP1）：2002 年 9 月发布。功能上包含了 USB1.1 升级至 USB2.0、支持更多硬件、安全问题、操作系统可靠性、多种应用程序兼容性和 Windows XP 安装简化等更新。
- Windows XP Service Pack 2（SP2）：2004 年 8 月发布。此次更新着重于安全问题，提供了对病毒、黑客和蠕虫病毒的更好防护，并且内置 Windows 防火墙、Internet Explorer 弹出窗口拦截程序以及新的 Windows 安全中心、新的 Windows Media Player 9 和 DirectX 9.0C。此外，还增加了对 Cool 'n' Quiet 的支持。
- Windows XP Service Pack 3（SP3）：2008 年 5 月发布。SP3 包含了以前发布的所有 Windows XP 的更新，包括安全更新、修补程序等。

2. Linux 操作系统

Linux 操作系统是一套免费使用和自由传播的类 UNIX 操作系统，它主要用于基于

x86 系列 CPU 的计算机上。Linux 最早是在 1991 年由芬兰赫尔辛基大学的一名叫 Linus Torvalds 的学生编写并将其源代码在网络上公开免费下载，同时希望大家一起来将它完善，经 Internet 的传播，世界各地成千上万的程序员参与了 Linux 的设计、实现和完善，尤其是 GNU 的参与极大地推动了 Linux 的发展。1994 年 3 月，Linux1.0 版正式发布，同时 Red Hat 软件公司成立，成为最著名的 Linux 分销商之一。

Linux 操作系统的基本思想与 UNIX 操作系统很相似，主要包含两点：第一，一切都是文件；第二，每个软件都有确定的用途。Linux 具有很多优点，主要有：

- 低廉性。Linux 是自由软件，拥有数量庞大的 GNU 软件以及世界各地 Linux 高手所开发的软件，用户可以不支付任何费用获得它和它的源代码，自由安装，并且可以根据自己的需要对它进行必要的修改，无偿对它使用，无约束地继续传播。
- 广泛性。Linux 支持 Intel x86、680x0、SPARC、Alpha 及 MIPS 等平台，并广泛支持各种周边设备。目前，除了个人计算机使用 Linux 的用户越来越多外，Linux 还被广泛用于服务器。在传统的 LAMP( Linux, Apache, MySQL, Perl/PHP/Python 的组合 ) 经典技术组合基础上，现在在面向更大规模级别的领域中也可以在 Linux 上得到很好支持。目前，Linux 已逐渐成为网站服务提供商最常使用的操作系统平台。
- 灵活性。Linux 系统与 System V 及 BSD UNIX 兼容，并且符合 POSIX 1.0 规格。它具有 UNIX 的全部功能，任何使用 UNIX 操作系统或想要学习 UNIX 操作系统的人都可以从 Linux 中获益，支持 X-Window 图形用户界面，是一个多任务、多用户的操作系统。Linux 操作系统软件包不仅包括完整的 Linux 操作系统，而且还包括了文本编辑器、高级语言编译器等多种应用软件和系统软件。

由我国国防科学技术大学、中软公司、联想公司、浪潮集团和民族恒星公司合作研制的银河麒麟系列操作系统也与 Linux 兼容，目前已经能够支持所有体系结构的 Linux 软件，尤其对 Red Hat 有相当广泛的支持。

【小贴士】GNU 与 Linux: 1983 年，理查德·马修·斯托曼（Richard Stallman）创立了 GNU 计划（GNU Project）。这个计划的目标之一是发展一个完全免费自由的 Unix-like 操作系统。GNU 计划发起以来，大量地产生或收集了各种系统所必备的元件，如函数库（libraries）、编译器（compilers）、调试工具（debuggers）、文本编辑器（text editors）、网页服务器（web server），以及一个 UNIX 的使用者接口（UNIX shell），但一直缺乏执行核心（kernel）。到 1991 年 Linux 内核发布的时候，GNU 已经几乎完成了除了系统内核之外的各种必备软件的开发。在 Linus Torvalds 和其他开发人员的努力下，GNU 组件得以运行在 Linux 内核之上。整个内核基于 GNU 通用公共许可（GPL，GNU General Public License），但是 Linux 内核并不是 GNU 计划的一部分。

## 2.2　Windows XP 文件系统

本小节以 Windows XP Professional Edition 为例，介绍 Windows XP 的文件系统及其操作方法，Windows XP 自带的帮助文档"帮助和支持中心"含有大量的信息内容，建议用户很好地利用它帮助学习使用 Windows XP。

文件系统通常指文件命名、存储和组织的总体结构。Windows XP 支持三种文件系统：FAT、FAT32 和 NTFS。可以在安装 Windows XP 操作系统、格式化现有的卷（驱动器/分区）或者安装新的硬盘时，选择文件系统。

FAT、FAT32 和 NTFS 三种文件系统各有优缺点，应该根据用户使用计算机的实际情况选择合适的文件系统。目前，随着对计算机安全问题的不断重视、多种大容量媒体文件的出现，在选择文件系统时，建议选用 NTFS 文件系统。

- 功能上，NTFS 比 FAT 或 FAT32 更强大。它提供了 Active Directory 所需的功能及其他重要安全性功能。只有选择 NTFS 作为文件系统才能使用诸如 Active Directory 和基于域的安全性等功能。
- FAT 或 FAT32 文件系统可转换为 NTFS 文件系统。除了在安装系统时可以选择文件系统之外，在已拥有 FAT 或 FAT32 分区的情况下，可以使用 convert.exe 转换命令，实现到 NTFS 文件系统的转换。
- 要维护文件和文件夹访问控制并支持有限个账户，必须使用 NTFS。如使用 FAT32，所有用户都将具有访问您硬盘驱动器上所有文件的权限，而不考虑其账户类型（管理员、有限制的或标准的）。
- NTFS 是一种最适合处理大磁盘的文件系统。

关于 NTFS 和 FAT、FAT32 在操作系统的兼容性、可支持的磁盘和文件大小上的对比见表 2-1。

表 2-1 文件系统对比

| 文件系统 | 操作系统兼容性 | 可支持磁盘大小 | 可支持文件大小 |
|---|---|---|---|
| NTFS | 支持 Windows XP、Windows 2000、Windows 7 等。运行带有 Service Pack 4（或更高版本）的 Windows NT 4.0 的计算机可以部分支持。其他操作系统则无法访问 | 推荐最小卷大小约为 10 MB，可使用大于 2 TB 的卷 | 文件大小没有限制，只受卷的容量限制 |
| FAT32 | 仅可以通过 Windows 95 OSR2、Windows 98、Windows Millennium Edition、Windows 2000 和 Windows XP 进行访问。 | 支持 512MB~2TB。在 Windows XP 中，最大 32 GB。不支持域 | 最大文件大小为 4GB |
| FAT | 可以通过 MS-DOS、Windows 的所有版本、Windows NT、Windows 2000、Windows XP 和 OS/2 进行访问 | 容量可从软盘大小到 4GB。不支持域 | 最大文件大小为 2GB |

【小贴士】从命令提示符将卷（驱动器/分区）转换为 NTFS：单击任务栏 "开始/运行"，在 "运行" 对话框中输入 "cmd"，进入命令提示符窗口，输入 help convert，然后按 Enter 键，可以查询 convert 命令的使用方法。简单操作方法：在命令提示符窗口，按照 convert drive_letter:/fs:ntfs 格式输入命令 convert D:/fs:ntfs，系统将会以 NTFS 格式格式化 D 盘。

### 2.2.1 Windows XP 文件结构

Windows XP 采用树形文件结构组织和管理文件和文件夹。用户可以通过 "我的电脑"和"资源管理器"实现对文件和文件夹的各种操作。"我的电脑"和"资源管理器"是从不同角度展示主机中的各种软硬件资源，其功能和操作实现如下。

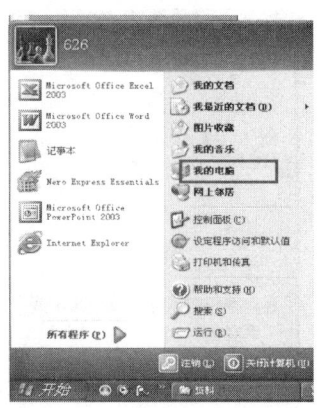

1. 使用"我的电脑"

"我的电脑"从硬件的角度显示了与主机相连的硬盘、光盘驱动器、网络驱动器、扫描仪以及其他硬件的信息，也可以通过其搜索和打开文件及文件夹，并且访问控制面板中的选项以修改计算机设置。打开"我的电脑"的方法这里介绍两种：

图 2-1　单击"我的电脑"

（1）单击"开始"按钮，选中"我的电脑"并单击，如图 2-1 所示。

（2）在桌面上直接双击"我的电脑"图标，如图 2-2 所示。

图 2-2　桌面

打开"我的电脑"后，出现如图 2-3 所示窗口。

2. 使用"资源管理器"

"资源管理器"是从用户的角度显示用户在计算机上的文件、文件夹和驱动器的分层结构，同时显示映射到用户计算机上驱动器号的所有网络驱动器名称。使用资源管理器，可以方便地复制、移动、重新命名以及搜索文件和文件夹。打开"资源管理器"的方法有多种，不同打开方式看到的"资源管理器"窗口内容有细微差别，主要是定位的文件位置不同。这里介绍四种打开"资源管理器"的方法：

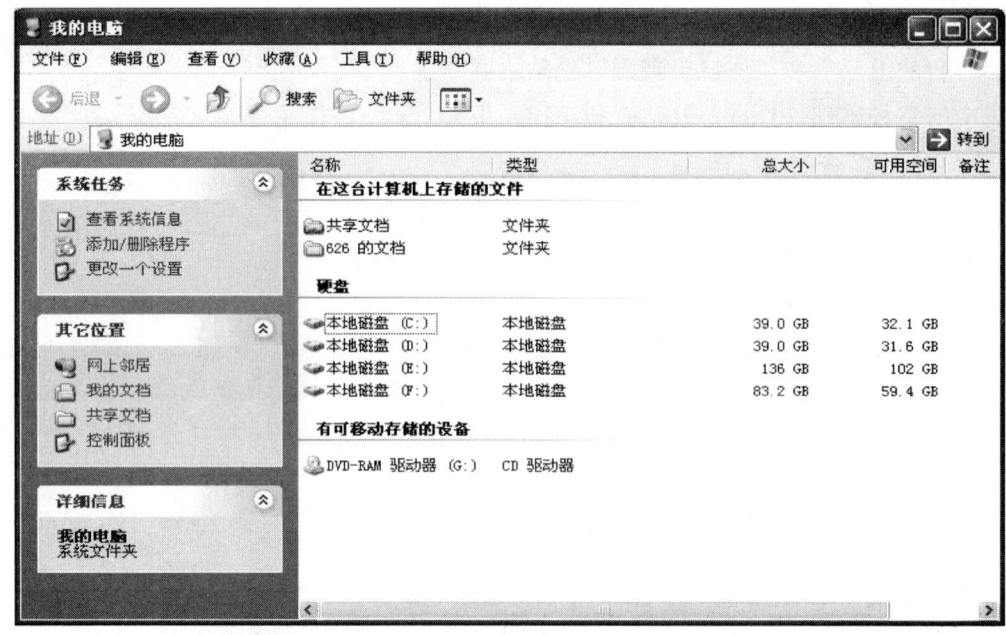

图 2-3    "我的电脑"窗口

（1）单击"开始"按钮，选择"所有程序/附件/Windows 资源管理器"，出现如图 2-4 所示的"资源管理器"窗口。

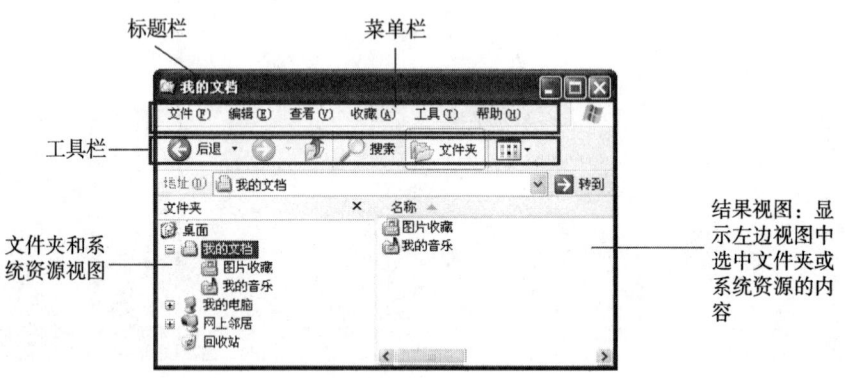

图 2-4    "资源管理器"窗口

（2）右击桌面"我的电脑"图标，在弹出的快捷菜单中选择"资源管理器"命令。

（3）右击桌面"网上邻居"图标，在弹出的快捷菜单中选择"资源管理器"命令。

（4）右击"开始"按钮，在弹出的快捷菜单中选择"资源管理器"命令。

在 Windows XP 中还可以通过其他方式查看和操作文件和文件夹,如"我的文档"、"网上邻居"及"回收站"等。

"我的电脑"和"资源管理器"中显示的文件和文件夹,可以通过单击"工具/文件夹选项",在打开的"查看"选项卡中进行设置,如图 2-5 所示。

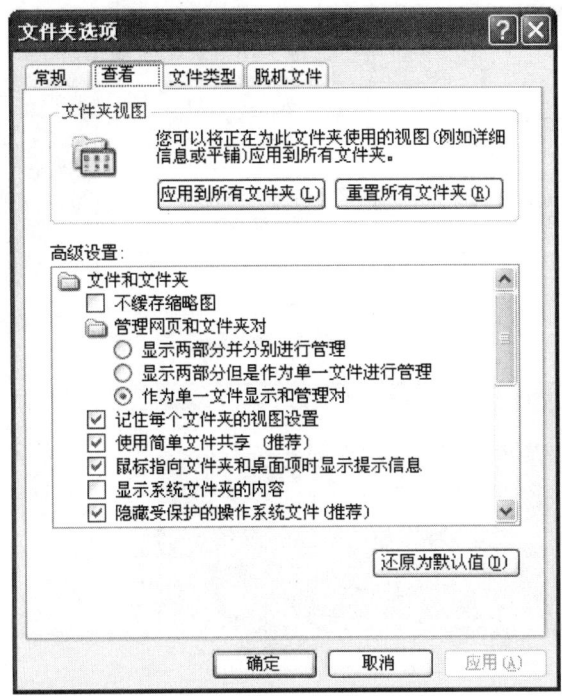

图 2-5　"查看"选项卡

### 2.2.2　Windows XP 文件操作

Windows XP 中对文件的操作主要包括文件创建、浏览、选定、打开、复制、移动、查找、删除、文件属性设置及共享等，下面通过"资源管理器"介绍文件的各种操作。

1. 创建文件

创建文件的方法主要有两种。方法一是在"资源管理器"左边视图中选定新建文件所在文件夹，再在右边结果视图中右击，在弹出的快捷菜单中选择"新建"子菜单列出的文件类型，最后为所建文件命名，这时创建的是一个新的空文件。例如，选择在"我的文档"文件夹下创建一个 Word 文档，并命名为 test.doc，效果如图 2-6 所示。也可在桌面上右击，在弹出的快捷菜单中选择"新建"子菜单列出的文件类型，最后为所建文件命名，这时创建的新的空文件是放置在桌面上的。

方法二是打开与所要创建文件类型相关联的应用程序，如 Microsoft Office、记事本等，在其应用程序中创建新文件。

2. 浏览文件

在"资源管理器"中浏览文件可以采用不同的形式，如图 2-7 所示，选择菜单栏中的"查看"菜单，可以在其下拉菜单中选择"缩略图"、"平铺"、"图标"、"列表"、"详细信息"五种模式之一浏览文件。图 2-7 中是以"缩略图"的形式展示所选驱动器中的文件和文件夹。

(a)

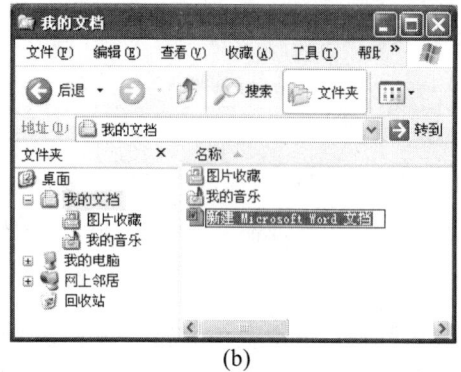

(b)

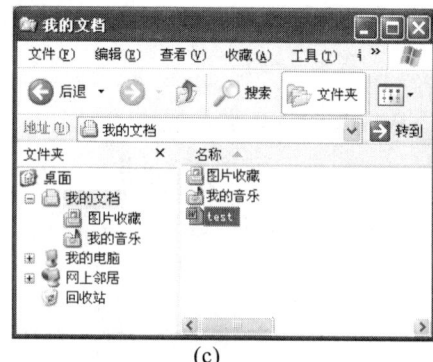

(c)

图 2-6　创建文件

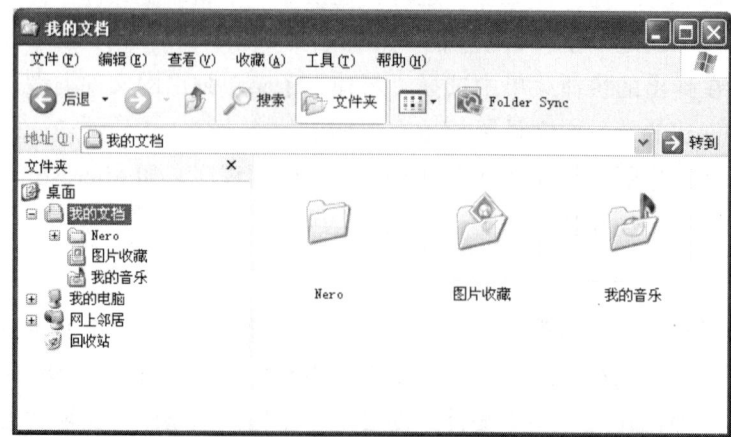

图 2-7　浏览文件

3. 选定文件

对文件的选定是开始文件其他操作的前提。

1）选定单个文件

将鼠标移到选定的文件上，单击鼠标左键，使其反白显示。

2）选定多个相邻的文件

先单击选定的第一个文件，按住 Shift 键，再单击选定的最后一个文件，则前后单击的两个文件之间的所有文件均被选定。

3）选定多个不相邻的文件

先单击选定的第一个文件，按住 Ctrl 键，再依次单击选定的其他文件。

4）选定全部文件

方法一，单击当前窗口菜单栏"编辑"菜单中的"全部选定"命令；方法二，按住 Ctrl+A 键。两种方法均能选中当前窗口中所有文件和文件夹。

5）取消选定

若取消个别选定的文件，可按住 Ctrl 键，再单击要取消的文件；若取消全部选定的文件，单击所在当前窗口任意空白位置即可。

4. 打开文件

通常双击文件即可打开文件。但在 Windows XP 中，针对不同文件类型，打开文件带有不同含义。对于数据文件，打开文件需要先启动与之相关联的应用程序，再在该应用程序中打开文件；对于可执行文件，打开文件意味着运行该文件。若系统中没有与要打开的文件相关联的应用程序，则可在选定该文件时右击，在弹出的快捷菜单中选择"打开方式"命令，从弹出的"打开方式"对话框中选择合适的应用程序应用于该文件，如图 2-8 所示。

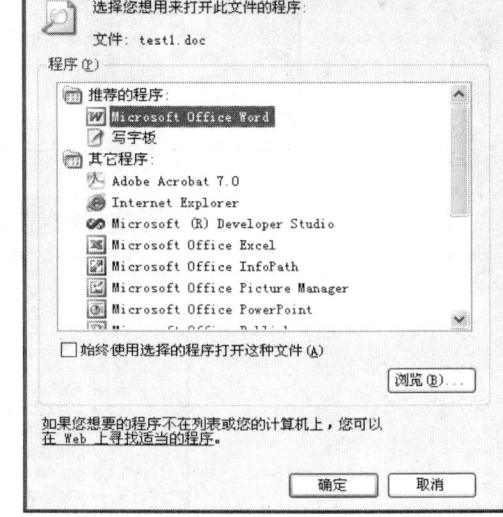

图 2-8　"打开方式"对话框

5. 复制和移动文件

复制文件是指在指定的位置制作选定文件的一个副本。移动文件是指将选定的文件移到一个新的位置，原位置的该文件被删除，Windows XP 中，同一位置下不能有类型相同的同名文件。复制和移动文件的方法主要有下列几种：

（1）使用菜单命令。选定要复制或移动的文件，单击"编辑"菜单下的"复制"或"剪切"命令，再将鼠标移至目标位置，单击"编辑"菜单下的"粘贴"命令即可完成文件的复制或移动；或选定要复制或移动的文件，右击，在弹出的快捷菜单中选择"复制"或"剪切"命令，再将鼠标移至目标位置，单击快捷菜单中的"粘贴"命令。

（2）使用快捷键。选定要复制或移动的文件，按复制快捷键 Ctrl+C 或剪切快捷键 Ctrl+X，再将鼠标移至目标位置，按粘贴快捷键 Ctrl+V 即可。

（3）鼠标拖动。在同一驱动器中实现文件移动，则选定要移动的文件，将其直接拖动到目标位置；在同一驱动器中实现文件复制，则选定要复制的文件，在将其拖动到目标位置的过程中按住 Ctrl 键；在不同驱动器之间实现文件移动，则选定要移动的文件，在将其拖动到目标位置的过程中按住 Shift 键；在不同驱动器之间实现文件复制，则选定要复制的文件，将其直接拖动到目标位置。

（4）"我的电脑"窗口命令。选定要复制或移动的文件，单击窗口左边"复制这个文件"或"移动这个文件"命令，在弹出的对话框中选择复制或移动的目标位置，再单击"复制"或"移动"按钮即可，如图 2-9 所示。

(a)

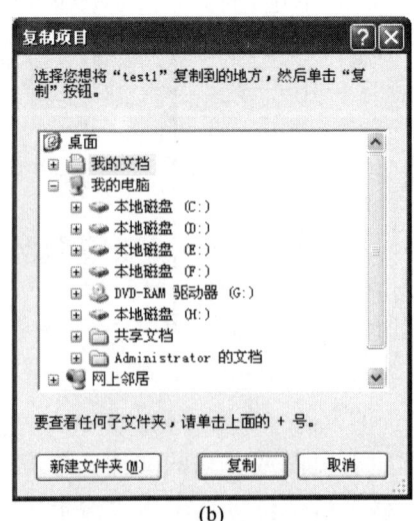

(b)

图 2-9　"我的电脑"窗口和"复制项目"对话框

6. 查找文件

　　Windows XP 在"我的电脑"和"资源管理器"中提供了强大的文件查找功能。单击"资源管理器"窗口工具栏中的"搜索"按钮，如图 2-10(a)所示，选择左边"您要查找什么？"下面的"文档"，出现图 2-10(b)，用户可从时间、文件名、文件所在位置、文件中包含的词组等多个方面查找所需文件。若不清楚文件的全名，可使用通配符"？"和"*"代替，其中"？"代表一个任意字符，"*"代表任意多个任意字符。

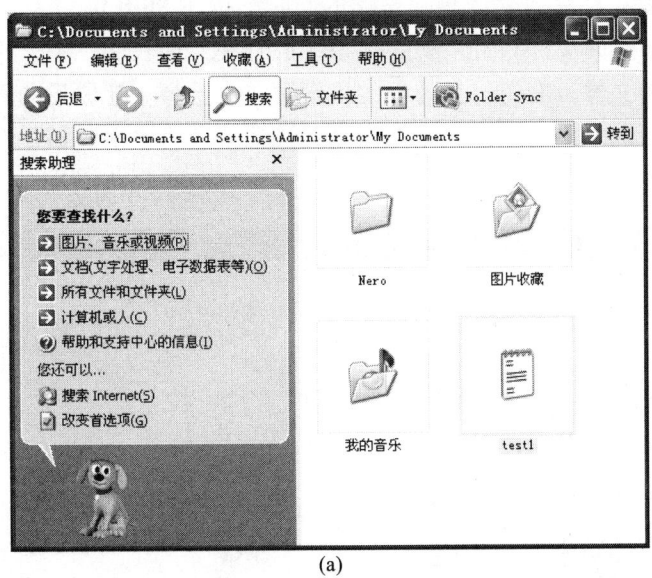

(a)

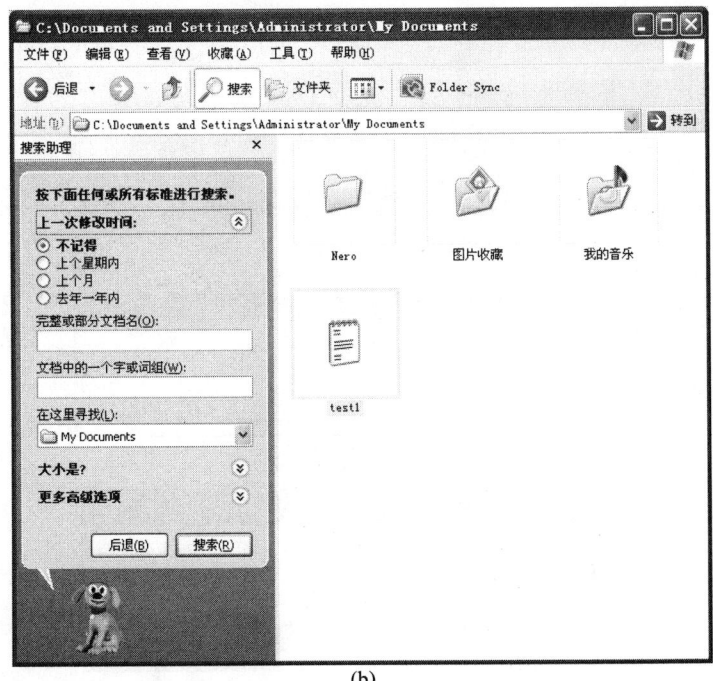

(b)

图 2-10　查找文件

**7. 删除和还原文件**

删除文件有两种方法：一种是采用默认方式，这种方式下删除的文件被系统放入"回收站"，可以通过对"回收站"的操作还原被删除的文件；另一种是彻底从系统中删除文件，不能再还原。

（1）默认方式：选定要删除的文件，单击"文件"菜单下的"删除"命令；或右击，在弹出的快捷菜单中选择"删除"命令；或选定要删除的文件，按 Del 键。

（2）彻底删除：在完成默认删除操作的同时，按住 Shift 键。

经默认方式删除的文件和文件夹会被系统放置在"回收站"中，如图 2-11 所示。选中"回收站"中的文件，右击，在弹出的快捷菜单中选择"还原"命令，可将其还原到原来的位置，也可选择"清空回收站"命令，则系统会将"回收站"中的所有文件和文件夹彻底删除。

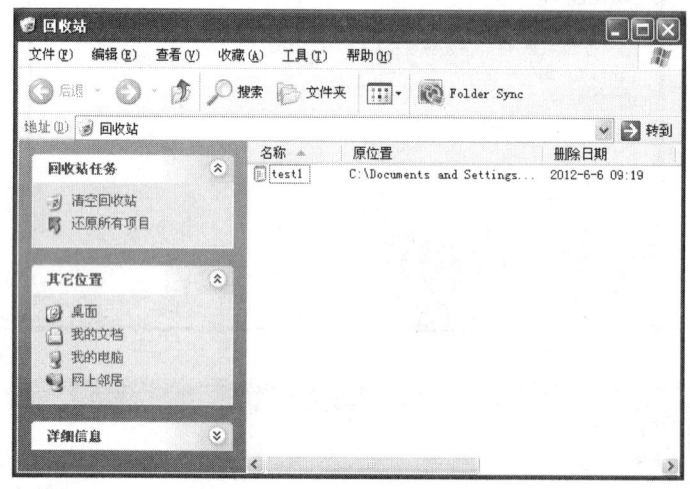

图 2-11　"回收站"窗口

系统在执行删除操作前会弹出一个对话框进行删除确认，如图 2-12 所示，注意两者的不同之处。

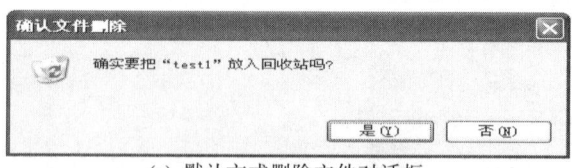

(a) 默认方式删除文件对话框

(b) 彻底删除方式删除文件对话框

图 2-12　"确认文件删除"对话框

8. 文件属性设置

在 Windows XP 中文件具有很多特性，包括文件的名字、类型、大小、创建和修改的时间、所在位置、属性等，其中文件的类型、大小、创建和修改的时间由系统自动设置，文件位置可以通过移动操作进行调整，而文件名字和属性可以随用户的需要随时更改。

（1）更改文件名字：方法一，选定要更名的文件，单击"文件/重命名"，或右击，在弹出的快捷菜单中选择"重命名"命令，此时，被选定的文件名字被加上了一个方框，在方框内输入文件新名字，按 Enter 键即可；方法二，单击要更名的文件，略等片刻，再单击该文件，则被两次单击的文件名字被加上了一个方框，在方框内输入文件新名字，按 Enter 键，注意两次单击不能连续，否则系统会执行打开文件操作。

（2）更改文件属性：选定文件，右击，在弹出的快捷菜单中选择"属性"命令，系统会弹出一个属性对话框，如图 2-13 所示。在该对话框中，可为文件添加"只读"和"隐藏"两种属性。

9. 共享文件

当计算机处于一个网络环境中时，可以通过设置共享文件实现远程用户对本地文件的访问。Windows XP 中的文件共享是通过共享文件夹实现的，具体方法参见 2.2.3 节。

### 2.2.3　Windows XP 文件夹操作

Windows XP 中的文件夹主要是实现对文件的分类管理，帮助文件系统更好地组织文件。Windows XP 中对文件夹的操作主要包括文件夹创建、浏览、选定、打开、复制、移动、查找、删除、属性设置以及

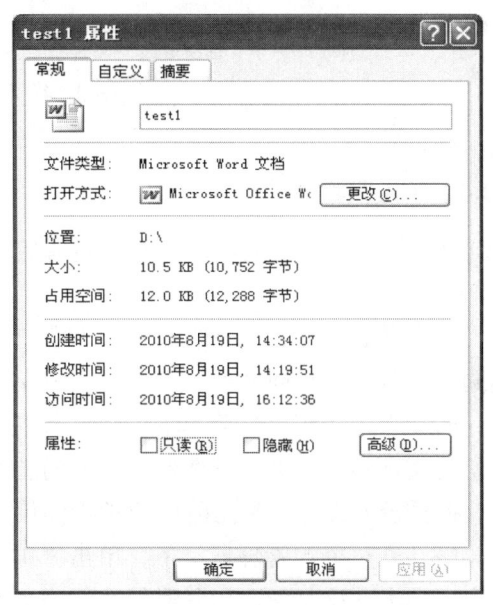

图 2-13　属性对话框

共享等，除共享操作外，其余操作均与文件操作相类似，这里就不再赘述，个别有疑问的可参考系统自带的帮助文件。

这里只针对网络中的文件夹共享给出操作指导。首先选定要共享的文件夹，右击，在弹出的快捷菜单中选择"共享和安全"命令；或在弹出的快捷菜单中选择"属性"命令，在弹出的对话框中选中"共享"选项卡，如图 2-14(a)所示。

在"网络共享和安全"选项区域中，根据提供的共享权限大小勾选"在网络上共享这个文件夹"和"允许网络用户更改我的文件"复选框，并为这个文件夹取一个共享名，然后单击"应用"按钮，系统会为该文件夹设置共享权限，如图 2-14(b)所示。设置了共享的文件夹，其文件夹图标会被一只手托起。

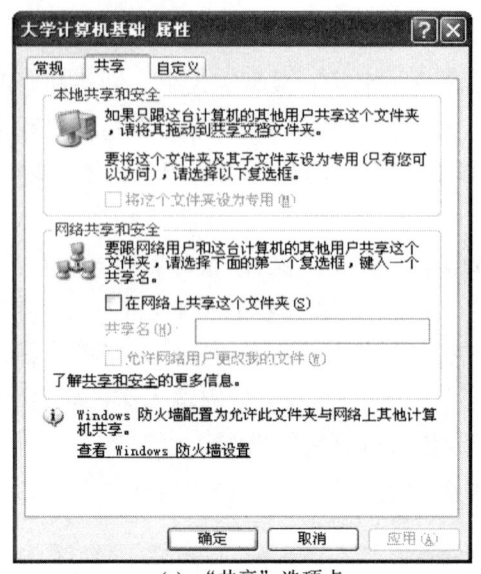

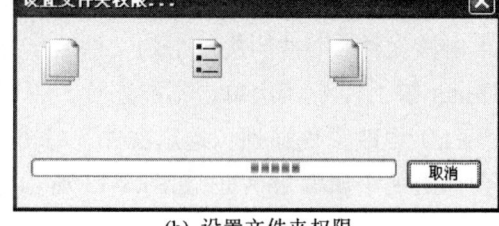

(a) "共享"选项卡　　　　　　　　　　　(b) 设置文件夹权限

图 2-14　设置文件夹共享

### 2.2.4　单元实验

单元实验 2-2-1："我的电脑"和"资源管理器"的使用

【实验要求】

（1）使用 2.2.1 节介绍的各种方法打开"我的电脑"和"资源管理器"，体会使用不同方法带来的异同之处。

（2）单击"工具"菜单下的"文件夹选项"命令，打开"查看"选项卡，勾选"显示所有文件和文件夹"复选框，取消勾选"隐藏受保护的操作系统文件"复选框，查看 C 盘根目录下文件，对比前后两种不同设置的异同。

（3）在"资源管理器"下，单击"工具"菜单下的"文件夹选项"命令，打开"查看"选项卡，反复勾选和取消勾选"隐藏已知文件的扩展名"复选框，对比不同设置下文件名的异同。

单元实验 2-2-2：文件和文件夹操作

【实验要求】

（1）打开"我的文档"，单击"查看"菜单，选取不同的方式浏览"我的文档"下的内容。

（2）打开系统盘 C 的 Program Files 文件夹，在其下练习文件和文件夹的各种选定方法。

（3）选取系统盘 D，在其根目录下创建一个新文件夹并命名为"我的文件夹"，在"我的文件夹"下创建一个新文本文件并命名为"我的文件.txt"（注意文件扩展名的设置），创建一个子文件夹并命名为"我的子文件夹"。

（4）查看文本文件"我的文件.txt"属性，打开文本文件"我的文件.txt"，在其中随意输入若干文字并保存，再一次查看其属性，对比前后两次文件大小和占用空间的异同。

（5）先将文件"我的文件.txt"复制到"我的文档"中，再将其从 D 盘"我的文件夹"下移动到"我的子文件夹"中，要求使用至少两种不同的方法完成复制和移动操作。

（6）打开"我的电脑"或"资源管理器"，单击"搜索"按钮，进入搜索界面，依次完成其所列的各项查找任务，在查找过程中，比较"*"和"?"通配符的异同。

（7）将"我的文档"中的"我的文件.txt"删除，并在回收站中将其还原。

（8）选定"我的文件.txt"，将其属性设置为"只读"，再次打开该文件修改其内容并保存，注意观察保存时的异同，体会"只读"属性的含义。

（9）在系统 D 盘根目录下创建一个文件夹并命名为"共同分享"，按照 2.2.3 节所述共享文件夹的设置方法，将"共同分享"文件夹设置为共享文件夹，设置共享权限。

（10）向共享文件夹"共同分享"中放置适当的文件和文件夹，登录另一台机器并访问此共享文件夹，或与其他用户协作互相访问对方的共享文件夹。

## 2.3 Windows XP 控制面板

Windows XP 中的"控制面板"是用户对计算机系统进行各种配置的重要工具，它提供了丰富的用于更改 Windows 外观和行为方式的工具，可用来修改系统配置、添加新硬件和程序、对系统外部设备及网络进行有效的管理和控制。Windows XP 的"控制面板"以文件夹的形式组织，其界面有两种视图，即"分类视图"和"经典视图"，如图 2-15 所示。

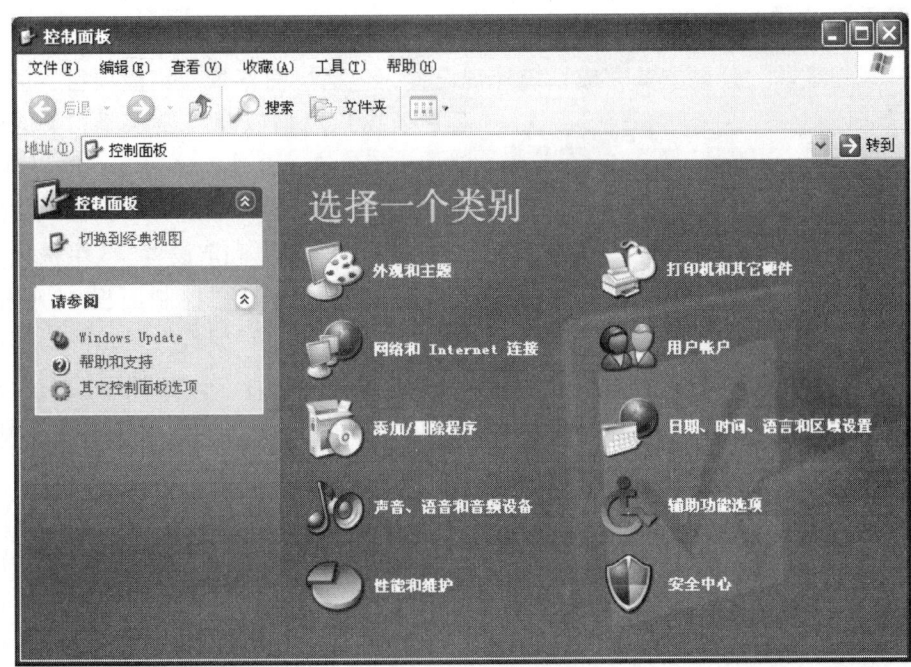

(a) "控制面板"分类视图

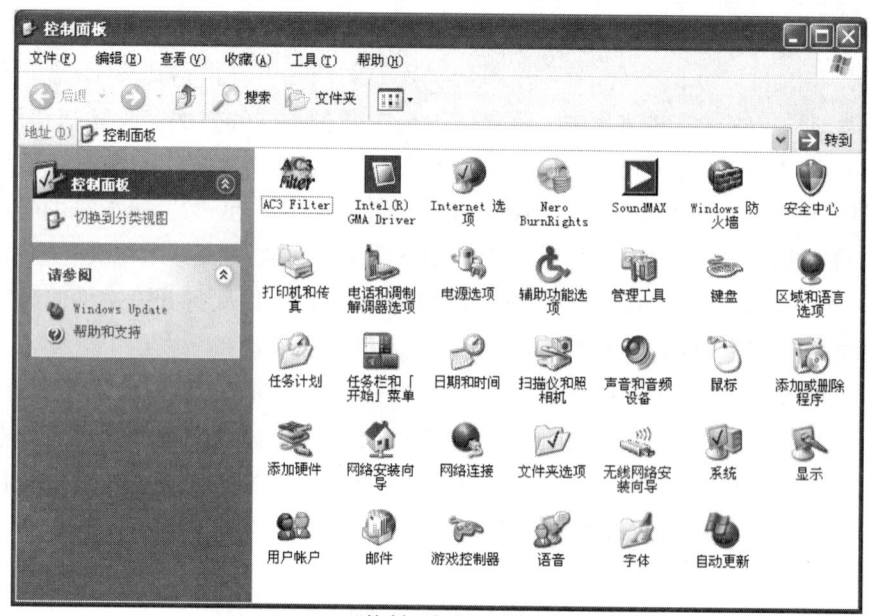

(b) "控制面板"经典视图

图 2-15    "控制面板"的两种视图

本小节按照分类视图的脉络介绍其中各种功能的操作方法，因其功能较多，这里对重要和常用的一些功能做重点介绍，其他功能用户可参考 Windows XP 自带的帮助文档。

打开"控制面板"的方法有多种，可单击"开始"菜单，然后选取"控制面板"；或在"我的电脑"和"资源管理器"中单击"控制面板"。

### 2.3.1    外观与主题

"外观与主题"分类主要完成系统外观设置，包括桌面背景、桌面项目、屏幕保护

图 2-16    "显示 属性"窗口—"桌面"选项卡

程序、窗口风格以及与显示器相关的屏幕分辨率、颜色等，如图 2-16 所示。用户可在"显示 属性"窗口的"主题"、"桌面"、"屏幕保护程序"、"外观"和"设置"5 个选项卡中进行设置。除了通过"控制面板/外观和主题/显示"进入"显示 属性"窗口外，还可以在桌面任意空白处右击，在弹出的快捷菜单中选择"属性"命令，同样可以进入"显示 属性"对话框。

"桌面"选项卡主要设置系统桌面背景图案，可在"背景"列表框中选择操作系统自身提供的各种图案，也可单击"浏览"按钮，选择硬盘中其他图片用于桌面背景；单击"自定义桌面"按钮，打开"桌面项目"

选项卡，可选择桌面上显示的项目。

　　"屏幕保护程序"选项卡主要设置系统长时间没有操作时的屏幕保护程序，如图 2-17 所示。可在"屏幕保护程序"列表框中选择一款屏幕保护程序，单击"设置"按钮完成设置。现在有很多屏幕保护程序制作软件，可以自己制作并将其设定为系统的屏幕保护程序。Windows XP 也提供有简单快捷的屏幕保护程序制作方法，具体操作模式可参考单元实验 2-3-1。

　　"外观"选项卡主要用于设置系统中桌面窗口和按钮的风格、选用的色彩方案及字体的大小，如图 2-18 所示。

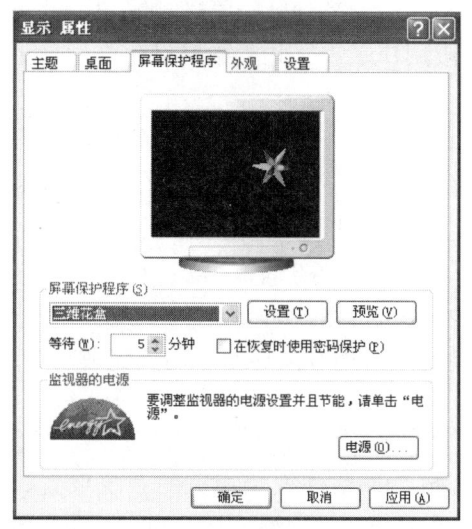

图 2-17　"显示 属性"窗口—"屏幕保护
程序"选项卡

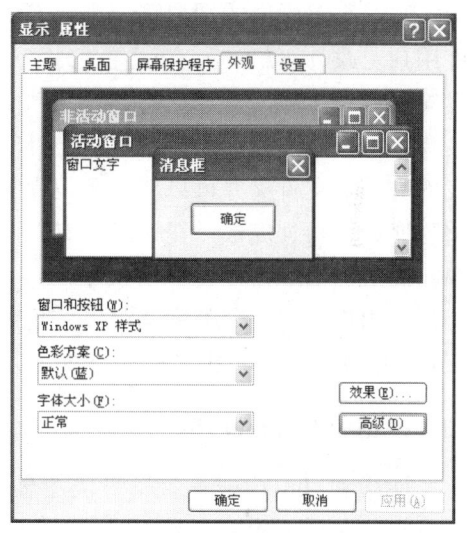

图 2-18　"显示 属性"窗口—"外观"选项卡

　　"设置"选项卡主要用于显示器屏幕分辨率和图形颜色的设置，如图 2-19 所示。

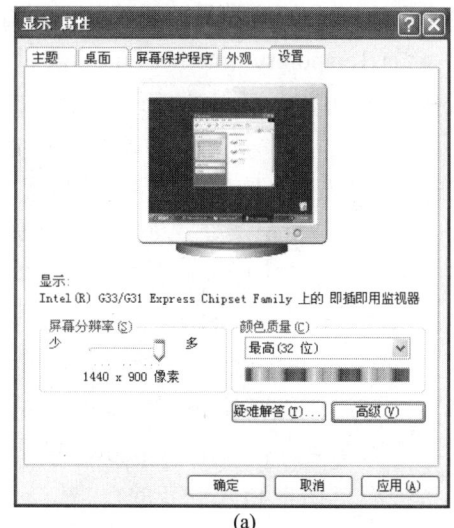

(a)

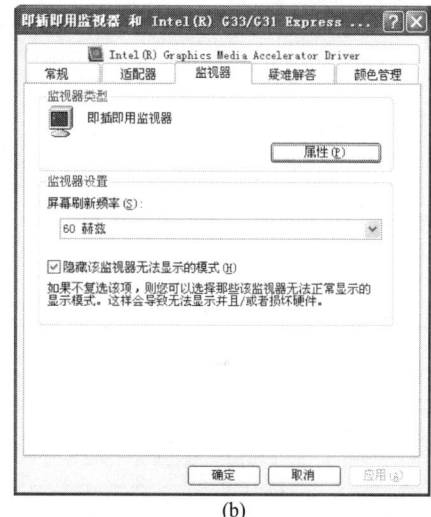

(b)

图 2-19　"显示 属性"窗口—"设置"选项卡和"监视器"选项卡

一般现在的液晶显示器都会给出最佳屏幕分辨率，颜色质量选择位数最高的选项。单击"高级"按钮进入"监视器"选项卡中可以设置屏幕刷新频率，若发现显示器屏幕有抖动或频闪等不良现象，可以通过调整屏幕刷新频率予以改善。

### 2.3.2 用户账户

当有多人使用同一台计算机时，系统的一些设置可能会被不同用户经常修改，从而导致一些意外发生。为了更好地保护用户个人的数据和隐私，防止计算机设置被他人修改，可以使用"用户账户"管理不同用户。

Windows XP 中的用户账户主要有两种类型，一种是计算机管理员账户，此类账户允许用户更改计算机的所有设置；另一种是受限用户账户，此类账户只允许用户更改部分设置。

有了用户账户，用户可以自定义计算机上自己的桌面风格和外观方式，拥有自己的"我的文档"文件夹并可以使用密码保护自己的文件。而且在多个用户之间切换时不用关闭程序即可快速完成。切换用户有三个步骤：单击"开始/注销"命令，在弹出的"注销 Windows"窗口中单击"切换用户"，然后单击新用户账户名。

在"用户账户"分类中，可以实现的功能主要包括创建一个新账户、更改账户、删除账户、更改用户登录或注销的方式等，每一项实现时均有向导引导用户完成功能设置。

### 2.3.3 网络和 Internet 连接

"网络和 Internet 连接"分类主要用于完成与网络和安全相关的系统设置，下分"Internet 选项"、"Windows 防火墙"、"网络安装向导"、"网络连接"和"无线网络安装向导"五大项。

"Internet 选项"中包含"常规"、"安全"、"隐私"、"内容"、"连接"、"程序"和"高

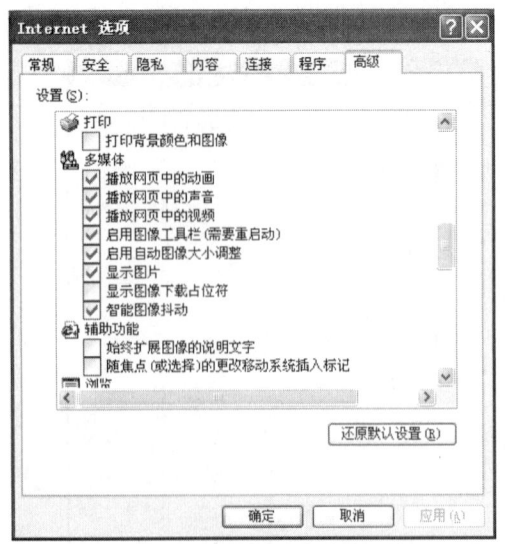

级"等 7 个选项卡，在"常规"选项卡中可以设置系统打开 IE 浏览器时默认的主页地址、删除系统 Temporary Internet Files 文件夹中的 Cookies 等所有内容、清除历史记录，如图 2-20 所示；在"高级"选项卡中可以对系统显示网页进行各项设置，例如在网络速度较慢的时候，为了加快网页显示速度，可以在"高级"中选择关闭"播放网页中的动画"、"播放网页中的声音"、"播放网页中的视频"等。

"Windows 防火墙"对话框如图 2-21 所示，主要用于提高系统网络安全防护能力，用户可以选择是否启用 Windows 防火墙来帮助系统防范病毒和入侵者的攻击，有些品牌的杀毒软件和防火墙产品在安装使用过程中

图 2-20　Internet 选项

会和 Windows 自带的防火墙发生冲突，这时可以选择关闭 Windows 防火墙，也可以更
换一款产品。

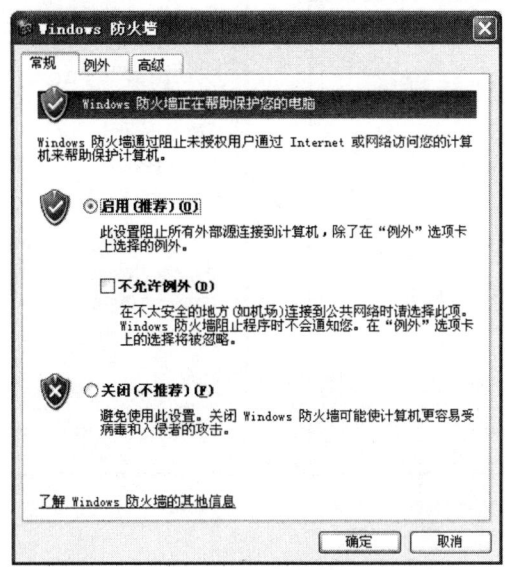

图 2-21　"Windows 防火墙"对话框

图 2-22 显示了一个 Windows XP 系统中已经创建的所有网络连接方式。通过这些网
络连接方式列表可以有选择地进入其中一个连接的属性对话框，设置 IP 地址等相关属
性。进入方式：右击一个连接，在弹出的快捷菜单中选择"属性"命令，如图 2-23 所示，
在"此连接使用下列项目"列表中选中"Internet 协议（TCP/IP）"，单击"属性"按钮，
进入图 2-24 所示的"Internet 协议（TCP/IP）属性"对话框，在此选择"使用下面的 IP

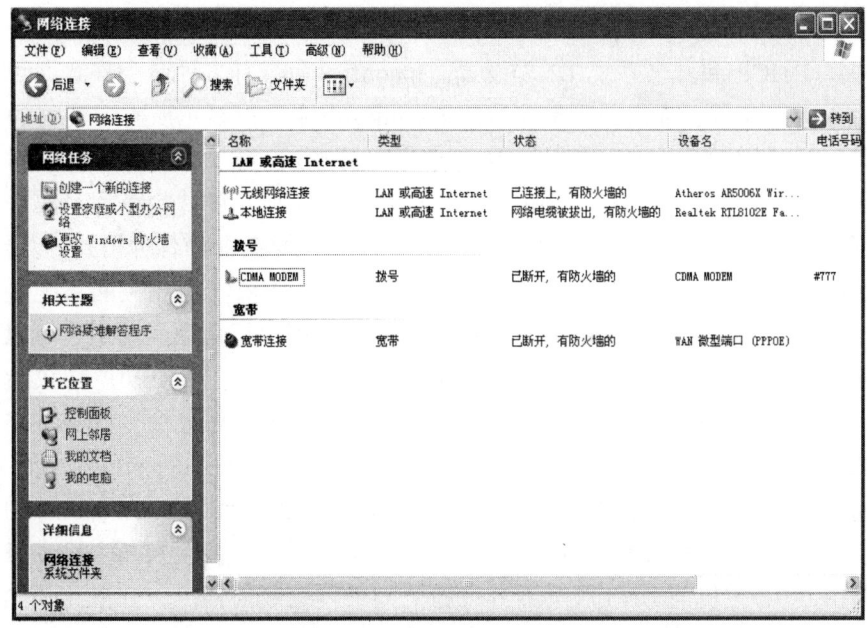

图 2-22　"网络连接"窗口

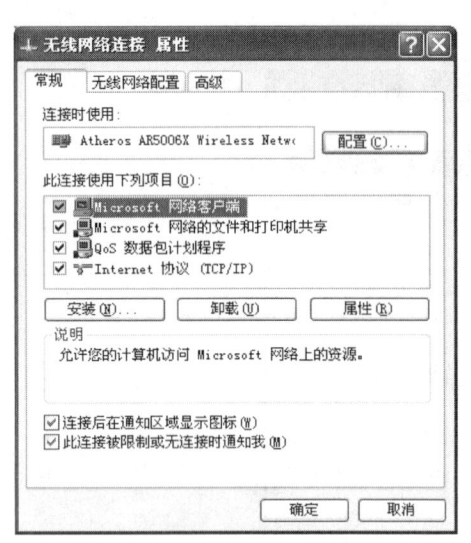

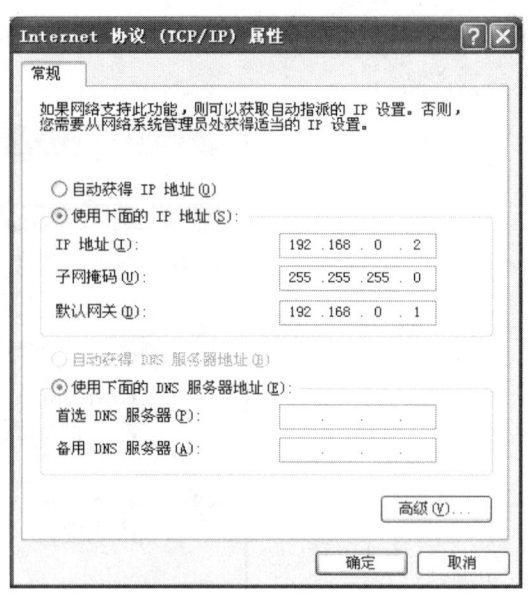

图 2-23　"无线网络连接 属性"对话框　　图 2-24　"Internet 协议（TCP/IP）属性"对话框

地址"单选按钮，就可以根据实际网络连接情况设置主机的 IP 地址、子网掩码、网关和 DNS 服务器地址。通常当用户将主机接入一个局域网或接入一个不提供动态 IP 地址分配的网络（不支持 DHCP 协议）时需要配置上述信息，目前大多数家庭接入互联网都不需要配置本机 IP 地址相关信息，只需选择"自动获得 IP 地址"单选按钮即可。

　　当用户进行初始网络连接设置时，可以选择 "网络安装向导"和"无线网络安装向导"，按照安装向导的指引一步步完成设置。

　　下面介绍几种常用的网络命令。

　　（1）ipconfig 命令：主要用于显示主机所有当前的 TCP/IP 网络配置值、刷新动态主机配置协议(DHCP)和域名系统(DNS)设置。ipconfig 命令有多种命令格式，可以根据需要选择命令所带参数，常用的不带参数的 ipconfig 命令可以显示所有适配器的 IP 地址、子网掩码、默认网关等信息。使用方法：单击"开始/运行"，在"运行"对话框中输入"cmd"命令，单击"确定"按钮，进入如图 2-25(a)所示的"命令提示符"窗口，在该窗口下可以先输入"ipconfig help"命令，全面了解此命令的各种格式，如图 2-25(b)所示，然后再选择需要的命令格式执行 ipconfig 命令，查看主机相关网络配置信息。

　　（2）ping 命令：这是 Windows 系列自带的一个可执行命令。利用它可以检查网络是否能够连通，帮助分析判定网络故障。该命令只有在安装了 TCP/IP 协议后才可以使用。ping 命令也有多种命令格式，可通过"ping /?"全面了解此命令的各种格式，其中最常用的格式为"ping 有效 IP 地址"，如图 2-26 所示。系统执行 ping 192.168.0.1 命令时，是通过发送数据包并接收应答信息来检测本机与 IP 地址为 192.168.0.1 的设备之间网络是否连通。当网络出现故障的时候，可以使用这个命令依次判断主机本身、主机与网关（路由器）、主机与 DNS 服务器等设备之间的网络畅通情况，并依此预测故障和确定故障地点。

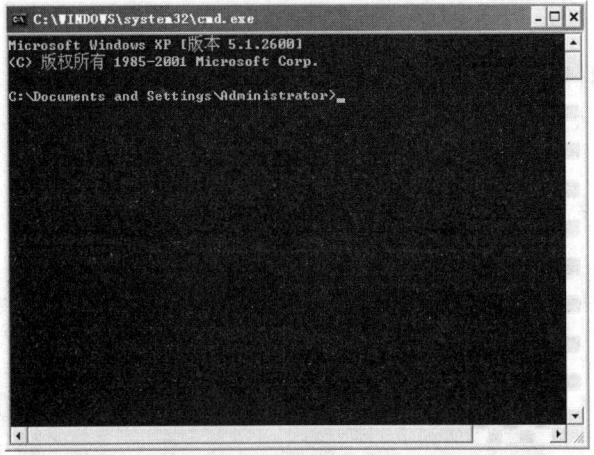

(a) "命令提示符" 窗口

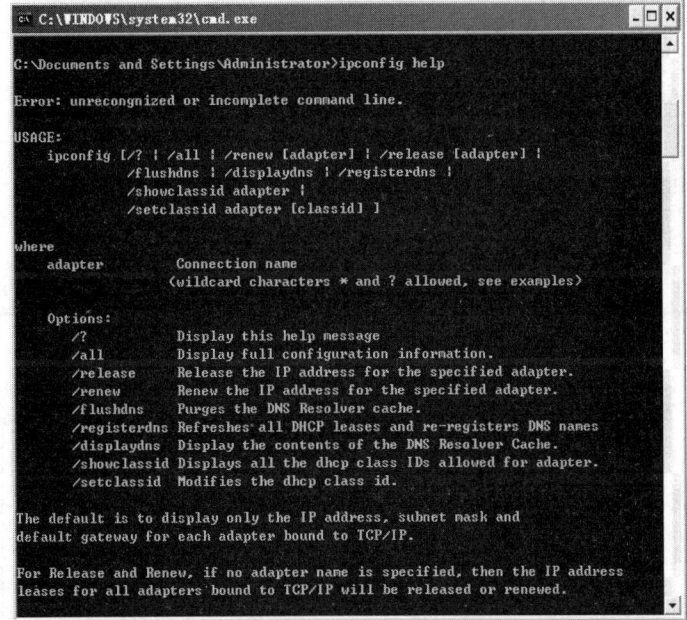

(b) 执行 ipconfig help 命令

图 2-25　ipconfig 命令

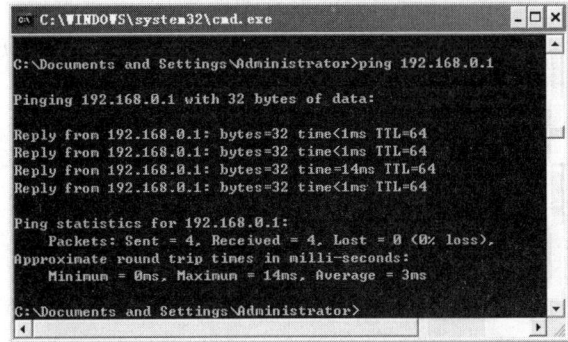

图 2-26　执行 ping 192.168.0.1 命令

### 2.3.4　添加或删除程序

　　"添加或删除程序"对话框如图 2-27(a)所示，可以帮助用户管理计算机上的程序和组件。可以使用它从光盘、软盘或网络添加程序，或者通过 Internet 添加 Windows 升级或新的功能，还可以帮助用户添加或删除在初始安装时没有选择的 Windows 组件，例如用于 Web 服务器的 Internet 信息服务（IIS），如图 2-27(b)所示。

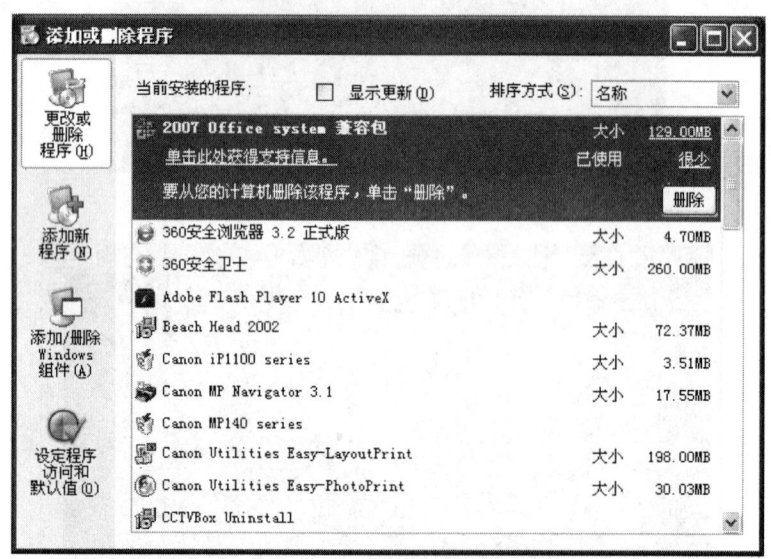

(a)"添加或删除程序"对话框

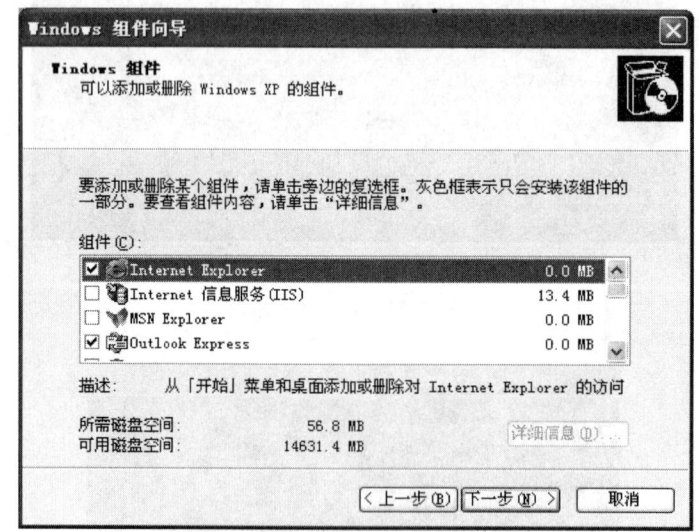

(b)"Windows 组件向导"对话框

图 2-27　添加或删除程序

### 2.3.5　性能与维护

　　在"控制面板"的"性能与维护"分类中主要包含 4 个方面的管理与设置，分别是

"电源选项"、"管理工具"、"任务计划"和"系统"，其中"管理工具"和"系统"两项使用得较多。

1. 管理工具

"管理工具"分为"本地安全策略"、"服务"、"计算机管理"、"事件查看器"、"数据源"、"性能"和"组件服务"七大模块。在此重点介绍"服务"和"计算机管理"。

（1）服务。如图 2-28 所示，在"服务"窗口列出了系统后台运行的各种应用程序，给出了这些应用程序的描述、状态、启动类型等信息。这些服务应用程序通常可以在本地和网络为用户提供一些功能，例如客户端/服务器应用程序、Web 服务器、数据库服务器及其他基于服务器的应用程序。但很多服务存在安全隐患，在下面的【小贴士】中列出了 10 种建议用户禁用的服务。

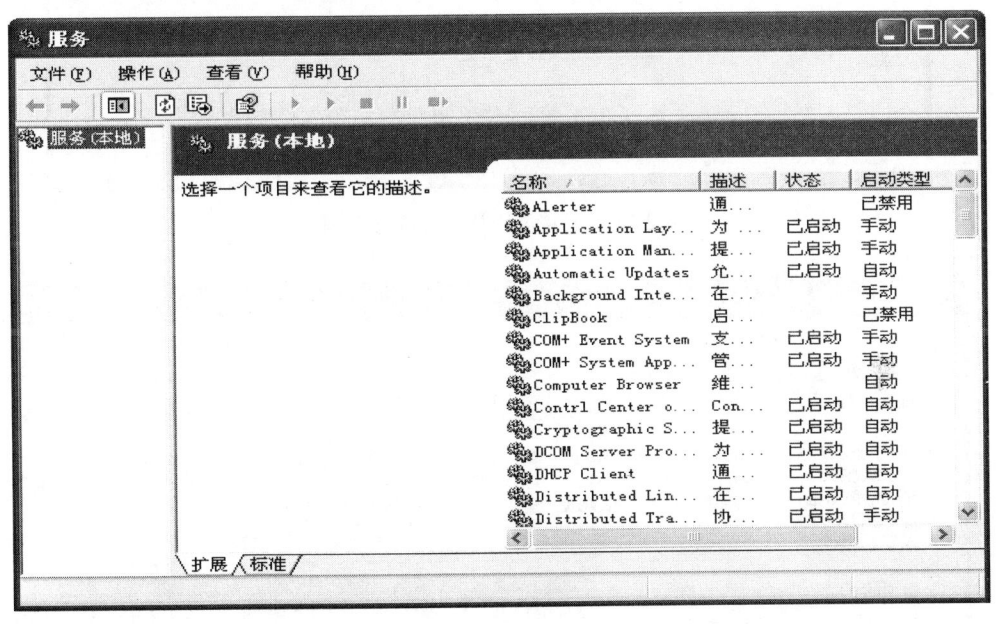

图 2-28　"服务"窗口

（2）计算机管理。这里关注"存储"下面的"磁盘碎片整理程序"和"磁盘管理"两项功能。"磁盘碎片整理程序"是一种用于分析本地驱动器（卷）及查找和修复碎片文件和文件夹的系统实用程序，能够将计算机硬盘上的碎片文件和文件夹合并在一起，提高访问文件和文件夹的效率，有效利用磁盘空闲空间，减少新文件出现碎片的可能性。如图 2-29 所示，用户可以选择一个驱动器（卷），先单击"分析"按钮，查看该驱动器的磁盘碎片情况，再根据分析结果判断该驱动器是否需要进行碎片整理，若需要，单击"碎片整理"按钮。还可以使用 defrag 命令，从命令行对磁盘执行碎片整理。"磁盘管理"可以执行与磁盘相关的任务，例如创建并格式化分区和卷，分配驱动器号等，如图 2-30 所示。

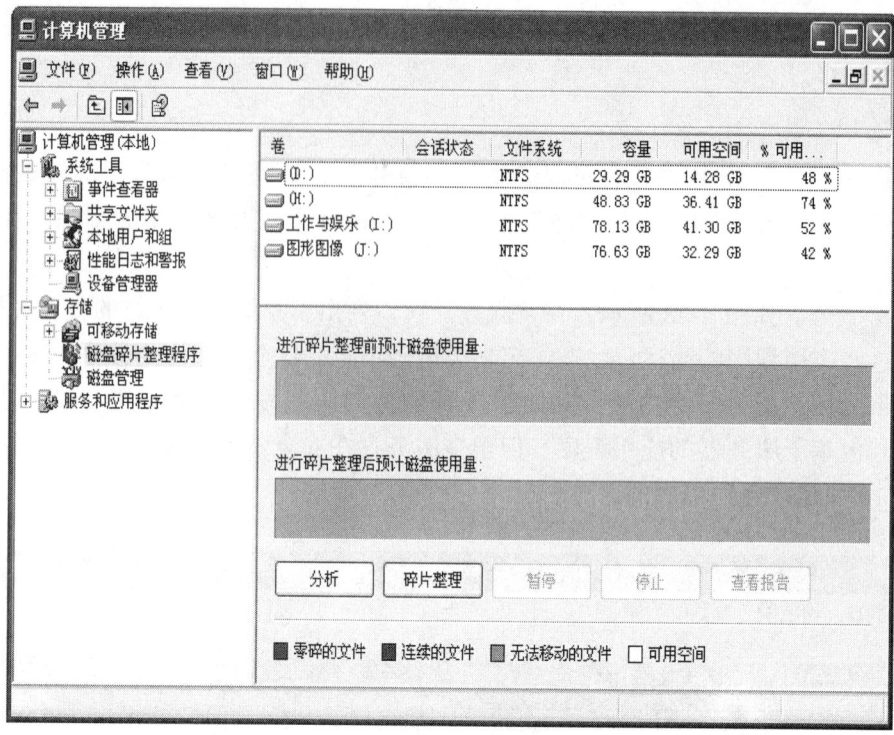

图 2-29　"磁盘碎片整理程序"窗口

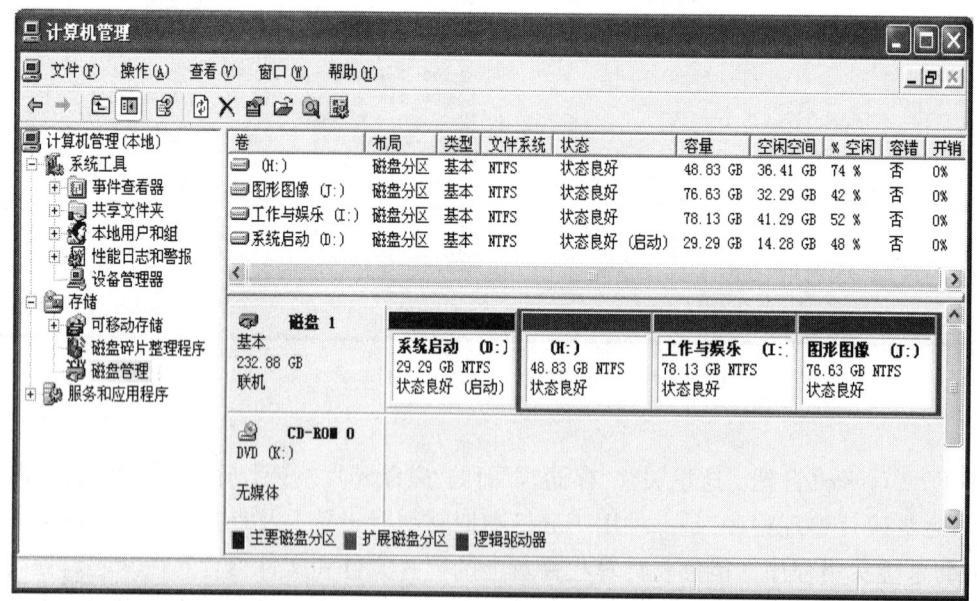

图 2-30　"磁盘管理"窗口

2. 系 统

如图 2-31 所示，"系统"中有多个选项卡，在"常规"选项卡中可以查看系统软硬件配置信息，包括操作系统版本、更新包、CPU 型号以及内存容量等。在"硬件"选项卡中可以通过单击"设备管理器"按钮打开"设备管理器"窗口查看系统硬件设备配置情况，如图 2-32 所示，使用"设备管理器"可以更新硬件设备的驱动程序（或软件）、修改硬件设置和解答疑难问题。

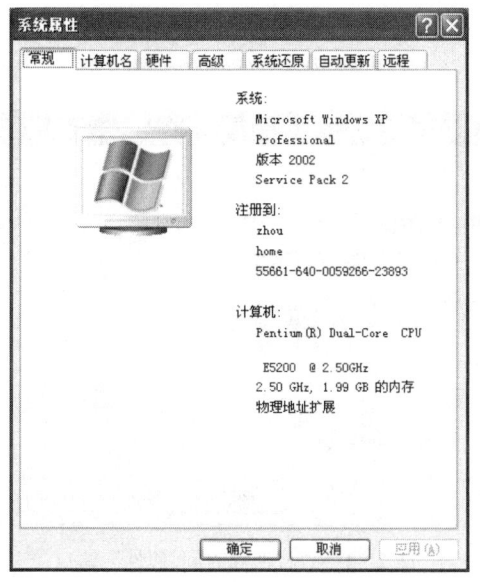

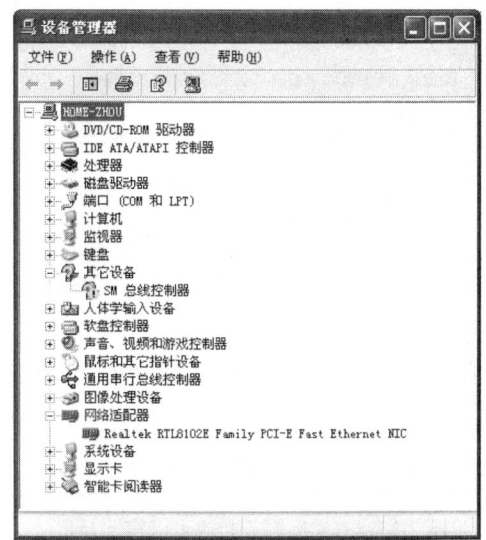

图 2-31　"系统属性"窗口　　　　　　　　图 2-32　"设备管理器"窗口

【小贴士】建议禁用的服务：

　（1）NetMeeting Remote Desktop Sharing，允许授权的用户通过 NetMeeting 在网络上互相访问对方。

　（2）Universal Plug and Play Device Host，此服务是为通用的即插即用设备提供支持，存在一个安全漏洞。

　（3）Messenger，信使服务。

　（4）Terminal Services，允许多位用户联接并控制一台机器，并且在远程计算机上显示桌面和应用程序。

　（5）Remote Registry，使远程用户能修改此计算机上的注册表设置。

　（6）Fast User Switching Compatibility，在多用户下为需要协助的应用程序提供管理，存在漏洞。

　（7）Telnet，允许远程用户登录到此计算机并运行程序。

　（8）Performance Logs And Alerts，收集本地或远程计算机基于预先配置的日程参数的性能数据，然后将此数据写入日志或触发警报。

　（9）Remote Desktop Help Session Manager，如果此服务被终止，远程协助将不可用。

　（10）TCP/IP NetBIOS Helper，NetBIOS 经常被用来进行攻击。

### 2.3.6　日期、时间、语言和区域设置

在"日期、时间、语言和区域设置"分类中分为"区域与语言选项"和"日期和时间"两大功能，其中"区域与语言选项"可以设置系统使用的语言、输入法等，如图 2-33

所示，通过"添加"和"删除"按钮设置系统的输入法。通过"日期和时间"窗口可以调整系统当前日期、时间、时区等数据，如图2-34所示。

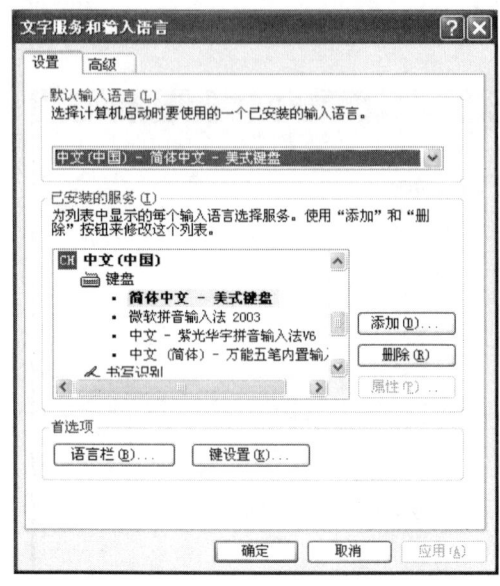

图 2-33    "文字服务和输入语言"窗口

图 2-34    "日期和时间 属性"窗口

### 2.3.7    单元实验

单元实验 2-3-1：显示属性设置

【实验要求】

（1）在"显示属性"窗口中选择"桌面"选项卡，选取 Windows XP 自带的背景图案，查看显示效果；从网络上下载一幅图形文件或从本机中查找一幅图片，并将其设置为桌面背景。

（2）在"屏幕保护程序"选项卡中选取 Windows XP 自带的屏幕保护程序，选取等待时间 1 分钟，勾选"在恢复时使用密码保护"复选框，查看屏幕保护效果。

（3）收集若干图片放入"我的文档"下的"图片收藏"文件夹下，在"屏幕保护程序"选项卡中选取"图片收藏幻灯片"，系统将自动把"图片收藏"文件夹下的图片设置成本机的屏幕保护程序，查看效果。

（4）在"设置"选项卡中分别选取 800×600、1024×768 分辨率，并与显示器原来的分辨率对比，观察不同之处。

单元实验 2-3-2：用户账户设置与切换

【实验要求】

（1）进入"控制面板"的"用户账户"分类，创建一个新账户，账户类型为计算机管理员。

（2）更改当前账户图片，并在"开始"菜单中查看更改后的图片效果。

（3）切换用户账户到新建的账户下，并在其"我的文档"文件夹下建立一个新文件。

（4）切换用户账户到原来账户下，进入"我的文档"文件夹，查看刚才在新账户下建立的文件是否存在，分析原因。

（5）删除新建的用户账户。

单元实验 2-3-3：网络设置与使用

【实验要求】

（1）选择"控制面板/网络和 Internet 连接"，进入"Internet 选项"，将默认主页设置成空白页，并在"高级"选项卡中取消勾选"播放网页中的动画"、"播放网页中的视频"复选框，单击"确定"按钮保存所做改动，接着打开 IE 浏览器，观察与改动前的异同之处。

（2）选择"控制面板/网络和 Internet 连接"，进入"网络连接"，查看当前网络连接情况，进入"本地连接"属性对话框，记录本机 IP 地址、网关、DNS 服务器等相关信息。

（3）单击"开始/启动"，进入"命令提示符"窗口，练习 ipconfig 命令，通过 ipconfig 命令查看本机网络配置信息，并与第 2 个要求中记录的信息相核对（可参考 2.6 节"辅助阅读资料"中提供的相关资料）。

（4）单击"开始/启动"，进入"命令提示符"窗口，练习 ping 命令，并比较插拔网络双绞线两种情况下 ping 命令的不同（可参考 2.6 节"辅助阅读资料"中提供的相关资料）。

（5）准备无线路由器，根据实际网络环境，完成主机到无线路由器的连接配置和安全设置。

单元实验 2-3-4：添加/删除程序

【实验要求】

（1）进入"控制面板"的"添加/删除程序"分类，在"当前安装的程序"列表中选取一个程序，单击删除，查看功能执行情况。

（2）准备本机 Windows XP 操作系统安装盘，单击"添加/删除 Windows 组件"，打开"Windows 组件向导"，勾选"Internet 信息服务（IIS）"复选框，按照向导指示完成该组件的安装。

单元实验 2-3-5：性能与维护

【实验要求】

（1）单击"控制面板/性能与维护"，进入"管理工具/服务"，将 2.3.5 节【小贴士】中提到的 10 种服务禁用。

（2）进入"管理工具/计算机管理"，单击左侧窗口的"磁盘碎片整理程序"，在右侧驱动器（卷）列表中选择磁盘容量最少的驱动器（卷），分析所选驱动器（卷）的磁盘碎片情况。

（3）进入"管理工具/计算机管理"，单击左侧窗口的"磁盘管理"，在右侧驱动器（卷）列表中选择一驱动器（卷），右击，在弹出的快捷菜单中选择"属性"命令，在"常规"文本框中为该驱动器（卷）命名。

（4）单击"控制面板/性能与维护/系统"，选择"硬件"选项卡，进入设备管理器，选中网络适配器，查看其各项属性，并将其停用，查看本机网络连接情况，再启用它。

单元实验 2-3-6：语言、日期和时间设置

【实验要求】

（1）进入"控制面板"的"日期、时间、语言和区域设置"分类，单击"区域与语言选项"，进入"文字服务和输入语言"窗口，在"已安装的服务"列表框中选取一种输入法，将其删除，再将其添加进来。

（2）单击"日期和时间"，调整系统日期和时间。

## 2.4　Windows XP 附件

在了解了 Windows XP 中"控制面板"提供的各项功能后，下面介绍"开始/所有程序"中"附件"内几种实用小工具的使用。

### 2.4.1　计算器

图 2-35(a)、(b)所示分别是 Windows XP 的标准型计算器和科学型计算器，用于进行算术运算、统计以及科学计算。其中，标准型计算器外观模拟实际生活中的小型计算器，支持十进制运算，科学型计算器支持二、八、十、十六进制的运算及其相互之间的转换，两种模式可通过"查看"菜单进行切换。

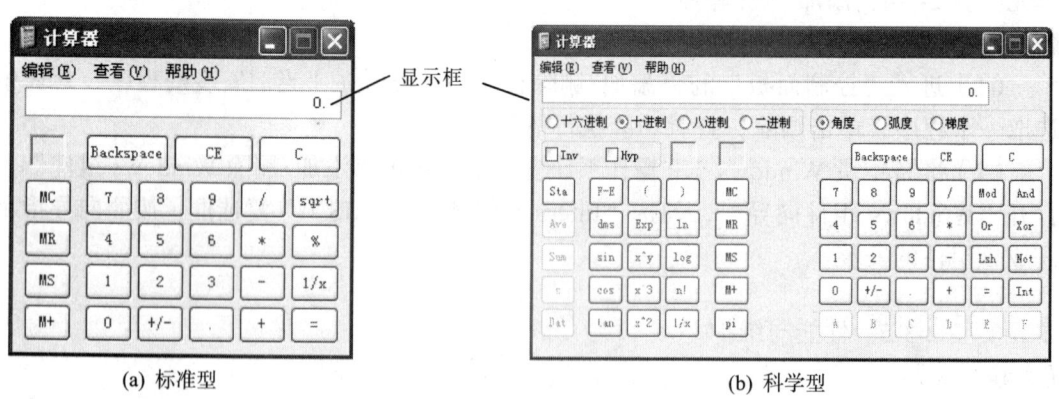

(a) 标准型　　　　　　　　　　(b) 科学型

图 2-35　计算器

在两种类型的计算器界面上分布着很多按键，其中部分按键的功能如下。

- MC：清除存储区中的数据。
- MR：将存储区中的数据调出到显示框中，存储区中数值不变。

- MS：存储当前显示框中的数值。
- M+：将当前显示框中的数值加上已经储存的数据后存入存储区。
- CE：清除现有数据重新输入。
- C：清除全部数据结果和运算符。
- Sta：弹出"统计框"窗口。
- Dat：将当前显示框中的数据放到"统计框"中。
- Ave：计算"统计框"中所有数据的平均值。
- Sum：计算"统计框"中所有数据的总和。

下面通过两个例子来详细介绍计算器的使用方法。

例 1：在标准型计算器模式下计算 sqrt(3)/2+36/12，正确的计算步骤如下：

（1）按数字键 3，数字 3 出现在显示框中，再按求平方根键 sqrt，这时显示框中将显示 3 的平方根，接着依次按除法键"/"、数字键 2、结果键"="，显示框中将显示出 sqrt(3)/2 的计算结果 0.86602540378443864676372317075294。

（2）按照四则运算规则，下面应该计算 36/13 的值，再和 sqrt(3)/2 的结果值相加得到最终结果，因此这时需要将 sqrt(3)/2 的结果值保存起来，方法是按 MS 键将 sqrt(3)/2 的结果值保存到存储区。当有数据保存在存储区时，MC 上方的状态框内会显示 M。

（3）按 C 键清空当前显示框，再依次按数字键 3 和 6、除法键"/"、数字键 1 和 2、结果键"="，得到 36/12 的结果值 3。

（4）按 M+键，再按 MR，qrt(3)/2+36/12 的正确结果 3.86602540378443864676372317075294 就显示在显示框中。

例 2：在科学型计算器模式下计算 89、80、90、74、65、81、78 的平均值，正确的计算步骤如下：

（1）切换到科学型计算器，单击"十进制"单选按钮，确保计算处于正确的进制下。

（2）按 Sta 键，弹出"统计框"窗口。

（3）按数字键 89，按 Dat 键，这时显示框中的 89 被放到"统计框"中。

（4）再依次按如下顺序输入：80→Dat→90→Dat→74→Dat→65→Dat→81→Dat→78→Dat，则上述输入的所有数据都被放到"统计框"中。

（5）单击"计算器"中 Sta 下方的 Ave 按钮，即可计算出"统计框"中所有数据的平均值，并显示在"显示框"中。

### 2.4.2　"命令提示符"窗口

在 Windows XP 中，除了常用的视窗界面外，还提供了可以输入字符命令格式的"命令提示符"窗口，如图 2-25(a)所示。在此窗口下，用户可以通过输入 DOS 命令完成在视窗界面下不方便完成或无法完成的功能。下面列举了一部分常用的 DOS 命令，仅供参考。

- cd：改变当前目录。
- copy：拷贝文件。

- del：删除文件。
- undelete：恢复被删除的文件。
- deltree：删除目录树。
- dir：显示当前目录下的所有内容。
- format：格式化磁盘。
- md：建立子目录。
- rd：删除目录。
- ren：改变文件名。
- cls：清屏。
- attrib：设置文件属性。
- regedit：打开注册表编辑器。

### 2.4.3　单元实验

单元实验 2-4-1：计算器的使用

【实验要求】

（1）计算 78/(2+4)+57*3+10*6+55−49 的值。

（2）利用 1/x 键计算 1/8 的值。

（3）计算 sqrt(57)*3+10*6+55−49 的值。

（4）计算 23、45、76、62、18、88、95 的平均值。

（5）分别计算十进制数 7134 的二、八、十六进制表示形式。

单元实验 2-4-2：DOS 命令练习

【实验要求】

将 2.4.2 节中列出的 DOS 命令逐一在"命令提示符"窗口中进行练习，可以通过使用"DOS 命令 /?"了解各 DOS 命令的使用格式。

## 2.5　应　用　软　件

随着计算机技术的发展和推广，各种各样功能各异的应用软件层出不穷，本小节主要介绍一些常用压缩软件和虚拟机的用途。

### 2.5.1　常用压缩软件简介

压缩软件是利用算法对文件进行有损或无损的处理，以达到保留最多文件信息，而令文件体积变小的目的的应用软件。压缩软件一般同时具有解压缩的功能。作为最常用的应用软件之一，压缩软件是计算机装机必备的工具之一。常见的压缩软件主要有 WinRAR、好压(HaoZip)、WinZip、7-Zip 和 WinMount 等，其中 WinRAR 和 WinZip、WinMount 是收费软件，好压(HaoZip)和 7-Zip 是免费软件。这五款压缩软件均可用于 Windows XP、Windows 2003、Windows Vista、Windows 7 等众多 Windows 系列的操作系统平台，下面对这五款压缩软件分别做简单介绍。

1. WinRAR

WinRAR 是档案工具 RAR 在 Windows 环境下的图形界面，同时也支持命令行操作。功能强大，支持 RAR 和 ZIP 两种压缩方式，其独有 RAR 格式压缩率高，能基本满足主流用户需求，是如今互联网上使用率最高的压缩软件，但其压缩用时较长，尤其对 RMVB、MKV 文件的压缩效果不显著。

2. 好压（HaoZip）

好压是一款完全免费的绿色软件，不用安装直接就可以使用。功能全面，兼容性强，可支持多种文件压缩格式、支持汉字加密、支持压缩痕迹自动消除、可在线升级、支持皮肤功能、提供多种实用小工具。相比其他压缩软件占用系统资源更少，压缩率比较高，但软件比较大。

3. WinZip

WinZip 是老牌的压缩软件，功能全面并且易用，可直接 FTP 上传，可刻录 CD/DVD，软件界面类似 Office 2007，更支持 Win7 特性，可紧密地与 Windows 资源管理器拖放集成。缺点是支持的压缩格式少，只支持 ZIP/ZIPX 格式。

4. 7-Zip

基于 GNU 次要公共许可协议之下发布，是一款完全免费、开源的解压缩软件，其命令行选项具有强大的设置功能。7-Zip 文件压缩率高、压缩格式较多，但占用内存较大、压缩用时较长、软件界面比较简单。

5. WinMount

WinMount 是一款功能强大的 Windows 小工具，具备压缩软件的压缩、解压、浏览等功能，也具备挂载 DVD、CD、虚拟机硬盘镜像的功能。压缩速度比较快，可以直接将压缩包 Mount 到虚拟盘，无须解压即可使用。但其独有的 MOU 格式兼容性较差。

上述各款压缩软件基本都兼容了现在主流的压缩格式，具体见表 2-2。

每款软件在压缩方面都有各自的特点和本领，其中好压和 7-Zip 所支持的 7Z 格式，在压缩 DOC、PDF 文档时可获得最大的数据压缩量，较其他格式拥有明显的优势。

表 2-2　压缩软件压缩格式对比

| 软件名称 | 压缩支持 |
| --- | --- |
| WinRAR | RAR/ZIP |
| 好压 (HaoZip) | 7Z/ZIP/BZIP2/GZIP/TAR/WIM/XZ |
| WinZip | ZIP/ZIPX |
| 7-Zip | ZIP/7Z/TAR |
| WinMount | MOU/7Z/ZIP |

### 2.5.2　虚拟机简介

虚拟机（Virtual Machine）通常是指通过软件模拟、具有完整硬件系统功能、运行在一个完全隔离环境中的完整计算机系统。通过虚拟机软件，可以在一台物理计算机上模拟出一台或多台虚拟的计算机，这些虚拟的计算机可以像真正的计算机那样工作，但性能会降低不少，可以在虚拟机上安装操作系统、应用程序、访问网络资源等。对于用户来说，虚拟机是运行在物理计算机上的一个应用程序，但是对于在虚拟机中运行的应用程序而言，它就像是在真正的物理计算机中工作。

目前流行的虚拟机软件主要有 VMware(VMWare ACE）和 Virtual PC，它们都能在 Windows 系统上虚拟出多个计算机，用于安装 Linux、OS/2、FreeBSD 等其他操作系统。比较而言，VMware 不论在多操作系统的支持上，还是在执行效率上，都比 Virtual PC 2004 要高出一筹。

VMware 具有以下特点：

- 在一台微机的 VMware 上可安装多个操作系统，并可同时运行，操作系统之间像标准 Windows 应用程序那样进行切换，每个操作系统都可以进行虚拟的分区、配置而不影响真实硬盘的数据。
- 同时运行的两个 VMware，相互之间可以进行对话。
- 在 VMware 上安装同一种操作系统的另一发行版，不需要重新对硬盘进行分区。
- 多台虚拟机之间可以通过网卡连接为一个局域网，共享文件、应用、网络资源等。
- 可以运行 C/S 方式的应用，也可以在同一台计算机上，使用另一台虚拟机的所有资源。

在 VMware 的窗口上，模拟了多个按键，分别代表打开虚拟机电源、关闭虚拟机电源、热重启等功能。这些按键的功能就如同真正的物理计算机按钮一样。

虽然安装在 VMware 上的操作系统在性能上会比直接安装在硬盘上的系统低不少，但其系统的安全性较好，使用方便，用户可以利用 VMware 做如下的一些工作。

- 演示环境，可以安装各种演示环境，便于执行、验证各种程序示例。
- 为保证主机的快速运行，减少不必要的垃圾安装程序，可将偶尔使用的程序或者测试用的程序安装在虚拟机上运行。
- 为避免每次重新安装，像银行等常用工具，平时较少使用，而且保密要求比较高，可放在虚拟机的一个单独环境下运行。
- 测试不熟悉的应用，可在虚拟机中方便安装和彻底删除。
- 可在虚拟机中体验不同版本的操作系统。

### 2.5.3　单元实验

单元实验 2-5-1：压缩软件的安装和使用

【实验素材】

WinRAR 安装包。

【实验要求】

（1）从正规渠道获取 WinRAR 压缩软件安装包，下载、安装。

（2）了解掌握 WinRAR 的使用方法。

（3）选择多个文件或文件夹，使用 WinRAR 压缩软件对其压缩。

（4）将上面压缩的文件解压缩。

单元实验 2-5-2：虚拟机的安装与使用

【实验素材】

VMware-workstation-6.0.3 安装包。

【实验要求】

（1）仔细阅读 2.6 节"辅助阅读资料"中提供的"虚拟机 VMware 使用指南"，了解掌握虚拟机的使用方法。

（2）从正规渠道获取 VMware-workstation-6.0.3 安装包并解压缩，完成 VMware 虚拟机的安装。

（3）完成 VMware 虚拟机相关配置。

（4）完成虚拟机下 Windows XP 或 Linux 的安装。

# 2.6　辅助阅读资料

[1] 网易学院. IPconfig 命令介绍及使用技巧. http://tech.163.com/07/0724/16/ 3K69O1M000092AR5. html.

[2] IT 部落窝.ipconfig 命令实例讲解. http://www.ittribalwo.com/show.asp?id=195.

[3] 网易学院.Ping 命令介绍及使用技巧. http://tech.163.com/07/0724/16/ 3K69JVUS000092AR5. html.

[4] 大众计算机学习网. Windows 下 Ping 命令详细介绍及使用技巧.http://dzwebs.net/790. html.

[5] 虚拟机 VMware 使用指南.

[6] eNet 网络学院.Winrar 使用技巧 视频教程. http://www.enet.com.cn/eschool/zhuanti/ winrar.

[7] 土豆网.Windows XP 使用教程视频. http://www.tudou.com/programs/view/YzC- Xpnh_g.

# 第 3 章　文　字　处　理

【实验目标】

　　本章通过对 Word 2007 的学习、操作与实践，使学生掌握用一种文字处理软件编辑和制作各种文档的基本方法与技巧，满足日常工作和生活的需要。

【实验方法】

　　本章包括 Word 2007 的基本操作和部分高级操作，内容基本按照一篇文档的制作过程安排，引导学生逐步学习文档制作的技术。每节详细介绍了一类操作的步骤，其后有配套的实验内容。实验内容以验证为主，目的是让学生及时掌握所学的操作。最后安排了综合实验，将前面介绍的知识综合地融入到练习中，起到进一步熟练和巩固的作用，也锻炼学生创造性学习的能力。

## 3.1　常用文字处理软件

　　利用计算机处理文字信息，需要有相应的文字信息处理软件。目前微机上常用的字处理软件有微软公司的 Word、Sun 公司开发的 Writer、金山公司的 WPS 等。

### 3.1.1　Word

　　Word 是 Microsoft 公司推出的办公自动化套装软件 Office 中的字处理软件，是一种集文字编辑、表格制作、图片插入、图形绘制、格式排版与文档打印等功能于一体的文字处理系统，具有强大的文本编辑和排版功能，以及图文混排和表格制作功能，可以和其他多种软件进行信息交换。它界面友好，使用方便直观，具有"所见即所得"的特点，深受用户青睐，是目前使用最普及的字处理软件。

　　Word 软件经历了 20 多年的发展，先后推出了多个版本，最近的有 Word 2003、Word 2007，目前发展到 Word 2010 版本。

### 3.1.2　Writer

　　Writer 是 Sun 公司开发的办公套件 OpenOffice 中的文字处理软件，是一个免费开源软件，开源使得 Writer 成为 Word 的有力竞争对手，而 Word 有的功能总能在 Writer 中找到它的替代品影子。

### 3.1.3　WPS 文字

　　WPS 文字是金山公司开发的字处理软件，是中国人自己开发的最成功的文字处理软件。在中文 Word 推出之前，WPS 文字是我国使用最广泛的文字处理软件。但由于没有及时推出适用于 Windows 操作系统的版本，WPS 大幅度失去文字处理的市场。1997 年，为适应操作系统市场的变化，金山公司推出适用于 Windows 操作系统的版本 WPS 97，而 WPS 2005 更是全部放弃已有 14 年历史的传统 WPS 技术，采用典型的 XP 风格的操作界面，工具栏和一些功能按钮的设置几乎与 MS Office 完全一致，实现对用户操作习惯的兼容。WPS 具有很强的编辑排版、文字修饰、表格和图像处理功能，兼容多种文件格式（如 WRI、DOC、RTF、HTML 等格式文件），可以编辑处理文字、表格、多媒体、图形、图像等多种对象。它同时具有字处理、电子邮件发送、公式编辑、对象框处理、表格应用、样式管理、语音控制等诸多功能。目前已推出 2010 版本。

## 3.2　Word 2007 的工作界面

### 3.2.1　Word 2007 的工作界面简介

启动 Word 2007 后，就打开了 Word 2007 工作界面，如图 3-1 所示。

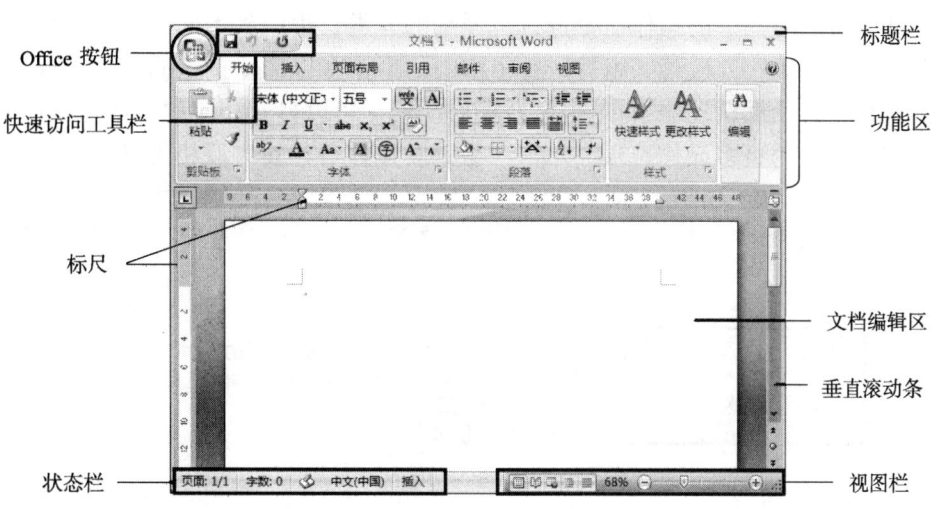

图 3-1　Word 2007 工作界面

要熟练使用 Word 2007 提供的各种功能来编辑文档，首先要对 Word 2007 的工作界面了如指掌，下面就来认识一下 Word 2007 工作界面的各组成部分。

1. Office 按钮

单击 Office 按钮，可打开 Office 文件菜单（以下均称 Office 菜单），该菜单包含了对文档执行"新建"、"打开"、"关闭"、"保存"和"打印"等操作的命令。

2. 快速访问工具栏

快速访问工具栏中包含最常用的操作命令按钮，只需单击某个命令按钮，可立即执行相应命令。

默认状态下，快速访问工具栏包括"保存"、"撤销"和"恢复"按钮，用户也可以自定义快速访问工具栏，根据需要将其他命令按钮添加到快速访问工具栏上。

3. 标题栏

标题栏用于显示当前正在运行的应用程序名和文档名等信息，最右端是三个窗口控制按钮，从左到右分别用来控制窗口的最小化、最大化和关闭窗口，如图3-2所示。

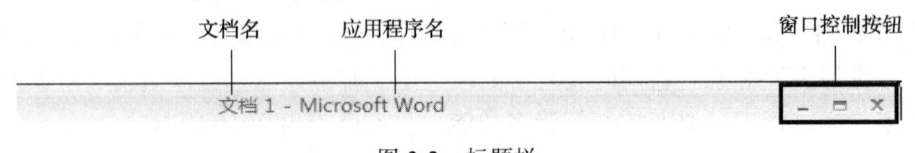

图 3-2   标题栏

【小贴士】右击标题栏，会弹出窗口控制菜单，控制窗口的移动、最小化、最大化和关闭。

4. 功能区

功能区旨在帮助我们快速找到完成某一任务所需的命令，如图 3-3 所示。在功能区中，操作按类别分类集中在多个选项卡下，如"开始"、"插入"等。在每个选项卡中，又按照具体功能将其中的操作命令进行更详细的分类，组织到不同的组中，如"开始"选项卡中的"字体"、"段落"组等，每个组中的操作多以命令按钮的形式呈现，部分组的右下角有"对话框启动器"，单击对话框启动器，可以打开相应的对话框或任务窗格，提供与该组相关的更多操作选项。单击"帮助"按钮可以实现联机帮助。

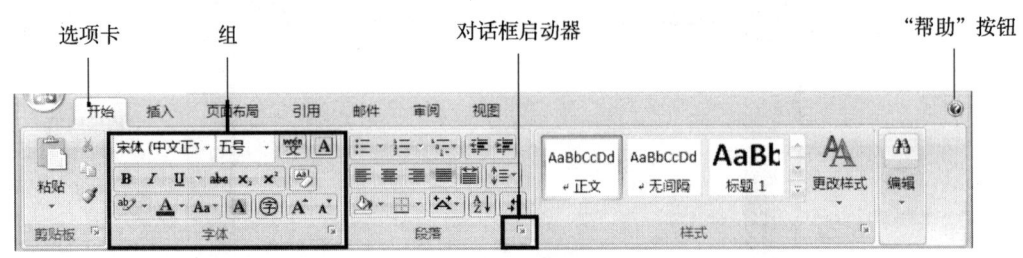

图 3-3   功能区

5. 状态栏

显示当前文档的状态信息，如当前页面的页码、文档的页数、字数等信息，还可以显示一些特定命令的工作状态，如录制宏、当前使用的语言、输入的状态等。当这些命令的按钮为高亮时，表示目前正处于工作状态，若变为灰色，则表示未在工作状态下。

6. 视图栏

视图栏如图 3-4 所示，单击不同的视图方式按钮可以在不同的视图方式下查看文档，拖动滑块可以调整视图的显示比例。

7. 文档编辑区和标尺

文档编辑区是 Word 的主要工作区域，文档所有内容的录入和格式编排都是在这里进行的。

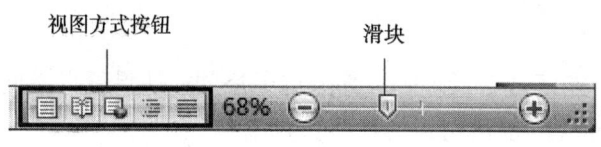

图 3-4　视图栏

标尺用于准确定位文档的位置。

### 3.2.2　针对界面的操作

1. 自定义快速访问工具栏

1）向快速访问工具栏中添加命令按钮

常规操作步骤如下：

（1）单击 Office 按钮，在打开的 Office 菜单中单击"Word 选项"命令。

（2）在打开的"Word 选项"对话框左侧的列表中，单击"自定义"命令，在右窗格的"从下列位置选择命令"列表中选择所需的命令类别（如"常用命令"），在其下的命令列表框中选择要添加的命令（如"新建"），单击"添加"按钮，如图 3-5 所示，单击"确定"按钮。

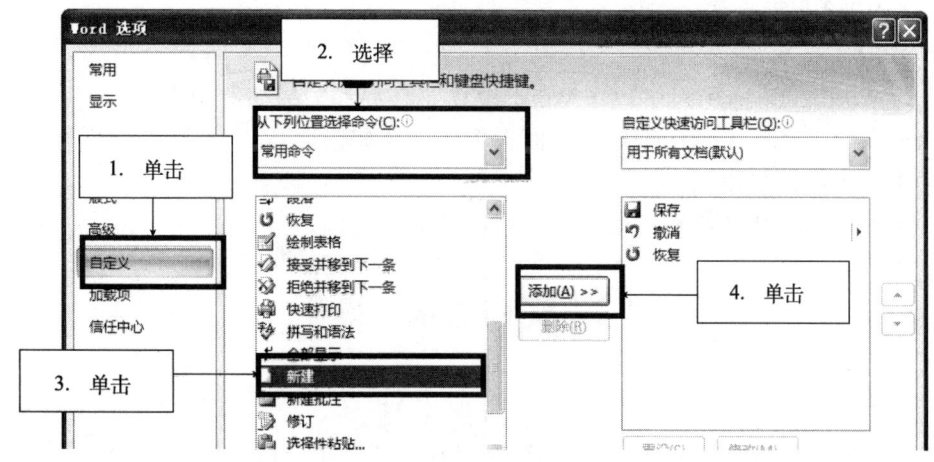

图 3-5　自定义添加按钮

（3）此时可以看到在快速访问工具栏中添加的"新建"命令按钮，如图 3-6 所示。

【小贴士】在功能区中右击命令按钮，在弹出的快捷菜单中选择"添加到快速访问工具栏"命令，可直接将该命令按钮添加到快速访问工具栏中。

图 3-6　显示添加的"新建"命令按钮

2）删除快速访问工具栏中命令按钮

右击"快速访问工具栏"中要删除的命令按钮，在弹出的快捷菜单中选择"从快速访问工具栏删除"命令。

2. 最小化功能区

Word 2007 的功能区占据了很大一部分屏幕空间，如果觉得不便，可以将其最小化，只保留选项卡。最小化功能区可以有两种方法。

方法一：双击当前选项卡。

方法二：右击任一选项卡或命令按钮，在弹出的快捷菜单中选择"功能区最小化"命令。

功能区最小化后，当需要使用功能区时，只要单击某个选项卡，可临时打开功能区。而当单击文档编辑区后，功能区又会恢复最小化。双击当前选项卡可永久打开功能区。

3. 显示标尺

默认情况下，Word 窗口的标尺是隐藏的。要显现标尺，可以单击"视图"选项卡，在"显示/隐藏"组中勾选"标尺"复选框。

### 3.2.3　单元实验

单元实验 3-2-1：Word 的界面操作

【实验目的】

熟悉 Word 界面操作。

【实验要求】

启动 Word 2007 应用程序，在 Word 2007 工作界面完成如下操作：

（1）向快速访问工具栏添加"页面设置"命令按钮。

（2）将功能区最小化，然后复原。

（3）拖动显示比例调整滑块，调整视图的显示比例。

# 3.3　文档的基本操作

### 3.3.1　创建文档

在启动 Word 2007 应用程序时，系统会自动创建一个空白文档，并且自动命名为"文档 1"。

除此之外，也可以在 Word 工作界面上创建文档。创建的文档可以是空白文档，也可以是基于模板的文档。

1. 创建空白文档

（1）打开 Office 菜单，选择"新建"命令。

（2）在打开的"新建文档"对话框左侧的"模板"列表框中选择"空白文档和最近使用的文档"选项（默认），在中间的"空白文档和最近使用的文档"列表框里选择"空白文档"，单击"创建"按钮。

【小贴士】用快捷键 Ctrl+N 可快速创建空白文档。

2. 利用已安装的模板新建文档

（1）打开"新建文档"对话框。

（2）在左侧的"模板"列表框中选择"已安装的模板"选项，在"已安装的模板"列表框中选择需要的模板，如"平衡信函"，选择"新建"选项区域中的"文档"单选按钮，单击"创建"按钮，如图 3-7 所示。

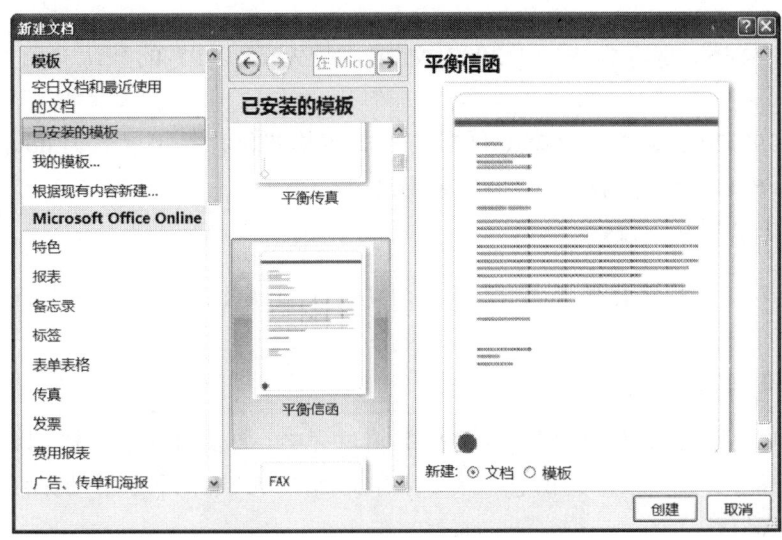

图 3-7　利用模板新建文档的步骤

3. 利用自定义的模板新建文档

（1）打开"新建文档"对话框。

（2）在左侧的"模板"列表框中选择"我的模板"选项，在打开的"新建"对话框"我的模板"选项卡下选择自定义的模板，单击"确定"按钮，如图 3-8 所示。

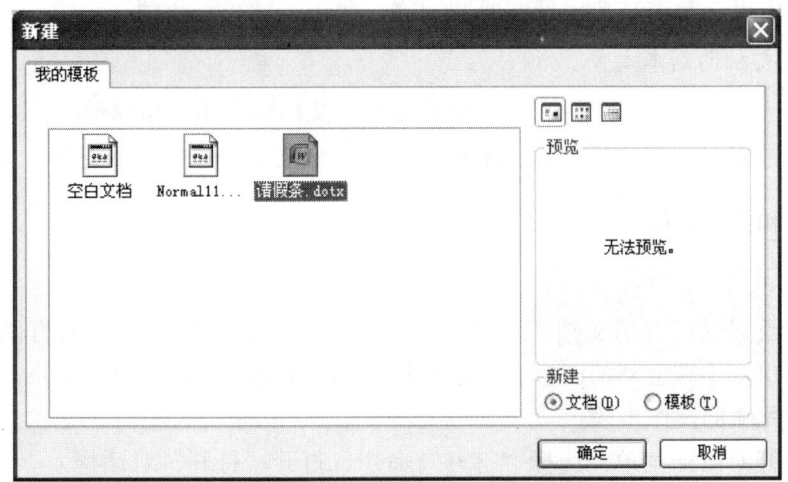

图 3-8　选择自定义的模板新建文档

### 3.3.2　保存文档

1. 保存尚未命名的新文档

（1）打开 Office 菜单，选择"保存"命令。

（2）在打开的"另存为"对话框的"保存位置"列表框中选择文件的保存位置，在"文件名"列表框中输入文件名，在"保存类型"列表框中选择文件的保存类型。常用保存类型有：

- Word 文档。保存为 Word 2007 文档，是 Word 2007 的默认文档类型，扩展名为.docx。
- Word 97-2003 文档。以 Word 97-2003 兼容格式保存，扩展名为.doc。
- Word 模板。保存为模板，扩展名为.dotx。

（3）单击"保存"按钮。

【小贴士】可以单击快速访问工具栏上的"保存"按钮 或使用快捷键 Ctrl+S 代替第（1）步。

2. 保存已有的文档

对已有的文档编辑完毕后以及在文档编辑过程中，要及时保存文档，以避免因掉电、死机等意外事故导致文档中的信息丢失。保存文档的方式有两种：手动保存和自动保存。

1）手动保存

操作和保存新文档一样，此时不打开"另存为"对话框，原文档的内容将被新的内容覆盖。

2）自动保存

Word 提供了自动保存功能，可以每隔一段时间自动对文档保存一次。设置步骤如下：

（1）打开"Word 选项"对话框，在左侧的列表框中选择"保存"选项。

（2）在右侧"保存文档"区域勾选"保存自动恢复信息时间间隔"复选框，并在其后的文本框中设置系统自动保存的时间间隔。单击"确定"按钮。

3. 保存文档的副本

如果对已有文档进行修改后，不想覆盖掉原文档而又想保留修改，则可将修改后的文档换个位置或文件名另存起来，此时可在 Office 菜单中选择"另存为"命令。

### 3.3.3　打开和关闭文档

1. 打开文档

要查看或编辑已有的文档，首先需要将其打开。常用的打开方式有两种，一是在 Windows 窗口双击该文档的图标；二是使用 Word 工作界面的"打开"命令。下面具体介绍第二种方法的操作步骤：

（1）打开 Office 菜单，选择"打开"命令，打开"打开"对话框。

（2）在"打开"对话框的"查找范围"列表框中选择文档所在的位置，在"文件类型"列表框中选择文件类型,在"文件"列表框中选择要打开的文档,单击"打开"按钮。

【小贴士】(1)也可以用快捷键 Ctrl+O 快速打开"打开"对话框。
 (2)如果要打开的文档是最近使用过的,则单击 Office 菜单,在右侧列出的
 "最近使用的文档"列表中选择需要打开的文档。

2. 关闭文档

方法一:单击标题栏"关闭"按钮。
方法二:右击标题栏,在弹出的快捷菜单中选择"关闭"命令。
方法三:打开 Office 菜单,选择"关闭"命令。
方法四:按快捷键 Ctrl+F4。

【小贴士】如果要同时关闭打开的所有 Word 文档,则可在 Office 菜单中单击"退出 Word"
 按钮。

### 3.3.4 Word 2007 的视图方式

视图方式即文档在屏幕上的显示方式,不同的视图方式可以适应不同的工作特点。
Word 2007 提供了五种视图方式,以满足用户在不同情况下对文档进行编辑和查看的需
要。下面对五种视图方式做简单介绍。

1. 视图方式

1)页面视图

页面视图是 Word 文档中的默认视图,也是 Word 文档编辑过程中最常用的视图方式。
该视图以分页的形式显示文档各个页面,完整地显示各页面所有的对象。在页面视图下
可以进行 Word 的一切操作,可以查看与实际打印效果一致的文档。

2)阅读版式视图

阅读版式视图隐藏了功能区和状态栏,是一种全屏阅览文档的视图方式,适合阅读
和审核文档。单击窗口右上角的"关闭"按钮,可关闭阅读版式视图。

【小贴士】默认情况下,阅读版式视图不允许编辑文档。如果需要进行编辑,则单击窗口
 右上角"视图选项"按钮,在打开的下拉菜单中选择"允许键入"命令即可。

3)Web 版式视图

Web 版式视图以网页的形式显示 Word 文档,适用于发送电子邮件和创建网页。该
视图方式不显示与网页无关的元素,如分隔符、分页符等,不管文档的显示比例是多少,
系统都会自动换行以便适应当前窗口的大小。

4)大纲视图

大纲视图主要用于设置 Word 文档中标题的层次结构。它可以很方便地折叠和展开
各种层级的文档。因此,大纲视图被广泛应用于 Word 长文档的快速浏览和设置中。

5)普通视图

普通视图版面比较简化,取消了页面边距、分栏、页眉和页脚等元素的显示,无法

看到排版的真实情况。与其他视图方式相比，该视图的显示速度相对较快，因而非常适合文字的录入。

2. 视图方式的切换

切换视图的方法有两种。

方法一：单击"视图"选项卡，在"文档视图"组中单击各视图方式按钮进行切换即可。

方法二：在视图栏中单击各视图方式按钮进行切换，如图 3-9 所示。

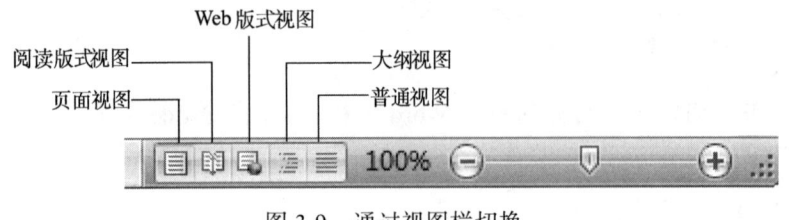

图 3-9　通过视图栏切换

### 3.3.5　单元实验

单元实验 3-3-1：Word 文档的创建、保存和关闭

【实验目的】

掌握 Word 文档的创建、保存和关闭。

【实验要求】

启动 Word 2007，新建一个空白文档，将它保存在 D:盘根目录下，以本人的姓名作为文件名，文件类型选择"Word 文档（*.docx）"，然后关闭该文档。

单元实验 3-3-2：视图的切换

【实验目的】

学会视图方式的切换操作，体会在不同视图方式下显示文档的特点。

【实验素材】

"知识问答.docx"。

【实验要求】

打开提供的素材文件"知识问答.docx"，通过切换视图显示方式，体会在不同视图方式下显示文档的特点。

## 3.4　文本的输入和编辑

当新建一个空白文档后，在当前文档工作窗口的"文本编辑区"，有一个不断闪烁的竖型短线，即光标插入点。在输入文本时，输入的文本总是位于光标插入点的左侧。而随着文本的输入，插入点也将不断地向右移动。

Word 具有自动换行、换页功能，当一行输入完毕，插入点会自动跳到下一行的起始位置；当一页输入完毕，插入点会自动跳到下一页。只有在结束一个段落时，才按 Enter 键，表明一个段落的结束。

Word 有两个工作状态："插入"状态（默认）和"改写"状态。在"插入"状态下，输入的文本插到光标所在位置，光标后面的文本随之后移；而在"改写"状态下，会自动用当前输入的文本替换掉光标后面的文本。因此，输入前要确认在 Word 状态栏上显示的当前状态是"插入"还是"改写"。切换"插入"和"改写"状态非常简单，一种方法是用鼠标单击状态栏上的"插入"或"改写"字样；另一种方法是按键盘上的 Insert 键。

### 3.4.1 输入文本

1. 中英文输入

输入中、英文时必须分别在中、英文输入状态下进行，可使用快捷键 Ctrl+Space 在中、英文输入状态间切换，而使用快捷键 Ctrl+Shift 则可在各种输入法之间切换。

2. 输入符号

在文档中通常不会只有中文或英文字符，在很多情况下还需要输入一些键盘上没有的符号，如Ω、⊠等，Word 2007 提供了符号插入功能，可以在文档中插入各种符号。具体步骤如下：

（1）单击"插入"选项卡，在"符号"组中单击"符号"按钮，在打开的符号面板中可以看到一些最常用的符号，如图 3-10 所示，单击所需要的符号即可。

（2）如果符号面板中没有所需要的符号，则选择"其他符号"命令，打开"符号"对话框，如图 3-11 所示。

图 3-10　符号面板

图 3-11　"符号"对话框

（3）在"符号"对话框的"符号"选项卡下，在"字体"和"子集"列表框中选择需要的选项，在下方的列表框里选择需要的符号；或在"特殊字符"选项卡下选择需要的符号，单击"插入"按钮，再单击"取消"按钮即可。

【小贴士】在插入点右击，在弹出的快捷菜单中选择"符号"命令可快速打开"符号"
　　　　　对话框。

3. 输入日期和时间

（1）单击"插入"选项卡，在"文本"组中单击"日期和时间"按钮。

（2）在打开的"日期和时间"对话框中选择日期的显示语言和可用格式，单击"确定"按钮即可。

【小贴士】（1）如果希望在打开或打印文档时，日期和时间能自动更新为当前日期和时间，
　　　　　　　 只要在"日期和时间"对话框中勾选右下方的"自动更新"复选框即可。
　　　　　（2）按 Alt + Shift + D 可以输入当前日期；按 Alt + Shift + T 可以输入当前时间。

### 3.4.2　编辑文本

　　文档内容输入完毕后，还需要对其进行编辑，才能达到更加满意的效果。在编辑文本之前，首先要选定文本。默认情况下，Word 文档中的文本以白底黑字的状态显示，而被选定的文本则以蓝色底纹的状态显示。

1. 文本的选定

文本的选定操作如表 3-1 所示。

表 3-1　文本选定操作

| 选定内容 | 操作 |
| --- | --- |
| 一个单词或汉字 | 在所需的文字、词组或英文单词中双击 |
| 一句 | 按住 Ctrl 键，在需要选定的句中单击 |
| 一行 | 将光标移至该行左侧，当指针变成 ↗ 后单击 |
| 连续多行 | 将光标移至要选择的首(末)行左侧，当指针变成 ↗ 后按住鼠标左键向下(上)拖到想要选择的位置松开 |
| 一段 | 将光标移至该段左侧，指针变成 ↗ 后双击 |
| 整篇文档 | 将光标移至文档的左侧，指针变成 ↗ 后三击。或通过快捷键 Ctrl+A |
| 连续文本 | 将光标定位在要选定文本起始处，按住鼠标左键拖到结束位置松开（或按住 Shift 键单击结束处） |
| 不连续文本 | 先选定一个文本区域，然后按住 Ctrl 键的同时再选定其他的文本区域 |
| 矩形区域文本 | 将光标定位在要选定的文本起始处，按住 Alt 键的同时按住鼠标左键拖到结束位置松开 |

【小贴士】在选定不连续文本时，如果想要去掉已选定的文本区域，可在按住 Ctrl 键的
　　　　　同时单击该文本区域。

2. 文本的删除

文本的删除操作如表 3-2 所示。

表 3-2　文本删除操作

| 删除内容 | 操作 |
| --- | --- |
| 一个文字 | 将光标定位在要删除的文字前（后），按一下 Del（Backspace）键 |
| 连续文本 | 选定后按 Del 或 Backspace 键 |
| 不连续文本 | 选定后按 Del 键 |

3．文本的移动和复制

在文档的输入过程中，经常会遇到需要调整文档内容的先后顺序或输入相同内容的情况，此时可利用文本的移动和复制功能，有效地避免重复输入所浪费的时间与精力。

1）利用功能区移动或复制

（1）选定需要移动或复制的文本，单击"开始"选项卡。

（2）在"剪贴板"组中，单击"剪切"按钮 或"复制"按钮 。

（3）将光标定位在目标位置处，单击"粘贴"按钮 。

2）利用快捷菜单移动或复制

（1）选定需要移动或复制的文本，右击，从弹出的快捷菜单中选择"剪切"或"复制"命令。

（2）将光标定位到目标位置，右击，从弹出的快捷菜单中选择"粘贴"命令。

3）利用鼠标拖动来移动或复制

（1）选定需要移动或复制的文本，按下鼠标右键拖动该文本到目标位置，松开鼠标。

（2）从弹出的快捷菜单中选择"移动到此位置"或"复制到此位置"命令。

4）利用快捷键移动或复制

（1）选定需要移动或复制的文本，按快捷键 Ctrl+X 或 Ctrl+C。

（2）将光标定位在目标位置，再按快捷键 Ctrl+V。

4．文本的查找和替换

如果需要在一篇文档中查找某个特定内容，或更改在文档中多次出现的某个内容，仅靠手工逐个实现是既费时费力又容易出现遗漏的工作。使用 Word 2007 提供的查找与替换功能，可以非常轻松、快捷地完成操作。

Word 2007 不但提供普通文本的查找和替换，还提供带有格式的文本及一些特殊字符（如分页符、段落标记等）的查找和替换。

1）查找和替换普通文本

这里的普通文本是指中西文字符、标点符号及一些常用的符号，不包括它们的格式和样式。具体步骤如下：

（1）单击"开始"选项卡，在"编辑"组中单击"查找"或"替换"按钮，打开"查找和替换"对话框。

（2）如果是查找，则单击"查找"选项卡，在"查找内容"文本框中输入要查找的内容，单击"查找下一处"按钮。反复单击"查找下一处"按钮可继续查找。单击"取消"按钮，关闭"查找和替换"对话框。

【小贴士】（1）关闭"查找和替换"对话框结束查找操作后，仍然可以通过键盘上的快捷键 Shift+F4 继续刚才的查找。

（2）查找时若想在文档中突出显示与查找内容相符合的内容，可在输入查找内容后，单击"阅读突出显示"按钮，在打开的下拉菜单中选择"全部突出显示"命令。

（3）如果是替换，则单击"替换"选项卡，分别在"查找内容"和"替换为"文本框中输入被替换及替换的内容，如图3-12所示。单击"查找下一处"按钮，找到下一个符合的内容，确认要替换后，单击"替换"按钮进行替换，系统会自动查找下一个符合的内容，再确认，再单击"替换"按钮，依此逐个将文档中的符合内容进行正确的替换。如果不必每个都详细确认就直接替换文档中全部符合的内容，则直接单击"全部替换"按钮。最后单击"取消"按钮。

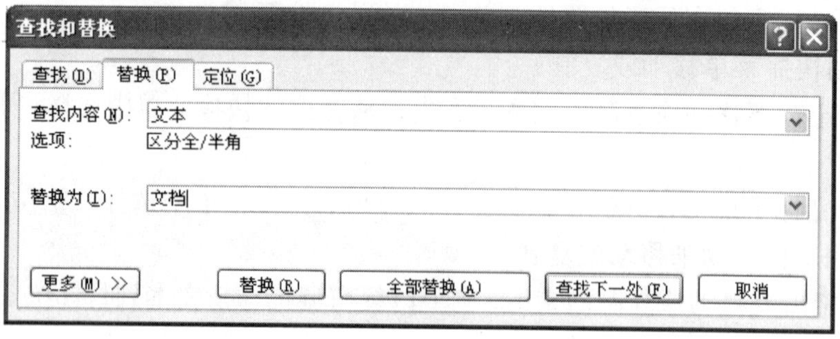

图 3-12    "查找和替换"对话框

【小贴士】快捷键 Ctrl+F、Ctrl+H 可打开"查找和替换"对话框，并分别切换到"查找"和"替换"选项卡下。

2）查找和替换有格式的文本

下面以查找操作为例说明操作步骤。

（1）打开"查找和替换"对话框，将光标定位在"查找"选项卡下"查找内容"下拉列表中，单击"更多"按钮。

（2）在展开的"查找"区域中单击"格式"按钮，在打开的下拉菜单中选择需要的格式（注：这些格式是要查找的内容的格式，如字体、字号、颜色等），在"查找内容"下拉列表中输入要查找的内容，单击"查找下一处"按钮。

【小贴士】如果要查找文档中所有符合设定格式的文本，则不要在"查找内容"列表框中输入任何内容。

3）查找和替换特殊字符

（1）在打开的"查找和替换"对话框中单击"更多"按钮后，将光标定位在"查找内容"列表框中。

（2）单击"特殊格式"按钮，在打开的菜单中选择所需的特殊字符（如段落标记），如图3-13所示。

（3）如果要替换为其他特殊字符，则将光标定位在"替换为"下拉列表中，再次单击"特殊格式"按钮选择所需的特殊字符，单击"替换"或"全部替换"按钮。

5. 重复、撤消和恢复操作

在文档的编辑过程中，如果要连续进行多次相同的操作，可以使用 Word 提供的"重复"功能。另外，在编辑过程中难免会发生误操作，这时可以通过 Word 中的"撤消"和"恢复"功能，快速纠正错误的操作。

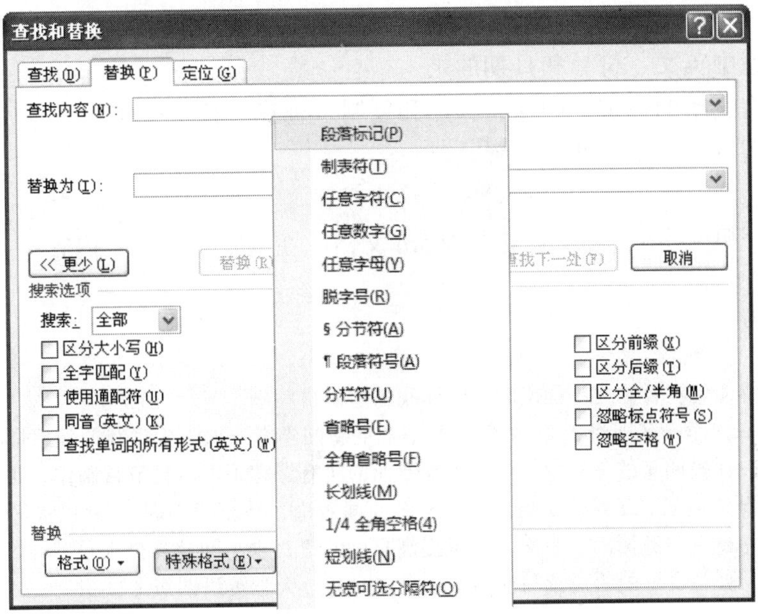

图 3-13　选择特殊字符

1）重复操作

单击快速访问工具栏上的"重复"按钮 或按下快捷键 Ctrl+Y，可重复执行刚才的操作。

【小贴士】功能键 F4 也可实现重复操作。

2）撤消操作

Word 的"撤消"功能保留了最近执行的操作记录，可以按照从后到前的顺序撤消若干步操作，但不能有选择地撤消不连续的操作。撤消操作有下述两种：

- 撤消前一个操作：单击快速访问工具栏上的"撤消"按钮 或按下快捷键 Ctrl+Z。
- 撤消前几个连续的操作：单击快速访问工具栏上"撤消"按钮右边的下拉按钮，打开一个最近操作的列表，如图 3-14 所示，从中可以选择撤消到某一指定的操作。

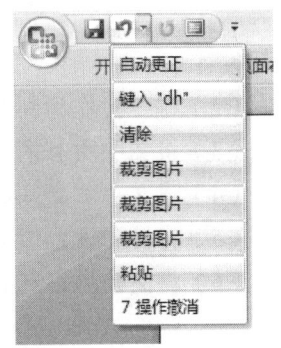

3）恢复操作

有时撤消操作本身也许是错误操作，此时如果想恢复原来的操作，就需要使用恢复操作功能。

方法是：单击快速访问工具栏上的"恢复"按钮 ，每单击一次，就可以恢复一次最近的撤消操作。

图 3-14　撤消操作

【小贴士】快捷键 Ctrl+Y 也可实现恢复撤消操作。

### 3.4.3　单元实验

单元实验 3-4-1：文本输入和编辑

【实验目的】

（1）掌握中英文、符号和日期的录入。

（2）掌握文本的选定、删除、移动和复制、查找、替换操作。

（3）掌握日期自动更新的设置。

【实验要求】

（1）打开单元实验 3-3-1 创建的 Word 文档，在其中录入如下内容：

求职自荐书

尊敬的领导：

您好!

首先非常感谢您在百忙之中抽出时间阅读我的这份自荐书。

我是湖南××大学一名即将于 2011 年 6 月毕业的新闻学专业大学生，我的理想是成为一名出色的新闻记者。在校四年的学习中，主修了本专业的所有课程（Ⅰ电视节目制作、Ⅱ新闻摄影、Ⅲ新闻采访、Ⅳ传播学、Ⅴ广告学概论、Ⅵ经济新闻概论、Ⅶ新闻心理），并以优异的成绩通过了所有的课程考试。与此同时，我尤其注重提高自己的语言水平和计算机水平：

英语方面，具备良好的听说读写能力，于大二时通过大学英语四级考试；

普通话方面，通过国家二级甲等考试，具备优秀的语言表达能力和沟通能力；

计算机方面，能熟练使用 Microsoft Office 办公软件、能用 Dreamweaver 制作网页。

我不仅具有很强的学习能力，在学习生涯中掌握了扎实的专业理论知识。同时通过各种实习、实践锻炼了自己的实际工作能力。别人不能或不愿做的，我会义不容辞地去做好；别人能做好的，我会尽自己最大的努力做得更出色。我作为新时代的弄潮儿，将满怀信心迎接新的挑战。如果贵电视台需要一位严谨、务实的记者；如果贵电视台需要一位团结、合作的记者；如果贵电视台需要一位创新、进取的记者，我深信凭借自己的实力、青春与敬业精神，一定会得到贵电视台的承认和肯定。给我一次合作的机会，我会尽职尽责让您满意的。手捧菲薄求职之书，心怀自信诚挚之念，我非常乐意接受贵电视台对本人能力的考察，期待着能成为贵电视台的一名工作人员!

若承蒙赏识，请拨打电话 139********或用电子邮件 xiwang@126.com 与我联系。最后，恭祝贵电视台蒸蒸日上，并热切期待您的回复☺。

此致，敬礼!

自荐人：王武

2011 年 5 月 16 日

（2）将“我作为新时代的弄潮儿”开始的文字另起一段。

（3）将文中所有的“贵电视台”替换为“贵台”。

（4）将文中“新闻心理”和“广告学概论”交换位置。

（5）将日期设置成能自动更新为求职自荐书打印当日的日期。

（6）将文档另存到 d:\exercise 文件夹中，文件名为“求职自荐书.docx”。

单元实验 3-4-2：格式替换、撤消与恢复操作

【实验目的】

（1）掌握格式替换操作。

（2）掌握撤消与恢复操作。

【实验素材】

　　"雪花.docx"。

【实验要求】

　　（1）打开素材文件"雪花.docx"，将正文中的文字"雪花"（宋体、五号）替换为红色、隶书、小四号。观察作为文章标题的"雪花"与正文文字的"雪花"有什么不同。

　　（2）撤消刚刚的格式替换操作，再恢复。

　　（3）保存修改后的文件。

# 3.5　文 档 排 版

　　当文本录入、编辑完成后，为了使文档整洁美观，就要对它进行排版。本节将介绍字体格式和段落格式设置、添加项目符号和编号、添加边框和底纹等操作。

## 3.5.1　设置字体格式和段落格式

　　设置字体格式需选定要设置字体格式的文本，而设置段落格式只需将光标定位在段中任意位置。

　　1. 字体格式的设置

　　字体格式设置包括字体（宋体、黑体等）、字号、字形（加粗、倾斜等）、颜色、下划线、底纹和边框等，部分字体格式效果如图 3-15 所示。

　　1）利用功能区设置

　　选定要设置字体格式的文本，单击"开始"选项卡，利用"字体"组中的各个按钮或下拉列表进行相应字体设置。"字体"组布局如图 3-16 所示。

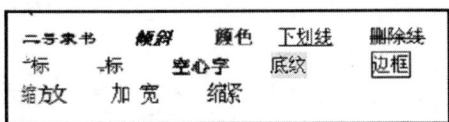

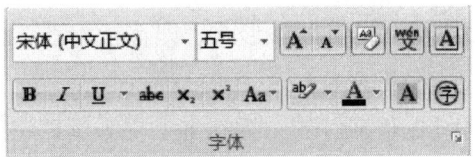

图 3-15　字体格式效果　　　　　　　　　图 3-16　　"字体"组布局

　　2）利用浮动工具栏设置

　　选定要设置字体格式的文本，将鼠标指针略微上移，就会出现一个浮动工具栏，如图 3-17 所示。

　　3）利用"字体"对话框设置

　　如果在功能区的"字体"组和浮动工具栏上没有需要的字体设置选项，则可利用"字体"对话框进行设置。"字体"对话框包含了所有的字体格式设置项目。具体步骤如下：

　　（1）选定要设置字体格式的文本。

　　（2）单击"字体"组右下角的对话框启动器 ，打开"字体"对话框。

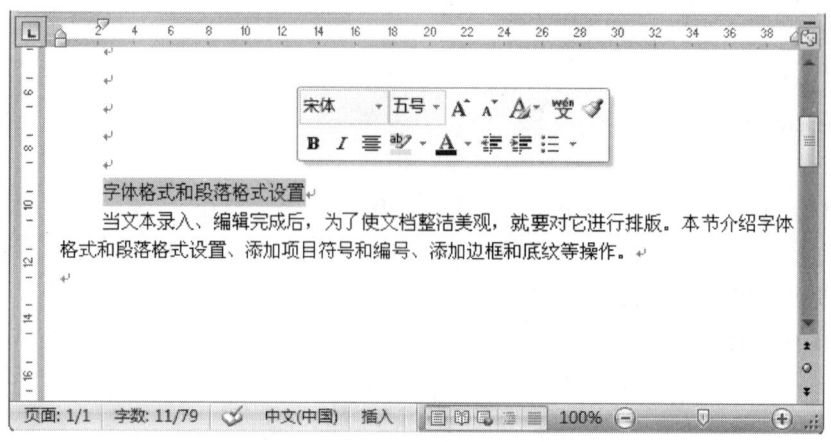

图 3-17　浮动工具栏

（3）在"字体"对话框的"字体"选项卡下，可进行字体、字形、字号、颜色、下划线、效果等格式设置。

（4）在"字符间距"选项卡下，可以设置文字的横向缩放比例、更改字符间距及提升、降低文字等。

【小贴士】按快捷键 Ctrl+D 可快速打开"字体"对话框。右击选定的文本，在弹出的快捷菜单中选择"字体"命令也可打开"字体"对话框。

2. 段落格式的设置

Word 中，两个段落标记（即回车符）之间的内容叫做段，段是以段落标记作为结束标志的。通过设置段落格式可使文档的版面更有层次感。段落格式的设置一般包括设置段落缩进方式和对齐方式、设置段间距和行间距等。

1）设置段落缩进方式

段落缩进有四种形式，即首行缩进、悬挂缩进、左缩进和右缩进，如图 3-18 所示。设置方法如下：

（1）在"开始"选项卡下单击"段落"组的对话框启动器，打开"段落"对话框。

（2）单击"缩进和间距"选项卡，在"缩进"区域下的"左侧"或"右侧"微调框中设置左右缩进的量值；在"特殊格式"下拉列表中设置首行缩进或悬挂缩进，并在其后面的"磅值"微调框中设置缩进量，单击"确定"按钮。

【小贴士】单击"页面布局"选项卡，在"段落"组中也有左右缩进微调框，可以快速调整缩进量。

2）设置段落对齐方式

段落的对齐方式有水平对齐和垂直对齐。

水平对齐方式一般包括左对齐、居中对齐、右对齐、两端对齐和分散对齐，如图 3-19 所示。

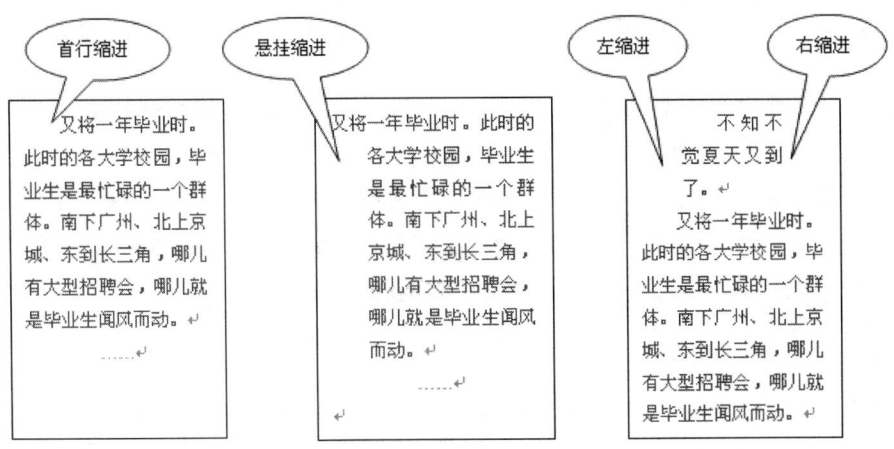

图 3-18  四种段落缩进形式

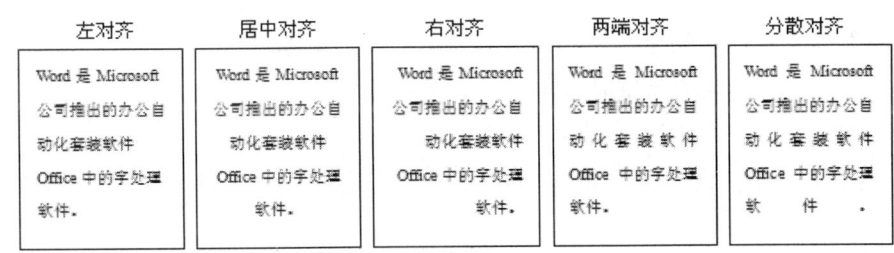

图 3-19  段落水平对齐方式示例

单击"开始"选项卡，在"段落"组中单击相应按钮即可进行设置，如图 3-20 所示。也可在"段落"对话框中单击"缩进和间距"选项卡，在常规区域的"对齐方式"下拉列表中设置。

【小贴士】快捷键 Ctrl+L、Ctrl+E、Ctrl+R、 Ctrl+J 和 Ctrl+Shift+J 分别设置左对齐、居中对齐、右对齐、两端对齐和分散对齐。

图 3-20  段落水平对齐命令按钮

段落的垂直对齐是指在一个段落中，如果有文字和图文混排，或者存在不同字号的文字时，这些高低不同的对象该如何对齐。有顶端对齐、居中、基线对齐、低端对齐和自动设置五种。设置的方法是：

（1）打开"段落"对话框，单击"中文版式"选项卡。

（2）在"字符间距"区域的"文本对齐方式"下拉列表中进行选择，单击"确定"按钮。

3）设置行间距和段间距

（1）单击"段落"对话框的"缩进和间距"选项卡。

（2）在"间距"区域的"段前"或"段后"微调框中设置段间距。

（3）在"行距"下拉列表中选择适当的行距类型，有的类型还需要在其后的"设置值"微调框中设置需要的行距值，单击"确定"按钮。

【小贴士】（1）也可在"开始"选项卡的"段落"组中单击"行距"按钮 ᶦ≣ˉ，从下拉
　　　　　菜单中设置行距。
　　　　（2）可单击"页面布局"选项卡，在"段落"组的段前或段后微调框中快速
　　　　　调整段间距。

　　注意：段落标记不仅用于标记一个段落的结束，它还保留着有关该段落的所有格式
设置（如段间距、行距、段落样式、对齐方式等），所以在移动或复制某一段落时，若
要保留该段落的格式，就一定要将该段落标记包括进去。

### 3.5.2　添加项目符号和编号

　　在制作文档的过程中，为了强调某些内容之间的并列和顺序关系，使文档的层次结
构更为清晰、更加有条理，经常要用到项目符号和编号。Word 2007 提供了 7 种标准的
项目符号和编号，并且允许用户自定义项目符号和编号。

　　1. 添加项目符号和编号
　　（1）选定需要添加项目符号或编号的若干段落。
　　（2）单击"开始"选项卡，在"段落"组中单击"项目符号"或"编号"按钮右侧的下
拉按钮，在打开的下拉列表中选择合适的项目符号（见图 3-21）或编号（见图 3-22）即可。

图 3-21　项目符号

图 3-22　项目编号

【小贴士】（1）直接单击"段落"组中"项目符号"或"编号"按钮，可添加默认的项
　　　　　目符号或编号。
　　　　（2）右击选定的段落，在弹出的快捷菜单中选择"项目符号"或"编号"命
　　　　　令，也可添加项目符号或编号。
　　　　（3）在当前项目符号或编号所在行输入内容，当按下 Enter 键时会自动产生下

一个项目符号或编号。如果连续按两次 Enter 键将取消项目符号输入状态，恢复到 Word 常规输入状态。

2. 自定义项目符号和编号

如果不满意 Word 提供的项目符号和编号，可以自己定义项目符号和编号。

1）自定义项目符号

（1）单击"开始"选项卡，在"段落"组中单击"项目符号"按钮右侧的下拉按钮，在打开的下拉列表中选择"定义新项目符号"命令，打开"定义新项目符号"对话框，如图 3-23 所示。

（2）在"定义新项目符号"对话框中单击"符号"按钮，打开"符号"对话框，从中选择自己需要的符号，单击"确定"按钮回到"定义新项目符号"对话框。单击"确定"按钮。

【小贴士】如果想用图片作为项目符号，则在"定义新项目符号"对话框中单击"图片"按钮。

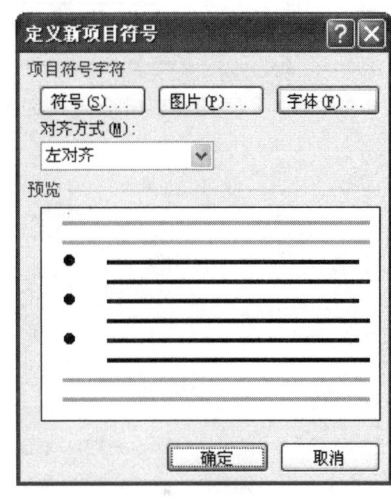

图 3-23　"定义新项目符号"对话框

2）自定义编号

（1）单击"开始"选项卡，在"段落"组中单击"编号"按钮右侧的下拉按钮，在打开的下拉列表中选择"定义新编号格式"命令，打开"定义新编号格式"对话框。

（2）在"编号样式"下拉列表中选择自己需要使用的编号样式，如"1，2，3，…"，在"编号格式"文本框中会出现以灰色显示的"1"，表示它不能被修改或删除。

（3）在"编号格式"文本框中输入自定义编号中不变的内容，如在"1"前面输入"YH-"，具体效果可以在下面的"预览"中看见。

（4）单击"确定"按钮，就可以在文档中输入该编号了，而且还会自动编号下去，如图 3-24 所示。

3. 多级列表

1）添加多级列表

多级列表是指 Word 文档中项目符号或编号列表的嵌套，以实现层次效果。在 Word 2007 文档中可以添加多级列表。具体操作如下：

（1）选定需要编号的所有段落，在"段落"组中单击"多级列表"按钮右侧的下拉按钮，在打开的下拉列表中选择合适的多级列表样式，如图 3-25 所示。

（2）把光标定位到需要修改列表级别的段落，再次单击"多级列表"按钮右侧的下拉按钮，在下拉列表中选择"更改列表级别"命令，在下级菜单中选择需要的列表级别即可，如图 3-26 所示。

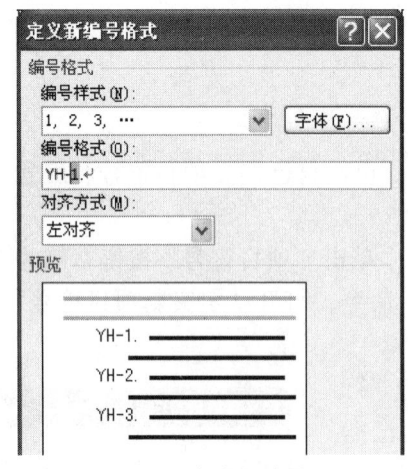

图 3-24  自定义编号

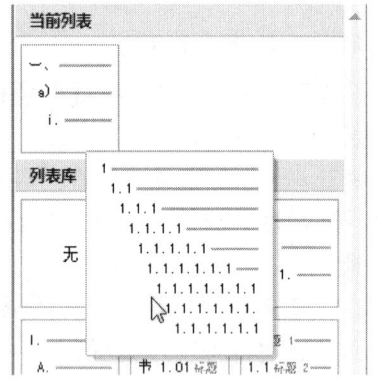

图 3-25  多级列表样式

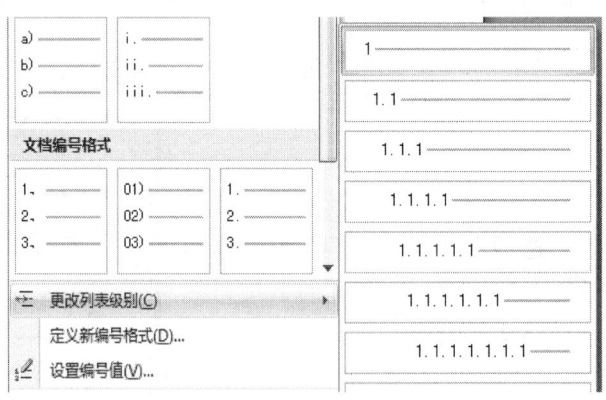

图 3-26  更改列表级别

【小贴士】单击"段落"组的增加缩进量按钮▆或减少缩进量按钮▆，可快速修改光标所在段落的级别。每增加一次缩进，将下降一个列表级别，每减少一次缩进，将提升一个列表级别。

2）自定义多级列表

如果不满意 Word 默认列表的样式，可以自定义多级列表。操作如下：

（1）单击"多级列表"按钮右侧的下拉按钮，在打开的下拉列表中选择"定义新的多级列表"命令，打开"定义新多级列表"对话框。

（2）在"单击要修改的级别"列表框中单击要修改的级别号，如"1"，在"此级别的编号样式"下拉列表中选择需要的样式，如"1，2，3，…"，此时会在"输入编号的格式"文本框中出现"1"字样的灰底文字，在此文本框中输入新的列表样式，如在"1"前输入"第"字，在"1"后输入"章"字，如图 3-27 所示。

（3）继续修改其他级别，最后单击"确定"按钮即可。

（4）单击"多级列表"按钮右侧的下拉按钮，在下拉菜单中即可看到并使用自定义的多级列表，如图 3-28 所示。

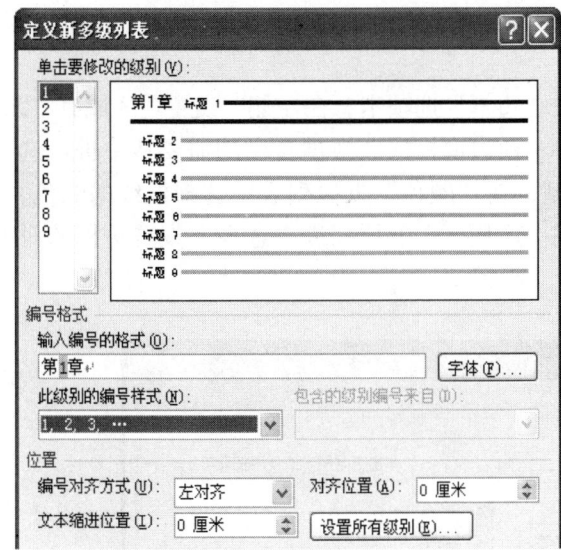

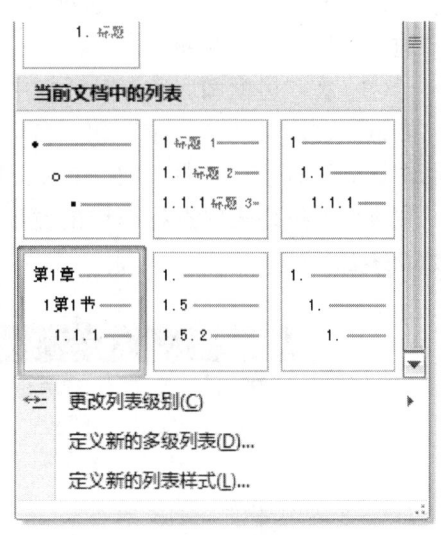

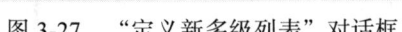

图 3-27　"定义新多级列表"对话框　　　　　　图 3-28　新添的多级列表

### 3.5.3　格式刷的使用

在编辑文档时，经常需要将某些文本、段落或图形图像设置为相同的格式，使用格式刷可以方便快捷地实现相同格式的复制，提高文本编辑效率。

1）复制字符格式

（1）选定希望复制其格式的文字。

（2）单击"开始"选项卡，在"剪贴板"组中单击"格式刷"按钮。

（3）当光标变成刷子的形状后去"刷"目标文字即可。

2）复制段落格式

（1）将光标定位在希望复制其格式的段中，单击"格式刷"按钮。

（2）当光标变成刷子的形状后再单击目标段。

3）复制其他对象格式（如图片等）

（1）单击希望复制其格式的对象，然后单击"格式刷"按钮。

（2）当光标变成刷子的形状后再单击目标对象。

【小贴士】若要连续复制多次，则双击"格式刷"按钮；要取消复制，只需按 Esc 键或再次单击"格式刷"按钮。

### 3.5.4　设置边框和底纹

在文档中添加各种各样的边框和底纹，可以增加文档的生动性和实用性。

1. 设置边框

这里只介绍给文字、段落和页面设置边框的方法。

1）设置文字和段落边框

（1）选定要设置边框的文字或把光标定位在要设置边框的段中。

（2）单击"页面布局"选项卡，在"页面背景"组中单击"页面边框"按钮，打开"边框和底纹"对话框。

（3）在"边框和底纹"对话框中单击"边框"选项卡，在左侧"设置"区域有"无"、"方框"、"阴影"、"三维"和"自定义"5种边框模式，根据自己的需要从中进行选择。在"样式"列表中选择一种边框线的线型，在"颜色"下拉列表中选择框线的颜色，在"宽度"下拉列表中选择框线的宽度，在"应用于"下拉列表中选择要设置边框的对象，如图 3-29 所示。

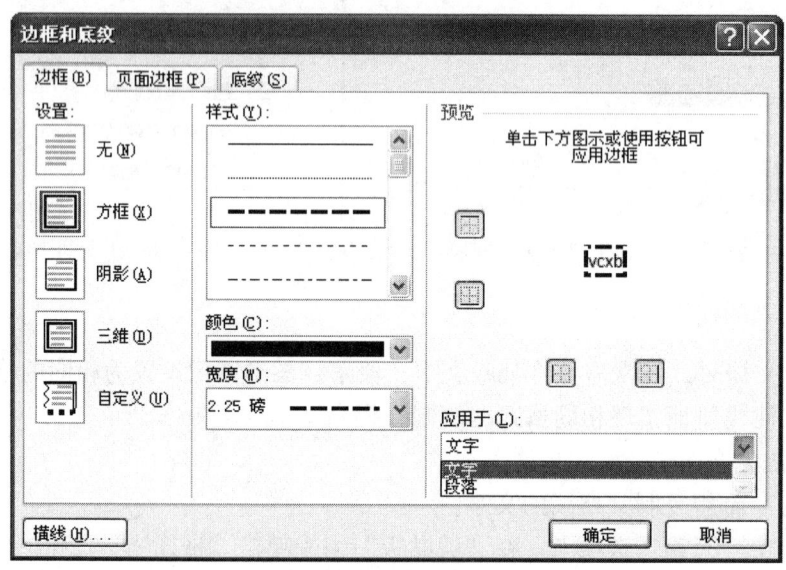

图 3-29　"边框和底纹"对话框

（4）如果设置的对象是文字，则单击"确定"按钮即可。

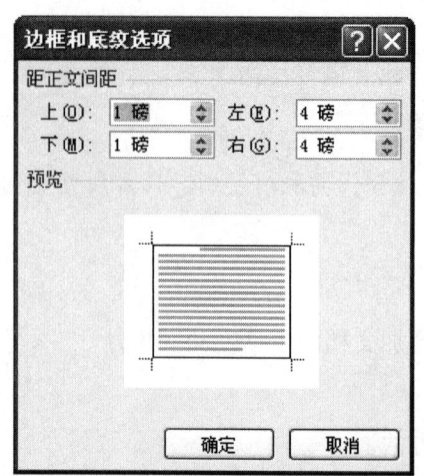

图 3-30　设置边框线与段落文字之间的距离

（5）如果设置的对象是段落,则可单击"选项"按钮，打开"边框和底纹选项"对话框，如图 3-30 所示，在"上"、"下"、"左"、"右"四个微调框中设置边框线与段落文字之间的距离，设置完毕后单击"确定"按钮，回到"边框和底纹"对话框，再单击"确定"按钮。

2）设置页面边框

可以设置普通的线型页面边框和各种艺术型页面边框，步骤如下：

（1）打开"边框和底纹"对话框，单击"页面边框"选项卡。

（2）如果设置普通的线型页面边框，则选择边框模式、框线的线型、颜色和宽度；如果设置艺术型页面边框，则在"艺术型"下拉列表中选择边框图案。

（3）单击"确定"按钮。

2. 设置底纹

（1）打开"边框和底纹"对话框，单击"底纹"选项卡。

（2）在"填充"下拉列表中选择填充底纹的颜色，在"图案"下拉列表中选择一种底纹图案，在"颜色"下拉列表中选择图案的颜色。

（3）在"应用于"下拉列表中选择"段落"或"文字"，单击"确定"按钮。

### 3.5.5　特殊排版方式

如果要创建带有特殊效果的文档，就需要使用一些特殊的排版方式。Word 2007 提供了多种特殊的排版方式，例如，分栏排版、改变文字方向、首字下沉等。

1. 分栏排版

分栏就是在页面上将文字排成多列。通过分栏排版可以排出版式各异、美观活泼的文档。Word 2007 提供了 5 种分栏类型，即一栏、两栏、三栏、偏左、偏右，可根据实际需要选择。具体操作如下：

（1）选定需要设置分栏的内容（如果不选定特定文本，则为整篇文档或当前节设置分栏）。

（2）单击"页面布局"选项卡，在"页面设置"组中单击"分栏"按钮，在打开的下拉菜单中选择需要的分栏类型即可。

如果不满意 Word 提供的 5 种分栏类型，也可自行定义。步骤如下：

（1）单击"分栏"按钮，在打开的下拉菜单中选择"更多分栏"命令，打开"分栏"对话框。

（2）在"栏数"微调框中输入所要分隔的栏数，如果要使各栏等宽，则勾选"栏宽相等"复选框。

（3）如果不勾选"栏宽相等"复选框，则可以在"宽度和间距"区域中设置各栏的栏宽和间距。

（4）如果要在各栏之间加入分隔线，则要勾选"分隔线"复选框，单击"确定"按钮。

2. 改变文字方向

单击"页面布局"选项卡，在"页面设置"组中单击"文字方向"按钮，在打开的下拉菜单中选择需要的文字方向即可。

【小贴士】可在打开的下拉菜单中选择"文字方向选项"命令，打开"文字方向"对话框，进行更多的选择和设置。

3. 首字下沉

首字下沉是指文章或段落的第一个字与其他字不同，更大更突出，是一种段落装饰手段。有"下沉"和"悬挂"两种方式，具体操作步骤如下：

（1）把光标定位到需要设置首字下沉的段落中。

（2）单击"插入"选项卡，在"文本"组中单击"首字下沉"按钮，在打开的下拉菜单中根据需要选择"下沉"或"悬挂"选项即可。

这样设置的首字下沉，使用的是默认格式。如果要设置更多的格式，则按以下步骤操作：

（1）单击"首字下沉"按钮，在下拉菜单中选择"首字下沉选项"命令，打开"首字下沉"对话框。

（2）在"位置"区域中选择一种下沉方式，在"选项"区域中设置首字的字体、下沉行数及与正文的距离，单击"确定"按钮。

【小贴士】要取消首字下沉，则将光标定位在该段落，然后单击"首字下沉"按钮，选择"无"选项。

### 3.5.6　单元实验

单元实验 3-5-1：文档的排版

【实验目的】

掌握字体格式、段落格式、项目符号和页面边框的设置。

【实验要求】

（1）打开单元实验 3-4-1 保存的文件"求职自荐书.docx"。

（2）将标题居中，设为楷体_GB2312，二号字，字符间距加宽 5 磅，段后间距 1.5 行，给标题文字设置适当的边框和底纹。

（3）全部正文首行缩进 2 字符，楷体_GB231，小四号字，1.5 倍行距。

（4）在"英语方面"、"普通话方面"和"计算机方面"前添加适当项目符号。

（5）设置"自荐人"和"日期"两段右对齐。

（6）给页面设置适当边框。

单元实验 3-5-2：多级列表的设置

【实验目的】

掌握多级列表的设置。

【实验素材】

"计算机基础知识.docx"。

【实验要求】

参照结果文件"单元实验 3-5-2（结果）.docx"，对素材文件"计算机基础知识.docx"设置多级列表。

【实验结果】

"单元实验 3-5-2 (结果).docx"。

单元实验 3-5-3：文档的特殊排版

【实验目的】

　　掌握文档的特殊排版方式。

【实验要求】

　　（1）打开单元实验 3-4-2 保存的文件"雪花.docx"。

　　（2）将第一段分两栏排版、栏间距 3 个字符、有分隔线，首字下沉 2 行。

　　（3）设置第二段段前间距 1 行，左右各缩进 3 个字符。设置边框和底纹（注意是段落的边框和底纹），其中框线颜色为自动、宽度 1.5 磅，框线与段落文字之间的距离为上下各 2 磅、左右各 5 磅；底纹填充颜色为橄榄绿，图案为样式 5%、颜色自动。

　　（4）保存修改结果。

【实验结果】

　　参见"单元实验 3-5-3 (结果).docx"。

# 3.6　表格的制作与编辑

## 3.6.1　创建表格

先来了解一下表格的一般结构，如图 3-31 所示。

1. 创建规则表格

　　（1）将光标定位在文档中要插入表格的地方。

　　（2）单击"插入"选项卡，在"表格"组中单击"表格"按钮。

　　（3）在下拉菜单中单击"插入表格"命令，打开"插入表格"对话框。

　　（4）在"插入表格"对话框的"列数"和"行数"微调框中分别设置表格的列数和行数，单击"确定"按钮。

【小贴士】 如果所创表格小于 10 列 8 行，则可快速创建表格。方法是：单击"表格"按钮后，在下拉菜单中会出现一个由 10（列）×8（行）的方格组成的栅格区域，在栅格区域移动鼠标指针到所创表格的行列数，单击即可，如图 3-32 所示。

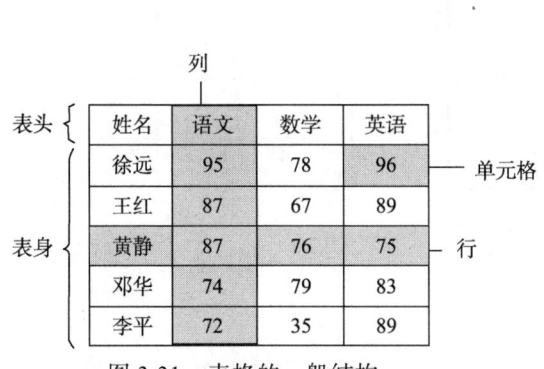

图 3-31　表格的一般结构

图 3-32　快速创建表格

2. 绘制表格

可绘制各种复杂的、不规则的表格，步骤如下：

（1）在"表格"组中单击"表格"按钮。

（2）在下拉菜单中单击"绘制表格"命令，这时光标会变成笔的形状。

（3）按住鼠标左键并拖动，绘制出表格外框，在框内根据需要绘制列线和行线。

【小贴士】如果要擦除多余的线条，则单击"表格工具/设计"选项卡，在"绘图边框"
　　　　　组中单击"擦除"按钮，此时光标呈橡皮擦形状，单击要擦除的线。单击"绘
　　　　　图边框"组中的"绘制表格"按钮，可继续绘制表格。

3. 文字与表格的相互转换

1）文字转换成表格

要将文字转换成表格，要求文字的每项内容之间有特定且一致的分隔符（如逗号、
回车符、制表符等）来分隔。其操作方法如下：

（1）选定需要转换成表格的文字。

（2）单击"插入"选项卡，在"表格"组中单击"表格"按钮。

（3）在打开的下拉菜单中选择"文本转换成表格"命令，打开"将文字转换成表格"
对话框，如图 3-33 所示。

（4）在"表格尺寸"区域设置所建表格的列数（行数则由系统自动计算）。在"'自
动调整'操作"区域根据需要设置表格的列宽，在"文字分隔位置"区域指出文字的分
隔符，单击"确定"按钮完成转换。

图 3-34(a)所示为转换前的文字，每行的内容之间用逗号分隔；图 3-34(b)所示是转换
后的效果。

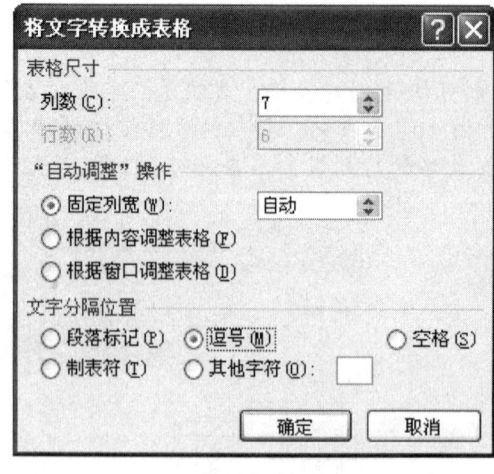

图 3-33　"将文字转换成表格"对话框　　　　　图 3-34　文字转换成表格

2）表格转换成文字

选定表格，单击"表格工具/布局"选项卡，在"数据"组中单击"转换为文本"按

钮，打开"表格转换成文本"对话框，在"文字分隔符"区域选择转换后单元格内容之间的分隔符，单击"确定"按钮。

### 3.6.2 表格的编辑与修改

在对表格进行编辑之前，首先要选定表格或单元格。

1. 表格和单元格的选定

表格和单元格的选定操作如表 3-3 所示。

表 3-3　表格和单元格的选定操作

| 选定对象 | 操作 | | 常规操作 |
|---|---|---|---|
| | 快速操作 | | |
| 一个单元格 | 光标移至单元格上三击鼠标或者光标移至单元格最左边，成 ➚ 时单击 | | 单击"表格工具/布局"选项卡，在"表"组中单击"选择"按钮，在打开的下拉菜单中选择要选定的对象 |
| 一行 | 光标移至行左边，成 ⟋ 时单击 | | |
| 一列 | 光标移至列顶端边框，成 ⬇ 时单击 | | |
| 整个表格 | 单击表格左上角的小框 ⊞ | | |

【小贴士】选定一个对象后，拖动鼠标可以选定相邻的若干对象（表格除外）。

2. 表格和单元格的合并和拆分

1）合并表格

将上下两个表格之间的内容和回车符删除即可。

2）拆分表格

只能将一个表格拆分为上、下两个表格，步骤是：

（1）将光标置于作为拆分后的第二个表格的第一行。

（2）单击"表格工具/布局"选项卡，在"合并"组中单击"拆分表格"按钮。

【小贴士】按快捷键 Ctrl+Shift+Enter 可以快速拆分表格。

3）合并单元格

选定需要合并的单元格，单击"合并"组中的"合并单元格"按钮。

【小贴士】选定需要合并的单元格，右击，在弹出的快捷菜单中选择"合并单元格"命令，可快速合并单元格。

4）拆分单元格

（1）将光标定位于要拆分的单元格中。

（2）单击"合并"组中的"拆分单元格"按钮，打开"拆分单元格"对话框。

（3）在"拆分单元格"对话框中设置拆分后的行列数，单击"确定"按钮。

【小贴士】通过快捷菜单上的"拆分单元格"命令可快速打开"拆分单元格"对话框。

3. 调整表格尺寸

1）缩放表格

当把鼠标指向表格的右下角时，表格的右下角就会出现一个调整句柄"□"，同时鼠标呈斜向双箭头状，此时按住鼠标左键拖动，在拖动过程中，会出现一个虚框表示改变后表格的大小，拖动到合适位置松开鼠标。

2）调整列宽和行高

下面以设置列宽为例介绍操作步骤：

（1）选定需要调整宽度的列。

（2）单击"表格工具/布局"选项卡，在"表"组中单击"属性"按钮，打开"表格属性"对话框。

（3）在"表格属性"对话框中单击"列"选项卡，勾选"指定宽度"复选框，然后根据自己的需要在"度量单位"下拉列表中选择单位，在"指定宽度"微调框中调整具体的列宽。

（4）通过单击"前一列"或"后一列"按钮，可以继续调整其他列的宽度。最后单击"确定"按钮。

行高的设定和列宽类似，在"表格属性"对话框中单击"行"选项卡进行相应的设置即可。在默认情况下，Word 会根据单元格的内容自动调整行高。

【小贴士】（1）通过"表格工具/布局"选项卡下的"单元格大小"组中的"表格列宽度"和"表格行高度"微调框可以精确快速地设置列宽和行高。

　　　　　（2）如果对表格的列宽和行高没有精度要求，则可利用鼠标拖动某列的左、右或某行的上、下边框线来改变列宽和行高。

【小贴士】如果要调整某个或某几个上下相邻的单元格的列宽，可选定单元格后用鼠标拖动该单元格的左、右边框线。

3）行、列的平均分布

在 Word 中可以根据实际需要在表格总尺寸不改变的情况下，平均分布所有行或列的尺寸。方法如下：

（1）将光标定位在表格任意单元格中。

（2）单击"表格工具/布局"选项卡，在"单元格大小"组中单击"分布行"或"分布列"按钮。

【小贴士】可以通过快捷菜单上的"平均分布各行"或"平均分布各列"命令，此时要选定整个表格。

4. 在表格中插入和删除行、列或单元格

1）插入行、列或单元格

（1）把光标定位到表格某个单元格中。

（2）单击"表格工具/布局"选项卡，单击"行和列"组的对话框启动器，打开"插入单元格"对话框。

（3）选中其中一个单选按钮来完成行、列或单元格的插入。

【小贴士】（1）在"行和列"组中单击"在上方插入"或"在下方插入"按钮，可在光标所在位置的上方或下方添加一个空行，单击"在左侧插入"或"在右侧插入"按钮，可在光标所在位置的左侧或右侧添加一个空列。

　　　　　（2）如果要一次插入多行（列），只需在插入操作前，先选定与要插入的行（列）数相等的行（列）即可。

2）删除行、列或单元格

（1）把光标定位到表格某个单元格中。

（2）在"表格工具/布局"选项卡下的"行和列"组中单击"删除"按钮，在下拉菜单中选择相应的命令，即可删除光标所在的行、列或单元格。

【小贴士】（1）如果要一次删除多行（列或单元格），可选定那些要删除的行（列或单元格）后，再执行上述删除操作或执行"剪切"操作。

　　　　　（2）要删除整个表格，则选定表格，执行"剪切"操作（按 Del 键不起作用）。

5. 绘制斜线表头

在实际工作中，经常会使用到带有斜线表头的表格。斜线表头是指在表格的第 1 个单元格中以斜线划分多个项目标题，分别对应表格的行和列，如图 3-35 所示。绘制斜线表头步骤如下：

（1）单击要添加斜线表头的表格。

（2）单击"表格工具/布局"选项卡，在"表"组中单击"绘制斜线表头"按钮，打开"插入斜线表头"对话框。

| 成绩科目姓名 | 语文 | 数学 | 英语 |
|---|---|---|---|
| 徐远 | 95 | 78 | 96 |
| 王红 | 87 | 67 | 89 |
| 黄静 | 87 | 76 | 75 |

图 3-35　斜线表头的表格

（3）在"表头样式"下拉列表中选择所需样式，在"字体大小"下拉列表中设置标题字号，在各个标题框中输入所需的行、列标题，单击"确定"按钮。

【小贴士】当需要调整斜线表头大小而拖动斜线表头单元格的边框时，表头中的组合对象不会随之移动，此时可以再次单击功能区中的"绘制斜线表头"按钮，打开"插入斜线表头"对话框，单击"确定"按钮即可。

### 3.6.3　设置表格外观

1. 设置单元格中文字的对齐方式

单元格中的文字可以设置成 9 种对齐方式，分别是靠上两端对齐、靠上居中对齐、靠上右对齐、中部两端对齐、水平居中、中部右对齐、靠下两端对齐、靠下居中对齐和靠下右对齐。设置方法如下：

选定需要设置文字对齐方式的单元格，单击"表格工具/布局"选项卡，在"对齐方式"组中，可以看到以上9种对齐方式的图标按钮，如图3-36所示，根据需要单击相应的按钮即可。

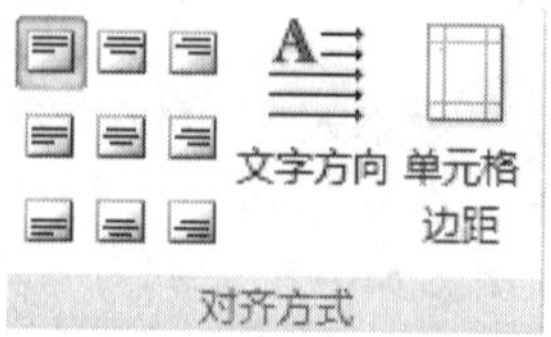

图3-36  9种对齐方式的图标按钮

2. 设置表格的边框和底纹

1）设置表格的边框

（1）将光标定位在表格中，打开"边框和底纹"对话框，然后单击"边框"选项卡，在"设置"区域有五种选择：

- "无"，表示表格不设表线。
- "方框"，指表格只有外框线，没有中间的行列线。
- "全部"，表示显示所有表格线，而且所有表格线线型和宽度都相同。
- "网格"，线型和宽度的设置只对外框线起作用，而中间的行列线仍是默认的细线。
- "自定义"，这种方式下，在指定某种线型和宽度后，在右侧的"预览"区域中单击表格的上、下、左、右或中间线条，就可以把改变应用到指定的位置上，从而自定义出符合自己要求的表线。

（2）在"样式"列表框中选择线型，在"颜色"下拉列表中选择颜色，在"宽度"下拉列表中选择粗细，在"应用于"下拉列表中选择"表格"或"单元格"，单击"确定"按钮。

2）设置表格底纹

为表格设置底纹与为文字或段落设置底纹方法基本相同，区别在于在"应用于"下拉列表中是选择"表格"或"单元格"。

3. 套用表格样式

Word 2007有内置的表格样式库，提供了各种各样不同种类的表格样式，套用这些样式不仅能够快速设置表格外观，还能够确保表格协调一致并具有专业化的外观。

方法是：将光标定位在表格内，单击"表格工具/设计"选项卡，在"表样式"组中选择需要的样式即可。更多的样式通过单击右侧的"其他"下拉按钮 获得，如图3-37所示。

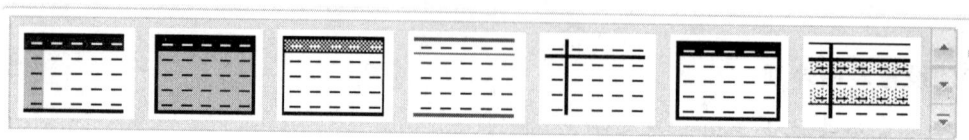

图3-37  表样式

### 3.6.4 表格中的数据排序和计算

1. 表格排序

（1）将光标定位在要排序的表格中。

（2）单击"表格工具/布局"选项卡，在"数据"组中单击"排序"按钮，打开"排序"对话框。

（3）在"主要关键字"下拉列表中选择排序依据的主要关键字。在其右侧的"类型"下拉列表中选择排序的依据：

- 如果参与排序的数据是文字，则可以选择"笔画"或"拼音"选项。
- 如果参与排序的数据是日期类型，则可以选择"日期"选项。
- 如果参与排序的只是数字，则可以选择"数字"选项。

（4）选中"升序"或"降序"单选按钮，设置排序方式。

（5）如有必要，依次选择"次要关键字"、"第三关键字"及相应的排序类型和排序方式。

（6）在"列表"区域选中"有标题行"单选按钮。如果选中"无标题行"单选按钮，则 Word 表格中的标题也会参与排序。最后单击"确定"按钮。

2. 在表格中计算

为了进行计算，Word 中表格的每个单元格都有唯一的名字来标识，这个名字叫单元格的地址。单元格的地址由单元格所在的列和行的编号组合而成。列用英文字母表示，从左到右依次是 a，b，c，…，行用阿拉伯数字表示，从上到下依次是 1，2，3，…，如第 1 行第 1 列的单元格标识为 a1，第 2 行第 3 列单元格标识为 c2，依次类推。而 c1:e3 则表示第 1 行第 3 列到第 3 行第 5 列的单元格区域，如图 3-38 所示。

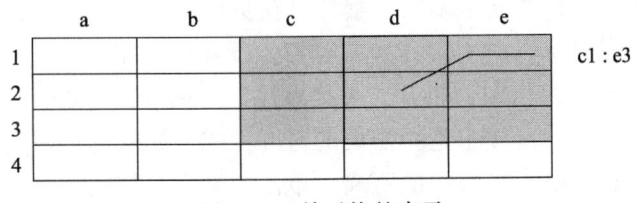

图 3-38 单元格的表示

在表格中计算的步骤是：

（1）将光标定位在要放置计算结果的单元格。

（2）单击"表格工具/布局"选项卡，单击"数据"组中的"公式"按钮，打开"公式"对话框。

（3）在"公式"文本框中输入计算公式，有两种方法：

- 将单元格地址作为变量，直接列出算式，如：=b2*c3、=b2+b3+b4。
- 从"粘贴函数"下拉列表中选择函数后，在括号中填入计算范围，如 SUM(ABOVE)、SUM(LEFT)、AVERAGE(b2:b4)等。

SUM(ABOVE)和 SUM(LEFT)分别表示将光标所在单元格上边和左边所有数字格式的单元格内容求和；AVERAGE(b2:b4)表示将从 b2 到 b4 范围内所有数字格式的单元格内容求平均值，也可写成 AVERAGE(b2,b3,b4)。

（4）在"编号格式"下拉列表中根据需要选择计算结果的数字格式，若不选，则沿用公式计算范围内的单元格的数字格式，单击"确定"按钮。

【小贴士】当计算结果的原始数据有修改时，不必重新计算，只需选中原结果，按功能键 F9 即可获得新的计算结果。

### 3.6.5　表格的高级应用

1. 表格的跨页设置

1）表格的表头跨页处理

有的表格很长，一页排不下，此时 Word 2007 的表格自动拆页功能会自动把超过的部分安排到下一个页面中，但表头只在首页显示，其他页不显示。如果需要让表头显示在每个页面的表格中，就要进行表头跨页处理。步骤是：

（1）选中表头。

（2）单击"表格工具/布局"选项卡，在"数据"组中单击"重复标题行"按钮。

2）防止表格跨页断行

跨页断行，是指表格拆页时，某一行的内容被拆分到不同的页面上，从而影响文档的阅读效果，因此可以使用下面的操作防止表格跨页断行：

选定需要处理的表格，打开"表格属性"对话框，单击"行"选项卡，取消对"允许跨页断行"的勾选，单击"确定"按钮。

2. 设置表格的对齐方式

新制作的表格不论其宽度是多大，都会靠在页面的左边。实际上，表格在页面中的对齐方式有三种：左对齐、居中对齐和右对齐。设置步骤如下：

（1）把光标定位在表格中，打开"表格属性"对话框，单击"表格"选项卡。

（2）在"对齐方式"区域中选择需要的对齐方式。如果选择左对齐，还可以在"左缩进"微调框中设置表格与左边距的距离。单击"确定"按钮。

【小贴士】选定整个表格，单击"开始"选项卡，在"段落"组中单击"左对齐"、"居中"、"右对齐"按钮也可设置表格在页面中的对齐方式。

### 3.6.6　单元实验

单元实验 3-6-1：制作和设置表格

【实验目的】

掌握表格的制作，单元格内容的对齐和设置表格边框的操作。

【实验要求】

参照结果文件"单元实验 3-6-1 (结果).docx"绘制一个表格。要求：

（1）表格标题"出差申请单"设置为楷体_GB2312、三号，加下划线。

（2）将表格外边框线设置为 2.25 磅单实线，内框线设置为 0.75 磅单实线。

（3）将表格内的文字设置为仿宋_GB2312、小四号，水平对齐方式为左对齐，垂直对齐方式为居中对齐。

【实验结果】

"单元实验 3-6-1 (结果).docx"。

单元实验 3-6-2：单元格的合并与拆分及添加斜线表头

【实验目的】

（1）掌握表格的制作、设置单元格底纹、单元格的合并与拆分及制作斜线表头操作。

（2）熟练单元格文字的对齐方式操作。

【实验要求】

（1）插入一个 8 行 7 列的表格。

（2）制作基础表格如下：

|  | 一 | 二 | 三 | 四 | 五 | 六 |
|---|---|---|---|---|---|---|
| 上午 | 语文 | 化学 | 物理 | 英语 | 语文 | 数学 |
|  | 语文 | 生物 | 数学 | 英语 | 数学 | 数学 |
|  | 课间操 |  |  |  |  |  |
|  | 数学 | 英语 | 物理 | 化学 | 物理 | 英语 |
|  | 英语 | 英语 | 音乐 | 物理 | 英语 | 生物 |
| 午休 |  |  |  |  |  |  |
| 下午 | 体育 | 语文 | 语文 | 数学 | 英语 | 物理 |

（3）将星期和"上午"、"下午"设置为宋体小四号，"课间操"和"午休"设置为宋体五号，课程名设置为华文楷体、五号。

（4）设置表中各单元格文字水平、垂直对齐方式均为居中。

（5）设置各列列宽 45 磅（或 1.6 厘米），行高根据内容自行调整。

（6）合并单元格如下：

|  | 一 | 二 | 三 | 四 | 五 | 六 |
|---|---|---|---|---|---|---|
| 上　午 | 语文 | 化学 | 物理 | 英语 | 语文 | 数学 |
|  | 语文 | 生物 | 数学 | 英语 | 数学 | 数学 |
|  | 课　间　操 |  |  |  |  |  |
|  | 数学 | 英语 | 物理 | 化学 | 物理 | 英语 |
|  | 英语 | 英语 | 音乐 | 物理 | 英语 | 生物 |
| 午　休 |  |  |  |  |  |  |
| 下　午 | 体育 | 语文 | 语文 | 数学 | 英语 | 物理 |

（7）设置单元格底纹，颜色自定。

（8）插入斜线表头（标题字号为小六）。

【实验结果】

参见"单元实验3-6-2 (结果).docx"。

单元实验3-6-3：表格的排序与计算

【实验目的】

（1）掌握文字转换成表格、在表格中插入行和列、表格的排序和计算、设置货币数据格式操作。

（2）掌握套用表格样式操作。

（3）体会设置单元格文字的对齐方式和设置表格的对齐方式的区别。

【实验素材】

"购物小票.docx"。

【实验要求】

（1）打开素材文件"购物小票.docx"，将其中的文字转换成表格，调整表格到适当大小。

（2）将表格以"数量"作主关键字、按升序，"单价"作次关键字、按降序排序。

（3）在表格右侧插入一列，在此列第一个单元格中输入"金额"，在其余各单元格中利用公式计算相应商品的购买金额，计算方法为：金额 = 数量*单价。

（4）在表格的下面插入三行，在最后一行的第一个单元格输入"合计"，在第二和第四个单元格中利用公式分别对商品总数量和总金额进行统计。

（5）设置表中数值数据垂直居中，水平右对齐。

（6）设置表格的对齐方式为居中对齐（注意是表格在页面中的对齐方式）。

（7）选择一种表格样式美化表格并保存。

【实验结果】

参见"单元实验3-6-3(结果).docx"。

# 3.7　图　文　混　排

在文章中适当地插入一些图形、图片和艺术字，不仅会使文章显得生动、有趣和精美，还能帮助读者更快地理解文章内容。Word 2007 具有强大的图文混排功能。

## 3.7.1　插入图片和剪贴画

1. 插入剪贴画

Word 2007 提供了数量众多的剪贴画，一部分随安装盘安装到本机中，另一部分则由 Microsoft Office Online 网站提供。这些剪贴画一般是矢量图形，采用的是 WMF 格式。因此，可以直接使用这些剪贴画，也可以对其进行修改。

1）插入本地剪贴画

（1）单击"插入"选项卡，在"插图"组中单击"剪贴画"按钮。

（2）在编辑区右侧打开的"剪贴画"窗口中，单击"管理剪辑"命令，打开"Microsoft 剪辑管理器"窗口。

（3）在左侧窗格打开具体的分类，在右侧窗格把鼠标指向需要的剪贴画，单击剪贴画右侧出现的下拉按钮，在打开的下拉菜单中选择"复制"命令。

（4）切换到文档中，通过"粘贴"方法即可把该剪贴画插入文档中。

2）插入网站上的剪贴画

（1）在"剪贴画"窗口单击"Office 网上剪辑"命令，系统会启动浏览器，自动连接到网站。

（2）在网页中选择剪贴画的类别，即可打开该类别下的剪贴画。把鼠标指向需要的剪贴画，在出现的菜单上单击"复制到剪贴板"。

（3）切换到文档中，通过"粘贴"方法即可把该剪贴画插入文档中。

**2. 插入图片**

（1）单击"插入"选项卡，在"插图"组中单击"图片"按钮，打开"插入图片"对话框。

（2）找到并选中需要插入到文档中的图片，单击"插入"按钮。

**3. 设置图片格式**

图片插入后，有时需要对其进行一些设置才能符合要求。图片格式设置有很多，这里只介绍几种常用的设置。

1）设置图片的大小

单击图片，图片四周会出现称为"句柄"的小圆点或小方块，用鼠标拖曳句柄可快速改变图片大小。

如果要精确设置图片大小，则按以下步骤操作：

（1）选定要调整大小的图片，单击"图片工具/格式"选项卡，单击"大小"组右下角的对话框启动器，打开"大小"对话框。

（2）单击"大小"选项卡，可以通过"尺寸和旋转"区域的"高度"或"宽度"微调框中设置图片的绝对高度或绝对宽度，也可以在"缩放比例"区域的"高度"和"宽度"微调框设置相对于原始图片的高度和宽度比例。如果勾选"锁定纵横比"复选框，那么只要任何一个高度或宽度发生变化，另一个值也会按比例发生变化。

【小贴士】也可以通过"大小"组的"高度"和"宽度"微调框来调整。

2）设置图片样式

单击"图片工具/格式"选项卡，在"图片样式"组中选择需要的图片外观样式。单击"其他"下拉按钮可选择更多样式。

3）设置图片边框

（1）选定图片后，单击"图片样式"组中"图片边框"按钮。

（2）在下拉菜单颜色区域选择一种作为图片边框的颜色，在"粗细"下级菜单选择框线的宽度，在"虚线"下级菜单选择线型。

**【小贴士】**可以通过"设置图片格式"对话框进行更复杂的设置。打开"设置图片格式"对话框的方法有：右击图片，在弹出的快捷菜单中选择"设置图片格式"命令，单击"图片样式"组的对话框启动器。

4）设置图片形状

Word 2007 为图片设置了 140 多种图片形状，具体设置方法是：选定图片，在"图片样式"组中单击"图片形状"按钮，在打开的下拉菜单中根据需要进行选择。

5）设置文字环绕方式

插入图片的文字环绕方式决定了图片和文本之间的位置关系和叠放次序，Word 2007 对插入的图片提供了多种不同的文字环绕方式。

- 嵌入型：图片当做文本中的一个普通字符来对待，图片的位置将跟随文本的变动而变动。刚插入的图片默认为嵌入型。
- 四周型环绕：文字在图片方形边界框四周环绕。
- 紧密型环绕：文字紧密环绕在实际图片的边缘（按实际的环绕顶点环绕图片），而不是环绕于图片边界。
- 衬于文字下方：此时的图片就像文字的背景图案，文字在图片的上方。
- 浮于文字上方：文字位于图片的下方，图片挡住了后面的文字。
- 上下型环绕：文字位于图片的上、下，图片和文字泾渭分明，显得版面很整洁。
- 穿越型环绕：文字沿着图片的环绕顶点环绕图片，且穿越凹进的图形区域。

**【小贴士】**除嵌入型外，其他文字环绕方式的图片具有浮动性，可以在文档中自由移动。

设置文字环绕方式的步骤是：

（1）选定图片，单击"图片工具/格式"选项卡，在"排列"组中单击"文字环绕"按钮。

（2）在打开的下拉菜单中选择需要的环绕方式。

**【小贴士】**（1）要选定已经"衬于文字下方"的图片，则选择"开始"选项卡，单击"编辑"组的"选择"按钮，在下拉菜单中选择"选择对象"命令，将光标移到图片上方单击即可。

（2）除图片外，图形、艺术字、文本框、图表和 SmartArt 图形都可以设置文字环绕方式，且方法相同，这里将不再赘述。

6）裁剪图片

选定图片后，单击"图片工具/格式"选项卡，在"大小"组中单击"裁剪"按钮后，鼠标变成裁剪形状，图片的四个角会出现黑直角，每个边的中间也都有黑短线。用鼠标拖曳直角或短线，即可完成图片的快速裁剪。

如果要精确裁剪图片，则执行如下操作：

（1）选定图片，打开"大小"对话框。

（2）在"裁剪"区域的"左"、"右"、"上"和"下"微调框中设置每边的裁剪值，单击"关闭"按钮。

　　7）重设图片格式

　　如果对图片进行了错误的设置，可以在"图片工具/格式"选项卡下，单击"调整"组的"重设图片"按钮，使图片恢复到最初插入时的状态。

### 3.7.2　插入图形

　　在 Word 2007 中，除了可以插入剪贴画、图片外，还可以用其提供的绘图工具绘制自己需要的图形。绘图工具包括线条、基本形状、箭头、流程图、标注、星与旗帜六类。

　　1. 绘制图形

　　绘制的图形默认浮在文字上方，操作步骤如下：

　　（1）单击"插入"选项卡下"插图"组中的"形状"按钮。

　　（2）在打开的绘图形状样式列表中单击需要的形状，当光标变成十字形后，在文档中单击鼠标可绘制默认大小的图形；按住鼠标左键并拖动鼠标到合适大小后松开，可绘制任意大小的图形。

　　【小贴士】（1）在绘图过程中按住 Shift 键，可绘制一定角度或比例的对象。例如，绘制直线时可以在水平与垂直方向之间以 15°为间隔绘制出斜线；在绘制圆形时，能绘制出正圆形；在绘制矩形时，能绘制出正方形。
　　　　　　　　（2）在绘图过程中按住 Ctrl 键，可绘制以鼠标单击点为中心的对象。

　　2. 编辑图形

　　1）为图形对象添加文字

　　添加的文字与文档中其他位置的文字一样，可以设置字体、字号等字符格式。字符形成的段落也可以设置各种段落效果。具体方法是：

　　（1）选定要添加文字的图形。

　　（2）单击"绘图工具/格式"选项卡，在"插入形状"组中单击"编辑文本"按钮，就可以在图形中添加文字。

　　【小贴士】右击图形，在弹出的快捷菜单中选择"添加文字"命令可快速添加文字。

　　2）组合图形对象与取消组合

　　组合图形对象就是将绘制的多个图形对象组合在一起，作为一个新的图形对象进行整体移动或设置。步骤如下：

　　（1）按住 Shift 键或 Ctrl+Shift 键，用鼠标依次单击需要组合的图形。

　　（2）单击"绘图工具/格式"选项卡，在"排列"组中单击"组合"按钮，在下拉菜单中选择"组合"命令。

　　要取消组合，则选定组合图形后，单击"组合"按钮，在下拉菜单中选择"取消组合"命令即可。

　　【小贴士】（1）选中全部图形后，右击图形，在快捷菜单中选择"组合/组合"命令可快速实现组合。

（2）当取消组合并对其中的图形修改后，若再将它们重新组合，只需单击以前组合过的任一图形对象，然后选择"重新组合"命令即可。

3）对齐和排列图形对象

如果使用鼠标来移动图形对象，很难使多个图形对象排列整齐。这时可使用 Word 提供的对齐图形对象功能。方法是：选定要对齐的全部图形后，单击"排列"组中的"对齐"按钮，在打开的下拉菜单中根据需要选择合适的对齐方式。

4）叠放图形对象

图形对象的叠放次序有：

- 置于顶层，把该图形放在所有图形的上方。
- 置于底层，把该图形放在所有图形的下方。
- 上移一层，把该图形上移一层。
- 下移一层，把该图形下移一层。
- 浮于文字上方，把该图形置于文档中文字的上方。
- 衬于文字下方，把该图形置于文档中文字的下方。

设置图形叠放次序的方法是：

（1）选定要重新安排叠放次序的图形。

（2）在"排列"组中单击"置于顶层"按钮，在下拉菜单中有三个选项：置于顶层、上移一层、浮于文字上方；若单击"置于底层"按钮，在下拉菜单中有三个选项：置于底层、下移一层、衬于文字下方。根据需要进行选择。

【小贴士】右击该图形，在弹出的快捷菜单中选择"叠放次序"命令，也可以设置叠放次序。

3. 设置图形格式

1）设置大小

设置图形的大小与设置图片的大小方法类似，这里不再赘述。

2）旋转和移动

当选中图形后，会在图形上方显示一个旋转手柄。把鼠标指向手柄并拖动，将以图形中心为轴心进行旋转。如果要移动图形，需要把鼠标指向图形，当鼠标呈现十字箭头形状时，即可按下鼠标并移动图形到新位置。

【小贴士】当用鼠标旋转图形时，如果按住 Ctrl 键，旋转时会以图形的下方中线为轴心进行旋转。当移动图形时，如果按住 Alt 键，可以不受绘图网格的影响随意指定图形的移动位置，否则将与绘图网格自动对齐。

3）设置图形的线条颜色、类型和宽度

（1）选定图形，单击"绘图工具/格式"选项卡，在"形状样式"组中单击"形状轮廓"按钮 ✍ ·右侧的下拉按钮。

（2）在打开的下拉菜单的颜色区域选择图形线条的颜色，在"粗细"下级菜单选择线条的宽度，在"虚线"下级菜单选择线型。

4）填充图形

默认情况下，图形的填充颜色为白色，可以为图形指定填充颜色，还可以使用渐变、图案、纹理或图片等来填充图形。方法是：

（1）在"形状样式"组中单击"形状填充"按钮 ⬥ ▾右侧的下拉按钮。

（2）如果填充单一的颜色，则在下拉菜单的"主题颜色"区域中选择需要的颜色；如要其他的填充效果，则选择"图案"选项，打开"填充效果"对话框。在"渐变"、"纹理"、"图案"和"图片"四个选项卡下进行选择和设置。

5）设置阴影效果

（1）选定图形后，单击"绘图工具/格式"选项卡，在"阴影效果"组中单击"阴影效果"按钮。

（2）在打开的下拉菜单中选择一种阴影效果；在"阴影颜色"下级菜单中选择阴影的颜色。

（3）当阴影设置完后，如果对阴影的位置不满意，可以单击"阴影效果"按钮右侧的微调按钮（见图3-39）进行调整。

6）设置三维效果

（1）选定图形后，单击"绘图工具/格式"选项卡，在"三维效果"组中单击"三维效果"按钮。

（2）在打开的下拉菜单中选择一种三维效果；在"三维颜色"、"深度"、"方向"、"照明"、"表面效果"下级菜单中分别设置三维效果的颜色、深度、方向、光源的方向和表面效果。

（3）可通过"三维效果"右侧的微调按钮（见图3-40）做进一步调整。

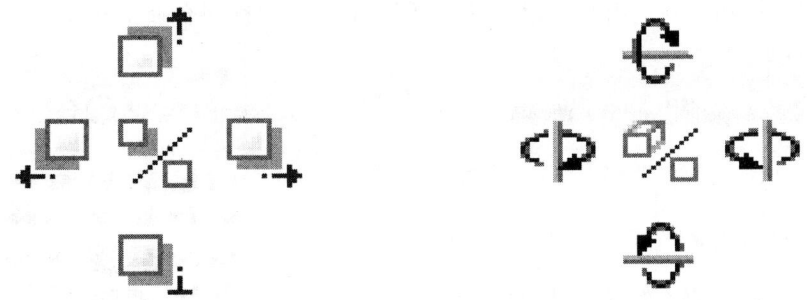

图3-39　阴影效果微调按钮　　　　图3-40　三维效果微调按钮

7）更改形状

图形格式设置好后，如果希望更改图形形状而又保持已有的格式不变，则可进行如下操作：

（1）选定图形，在"绘图工具/格式"选项卡下，单击"形状样式"组中的"更改形状"按钮 。

（2）在打开的绘图形状样式列表中选择新形状。

【小贴士】在"设置自选图形格式"对话框中，可对以上图形格式做更精确的设置。右
　　　　击图形对象，在弹出的快捷菜单中选择"设置自选图形格式"命令即可打开
　　　　"设置自选图形格式"对话框。

### 3.7.3　插入艺术字

1. 插入艺术字

（1）单击"插入"选项卡，在"文本"组中单击"艺术字"按钮，在打开的艺术字
样式列表（见图 3-41）中选择需要的样式，打开"编辑艺术字文字"对话框。

（2）在"文本"框中输入文字，在"字体"下拉列表中选择字体，在"字号"下拉
列表中设置字号，还可以设置加粗或倾斜字型，单击"确定"按钮，艺术字就会被插入
文档中。

【小贴士】如要修改艺术字文字的内容和格式，可以选定艺术字后，打开"艺术字工具/
　　　　格式"选项卡，单击"文字"组中的"编辑文字"按钮，在打开的"编辑艺
　　　　术字文字"对话框中修改。

2. 设置艺术字格式

1）更改艺术字的样式

（1）选定艺术字，单击"艺术字工具/格式"选项卡。

（2）在"艺术字样式"组中单击"其他"下拉按钮，在打开的样式列表中选择新样
式。

2）设置艺术字的形状

如果默认的艺术字形状不能满足需要，则选定艺术字，在"艺术字样式"组中单击
"更改形状"按钮，在打开的形状列表（见图 3-42）中选择合适的形状。

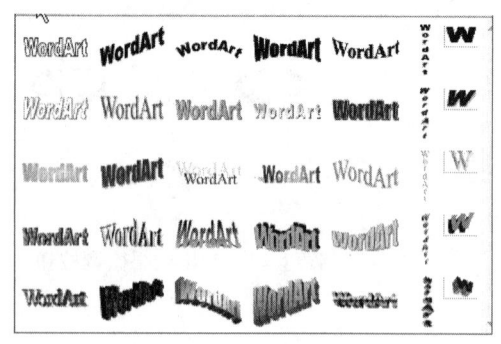
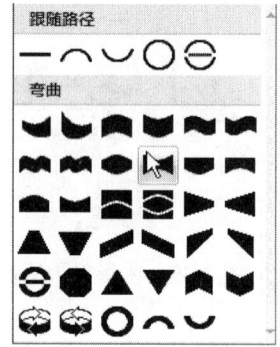

图 3-41　艺术字样式列表　　　　　　　图 3-42　艺术字形状列表

3）设置艺术字的填充效果

默认情况下，艺术字的填充效果由选择的样式决定，也可以给艺术字填充其他颜色，

或用颜色渐变、纹理、图案或图片进行填充。方法与填充图形类似。

4）设置艺术字的字符间距

（1）选定艺术字，单击"艺术字工具/格式"选项卡。

（2）在"文字"组中单击"间距"按钮，在下拉菜单中根据需要选择字符间距。间距共有"很紧"、"紧密"、"常规"、"稀疏"、"很松"五种。

5）设置艺术字竖排

选定艺术字，在"文字"组中单击"艺术字竖排"按钮，即可得到艺术字竖排效果。再次单击此按钮可以取消竖排设置。

### 3.7.4　插入文本框

文本框是一个图像对象，可以置于页面中的任何位置，在文本框中可以加入文字或图片，也可以进行诸如线条、颜色、填充色等格式设置。

1. 插入文本框

在 Word 2007 中，允许用户绘制文本框的同时，还为用户准备了 36 种已经设置好的文本框样式，同时还允许把制作好的文本框样式保存到样式库中。插入文本框的操作步骤如下：

（1）单击"插入"选项卡，在"文本"组中单击"文本框"按钮。

（2）在打开的下拉菜单中：

- 选择"内置"区域中的样式，即可在文档中插入该样式的文本框。
- 选择"绘制文本框"或"绘制竖排文本框"命令，则要手工绘制文本框。此时鼠标变成十字标志，在文档中按下鼠标左键并拖动鼠标即可。

（3）在文本框中输入文本或插入图片等。如果选择"绘制竖排文本框"命令，则文本框中的文字为竖排。

2. 设置文本框的链接

文本框的链接就是把两个以上的文本框链接在一起，不管它们的位置相差多远，如果文字在上一个文本框中排满，则会在链接的下一个文本框中接着排下去。创建文本框链接的操作如下：

（1）创建一个以上的文本框，选中第一个文本框，其中内容可以空，也可以非空。

（2）单击"文本框工具/格式"选项卡，在"文本"组中单击"创建链接"按钮。

（3）把鼠标移到目标空文本框上，待鼠标形状改变时单击鼠标即可创建链接。

（4）如果要继续创建链接，则把上个目标文本框作为第一个文本框，重复（2）、（3）步。如果要断开链接，则选定前一个文本框，单击"文本"组中"断开链接"按钮即可。

【小贴士】横排文本框和竖排文本框之间不能建立链接，且被链接的目标文本框必须为空。

### 3.7.5　插入公式

利用 Word 2007 提供的公式录入工具"公式编辑器"，可在文档中插入一个比较复杂的公式。

如果要反复输入同一公式，Word 2007 还允许把自创的公式保存到常用公式库中，随时可以调用。

**1. 插入公式**

（1）将光标定位在要插入公式的位置，单击"插入"选项卡，在"符号"组中单击"公式"按钮。

（2）在打开的下拉菜单中查看内置公式列表，如果有合适的公式，单击即可。

（3）如果内置公式列表中没有需要的公式，则选择"插入新公式"命令。

（4）文档中会出现"在此输入公式"编辑框，同时功能区自动切换到"公式工具/设计"选项卡下，利用功能区内的各种工具即可输入公式。

**2. 编辑公式**

1）输入公式

在功能区中包含了十分丰富的各类公式结构，如分数、上下标、根式、积分、大型运算符号、括号、函数、导数符号、极限和对数、运算符、矩阵等，每类公式结构都有一个下拉菜单，几乎所有的公式结构模板都可以在这里找到。功能区中的"符号"组中还包含了在公式中可能出现的特殊字符，需要什么，直接选择就可以了。

在使用公式结构模板创建公式之前，先认识公式结构模板中的占位符。公式结构模板主要采用占位符的方式来分布公式中的各部分。占位符有两种作用，一是在其中输入文字，二是在其中继续插入公式结构。要往占位符中输入内容，只需把光标定位在占位符中，然后输入字符或嵌套插入公式结构即可。

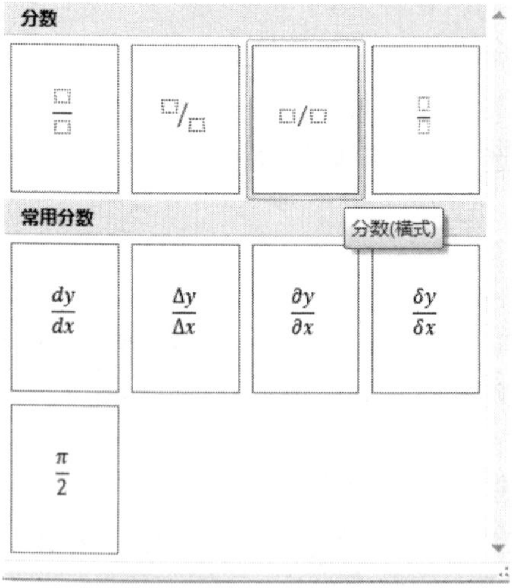

下面以输入分数 $\tau/2$ 为例，描述操作步骤：

（1）将光标定位在公式编辑框内，单击"公式工具/设计"选项卡，在"结构"组中单击"分数"按钮。

（2）打开的下拉菜单分为两部分，上面是"分数"区域，包括分数的各种结构模板，下面则是"常用分数"区域，列出了几种常用分数公式，如图 3-43 所示。

图 3-43    "分数"结构菜单

（3）单击"分数（横式）"模板，分数结构即被插入公式中，如图 3-44 所示。

（4）单击分子占位符，由于分子是特殊符号，单击"符号"组的"其他"下拉按钮，在打开的"基础数学"符号列表框中单击 $\tau$，如图 3-45 所示。然后单击分母占位符，

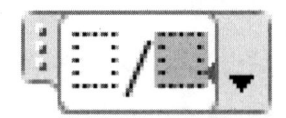

图 3-44    插入选定的公式结构

从键盘输入 2。

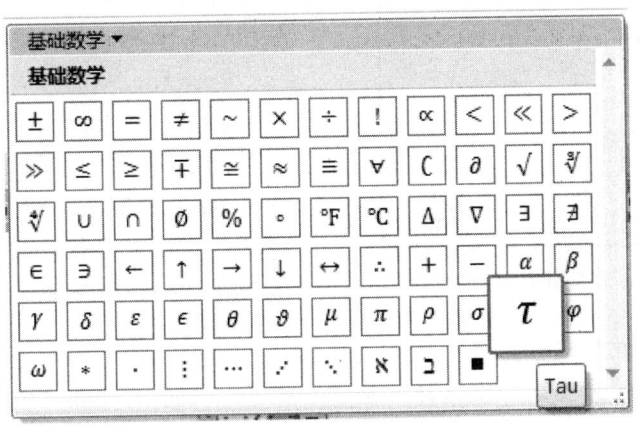

图 3-45　选定特殊符号

（5）公式输入好后，单击公式编辑框外的任何位置，退出公式编辑器。

**【小贴士】** 如果要往占位符中输入其他公式，可以用鼠标选定该占位符，也可通过键盘
上的左右光标键进入正确的占位符，然后再次从功能区中选择插入公式结构
模板。

2）修改已创建的公式

单击公式，将功能区切换到"公式工具/设计"选项卡下，即可进行修改。

3．设置公式

1）设置公式的格式

Word 2007 中，公式在文档中被当做一个字符来处理，所以要通过设置字号来改变
公式大小。但是公式中字符的字号与正文中字符的字号有所不同。在正文中，只要设置
了字号，字的大小就是固定不变的。但在公式中会根据公式的具体情况发生一些变化，
以适应文档整体布局的需要。

也可以为公式设置颜色、边框和底纹等格式。

2）设置公式的排版方式

公式在文档中有两种排版方式，一是"显示"，二是"内嵌"。当设置为"内嵌"时，
公式会插入到文字当中，随着字符的移动而移动；而设置为"显示"时，则会单独占据
一行并水平居中。如果把"显示"的公式放到正文中，会自动在公式前面插入一个手动
换行符↓，然后占据一个整行。修改公式排版方式的方法是：

选定公式，单击右侧的下拉按钮，选择"更改为'显示'"命令（当前为"内嵌"时）
或"更改为'内嵌'"命令（当前为"显示"时）即可。

4．将公式添加到常用公式库中

（1）选定已经输入的公式。

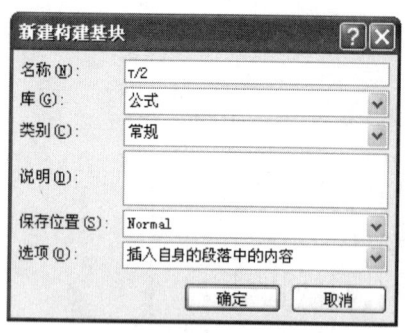

图 3-46　"新建构建基块"对话框

（2）单击公式右侧的下拉按钮，选择"另存为新公式"命令，打开"新建构建基块"对话框，如图 3-46 所示。

（3）在"名称"文本框中为新公式取一个名字；在"库"下拉列表选择"公式"；"类别"下拉列表设置为常规，"保存位置"选择 Normal.dotm，单击"确定"按钮，即将此公式保存到默认模板并作为常用公式出现在"公式"下拉菜单中。

【小贴士】如果要在常用公式库中删除该公式，则在"公式"下拉菜单中右击该公式，在弹出的快捷菜单中选择"整理和删除"命令，打开"构建基块管理器"对话框，在其中选择该公式的名称，单击"删除"按钮。

### 3.7.6　插入图表

图表是以图的形式对数据进行的形象化的表示。数据以图表的形式显示，可使数据更加清楚、有趣且有助于理解。图表还能帮助用户分析数据，为用户提供直观、准确的信息。

1. 插入图表

通常是根据已有表格中的数据来生成图表，下面以图 3-31 所示表格为例，说明操作步骤：

（1）选定表格中需要用来生成图表的数据（此例选择整个表格）。

（2）单击"插入"选项卡，在"文本"组中单击"对象"按钮，打开"对象"对话框。

（3）在"新建"选项卡下的"对象类型"列表框中选择"Microsoft Graph 图表"，单击"确定"按钮，进入图表视图。

（4）这时在光标定位处按默认选项生成了图表，同时出现一个由所选数据构成的 Excel 数据表。

（5）单击图表外的任一空白处，退出图表视图，返回文档编辑状态，Excel 数据表消失，只留下图表，如图 3-47 所示。

2. 编辑图表

图表的数据、类型、各个元素都可以根据需要进行更改。首先双击图表，进入图表视图。

1）修改数据

直接在 Excel 数据表中修改数据，修改完毕，单击图表外的任一空白处即可。

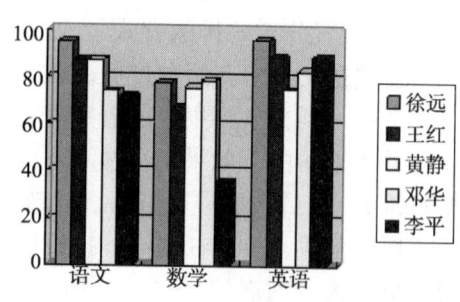

图 3-47　图表

2）改变图表类型

图表的默认类型是柱形图，除此之外，还有饼图、折线图、条形图等。改变图表类型的步骤如下：

（1）单击"图表/图表类型"命令，打开"图表类型"对话框。

（2）在"标准类型"选项卡下的"图表类型"列表框中选择一种图表类型（如圆锥图），再在"子图表类型"区域选择一个具体的图表类型，如图 3-48 所示，单击"确定"按钮。图 3-49 所示为改变后的效果。

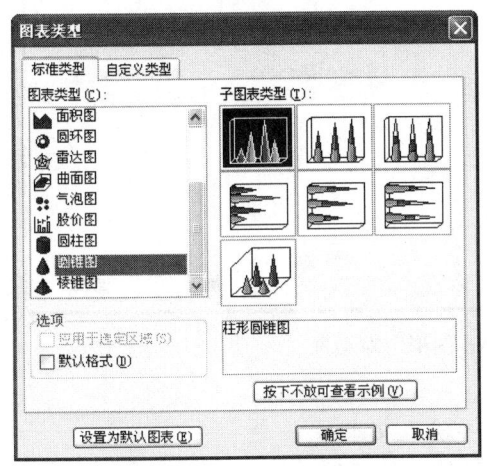　　　　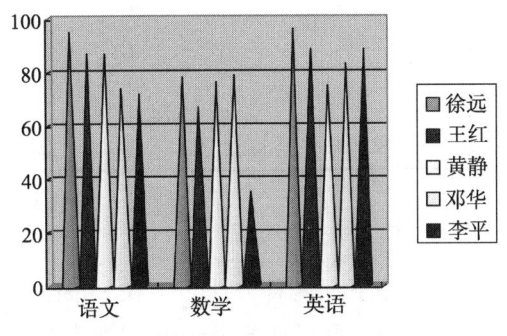

图 3-48　选择图表类型　　　　　　　　　图 3-49　新类型效果

3）设置图表的标题

（1）单击"图表/图表选项"命令，打开"图表选项"对话框。

（2）单击"标题"选项卡，在"图表标题"文本框中输入图表的标题，单击"确定"按钮。

4）设置图例显示位置

单击"图表选项"对话框的"图例"选项卡，勾选"显示图例"复选框，然后在"位置"区域选择图例的显示位置，单击"确定"按钮。

【小贴士】在"图表选项"对话框中还可以进行网格线、坐标轴等的设置。

### 3.7.7　插入 SmartArt 图形

SmartArt 是 Word 2007 新增的一个功能，主要用于在文档中用图解的形式说明信息的流程、层次结构、循环或关系。有了这个功能，制作出精美的文档将变得非常容易。

Word 2007 内置了 SmartArt 图形库，分为列表、流程、循环、层次结构、关系、矩阵、棱锥图等七大类别，每种类别又包含若干个不同的图形布局。

1. 插入 SmartArt 图形

（1）单击"插入"选项卡，在"插图"组中单击 SmartArt 按钮。

（2）在打开的"选择 SmartArt 图形"对话框中单击所需的类型和布局，如图 3-50 所示，单击"确定"按钮，即在文档中插入一个 SmartArt 图形，如图 3-51 所示。

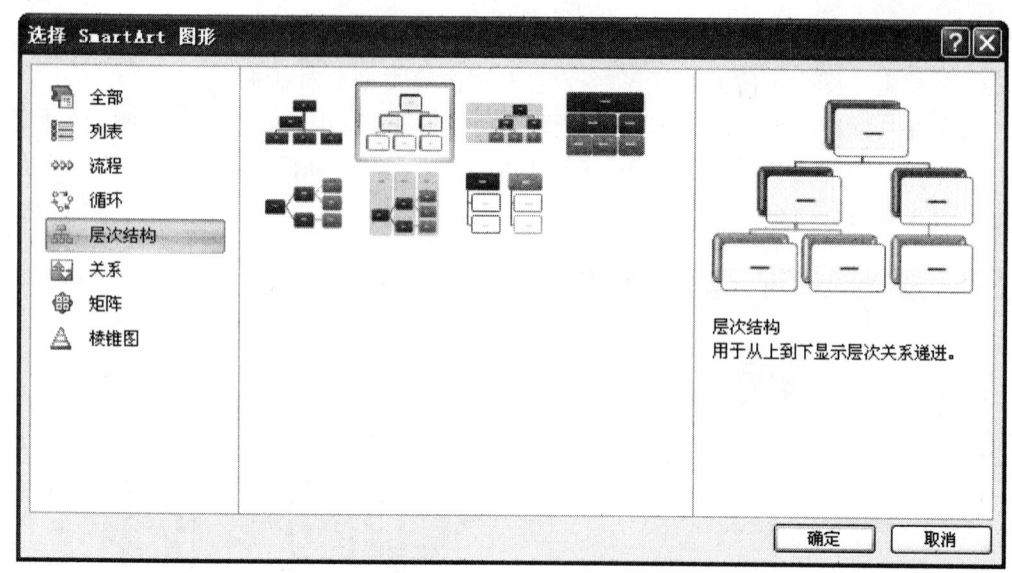

图 3-50   "选择 SmartArt 图形"对话框

（3）用下面两种方法之一在 SmartArt 图形中输入文本：

方法一：直接在 SmartArt 图形中单击一个形状，然后输入。

方法二：在 SmartArt 图形左侧的"文本"窗格中单击"[文本]"占位符，然后输入。输入的文本会在 SmartArt 图形中同步更新，如图 3-52 所示。

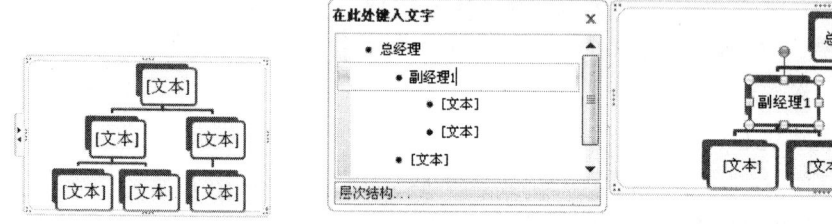

图 3-51   插入的 SmartArt 图形            图 3-52   在 SmartArt 图形中输入文本

【小贴士】如果看不到"文本"窗格，则单击"SmartArt 工具/设计"选项卡，在"创建图形"组中单击"文本窗格"按钮，即会在 SmartArt 图形左侧打开"文本"窗格。

2. 修改和设置 SmartArt 图形

当插入 SmartArt 图形之后，如果对图形的布局、样式和其他效果不满意，可以对其进行修改和设置。Word 2007 既允许用户对 SmartArt 图形进行整体的修改和设置，也允许对其中的文字和局部形状进行修改和设置。

1）添加和删除形状

通常，SmartArt 图形布局是由一个个的形状组成的。有些图形布局包含的形状个数是固定的，不可添删（如"关系"类型中的"平衡箭头"布局，只能且必须有两个形状，用于表示两个对立的观点或概念），而有些则是可以根据实际需要进行添删。

添加形状的方法是：

（1）选定 SmartArt 图形布局中的某个形状，单击"SmartArt 工具/设计"选项卡。

（2）在"创建图形"组中单击"添加形状"按钮，在打开的下拉菜单中选择"在前面添加形状"或"在后面添加形状"等命令，即可在相应位置添加形状。

例如，要在如图 3-53 所示的 SmartArt 图形中"副经理 2"下添加"后勤科"，则选定"副经理 2"所在形状，在"添加形状"下拉菜单中选择"在下方添加形状"命令，在新添加的形状中输入"后勤科"即可，结果如图 3-54 所示。

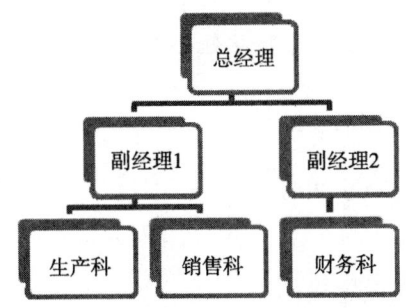
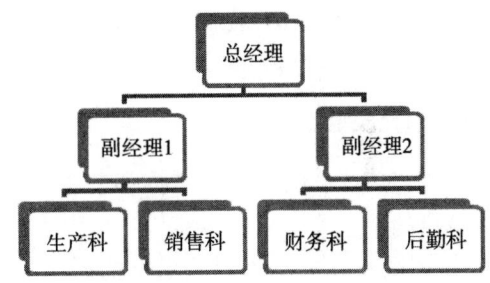

图 3-53　原始 SmartArt 图形　　　图 3-54　增加形状后的 SmartArt 图形

如果要删除形状，只需选定该形状，按下 Del 键即可。

2）更改 SmartArt 图形的布局、颜色和样式

三种操作都在 "SmartArt 工具/设计"选项卡进行，操作对象是整个 SmartArt 图形。

- 更改布局：在"布局"组中选择需要的图形布局。单击"其他"下拉按钮可选择更多布局。
- 更改颜色：在"SmartArt 样式"组中单击"更改颜色"按钮，在打开的下拉菜单中选择合适的颜色样式。
- 更改样式：SmartArt 样式是各种效果（如线型、棱台或三维）的组合，可在"SmartArt 样式"组中选择所需的样式。单击"其他"下拉按钮有更多选择。

【小贴士】"SmartArt 样式"组中列出的样式会根据 SmartArt 图形布局自动变化。

3）设置 SmartArt 图形的其他效果

此类操作基本在"SmartArt 工具/格式"选项卡下进行，主要针对 SmartArt 图形中的形状和文字进行操作。

（1）更改、放大或缩小形状。选定要操作的形状，分别单击"形状"组中的"更改形状"、"增大"或"减小"命令按钮。

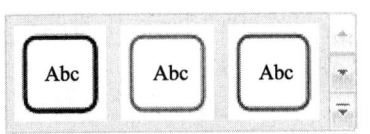

图 3-55　形状样式

（2）设置形状样式。选定要操作的形状，在"形状样式"组内的样式列表中选择需要的形状样式，单击"其他"下拉按钮有更多选择，如图 3-55 所示。

另外，单击"形状样式"组内的"形状填充"、"形状轮廓"或"形状效果"按钮，可分别为选定的形状设置各种填充、轮廓或三维效果。

（3）设置文字效果。选定图形中的文字，在"艺术字样式"组内的样式列表中选择需要的样式可以将其快速设置成艺术字。

另外，单击"艺术字样式"组内的"文本填充"、"文本轮廓"或"文本效果"按钮，可分别为选定的文本设置各种填充、轮廓或三维效果。

（4）其他设置。因为 SmartArt 图形本身也具有图片的性质，因此，也可以设置它们在页面中的位置、对齐方式、文字环绕方式等。这些操作通过单击"排列"按钮，在打开的下拉菜单中单击相应命令按钮实现。

【小贴士】在"SmartArt 工具/设计"选项卡下单击"重设图形"按钮，可使 SmartArt 图形恢复原始设置。

### 3.7.8　单元实验

单元实验 3-7-1：图片、文本框和艺术字的插入及设置

【实验目的】

掌握图片、文本框和艺术字的插入、编辑和格式设置操作。

【实验素材】

"背景.png"、"彩条.wmf"、"圣诞礼物.png"、"圣诞老人.wmf"。

【实验要求】

用提供的素材，参照结果文件"单元实验 3-7-1(结果).docx"制作一张圣诞卡。

（1）在文档中插入四个素材图片文件。

（2）将"彩条"、"圣诞礼物"和"圣诞老人"图片的文字环绕方式均设置成浮于文字上方，调整图片大小，放在"背景"图片上的适当位置。

（3）插入艺术字"圣诞卡"，大小、样式和格式自定，浮于文字上方，放在"背景"图片的适当位置。

（4）在背景图片上插入文本框，在文本框里输入祝福语，文字为垂直方向排列，格式自定。

【实验结果】

"单元实验 3-7-1(结果).docx"。

单元实验 3-7-2：制作图形和公式

【实验目的】

（1）掌握图形的绘制、添加文字、组合和格式设置操作。

（2）掌握 SmartArt 图形及公式的插入和设置操作。

【实验要求】

新建一个空白文档，参照结果文件"单元实验 3-7-2(结果).docx"，在其中：

（1）绘制图形。要求给五角星设置红色渐变填充效果，下面的上凸带形图形设黄色

填充和二维阴影效果，并将两个图形组合在一起。

（2）插入 SmartArt 图形，并对布局和形状做适当设置。

（3）插入公式。

【实验结果】

　　"单元实验 3-7-2(结果).docx"。

单元实验 3-7-3：制作图表

【实验目的】

　　掌握图表生成及设置操作。

【实验要求】

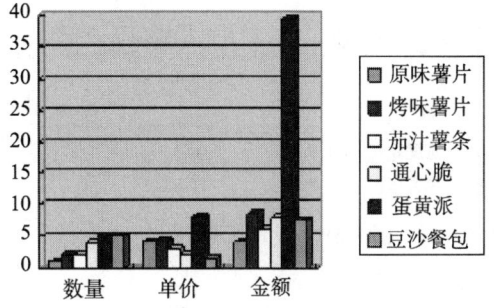

图 3-56　单元实验 3-7-3 效果图

打开单元实验 3-6-3 保存的"购物小票.docx"，选定表格前七行的数据，生成图 3-56所示的图表。

# 3.8　页面设置与打印输出

## 3.8.1　页面设置

页面设置是文档最基本的排版操作，应该在文档的字符、段落排版之前进行，页面设置的合理与否直接关系到文档的打印效果。

1. 设置页边距及纸张方向和大小

1）设置页边距

页边距是指页面中文字与页面上下左右边线的距离，设置方法如下：

（1）打开"页面布局"选项卡，单击"页面设置"组的对话框启动器，打开"页面设置"对话框。

（2）在"页面设置"对话框中单击"页边距"选项卡，在"页边距"区域的"上"、"下"、"左"、"右"微调框中设置页边距，如图 3-57 所示。

2）设置纸张方向

在　"页边距"选项卡的"纸张方向"区域选择横向或纵向，如图 3-57 所示。

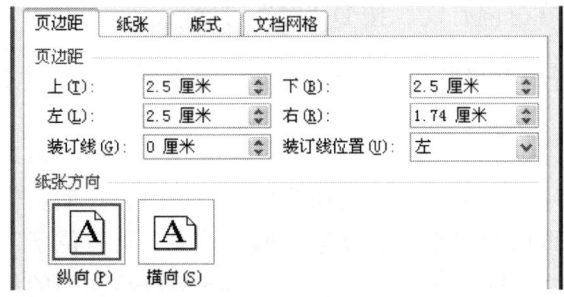

图 3-57　设置页边距及纸张方向

3）设置纸张大小

图 3-58　设置纸张大小

（1）在"页面设置"对话框中单击"纸张"选项卡，在"纸张大小"下拉列表中选择需要的纸型，在"宽度"和"高度"微调框中会显示纸张的尺寸，如图 3-58 所示。

（2）如果要设置特殊纸型，可在"纸张大小"下拉列表中选择"自定义大小"选项，然后在下面的"宽度"和"高度"微调框中输入具体数值。

【小贴士】可以在"页面布局"选项卡下的"页面设置"组中，单击这三种操作对应的按钮进行相应的设置。

2. 设置分隔符

Word 中分隔符有分节符、分页符、分栏符和自动换行符。这里只介绍分节符和分页符。

在 Word 中可以对文档进行分节。"节"指的是文档的一部分，可以几个页一节，也可以几个段落一节。通过分节，可以把文档变成几个部分，然后针对每个不同的节设置不同的格式（如不同的页边距、页眉和页脚、分栏方式等）。

分节符是在节的结尾处插入的一个标记，每插入一个分节符，表示其前后的文档属于不同的节。在普通视图中，分节符是两条横向平行的虚线。Word 将当前节的所有格式信息都存储于分节符中。

Word 有根据页边距的大小和打印纸张的大小进行自动分页的功能。如果用户需要在特定的位置进行强制分页，又想保持不同页的格式一致，则可以在该位置插入分页符。

1）插入分隔符

（1）将光标定位在要插入分隔符的位置，单击"页面布局"选项卡。

（2）在"页面设置"组中单击"分隔符"按钮，在打开的下拉菜单中选择适当的分隔符。

2）删除分隔符

（1）单击"开始"选项卡，在"段落"组中单击"显示/隐藏编辑标记"按钮，此时可以显示分隔符的标记。

（2）将光标定位在分隔符前，按 Del 键即可删除。

【小贴士】切换到"普通视图"，将光标定位在标识分隔符的虚线上，按 Del 键更方便。

### 3.8.2　设置页眉与页脚

页眉和页脚通常用于显示文档的附加信息，如页码、日期、作者名称、单位名称、徽标或章节名称等，可以是文本也可以是图形。其中，页眉位于上页边距与纸张上边缘之间，页脚位于下页边距与纸张下边缘之间。Word 可以给文档的每一页添加相同的页眉和页脚，也可以在首页、奇数页和偶数页上添加不同的页眉和页脚。

1．插入页眉和页脚

Word 2007 内置了"空白"、"空白三栏"、"边线型"、"传统型"等 24 种页眉页脚样式。插入页眉和页脚的步骤是：

（1）单击"插入"选项卡，在"页眉页脚"组中单击"页眉"或"页脚"按钮。

（2）在打开的下拉菜单中，根据需要选择内置的页眉或页脚样式，功能区自动切换到"页眉和页脚工具/设计"选项卡下，进入页眉页脚编辑状态，此时正文部分变成灰色，表示当前不能对正文进行编辑。

（3）输入页眉或页脚内容。

（4）单击"关闭页眉和页脚"按钮或双击正文区，退出页眉页脚编辑状态。

【小贴士】如果要对已有的页眉或页脚进行编辑，可以用鼠标直接双击页眉或页脚，进入修改状态。

2．插入页码

插入页码的步骤如下：

（1）单击"插入"选项卡，在"页眉页脚"组中单击"页码"按钮。

（2）在打开的下拉菜单中选择页码的位置，有"页码顶端（页眉）"、"页面低端（页脚）"、"页边距"和"当前位置"。在所选位置的下级菜单中选择一种样式即可。

（3）如果要设置页码格式，则再次单击"页码"按钮，在打开的下拉菜单中选择"设置页码格式"命令，打开"页码格式"对话框。

（4）在"编号格式"下拉列表中选择一种页码的格式；在"页码编号"区域选中：

- "续前节"单选按钮，表示页码与上一节相接续。
- "起始页码"单选按钮，则表示页码与上一节不接续，在后面的微调框中设置起始页码。

（5）单击"确定"按钮。

【小贴士】页码不能直接从键盘输入，否则，它不会随页数而递增。

3．设置页眉页脚的高度

进入页眉或页脚编辑状态后，会有一条虚线将页眉页脚与正文区分开，这就确定了页眉和页脚的高度。在"位置"组中调整"页眉顶端距离"或"页脚底端距离"微调按钮，可调整页眉或页脚的高度，默认的单位为厘米。

4．设置首页、奇偶页不同的页眉页脚效果

许多文档中要求首页、奇数页、偶数页的页眉和页脚有不同的效果，例如首页作为文档封面，奇数页需要用章名作页眉，偶数页需要用书名作页眉等。下面介绍设置方法：

（1）将光标定位在首页，进入页眉页脚编辑状态。在"选项"组中勾选"首页不同"复选框，输入首页的页眉、页脚内容。

（2）在"导航"组中单击"下一节"按钮，进入下一个页面，然后在"选项"组中勾选"奇偶页不同"复选框，编辑本页的页眉和页脚。

（3）再次单击"下一节"按钮，进入下一个页面，编辑该页的页眉、页脚。

5. 删除页眉、页脚或页码

单击"插入"选项卡，在"页眉和页脚"组中单击"页眉"、"页脚"或"页码"按钮，在打开的下拉菜单中选择对应的删除命令即可。

6. 页眉分隔线

只要进行过页眉操作，不管页眉是否被删除，都会在正文与页眉之间出现一条分隔线，而且无法用常规方法对其进行修改或删除。实际上页眉分隔线就是页眉区的段落边框的下框线，只要进入页眉和页脚编辑状态，将页眉区的所有段落选中（一定要把段落的回车符选中），按设置段落边框的方法就可以对它进行修改或删除。

### 3.8.3　设置页面背景

1. 水印效果

1）添加文字水印

（1）单击"页面布局"选项卡，在"页面背景"组中单击"水印"按钮。

（2）在打开的下拉菜单中提供了"机密"、"紧急"和"免责声明"三类水印，每类水印提供了四种具体样式，根据需要选择。

2）自定义文字水印

（1）单击"水印"按钮，在下拉菜单中选择"自定义水印"命令。

（2）在打开的"水印"对话框中，选中"文字水印"单选按钮；在"文字"下拉列表中既可以选择预设的文字，也可以直接输入要添加的水印文字；根据需要设置水印文字的字体、字号和颜色，确定是否勾选"半透明"效果；选择水印文字的版式（"斜式"或"水平"），单击"确定"按钮，如图 3-59 所示。

图 3-59　自定义文字水印

3）添加图片水印

（1）打开"水印"对话框，在"水印"对话框中选中"图片水印"单选按钮。

（2）单击"选择图片"按钮，选择需要作为水印的图片。

（3）在"缩放"下拉列表中选择适当的比例，勾选"冲蚀"复选框。

（4）单击"应用"按钮，可以在文档中看到水印的效果，如果效果不理想，可以调整图片的缩放比例，然后再次单击"应用"按钮，直到满意后单击"关闭"按钮。

4）删除水印

单击"水印"按钮，在下拉菜单中选择"删除水印"命令。

【小贴士】单击"水印"按钮，同时按 R 键即可删除水印效果。

2．添加页面背景

可以给页面添加颜色、纹理和图片背景。方法如下：

（1）单击"页面布局"选项卡，在"页面背景"组中单击"页面颜色"按钮。

（2）在下拉列表中或选择一种颜色，或选择"填充效果"命令，打开"填充效果"对话框，进行背景图案的设置。

### 3.8.4 文档的打印输出

1．预览打印效果

在文档打印之前，应该使用打印预览功能对文档的打印效果进行查看，以避免不必要的浪费。预览打印效果的方法是：

（1）打开 Office 菜单，选择"打印/打印预览"命令，可以看到当前页的打印预览效果。

（2）按 PageUp 或 PageDown 键，或功能区中"上一页"、"下一页"键可查看其他页。

2．设置打印选项

（1）在 Office 菜单中选择"打印/打印"命令，打开"打印"对话框。

（2）在"份数"微调框中设置打印份数，根据需要勾选"逐份打印"复选框。

（3）在"页面范围"区指定要打印的范围。

- 选中"全部"单选按钮，打印全部正文。
- 选中"当前页"单选按钮，打印光标所在的页。
- 选中"页码范围"单选按钮，在其后的文本框输入页码，打印指定的页。

（4）单击"确定"按钮。

3．打印文档

1）先设置再打印

打开"打印"对话框，设置好打印选项后单击"确定"按钮，即开始打印。

2）快速打印

快速打印不启动"打印"对话框，直接将文档送打印机打印。方法是：在 Office 菜单中选择"打印/快速打印"命令。

### 3.8.5 单元实验

单元实验 3-8-1：页面设置

【实验目的】

掌握页面设置及分隔符、页眉页脚和水印插入等操作。

【实验素材】

"岳麓山和天心阁.docx"和"岳麓山.jpg"。

【实验要求】

（1）打开素材文件"岳麓山和天心阁.docx"。

（2）将所有正文段落首行缩进2字符，行距为固定值18磅。

（3）在标题"天心阁"前插入分节符，使其从第二页开始。单击"显示/隐藏编辑标记"按钮 ，查看分节符的标记，再隐藏标记。

（4）对第一页进行如下操作：

① 将页边距设为上下各2厘米、左右各1.5厘米，纸张大小为宽20厘米、高14厘米。

② 将标题"岳麓山"设置为中文楷体_GB2312、小四，居中对齐。

③ 第一段首字下沉3字符。最后一段分两栏，间隔2字符，有分隔线。

（5）对第二页进行如下操作：

① 设置纸张大小16开，横向。

② 标题"天心阁"设置为四号、黑体、居中。

（6）插入页眉，要求奇偶页不同。奇数页页眉是"岳麓山"，偶数页页眉是"天心阁"。

（7）在文档的页面底端插入页码，样式统一为"堆叠纸张1"，设置页码格式为-1-、-2-、-3-、……，第二页页码与第一页相接续。

（8）插入水印。

① 插入图片水印，图片来源于素材文件"岳麓山.jpg"，放大200%，设为冲蚀效果，效果参见"单元实验3-8-1(图片水印效果).docx"。

② 删除图片水印，插入文字"岳麓山"水印，文字为深红色72号、斜式、半透明，效果参见"单元实验3-8-1(文字水印效果).docx"。

（9）删除水印，选择适当纹理作为页面背景，效果参见"单元实验3-8-1(纹理背景效果).docx"。

（10）打印预览。

【实验结果】

"单元实验3-8-1(图片水印效果).docx"、"单元实验3-8-1(文字水印效果).docx"、"单元实验3-8-1(纹理背景效果).docx"。

# 3.9  长文档的排版

## 3.9.1  定位文档

要在长文档中查看或修改某页的内容时，如何快速定位到目标页非常重要，下面介绍定位方法。

1. 通过"查找和替换"对话框定位

（1）打开"查找和替换"对话框，单击"定位"选项卡，在"定位目标"列表框中依需要选择"页"或"节"等定位目标，在其右侧的文本框里输入要定位到的页号或节号。

（2）单击"定位"按钮，光标定位到指定页或节后，单击"关闭"按钮。

【小贴士】单击状态栏中的"页码标识"按钮（见图 3-60），可快速打开"查找和替换"对话框，且自动切换到"定位"选项卡下。

图 3-60　　"页码标识"按钮

2. 用文档结构图定位

所谓"文档结构"，就是文档的标题结构。如果文档的各级标题应用了"标题"样式（在 3.9.2 节中介绍），不但可以方便地了解文档的层次结构，还可以快速定位文档。具体方法是：

（1）单击"视图"选项卡，在"显示/隐藏"组中勾选"文档结构图"复选框，此时屏幕的左边出现文档结构图窗格，显示出文档的标题列表。

（2）单击这个列表中的任意一个标题，文档主编辑区就会自动跳转到该标题所在位置。

【小贴士】按下快捷键 Shift+F5，可以将光标定位到上次编辑的文档位置，当再次按下 Shift+F5，插入点又会返回当前的编辑位置。如果是在打开文档之后立刻按下 Shift+F5，可以将光标定位到上次退出 Word 时最后一次的编辑位置。

3. 使用书签定位

利用 Word 2007 中提供的书签功能，对文档中特定的部分加上书签，就可以非常轻松快速地定位到特定的位置。

1）在文档中插入书签

可以在文档的某个位置插入书签，也可给文档的一段文字、图片、公式、表格等对象添加书签。具体步骤如下：

（1）将光标定位在要插入书签的位置，或选定需要插入书签的对象。

（2）单击"插入"选项卡，在"链接"组中单击"书签"按钮，打开"书签"对话框。

（3）在"书签名"文本框中输入书签名称，如"九月八日编辑位置"，单击"添加"按钮，将它添加到下面的列表框中。

（4）用同样的方法可以为一篇文档添加多个书签。在对话框的"排序依据"选项中，选择这些书签名在列表中的排列顺序。可以按名称来排，也可以按书签在文档中的实际位置来排。

2）使用书签进行定位

打开"书签"对话框，在书签列表框中选中相应的书签，再单击"定位"按钮即可。

【小贴士】书签的名称不能以数字开头，并且不能够包含有空格。

### 3.9.2　应用样式和模板

样式和模板是 Word 提供的最省时间的格式化工具，它们能保证所有文档的外观非常统一。

1. 样式的应用

样式是一组已命名的字符和段落格式的集合。使用样式能减少许多重复的操作，在短时间内排出高质量的文档。要一次改变使用某个样式的所有文本的格式时，只需修改该样式即可。使用样式的优点：

- 可以使文档在编排上更美观一致。
- 可以自动生成文档目录、大纲和结构图，使文档层次清晰，方便快捷地编辑和修改文档。

1）使用内置样式

Word 本身自带了许多样式，称为内置样式，在"开始"选项卡下的"样式"组中可以看到。默认情况下只显示三个样式，如图 3-61 所示。单击右侧的"其他"下拉按钮，可以打开"快速样式"列表查看更多样式。

图 3-61　部分内置样式

使用内置样式的具体步骤如下：

（1）选定要使用样式的文本，在"快速样式"列表中选择所需样式。

（2）如果"快速样式"列表中没有需要的样式，则单击"样式"对话框启动器，打开"样式"对话框，从中选择。

2）更改样式集

在 Word 2007 中集成了多种样式集合，在"样式"组中单击"更改样式"按钮，在打开的菜单中选择"样式集"命令，能看到 Word 2007 内置了 Word 2003、Word 2007、"传统"、"典雅"、"独特"等多种样式集。即使同一种样式，在不同样式集中的具体文字格式也是不同的，用户可以使用不同的样式集设置出不同风格的文档。如果要回到默认样式，单击此菜单中的"重设为模板中的快速样式"命令即可。

3）创建样式

在使用样式的过程中，如果现有的样式不能满足需求，则可以创建新的样式。操作如下：

（1）打开"样式"对话框，在该对话框下方单击"新建样式"按钮，打开"根据格式设置创建新样式"对话框。

（2）在"属性"区域的"名称"文本框中输入新样式的名称；在"样式类型"下拉列表中选择新样式的类型；在"样式基准"下拉列表中选择一种样式作为新样式的基准样式。

（3）在"格式"区域可快速设置新样式的基本字符格式和段落格式。单击下方的"格式"按钮可进行更详细的设置。

（4）根据实际需要勾选"添加到快速样式列表"复选框；若勾选"自动更新"复选框，则当应用了该样式的文本格式发生改变时，该样式中的格式也随着自动改变。

（5）单击"确定"按钮。此时可在"样式"对话框看到新样式。

4）修改样式

不管用户自己创建的样式，还是系统的内置样式，如果有不满意的地方都可以进行修改。修改样式主要有两种方法，一种是直接修改样式；另一种是用已有的文本格式修改样式。

直接修改样式的操作步骤如下：

（1）打开"样式"对话框，在"样式"列表中将光标移到要修改的样式上，单击该样式右侧的下拉按钮。

（2）在打开的菜单中选择"修改样式"命令，打开"修改样式"对话框进行修改。

用已有的文本格式修改样式的操作步骤如下：

（1）选定作为修改样式的文本，根据需要对它进行字体和段落格式的设置。

（2）选定修改后的文本，在"样式"对话框中单击要修改的样式右侧的下拉按钮，在打开的菜单中选择"更新'××'以匹配所选内容"命令。（这里"××"是要修改的样式的名称）

修改样式的操作充分显示了使用样式的优点。因为修改了样式后，所有应用了该样式的文本格式都会自动做出相应的改变，避免一处处去手工修改，大大提高了编辑、排版的工作效率。

5）删除样式

在"样式"对话框中单击要删除的样式右侧的下拉按钮，在打开的菜单中选择"删除'××'"命令。

【小贴士】只有用户自己创建的样式可以删除，Word 内置的样式无法删除。

6）保存样式

在保存文档时，所使用的样式也将被保存。所以，当下次编辑文档时还能使用这些样式。但如果需要在多个文档中使用同一种样式，就要建模板了。

2. 模板的应用

模板是一种特殊的 Word 文档，其后缀为.dotx 或.dotm。在一个模板上保留了某一类文档的通用部分，包括文本和格式。每次要创建这类文档时，就可以以此模板为起点，免去了重复排版、设置的烦恼，节省了时间。

但是，模板与文档之间又有区别。模板是文档的基础，文档是模板的体现。当使用模板创建新文档时，可以看做是两步，一是建立一个空文档，二是根据模板的具体格式（如纸张大小、页边距、默认的字体、字号以及模板中的文字等），把所有这些信息全部复制到新文档中，用户所有的编辑和修改都是在新文档中进行的，在保存文件的时候只是新文档被保存下来，而模板则不会被修改。

如果创建一个空白文档，Word 也会自动加载一个默认模板 Normal.dotm。通常情况下，用户都是基于这个模板制作自己的文档。

利用模板创建文档的方法在 3.3.1 节中已做介绍，此处只介绍模板的创建操作。

1）利用空白模板创建模板

（1）在 Office 菜单中单击"新建"命令。

（2）在打开的"新建文档"对话框左侧的"模板"列表框中选择"我的模板"选项，打开"新建"对话框。

（3）在"新建"对话框的"我的模板"选项卡下选择"空白文档"，在右下角的"新建"区域选中"模板"单选按钮，单击"确定"按钮，一个空白模板就创建好了。

（4）在空白模板中根据需要对字符、段落、页面、样式及其他格式进行设置，还可以根据要基于该模板创建的新文档的内容添加相应的文字、图形等。

（5）保存模板。保存时要指定模板的名称，模板的保存位置和类型采用系统默认值。

2）基于现有的文档创建模板

打开需要的文档，将该文档另存为模板即可，具体操作同上。

3）基于现有的模板创建新模板

（1）打开"新建"对话框。

（2）在左侧的"模板"列表框中选择"根据现有的内容创建"选项，打开"根据现有文档创建"对话框，然后选择合适的模板，单击"新建"按钮，打开文档。

（3）将打开的文档另存为模板。

### 3.9.3　创建目录和索引

这里只介绍对要出现在目录中的标题应用了内置标题样式的文档创建目录和索引的方法。

1. 创建目录

1）标题的编号

对于长文档来说，标题通常都有编号，在 Word 中，一般采用两种编号方法：

一是手工编号。就是按照一定的编号形式，手动地在每个标题前添加编号。手动编号无法实现编号的自动更新，当有编号需要改动时，只能一个一个地手动更改。

二是自动编号。如果在定制标题的样式时，设置标题自动编号，那么在应用这个样式时，就可以为标题自动编号。自动编号的最大优点是当某个标题编号有改动时，其他标题的编号可以自动更新，而不用手动一个一个地更改。

定制使标题自动编号的样式的方法是：

（1）打开该样式的"修改样式"对话框，单击下方的"格式"按钮，在下拉菜单中选择"编号"命令，打开"编号和项目符号"对话框。

（2）单击"编号和项目符号"对话框中的"编号"选项卡，在"编号库"区域选择适当的编号方式，单击"确定"按钮，即可设置该样式自动编号的功能。

（3）如果在编号库中没有需要的编号方式，可以单击"自定义新编号格式"按钮，打开"定义新编号格式"对话框,定义新编号格式。例如,要为第 3 章编排二级标题的自动编号,编号格式为"3.1,3.2,3.3,…",那么可以在"编号格式"区域的"编号样式"下拉列表中选择"1,2,3,…",在"编号格式"文本框中,在原有的"1"前面加上"3.",单击"确定"按钮。

(4)单击"确定"按钮,关闭"修改样式"对话框。

此后应用该样式时,就会自动以 3.1、3.2、3.3…的形式为标题编号。

2)创建目录

在文档中全面应用了各级标题样式之后,就可以依据标题样式创建目录了。

(1)把光标定位到要插入目录的位置。一般是在该文档的开头或者结尾。

(2)单击"引用"选项卡,在"目录"组中单击"目录"按钮。

(3)在打开的下拉菜单中,可选择三种内置的目录样式,即"手动表格"、"自动目录 1"、"自动目录 2"。

(4)如不满意,则单击"插入目录"命令,打开"目录"对话框,自定义目录样式。

(5)在"目录"对话框中单击"目录"选项卡,在"打印预览"区域有如下选项:

- "显示页码":被勾选后,目录中就会包含每个标题对应的页码。
- "页码右对齐":被勾选后,把页码放到页面或本分栏的右侧,采取右对齐方式。
- "制表符前导符":指用来补齐页码与标题之间空位置的字符,有细点、粗点、下划线、短划线等几种类型,如果不需要可以选择"无"。

在"常规"区域的"格式"下拉列表中一般选择"来自模板";"显示级别"是指目录中显示到几级标题,一般设置为 4 或 5 级。

(6)单击"确定"按钮即可。

3)目录的修改与应用

如果文档中的目录内容发生了变化,此时无须在自动生成的目录中手工修改,只要在目录区域右击,在弹出的快捷菜单中选择"更新域"命令或按功能键 F9,即可打开"更新目录"对话框。

- 如果只是文档的页码发生了变化,只需选中"只更新页码"单选按钮。
- 如果文档被大规模修改过,页码和目录同时发生了变化,则可以选中"更新整个目录"单选按钮。

单击"确定"按钮后 Word 就会重新生成正确的目录。

目录在文档中,既能与文档一起打印成册方便阅读,也能在查看文档时起到导航的作用。如果想查看某个标题下的具体内容,则在目录中按住 Ctrl 键再单击该标题,就会跳转到相应的位置上。

4)删除目录

单击"引用"选项卡,在"目录"组中单击"目录"按钮,在打开的下拉菜单中选择"删除目录"命令。

2. 创建索引

索引可以显示一篇文档中的词条、主要内容及它们所在的页码。创建索引,先要在文档中标记索引项再生成索引。方法如下：

（1）选定需要编制为索引的文本，单击"引用"选项卡，在"索引"组中单击"标记索引项"按钮。

（2）在打开的"标记索引项"对话框的"主索引项"文本框中显示了所选的文本，在"页码格式"区域对页码格式按需要进行设置，单击"标记"按钮和"关闭"按钮，完成索引项的标记。

（3）将光标定位到要创建索引的位置，单击"引用"选项卡下"索引"组中的"插入索引"按钮。

（4）在打开的"索引"对话框中根据需要设置索引格式，单击"确定"按钮。

### 3.9.4  添加题注和交叉引用

#### 1. 添加题注

题注就是给在文档中插入的图片、图表、表格、公式等对象添加的编号和标签，使用题注功能可以保证对这些对象能够分别按顺序编号，且在删除或添加新的对象时，其后的同类对象的编号会自动改变，以保持编号的连续性。下面以添加图片题注为例，介绍操作步骤：

（1）选定需要添加题注的图片，单击"引用"选项卡，在"题注"组中单击"插入题注"按钮。

（2）在打开的"题注"对话框中单击"编号"按钮，打开"题注编号"对话框。

（3）在"格式"下拉列表中选择合适的编号格式。如果希望在题注中包含文档章节号，则需要勾选"包含章节号"复选框。设置完毕后单击"确定"按钮，返回"题注"对话框。

（4）在"标签"下拉列表中选择需要的标签。如果希望在文档中使用自定义的标签，则单击"新建标签"按钮，在打开的"新建标签"对话框中创建自定义标签（如"图3-"），单击"确定"按钮后返回"题注"对话框，在"标签"下拉列表中选择自定义的标签。

（5）在"位置"下拉列表中选择题注的位置，单击"确定"按钮。

【小贴士】（1）如果只需要在图片题注中显示编号，可以勾选"题注中不包含标签"复选框。

（2）添加题注后，还可以在题注右边输入图片的描述文字（题注文字）。

#### 2. 添加交叉引用

交叉引用就是在文档的一个位置引用文档另一个位置的内容。在编写长文档时，经常会遇到"具体步骤请参阅第×节"或"如××所示"之类的内容。对于这种内容，采用手工编写方法也可以做到。但一旦文档被修改，章节号或题注的编号发生了变化，文中所有的这类内容都需要手工修改，是非常麻烦又容易出错的事情。而使用交叉引用功能则可以在修改后自动更新，使其说明的内容与所指的位置相吻合。

交叉引用通常由两部分组成：自己输入的引导文本和插入的交叉引用信息。例如，要插入一个交叉引用"如图 3-1 所示"，其中"如所示"是引导文本，需要手工输入，"图 3-1"是交叉引用信息，为某个图片的题注。具体的操作过程如下：

（1）在文档中要插入交叉引用的地方输入引导文本"如所示"，将光标定位在"如"和"所"之间。

（2）单击"引用"选项卡，在"题注"组单击"交叉引用"按钮，打开"交叉引用"对话框。

（3）在"引用类型"下拉列表中选择"图 3-"，在"引用内容"中选择"只有标签和编号"。

（4）在"引用哪一个题注"列表框中选择"图 3-1"的题注。

（5）勾选"插入为超链接"复选框，表示 Word 将把超级链接附加于交叉引用，当用户在文档中单击此交叉引用时，能跳至交叉引用的对象上。

（6）取消勾选"包括'见上方'/'见下方'"复选框。勾选该选项表示 Word 将根据与引用对象的相对位置，将文字"见上方"或"见下方"加至交叉引用中。

（7）单击"插入"按钮。

在插入交叉引用时，"引用类型"有多种选择，包括编号项、标题、书签、脚注、尾注、表格、公式和图表及自定义的标签等。也就是说，在 Word 中，可以根据这些项目来建立交叉引用，但在使用不同的"引用类型"时，能够"引用的内容"会发生不同的变化，总的来看有以下几项：

- 页码：插入选定引用对象所在的页码。
- 段落或标题编号：段落或标题编号是以多级符号列表为准的。在插入段落或标题编号交叉引用时，Word 可显示段落或标题的编号及其在多级符号列表中的相对设置。
- 见上方/见下方：根据与引用对象的相对位置，插入文字"见上方"或"见下方"。
- 标题文字：插入标题中的文字内容，不带有标题的编号。
- 标题编号：插入标题的编号。
- 书签文字：插入书签中的内容。
- 整项题注：插入整项题注的内容，包括标签、编号和题注文字。
- 只有标签和编号：只插入题注的标签和编号。
- 只有题注文字：只插入题注文字，而不插入标签和编号。
- 脚注/尾注编号：以正文样式插入脚注/尾注的编号。
- 脚注/尾注编号（带格式）：以脚注/尾注引用样式插入脚注或尾注的编号。

如果插入的交叉引用有错误，则用户可以删除该交叉引用，然后在该位置重新插入正确的交叉引用。当文档发生变化的时候，用户需要选中所有内容，然后按功能键 F9 更新交叉引用，以保证引用内容的正确性。

### 3.9.5　插入脚注和尾注

脚注和尾注也是文档的一部分，用于对文档正文的补充说明，帮助读者理解全文的内容。但是，脚注和尾注有所区别。脚注所解释的是本页中的内容，一般用于对文档中较难理解的内容进行说明；尾注是在一篇文档的最后所加的注释，一般用于表明所引用的文献来源。不论脚注还是尾注，都由两部分组成，即注释引用标记和注释文本。可以让 Word 2007 自动为标记编号，也可以创建自定义的标记。添加、删除或移动了自动编号的注释时，Word 将自动对标记重新编号。

### 1. 添加脚注和尾注

（1）把光标定位在文档正文中要插入注释引用标记的位置。

（2）单击"引用"选项卡，在"脚注"组中单击"插入脚注"或"插入尾注"按钮。

（3）光标自动定位到注释区（默认情况下，脚注注释区在当前页面底部，尾注注释区在文档结尾），并等待输入注释文本。

### 2. 查阅脚注和尾注的注释文本

查阅脚注和尾注的注释文本有两种方法：

方法一：双击文档中的注释引用标记，即可跳转到注释区该注释的注释文本中。

方法二：把光标移动到注释引用标记中停留片刻，系统会显示注释的内容。

【小贴士】双击注释区的标记，可返回到正文中的引用标记处。

### 3. 移动、复制和删除脚注和尾注

对于已经添加的脚注和尾注，如果要进行移动、复制、删除等操作，只需要直接对文档中的引用标记进行操作，而无须对注释文本进行操作。其操作和字符的移动、复制、删除一样。

另外，对脚注和尾注的注释文本与其他任意文本一样，可以改变其字体字号。在操作时，只需进入注释区，选定注释文本，然后修改其字体、字号即可。

对脚注和尾注的位置、引用标记格式等的设置及自定义标记，可以单击"脚注"组的对话框启动器，在打开的"脚注和尾注"对话框中进行。

### 4. 脚注与尾注的转换

已经插入文档中的脚注可以转换为尾注，尾注也可以转换为脚注。其具体操作步骤如下：

（1）打开"脚注和尾注"对话框，单击"转换"按钮，打开"转换注释"对话框。有三个选项：

- 脚注全部转换成尾注。
- 尾注全部转换成脚注。
- 脚注和尾注相互转换。

（2）根据需要选择要转换的内容，单击"确定"按钮即可。

## 3.9.6　窗口操作

### 1. 并排查看

Word 在打开多个文档时，会用不同的窗口分别打开，而且会用一个窗口盖住另一个

窗口。如果要同时查看两个文档的内容，则可使用"并排查看"功能。方法是：

（1）单击"视图"选项卡，在"窗口"组中单击"并排查看"按钮，打开"并排比较"对话框。

（2）在"并排比较"列表框中选择要并排查看的另一文档，单击"确定"按钮。此时，两个文档的窗口被垂直并排放置。

【小贴士】取消并排查看只需在"视图"选项卡下单击"窗口"按钮，在展开的"窗口"组中再次单击"并排查看"按钮即可。

2. 同步滚动

同步滚动功能是指滚动一个窗口中的文档时，与其并排查看的另一个窗口中的文档会同时滚动，在查看两个文档的不同之处时非常有用。

在并排查看时，在"视图"选项卡下单击"窗口"按钮，在展开的"窗口"组中单击"同步滚动"按钮，使其呈按下状态即可实现同步滚动。

3. 拆分窗口

如果要同时查看同一文档的不同部分，就需要对窗口进行拆分。

拆分窗口的方法是：在"视图"选项卡下单击"窗口"组中的"拆分"按钮，将光标移至拆分位置单击，即可把一个窗口拆分成上下两部分。

要取消拆分，则单击"窗口"组中的"取消拆分"按钮即可。

4. 取消页间空白

把鼠标指向两页中间时，鼠标会呈现上下箭头相向状态，此时双击鼠标即可取消页间空白。在取消页空白时，无法看到页眉、页脚。如果要显示页间空白，则需把鼠标指向两页中间的黑线，当鼠标变成上下箭头背向状态时，双击鼠标即可显示页间空白。

### 3.9.7　单元实验

单元实验 3-9-1：模板的创建与使用

【实验目的】

掌握自定义模板和使用自定义模板创建文档的操作，加深对模板的理解。

【实验要求】

（1）以"请假条"为文件名，按图 3-62 所示内容和格式创建一个自定义模板。

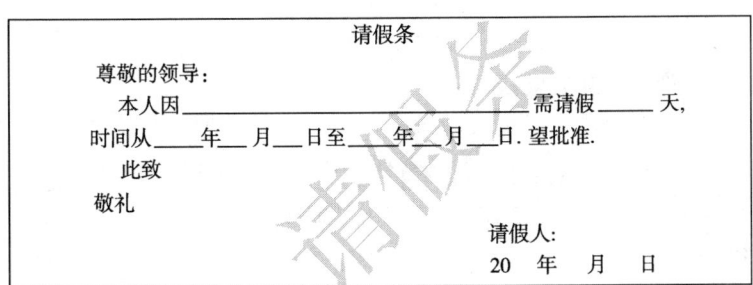

图 3-62　请假条样式

（2）套用自定义的"请假条"模板创建一个文档，在其中输入请假事由、天数等文字，一张请假条就做好了。

单元实验 3-9-2：使用样式标题及创建目录

【实验目的】

掌握设置自动编号、应用样式设置标题格式及创建目录操作。

【实验素材】

"计算机软件保护条例.docx"。

【实验要求】

（1）打开素材文件"计算机软件保护条例.docx"。

（2）设置样式"标题2"为自动编号样式，编号格式为"第一章、第二章、……"。

（3）对文档第一行"计算机软件保护条例"应用"标题1"样式。

（4）对文档第二行的"总则"、第八条上一行的"软件著作权"、第十八条上一行的"软件著作权的许可使用和转让"、第二十三条上一行的"法律责任"、第三十二条上一行的"附则"应用"标题2"样式。

（5）在文档最前面插入一张空白页，放置自动生成的文档目录。

【实验结果】

参见"单元实验 3-9-2(结果).docx"。

单元实验 3-9-3：添加题注和交叉引用

【实验目的】

掌握添加题注和交叉引用操作。

【实验素材】

"五大名山.docx"。

【实验要求】

（1）打开素材文件"五大名山.docx"。

（2）在每个图片下方依次添加题注"图1、图2、…"，并且以山名作为题注文字添加在其后，题注与题注文字之间间隔一个空格。

（3）在每个名山的文字介绍后面的括号里，用交叉引用替换"××"，只引用标签和编号。

【实验结果】

参见"单元实验 3-9-3(结果).docx"。

# 3.10　文档审阅和安全性

## 3.10.1　使用批注

批注功能可以建立起一条文档作者与审阅者之间的沟通渠道，是审阅者对文档进行的批示或评注，以供文档的作者参考。批注的内容不会在文档页面上显示，不影响正文的显示和打印。

1. 插入批注

在文档中，批注的对象可以是文字，也可以是图形、图片、表格等对象。插入批注的操作步骤如下：

（1）选定要添加批注的对象。

（2）单击"审阅"选项卡，在"批注"组中单击"新建批注"按钮。

（3）在默认状态下，Word 会在屏幕的右侧建立一个标记区，并建立一个批注框，批注框里自动添加了审阅者的用户名缩写和批注编号，中间用引线连接到正文中被批注的对象中，而正文中被批注的对象会被中括号括起来。

（4）在批注框中输入批注内容。

2. 查阅批注

1）查看所有审阅者的批注

在默认状态下，Word 将显示所有审阅者的批注标记。如果没有显示，可以在"修订"组中单击"显示标记"按钮，在下拉菜单中选择"审阅者/所有审阅者"命令。

当显示所有审阅者的批注标记时，Word 将通过不同的颜色来区分不同的审阅者的批注标记。另外，当光标指向批注标记时，会显示一个浮动窗口，浮动窗口会显示审阅者的用户名。

2）查看指定审阅者的批注

如果只想看某个审阅者的批注，需要在"修订"组中单击"显示标记"按钮，在下拉菜单中选择"审阅者"，在下级菜单中将其他审阅者前的复选框取消勾选。

【小贴士】单击"审阅"选项卡下"批注"组中的"上一条"、"下一条"按钮，可逐条查看显示的批注内容。

3）隐藏所有批注

在"修订"组中单击"显示标记"按钮，在下拉菜单中取消勾选"批注"复选框。

3. 修改或删除批注

1）修改批注

直接在批注框中修改或单击"审阅"选项卡下"修订"组中的"审阅窗格"按钮，在打开的"审阅"窗格中修改。

2）删除批注

把光标定位在文档的批注标记中，单击"审阅"选项卡下"批注"组中的"删除"按钮右侧的下拉按钮，在打开的下拉菜单中选择：

- "删除"命令，则删除当前批注。
- "删除所有显示的批注"命令，则只删除当前所有显示出来的批注，隐藏的批注不删除。

- "删除文档中的所有批注"命令，则删除该文档中的所有批注。

【小贴士】右击批注标记，在弹出的快捷菜单中选择"删除批注"命令，即可删除此条批注。重复此方法，可删除文档中的所有批注。

### 3.10.2　使用修订

通常，一篇文档写好后，要交他人审阅。审阅者提出修改建议，进行部分修改，再由作者进行全面整合。为了使文档的作者与审阅者之间能进行良好的交流，Word 提供了文稿的修订审阅功能，启用该功能后，Word 会对审阅者的修改在文档中自动插入修改标记，而作者可以选择是否接受这些修改。

1. 启动和退出修订功能

当要修订他人交来的文档，或者要修改自己撰写的文档时，都可以启动修订功能。在开启修订功能后，任何插入或删除的文本都会被打上修订标记。在剪切粘贴文本的时候，原来的文本会被打上删除的标记，粘贴的文本则被打上插入标记。在修订时，如果删除的是带有插入标记的文本，该段文本会直接消失，不会再被标记为删除，只有原始文本被删除时，才会出现修订标记来标识该段文本被删除。

启动修改功能的方法如下：

（1）打开需要修订的文档，单击"审阅"选项卡。

（2）在"修订"组中单击"修订"按钮，在下拉菜单中选择"修订"命令。此时"修订"按钮呈高亮显示，表示处在修订状态。

如果要退出修订功能，只需要再次单击"修订"按钮，在下拉菜单中选择"修订"命令。

【小贴士】也可以通过快捷键 Ctrl+Shift+E 快速启动或退出修订功能。

2. 审阅修订

当收到被修订的文档后，可以使用审阅功能查看修订并决定是否接受所做的修订。

与查看批注一样，可以查看所有审阅者的修订，也可以查看指定审阅者的修订，还可以隐藏修订，操作也同批注。

3. 接受或拒绝修订

1）逐条接受或拒绝修订

在"审阅"选项卡下有一个"更改"组，通过该组中的"接受"或"拒绝"按钮来确认是否接受当前的修订；通过"上一条"或"下一条"按钮来移动光标到其他修订。

2）全部接受或拒绝修订

如果要接受所有审阅者的修订，只需在"更改"组中单击"接受"按钮，在下拉菜单中选择"接受对文档的所有修订"命令即可。

如果要拒绝所有审阅者的修订，只需在"更改"组中单击"拒绝"按钮，在下拉菜单中选择"拒绝对文档的所有修订"命令即可。

如果有多个审阅者，但只想接受某个审阅者的修订，则需先隐藏其他审阅者的修订，在文档中只显示该审阅者的修订，然后在"更改"组中单击"接受"按钮，在下拉菜单中选择"接受所有显示的修订"命令即可。

### 3.10.3 文档密码设置

1. 设置打开权限密码和修改权限密码

设置打开权限密码和修改权限密码的方法如下：

（1）打开 Office 菜单，选择"另存为"命令。

（2）在"另存为"对话框左下角单击"工具"按钮，在下拉菜单中选择"常规选项"命令。

（3）在打开的"常规选项"对话框中，设置"打开文件时的密码"或（和）"修改文件时的密码"，单击"确定"按钮。

（4）根据提示重新输入一次密码，返回"另存为"对话框。

（5）在"另存为"对话框中，设置保存位置、文件名和保存类型，单击"确定"按钮。

设置了打开权限密码后，当打开此文档时，将要求输入密码来验证用户身份，如果输入的密码不正确，将视为非法用户，此文档将被拒绝打开。

设置了修改权限密码后，打开此文档时，也会要求输入密码，如果输入的密码不正确，此文档也被拒绝打开；但单击"只读"按钮，可以只读方式打开此文档。

2. 建议以只读方式打开文档

如果不希望文档内容被别人或自己无意间修改，这时可以使用"建议只读"功能，即保存时单击"另存为"对话框中的"工具"按钮，选择"常规选项"命令，在弹出的"常规选项"对话框中勾选"建议以只读方式打开文档" 复选框。

这样设置后，当再次打开此文档时，会出现一个提示框，询问用户是否以只读方式打开文档以确保文档不被错误地修改。

### 3.10.4 单元实验

单元实验 3-10-1：使用批注和修订

【实验目的】

（1）掌握在文档中使用批注和修订操作。

（2）掌握打开权限密码和修改权限密码的设置。

【实验素材】

"下雨.荷.docx"。

【实验要求】

（1）将素材文件"下雨.荷.docx"做一备份。

（2）打开备份的文件，启用批注和修订功能，依自己的理解和喜好对文档做文字和格式上的修改和批注。

（3）将备份文件与原始素材文件并排查看，进行比较。

（4）对修订做接受或拒绝处理。

（5）设置打开权限密码和修改权限密码后保存。

# 3.11　综　合　实　验

综合实验 3-1

【实验目的】

综合应用已学操作排版文档。

【实验素材】

（1）"驿动的心.docx"、"表格数据.docx"。

（2）"图表.bmp"、"电脑.bmp"、"病毒-蜘蛛.bmp"。

【实验要求】

参考结果文件"综合实验 3-1(结果).docx"编排文档，具体格式说明如下：

（1）页面设置：A4 纸，上下左右页边距均为 3 厘米。

（2）标题"驿动的心"为隶书、小初字号、阴影效果、水平居中。

（3）"目前世界上哪些国家的学生上网最多？"、"网络心理疾病"和"网络文化素养"为小节标题，应用"标题 3"样式，自动编号，编号格式为："1.、2.、3.…"。

（4）第 1、2 小节的正文为宋体、五号，首行缩进 2 字符，单倍行距。

（5）第 3 小节的正文为宋体、五号，无首行缩进、1.5 倍行距。

（6）文档中表格数据来源于素材文件"表格数据.docx"，表格外框线为双细线，0.5 磅，表头文字黑体、小三号，垂直、水平均居中对齐；其余文字宋体、五号，垂直居中对齐、水平两端对齐。

（7）设文字"上网要科学安排："的底纹样式：15%。

（8）最后一段的上下边框线为粗细双线、宽度 3.0 磅。

（9）给"一是……二是……三是……"三段添加适当项目符号。

（10）页眉文字"网络心理学期刊——第一期"，宋体、小五、居中；页脚为第×页，居中。

【实验结果】

"综合实验 3-1(结果).docx"。

综合实验 3-2

【实验目的】

综合应用前面所学内容，制作复杂表格。

【实验要求】

参照结果文件"综合实验 3-2(结果).docx"制作表格。要求：

（1）标题文字"个人简历表"设为隶书、一号、居中对齐。

（2）表内文字为宋体、五号。

（3）表格外框线为 1.5 磅单实线。

（4）表中文字垂直、水平均居中对齐。

【实验结果】

　　"综合实验 3-2(结果).docx"。

综合实验 3-3

【实验目的】

　　综合应用已学操作排版文档。

【实验素材】

（1）"众志成城.docx"、"数据.docx"。

（2）"温总理.jpg"、"众志成城.bmp"、"国际捐款统计图.bmp"。

【实验要求】

　　参考结果文件"综合实验 3-3(结果).docx"编排文档，具体格式说明如下：

（1）纸张大小为 A4。页边距上下 2.54 厘米，左右 2.3 厘米。

（2）正文文字宋体、五号；首行缩进 2 字符，多倍行距，值 1.2，段前段后间距 0.5 行。

（3）各段标题楷体_GB2312、小四、加粗、加底纹（样式自定）；多倍行距，值 1.2，段前段后间距 0.5 行。

（4）结语正文华文行楷、小四、加粗、深蓝色。

（5）将"题记"和"事件回放"两段分两栏。

（6）将素材文件"数据.docx"提供的数据文字转换成表格，再生成图表，标题为"军队救援人员和装备统计图"。

（7）页眉为插入的日期，右对齐，要求自动更新。

【实验结果】

　　"综合实验 3-3(结果).docx"。

综合实验 3-4

【实验目的】

　　长文档的综合排版。

【实验素材】

（1）"多媒体信息处理工具介绍.docx"。

（2）"题注样例图 1.tif"、"题注样例图 2.tif"、"题注样例图 3.tif"、"题注样例图 4.tif"。

【实验要求】

（1）新建空白文档，设置页面格式（自定）。

（2）修改标题样式，具体如下：

- "标题 1"：黑体、二号、加粗、居中对齐；2 倍行距；段前段后间距各 16 磅；无缩进。
- "标题 2"：宋体、小二号、加粗、左对齐；2 倍行距；段前段后间距各 6 磅；无缩进。自动编号，格式为 1.、2.、3.…。

- "标题 3"：黑体、三号、加粗、左对齐；单倍行距；段前段后间距各 6 磅；无左右缩进。悬挂缩进 1.02 厘米；自动编号，格式为 1.1、1.2、1.3…。
- "标题 4"：宋体、小三号、加粗、左对齐；单倍行距；段前段后间距为 0；无左右缩进。悬挂缩进 0.74 厘米；自动编号，格式为一.、二.、三.…。

（3）切换到大纲视图，将素材文件"多媒体信息处理工具介绍.docx"中作为各级标题的文字录入。

（4）根据各标题右侧圆括号中的提示，利用"大纲"选项卡下"大纲工具"组中的"大纲级别"下拉列表或"升级"、"降级"按钮（➡或➡）调整各级标题的级别。通过"上移"或"下移"按钮（⬆或⬆）调整各标题在文档中的先后顺序。至此，整个文档的文档结构就完成了。

（5）切换到页面视图，将各标题下的正文文字从素材文件中复制过来，设置正文的字体和段落格式（自定）。

（6）根据文档中的红色提示文字，在相应位置插入图片和题注，题注分别为"图 1-1、图 1-2、……"。

（7）根据文档中的蓝色提示文字，在相应位置插入对题注的交叉引用。

（8）在第一页前插入空白页，生成标题目录和图表目录。

（9）添加页眉页脚。奇数页页眉是"多媒体信息处理工具介绍"，左对齐，偶数页页眉是自己的姓名，右对齐。在页面底端插入页码，格式为"I、II、III…"，水平居中。

【实验结果】

参见"综合实验 3-4(结果).docx"。

## 3.12　辅助阅读资料

[1] 太平洋电脑网. Word 2007 从入门到精通视频教程. http://pcedu.pconline.com.cn/videoedu/office/0905/1664292.html.

[2] Word 爱好者. Word 2007. http://www.wordfans.com/word2007.

[3] BK 网络学院. Word 2007 教程. http://www.blue1000.com/bkhtml/t2.

[4] WordHome. Word 2007 教程. http://www.wordhome.com.cn/Word2007.

[5] Word 2007 快捷键.

# 第 4 章　演示文稿设计

【实验目标】

本章通过对 PowerPoint 2007 的学习、操作与实践，使学生掌握制作演示文稿的基本方法与技巧，满足日常工作和生活的需要。

【实验方法】

本章包括 PowerPoint 2007 的基本操作和部分高级操作，内容基本按照一个演示文稿的制作过程安排，引导学生逐步学习演示文稿制作的技术。每节详细介绍了一类操作的步骤，其后有配套的实验内容。实验内容以验证为主，目的是让学生及时掌握所学的操作。最后安排了综合实验，将前面介绍的知识综合地融入到练习中，起到进一步熟练和巩固的作用，也锻炼学生创造性学习的能力。

## 4.1　常用演示文稿设计软件

### 4.1.1　PowerPoint

PowerPoint 是微软公司推出的办公自动化套装软件中的重要组成部分，是目前使用最为广泛的演示文稿制作软件。使用 PowerPoint 能够制作出集文字、图形、图像、声音及视频等多媒体元素于一体的演示文稿，让信息以更轻松、更高效的方式表达出来。制作的演示文稿可以通过计算机屏幕或投影仪进行播放。不论课堂教学、学术交流还是产品展示，都可以使用 PowerPoint 制作的演示文稿作为讲解的辅助手段。PowerPoint 2007 在继承以前版本的强大功能的基础上，更以全新的界面和便捷的操作模式引导用户制作图文并茂、声形兼备的多媒体演示文稿。

### 4.1.2　Impress

Impress 是 Sun 公司开发的办公套件 OpenOffice 中的演示文稿制作软件，其功能与 PowerPoint 相类似，与 PowerPoint 在文件格式上也兼容，它是一个免费开源软件。

### 4.1.3　WPS 演示

WPS 演示是金山公司开发的 WPS Office 办公软件中的组件之一，WPS 演示添加 34 种动画预选方案、近 200 种自定义动画效果，并且实现与 PowerPoint 文件无障碍兼容。

## 4.2　认识 PowerPoint 2007

### 4.2.1　PowerPoint 2007 的工作界面

PowerPoint 2007 的工作界面和 Office 2007 其他组件保持了一致的风格，也是由 Office

按钮、快速访问工具栏、标题栏、功能区、状态栏、视图栏和编辑区等组件构成。与Word 2007不同的是PowerPoint 2007的编辑区由三个窗格组成,分别是幻灯片编辑窗格、幻灯片浏览窗格和备注窗格,如图4-1所示。

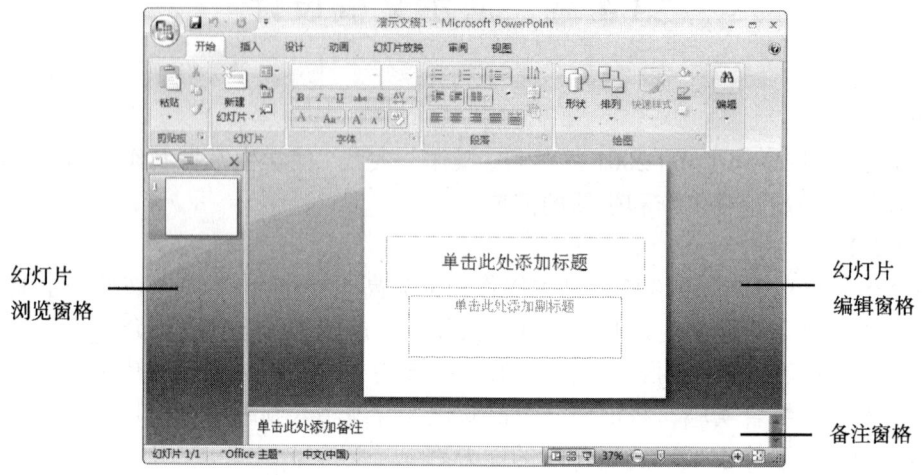

图4-1　PowerPoint 2007的工作界面

### 1. 幻灯片编辑窗格

显示当前幻灯片,可以在此窗格中查看并编辑演示文稿中的幻灯片内容。

### 2. 幻灯片浏览窗格

幻灯片浏览窗格中包含幻灯片浏览方式和大纲浏览方式。单击该窗格中的"幻灯片"选项卡,切换到幻灯片浏览方式,可以在该窗格中快速查看演示文稿中的所有幻灯片内容,并可在单张幻灯片中插入图片、声音和视频等;单击"大纲"选项卡,切换到大纲浏览方式,则可以查看、组织和输入演示文稿中的文本内容。

### 3. 备注窗格

备注窗格用来添加与幻灯片内容相关的备注信息。

## 4.2.2　PowerPoint 2007的视图方式

PowerPoint 2007提供了"普通视图"、"幻灯片浏览视图"、"备注页视图"和"幻灯片放映视图"四种视图方式,每种视图都包含有该视图下特定的工作区、功能区和其他工具。在不同的视图中,都可以对演示文稿进行编辑和加工,同时这些改动都将反映到其他视图中。单击"视图"选项卡,在"演示文稿视图"组中选择相应的视图按钮即可改变视图方式。

### 1. 普通视图

普通视图是PowerPoint 2007的默认视图,包括幻灯片编辑窗格、幻灯片浏览窗格和备注窗格,可以在其中输入和编辑幻灯片、管理幻灯片及输入备注信息。拖动不同的窗格之间的边框,可以调整各窗格的大小。

### 2. 幻灯片浏览视图

幻灯片浏览视图通过缩略图的形式显示演示文稿中所有幻灯片的内容。在该视图下可以很方便地查看演示文稿的整体效果以及对幻灯片进行移动、添加或删除等操作。

### 3. 幻灯片放映视图

幻灯片放映视图以全屏的显示形式、按照用户指定的方式动态地播放幻灯片中的内容。该视图方式下不能对幻灯片进行编辑与修改。

【小贴士】以上三种视图方式的切换也可以通过单击视图栏的相应按钮 进行。

### 4. 备注页视图

在备注页视图方式下，每一页上同时显示幻灯片及其备注页内容，可以用来添加与该张幻灯片相关的备注。

## 4.3　使用 PowerPoint 2007 创建演示文稿

在 PowerPoint 中，我们要分清演示文稿和幻灯片两个概念。

演示文稿和幻灯片之间的关系，就像一本书和书中每一页之间的关系。一本书由不同的页组成，各种文字、图片都书写在每一页上；而一个演示文稿由若干张"幻灯片"组成，所有的对象包括文字、图形、表格、图表、声音、视频等都是添加到幻灯片上。制作演示文稿的过程实际上就是制作一张张幻灯片的过程。当演示文稿在放映时，每张幻灯片是一个单独的屏幕显示，每张幻灯片可以有各种特殊的演示效果。

### 4.3.1　创建演示文稿

在启动 PowerPoint 2007 应用程序时，系统会自动创建一个空白演示文稿，并且自动命名为"演示文稿 1"。可以直接利用此空白演示文稿工作。

除此之外，也可以在 PowerPoint 工作界面上创建演示文稿。创建的演示文稿可以是空白演示文稿、基于模板的演示文稿和根据现有的演示文稿创建的演示文稿。

空白演示文稿是基于空白演示文稿模板创建的、由带有布局格式（即版式，参见 4.5.3 节）的空白幻灯片组成，用户可以在空白幻灯片上设计出具有鲜明个性的背景色彩、配色方案、文本格式和图片等对象，创建具有自己特色的演示文稿。

根据模板创建演示文稿是在已经具备演示文稿设计概念、样式、风格，包括幻灯片的背景、装饰图案、文字布局及颜色、大小等的 PowerPoint 模板的基础上创建演示文稿。创建后，只需对演示文稿中幻灯片的内容稍作修改和增删，就能制作成自己的演示文稿。

根据现有的演示文稿创建演示文稿实际上是创建了某个指定的已有的演示文稿的副本，在此基础上对其内容和外观进行更改，就制作成了新的演示文稿。

创建演示文稿的方法与创建 Word 文档类似：

（1）打开 Office 菜单，选择"新建"命令。

（2）在打开的"新建演示文稿"对话框左侧的"模板"列表框中选择：

- "空白文档和最近使用的文档"选项：创建空白演示文稿。
- "已安装的模板"选项：利用已安装的模板创建演示文稿。
- "我的模板"选项：利用自定义模板创建演示文稿。
- "根据现有内容新建"选项：根据现有的演示文稿创建演示文稿。

【小贴士】用快捷键 Ctrl+N 可快速创建空白演示文稿。

### 4.3.2　编辑幻灯片

编辑幻灯片主要包括选定幻灯片、插入新幻灯片、复制幻灯片、移动和删除幻灯片等，这些操作在幻灯片浏览视图中进行最为方便。对于小范围或少量的幻灯片操作，也可以在普通视图的幻灯片浏览窗格中进行。

1. 选定幻灯片

在对幻灯片进行其他操作前，要先选定幻灯片。选定操作如表 4-1 所示。

表 4-1　幻灯片选定操作

| 选定内容 | 操作 |
| --- | --- |
| 一张 | 单击要选定的幻灯片 |
| 相邻的多张 | 单击第一张幻灯片，按住 Shift 键的同时单击要选定的最后一张幻灯片 |
| 不相邻的多张 | 单击第一张幻灯片，按住 Ctrl 键的同时依次单击其他需要选定的幻灯片 |

【小贴士】在按住 Ctrl 键的同时再次单击已被选定的幻灯片，则该幻灯片被取消选择。

2. 插入新幻灯片

在新建一个演示文稿后，PowerPoint 会自动插入一张新的幻灯片（标题幻灯片），随着制作过程的推进，需要在演示文稿中插入更多的幻灯片。插入新幻灯片的操作方法如下：

（1）单击"开始"选项卡，在"幻灯片"组中单击"新建幻灯片"上方的按钮，即可插入一张默认版式的幻灯片。

（2）如果要添加其他版式的幻灯片，则单击"新建幻灯片"按钮，在打开的下拉菜单中选择需要的版式即可。

【小贴士】在普通视图下的幻灯片浏览窗格中选定幻灯片，按 Enter 键，即可在其后插入同样版式的幻灯片。

3. 更改幻灯片的版式

PowerPoint 2007 提供了多种内置的幻灯片版式，可以直接套用这些版式。具体步骤如下：

（1）选定要更改版式的幻灯片。

（2）单击"开始"选项卡，在"幻灯片"组中单击"版式"按钮，在打开的下拉列表中选择需要的版式即可。

4. 复制幻灯片

当要创建的幻灯片与现有幻灯片内容相似时，可以利用幻灯片的复制功能，复制出一张相同的幻灯片，然后再对其进行适当的修改。复制幻灯片的基本方法如下：

（1）选定需要复制的幻灯片，在"开始"选项卡的"剪贴板"组中单击"复制"按钮。

（2）将光标定位在需要插入幻灯片的位置，单击"粘贴"按钮。

【小贴士】（1）也可通过快捷菜单或快捷键 Ctrl+C 和 Ctrl+V 进行复制和粘贴。

（2）按住 Ctrl 键和鼠标左键，将幻灯片拖到目标位置后释放鼠标，可近距离快速复制幻灯片。

（3）如果要在某个幻灯片下方将其复制，则右击该幻灯片，在弹出的快捷菜单中选择"复制幻灯片"命令即可。

5. 移动幻灯片

如果要调整幻灯片之间的相对位置，可以通过移动幻灯片来完成。移动幻灯片采用"剪切"和"粘贴"操作实现，具体操作步骤与复制幻灯片类似。

【小贴士】按住鼠标左键，将幻灯片拖到目标位置后释放鼠标，可近距离快速移动幻灯片。

6. 删除幻灯片

选定要删除的幻灯片，按 Del 键。

### 4.3.3 放映和保存演示文稿

1. 放映演示文稿

在演示文稿的制作过程中需要随时进行幻灯片的放映，以观看幻灯片的播放及动画效果。可以从头开始放映也可以从当前幻灯片开始放映。

1）从头开始放映

单击"幻灯片放映"选项卡，在"开始放映幻灯片"组中单击"从头开始"按钮。

【小贴士】按功能键 F5 可实现从头开始放映。

2）从当前幻灯片开始放映

单击"幻灯片放映"选项卡，在"开始放映幻灯片"组中单击"从当前幻灯片开始"按钮。

【小贴士】按快捷键 Shift+F5 或单击视图栏中的"幻灯片放映"按钮可实现从当前幻灯片开始放映。

2. 退出幻灯片放映

在幻灯片放映过程中，如果需要退出幻灯片放映，除了在幻灯片放映结束后直接单击鼠标正常退出外，还有三种方法可终止幻灯片放映。

方法一：单击幻灯片放映屏幕左下角的控制按钮▤，在打开的下拉菜单中选择"结束放映"命令。

方法二：在幻灯片放映屏幕中右击，在弹出的快捷菜单中选择"结束放映"命令。

方法三：按 Esc 键。

3. 保存演示文稿

当演示文稿制作完毕，或在制作的过程中，都需要保存演示文稿，常用保存类型有：

- PowerPoint 演示文稿：保存为 PowerPoint 2007 演示文稿，是 PowerPoint 2007 的默认类型，扩展名为.pptx。
- PowerPoint 97-2003 文档：以 PowerPoint 97-2003 兼容格式保存，扩展名为.ppt。
- PowerPoint 模板：保存为模板，扩展名为.potx。
- PowerPoint 放映：保存为放映文件，扩展名为.ppsx。在 Windows 窗口双击放映文件图标，可直接放映。

演示文稿的保存方法与 Word 类似，此处不再赘述。

### 4.3.4 单元实验

单元实验 4-3-1：创建和保存演示文稿

【实验目的】

掌握演示文稿的创建与保存。

【实验素材】

"网络战.pptx"。

【实验要求】

根据现有内容（素材文件"网络战.pptx"）新建一个演示文稿，并以"网络战"作为文件名保存，文件类型选择"PowerPoint 97-2003 演示文稿（*.ppt）"。

单元实验 4-3-2：编辑幻灯片

【实验目的】

掌握幻灯片的编辑。

【实验要求】

（1）将单元实验 4-3-1 创建的演示文稿"网络战.ppt"的最后一张幻灯片删除。

（2）在最后插入一张幻灯片，选择"仅标题"版式，在标题占位符中输入"谢谢"。

（3）更改新插入的幻灯片的版式，选择"节标题"版式。

（4）将新插入的幻灯片移到第二张幻灯片之后，删除第二张幻灯片上的最后一行（即"参考文献"）。

（5）将此演示文稿另存为放映文件，保存在 D:盘根目录下，文件名是"网络战（放映）"，然后关闭该演示文稿。

（6）在 D:盘根目录下双击"网络战.ppt"和"网络战（放映）.ppsx"图标，看看有什么区别。

# 4.4　幻灯片的基本操作

### 4.4.1　编辑占位符

当应用某种版式插入一张新幻灯片时，通常可以看到幻灯片上有一个或多个带有虚线边缘的框，这些框称为占位符，如图 4-2所示。

每个占位符都有提示文字，提示用户可以执行的操作。单击占位符，提示文字消失，即可在其中添加相应的内容，如文本、图表、图形、影片、声音、图片等。

用户既可以对占位符中的文本进行操作，也可以对占位符本身进行大小调整、移动、复制、粘贴及删除等操作。

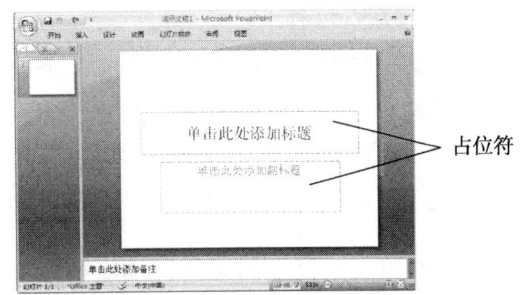

图 4-2　占位符

1. 选定、移动及调整占位符

1）选定占位符

将光标移至占位符的虚线边框上，当指针变为十字箭头时单击，此时边框线变成实线，则选定了占位符。

2）移动占位符

选定占位符，拖动鼠标，可移动占位符。

3）调整占位符大小

单击占位符，用鼠标拖曳句柄即可调整占位符大小。

2. 复制、剪切、粘贴和删除占位符

对占位符进行复制、剪切、粘贴和删除操作与对其他对象的操作相同。要注意的是：

- 在复制或剪切占位符时，会同时复制或剪切占位符中的所有内容和格式，以及占位符的大小和其他属性。
- 当把复制的占位符粘贴到当前幻灯片时，被粘贴的占位符将位于原占位符的附近；当把复制的占位符粘贴到其他幻灯片时，则被粘贴的占位符的位置将与原占位符在幻灯片中的位置完全相同。
- 占位符的剪切操作常用来在不同的幻灯片间移动内容。
- 选定占位符后按 Del 键，可以把占位符及其内部的所有内容删除。

3. 设置占位符属性

在 PowerPoint 2007 中，占位符、文本框及自选图形等对象具有相似的属性，如底纹、边框颜色和线型等，设置这些属性的操作是相似的，而且与 Word 中的相关操作类似。

在幻灯片中选中占位符时，功能区将出现"绘图工具/格式"选项卡，通过该选项卡下的各个按钮和命令即可设置占位符的属性。

4. 旋转占位符

选定占位符，在"绘图工具/格式"选项卡下的"排列"组中单击"旋转"按钮，在打开的菜单中选择相应命令即可实现指定角度的旋转。

选定占位符，在占位符上方会显示一个旋转手柄。用鼠标指向旋转手柄并拖动，可以占位符中心为轴心进行任意角度的旋转。

5. 对齐占位符

如果一张幻灯片中包含两个或两个以上的占位符，可以通过选择相应命令来设置占位符的对齐方式，有左对齐、右对齐、左右居中等。具体操作如下：

（1）在幻灯片中选定多个占位符。

（2）单击"排列"组中的"对齐"按钮，在打开的菜单中选择相应命令。

### 4.4.2　幻灯片中文本的输入、编辑和修饰

1. 输入文本

可以在占位符中输入文本，也可以在插入的文本框中输入文本。

1）在占位符中输入文本

单击占位符，输入或粘贴文本。输入完后单击占位符外的任一位置。

【小贴士】（1）这里所指的文本包括中英文字、符号、日期和时间，它们具体的输入操作同 Word。

　　　　　（2）占位符中的文本是预先设置好字体格式的，如不满意，可自行修改。

　　　　　（3）如果文本的内容超过占位符的大小，则文本会自动减小字体大小和行间距以适应占位符的大小，同时在占位符的左下角显示"自动调整选项"按钮✚。单击该按钮，可以在打开的菜单中选择"停止根据此占位符调整文本"等选项，如图 4-3 所示。

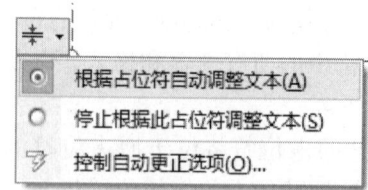

图 4-3　　"自动调整选项"下拉菜单

2）使用文本框输入文本

除了可以在幻灯片的占位符中输入文本外，还可以使用文本框输入文本。通过使用文本框可以在幻灯片中放置多个文字块，使文字按照不同的方向排列。也可以通过调整文本框的大小和移动文本框实现在幻灯片中任意位置添加文本的目的。方法如下：

（1）在"插入"选项卡下的"文本"组中，单击"文本框"按钮。

（2）在打开的下拉菜单中选择"横排文本框"或"垂直文本框"命令，此时鼠标变成十字标志。

（3）在要插入文本框的位置按下鼠标左键拖动鼠标，绘制出合适的文本框。

（4）在文本框内单击鼠标，输入或粘贴文本。

【小贴士】（1）文本框中的文字没有预设字体格式。

（2）在幻灯片中输入标题时，如果超过一行，不要按 Enter 键换行，而要让它自动换行，否则，Enter 键后面输入的文字会看成另一个标题。

2. 编辑文本

编辑文本包括文本的选定、移动、复制、删除、查找与替换、撤销与恢复等，除选定操作外，其余操作和 Word 类似。

文本的选定操作如表 4-2 所示。

表 4-2　文本的选定操作

| 选定内容 | 操作 |
| --- | --- |
| 占位符中部分文本内容 | 将光标定位在要选定文本的起始位置，按住鼠标左键拖到结束位置松开（或按住 Shift 键单击结束处） |
| 占位符中所有文本内容 | 将光标定位在该占位符内任一位置，按快捷键 Ctrl+A |
| 一个单词或词组 | 在所需的文字、词组或英文单词中双击 |
| 一段 | 将光标定位在该段任一位置，三击 |

3. 修饰文本

修饰文本包括设置文本的字体格式（字体、字号、颜色、特殊格式、字符间距等）和段落格式（文字方向、水平和垂直对齐方式、缩进方式、行间距和段间距、项目符号和编号、分栏等），大部分操作和 Word 类似，这里只介绍不同部分的操作。

1）设置段落垂直对齐

段落的垂直对齐方式是指文字在占位符或文本框中垂直方向上的位置。具体操作如下：

（1）将光标定位在要设置垂直对齐方式的占位符或文本框中。

（2）单击"开始"选项卡，在"段落"组中单击"对齐文本"按钮 。

（3）在打开的下拉菜单中列出了"顶端对齐"、"中部对齐"和"底端对齐"三种对齐方式供选择。

（4）如果要选择其他的对齐方式，则单击"其他选项"命令，打开"设置文本效果格式"对话框。

（5）在对话框的左侧列表框中选择"文本框"选项，在右边的"文字版式"区域的"垂直对齐方式"下拉列表中选择需要的对齐方式。

2）设置文字方向

（1）将光标定位在要设置文字方向的占位符或文本框中。

（2）在"开始"选项卡下的"段落"组中单击"文字方向"按钮 。

（3）在打开的下拉菜单中选择需要的文字方向即可。

3）添加项目符号和编号

在 PowerPoint 2007 中也可以给段落添加项目符号或编号，方法同 Word。

另外，在 PowerPoint 2007 中，当在某些版式的文本占位符中输入文字时，系统会在文字前面自动添加项目符号，如果对默认添加的项目符号不满意，可以重新设置。

4）自定义项目符号和编号

PowerPoint 2007 分别提供了 7 种标准的项目符号和编号供选择，用户也可以自己定义项目符号和编号。方法是：

（1）选定要添加项目符号或编号的段落，单击"开始"选项卡。

（2）在"段落"组中单击"项目符号"或"编号"按钮右侧的下拉按钮，在打开的下拉菜单中选择"项目符号和编号"命令，打开"项目符号和编号"对话框。

（3）在"项目符号"或"编号"选项卡下可自定义项目符号或编号。

5）修改段落级别

为了使幻灯片中的内容层次分明，条理清晰，可以为幻灯片中的段落设置不同的级别。具体方法是：将光标定位在要修改级别的段中，单击"开始"选项卡，在"段落"组中单击"降低列表级别"按钮 或"提高列表级别"按钮 。

【小贴士】通常为不同级别的段落设置不同的项目符号。

6）设置分栏

（1）将光标定位在要分栏的占位符或文本框中，单击"开始"选项卡。

（2）在"段落"组中单击"分栏"按钮 。

（3）在打开的下拉菜单中选择需要的列数。如要分成更多列，则可在下拉菜单中选择"更多栏"命令，打开"分栏"对话框进行设置。

【小贴士】与 Word 不同，在 PowerPoint 中只能将一个占位符或文本框中的所有内容分栏排列，而不能将其中选定的部分内容分栏。

### 4.4.3　幻灯片中其他对象的插入

在幻灯片中，除了可以输入文本外，还可以插入图片、图形、图表、剪贴画、表格、艺术字、公式和 SmartArt 图形等对象，并对它们进行相应的编辑和设置。

1）插入图表

（1）单击"插入"选项卡，在"文本"组中单击"对象"按钮，打开"插入对象"对话框。

（2）在"对象类型"列表框中选择"Microsoft Graph 图表"，单击"确定"按钮，进入图表视图。

（3）此时，在光标定位处生成了根据系统自带数据制成的图表和 Excel 数据表。

（4）在 Excel 数据表中用自己的数据替换系统自带数据，单击图表外的任一空白处，退出图表视图，返回幻灯片编辑状态，Excel 数据表消失，只留下图表。

2）插入公式

（1）打开"插入对象"对话框。

（2）在"对象类型"列表框中选择"Microsoft 公式 3.0"，单击"确定"按钮。

（3）在打开的"公式编辑器"窗口利用"公式"工具栏中的各种模板输入公式。

其余对象的插入和设置操作基本与 Word 类似，这里不再赘述。

【小贴士】PowerPoint 中的表格没有排序和计算功能。

### 4.4.4　单元实验

单元实验 4-4-1：幻灯片的基本操作 1

【实验目的】

掌握幻灯片版式的应用，幻灯片基本内容的输入，文本框的使用。

【实验素材】

"照片.jpg"、"我的家人.jpg"。

【实验要求】

制作一个名为"自我介绍.pptx"的演示文稿，要求：

（1）第一张为标题幻灯片，主标题占位符中输入"自我介绍"，副标题占位符中输入姓名和日期，日期要能自动更新。

（2）第二张幻灯片使用"标题和内容"版式。标题占位符中输入"我的基本情况"；内容占位符中分三行分别输入姓名、出生日期和毕业学校。在幻灯片右下角插入素材文件"照片.jpg"，调整照片的尺寸和位置，设置照片的格式（应用样式、改变形状等）。

（3）第三张幻灯片使用"两栏内容"版式，在标题占位符中输入"我的爱好"；在左边内容占位符中输入两行文本"我喜欢钢琴"和"我喜欢运动"，单击右边占位符中的"剪贴画"按钮，插入一张和运动有关的剪贴画。适当调整各占位符和剪贴画的位置，将标题占位符旋转一定角度。

（4）最后一张幻灯片使用"空白"版式，在幻灯片中插入一个竖排文本框，输入"我的家人"，并设置字符格式为隶书、44 号、蓝色、水平和垂直均居中对齐。插入图片"我的家人.jpg"，调整大小和位置。

【实验结果】

参见"单元实验 4-4-1(结果).pptx"。

单元实验 4-4-2：幻灯片的基本操作 2

【实验目的】

掌握在演示文稿中插入艺术字、SmartArt 图形和绘制图形操作，利用文本框进行版面布局。

【实验素材】

"计算机系统.docx"、"打印机.bmp"、"鼠标.bmp"、"显示器.jpg"、"键盘.jpg"。

【实验要求】

根据素材文件"计算机系统.docx"的内容制作一个演示文稿。要求：

（1）有四张幻灯片，素材文件中的一、二、三、四部分各 1 张；每部分标题作为相应幻灯片的标题。

（2）第一张幻灯片为"两栏内容"版式，分别描述硬件和软件的定义。插入反映计算机系统构成的 SmartArt 图形。

（3）第二张幻灯片为"标题和内容"版式，绘制冯•诺依曼计算机结构图，在"内容"占位符中进行简单说明和适当设置。

（4）第三张幻灯片为"仅标题"版式，利用文本框组织软件系统组成的层次结构。

（5）第四张为"标题和内容"版式，要求用项目符号或编号列出常用外设，并插入常用外设的图片，图片来自素材文件"打印机.bmp"、"鼠标.bmp"、"显示器.jpg"和"键盘.jpg"。

（6）在第一张前面插入标题幻灯片，其中的主标题为艺术字"计算机系统"，副标题为作者姓名。

（7）合理布局版面、整齐美观。

（8）保存该演示文稿，文件名为"计算机系统.pptx"。

【实验结果】

参见"单元实验 4-4-2(结果).pptx"。

# 4.5　演示文稿的外观设置

## 4.5.1　应用与自定义主题

所谓主题，是将一组主题颜色、一组主题字体和一组主题效果组合在一起的格式选项。其中，主题颜色是演示文稿中使用的颜色集合，一组主题颜色包括 4 种文本/背景颜色、6 种强调文字颜色和 2 种超链接颜色；主题字体是指演示文稿中文字的字体，一组字体包括标题文字字体和正文文本字体，两者可以是相同的字体，也可以是不同的字体；而主题效果是指应用于演示文稿中各种对象的外观效果（包括线条和填充效果）。运用 PowerPoint 的主题功能可以快速而轻松地设置整个演示文稿的格式，赋予它专业、时尚并具有统一格式效果的外观。

PowerPoint 2007 中内置了 23 种主题样式供用户应用。另外，还预置了多种主题颜色、主题字体和主题效果，供用户自己搭配出个性化的主题（即自定义主题），并可作为主题样式保存下来供以后应用。甚至还允许用户分别创建新的主题颜色和主题字体，以设计出符合独特需要的主题样式。

1. 应用内置主题样式

单击"设计"选项卡，在"主题"组的主题样式列表（见图 4-4）中选择需要的主题样式，演示文稿中所有的幻灯片均会应用所选的主题样式。单击"其他"下拉按钮可以看到更多的主题样式。

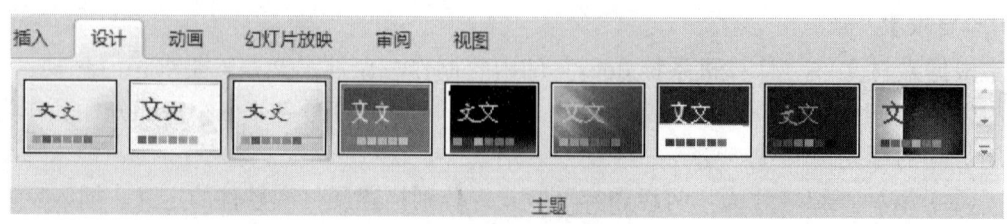

图 4-4　主题样式列表

【小贴士】如果希望只对选定的幻灯片应用主题样式，则要右击所选的主题样式，在弹
　　　　　出的快捷菜单中选择"应用于选定幻灯片"命令。

2．自定义主题

1）自定义主题

（1）选择一种主题样式作为基准样式。

（2）在"主题"组中分别单击"颜色"、"字体"和"效果"按钮，在打开的下拉菜
单的"内置"列表中选择所需的一种主题颜色、主题字体和主题效果。

【小贴士】如果在设置主题颜色、主题字体和主题效果前，已经为演示文稿中的内容单
　　　　　独设置过字体或颜色，则设置的主题颜色和字体将对其不起作用。

2）将自定义主题保存为主题样式

如果想把当前自定义的主题应用到其他演示文稿中，可将其保存为主题样式。方法
是：

（1）单击"主题"组中的"其他"下拉按钮，在打开的菜单中选择"保存当前主题"
命令，打开"保存当前主题"对话框。

（2）在"文件名"文本框中输入名称，保存位置和类型采用系统默认，单击"保存"
按钮。

（3）以后在需要应用该主题样式时，单击"其他"下拉按钮，在打开的菜单的"自
定义"列表中可以选择该主题样式。

3）创建主题颜色和主题字体

（1）单击"颜色"或"字体"按钮，在下拉菜单中选择"新建主题颜色"或"新建
主题字体"命令，打开"新建主题颜色"或"新建主题字体"对话框，如图 4-5 所示。

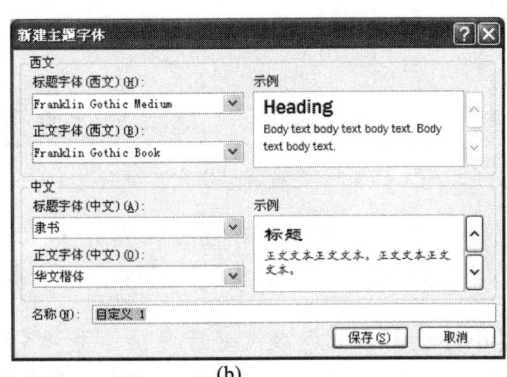

(a)　　　　　　　　　　　　　　　　　　　(b)

图 4-5　"新建主题颜色"和"新建主题字体"对话框

（2）在对话框中设置相应的颜色或字体，在"名称"文本框中给新主题颜色或字体命名，单击"保存"按钮。

（3）以后在需要使用该主题颜色或字体时，只要单击"颜色"或"字体"按钮，在下拉菜单的"自定义"列表中选择该主题颜色或字体即可。

【小贴士】要删除自定义的主题样式、主题颜色和主题字体，只需右击它们，在弹出的快捷菜单中选择"删除"命令。

### 4.5.2　设置幻灯片背景

PowerPoint 2007 提供了设置幻灯片背景的功能，可以直接套用内置的背景样式，也可以自定义背景样式。

1. 应用内置背景样式

单击"设计"选项卡，在"背景"组中单击"背景样式"按钮，在下拉列表中选择合适的背景样式。

2. 自定义背景样式

可以自定义四种不同的背景样式：纯色填充、渐变填充、纹理填充和图片填充。具体步骤如下：

（1）单击"背景"组的对话框启动器，打开"设置背景格式"对话框，如图4-6所示。

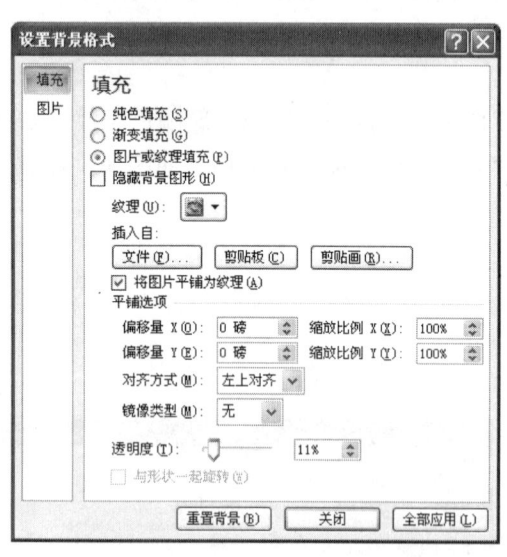

图 4-6　"设置背景格式"对话框

（2）在对话框的左侧列表框中选择"填充"选项，在"填充"区域中根据要定义的背景样式选择相应的操作。

- 纯色填充：单击"纯色填充"单选按钮，选择颜色，设置透明度。
- 渐变填充：单击"渐变填充"单选按钮，选择预设的颜色，设置渐变的方向、光圈（即渐变颜色数）等。
- 纹理填充：单击"图片或纹理填充"单选按钮，选择一种纹理图案，设置其他选项。
- 图片填充：单击"图片或纹理填充"单选按钮，单击"文件"或"剪贴画"按钮，选择要插入的图片或剪贴画，设置其他选项；还可以单击"图片"选项卡，调整图片效果。

（3）单击"全部应用"按钮，再单击"关闭"按钮。

【小贴士】如果完成设置后直接单击"关闭"按钮，则只对当前幻灯片应用自定义的背景样式。只有单击"全部应用"按钮，才会对演示文稿的所有幻灯片应用自定义的背景样式。

### 4.5.3　使用母版和版式

1. 认识母版

母版主要用于定义演示文稿中所有幻灯片的页面格式,每个演示文稿的每个组件(幻灯片、备注、讲义)都有一个母版。

1)幻灯片母版

幻灯片母版是一张特殊的幻灯片,它存储有关演示文稿的主题和幻灯片版式的所有信息,包括背景、颜色、字体、效果、占位符大小和位置。用户通过更改这些信息,就可以更改整个演示文稿中所有采用这一母版建立的幻灯片的外观。

单击"视图"选项卡,在"演示文稿视图"组中单击"幻灯片母版"按钮,就可以打开幻灯片母版视图。图 4-7 所示为空白演示文稿的幻灯片母版视图。

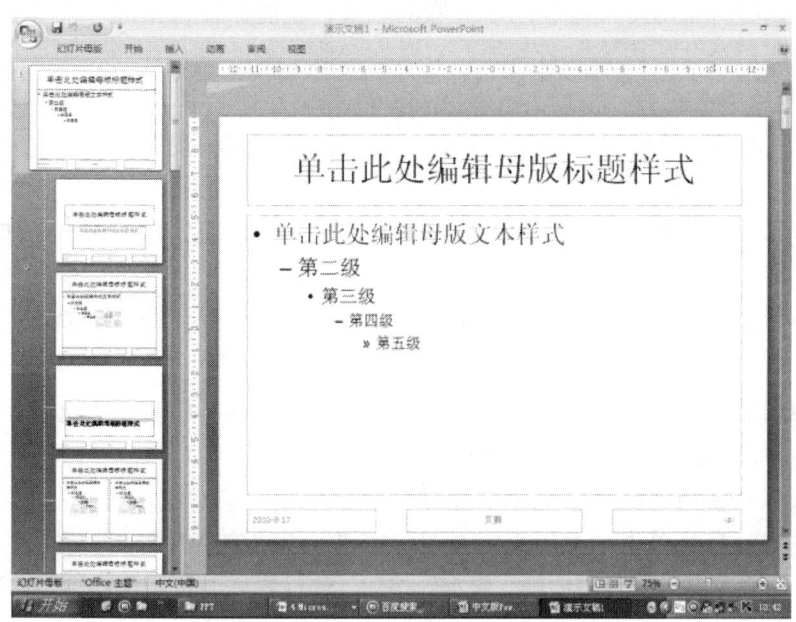

图 4-7　空白演示文稿的幻灯片母版视图

2)讲义母版

讲义母版是为制作讲义而准备的,讲义通常需要打印输出,因此讲义母版常用来设置打印格式。它允许设置一页讲义中包含多张幻灯片,设置页眉、页脚、页码等基本信息。

在"视图"选项卡的"演示文稿视图"组中单击"讲义母版"按钮,就可以打开讲义母版视图。

3)备注母版

备注母版主要用来设置幻灯片的备注格式。备注作为演讲者在演示文稿中的提示和参考,通常也需要打印输出,所以备注母版的设置大多也和打印页面有关。

在"视图"选项卡的"演示文稿视图"组中单击"备注母版"按钮,就可以打开备注母版视图。

2. 认识版式

幻灯片版式是指幻灯片内容在幻灯片上的布局方式。版式本身只定义了这些内容的位置和格式设置信息，由不同的占位符组成。

3. 幻灯片母版和版式应用

在 PowerPoint 2007 中，默认情况下，一个演示文稿包含一个幻灯片母版，有 11 种内置版式。图 4-7 的左窗格中，第一张大的幻灯片（带有母版编号）为幻灯片母版，其后的 11 张幻灯片均为此母版包含的版式。

应用幻灯片母版和版式的好处是可以高效制作出风格统一的演示文稿。只要制作前在母版上设计好幻灯片文字的格式及位置、图片的大小及位置，甚至主题、背景、动画效果等，在创建每张幻灯片时套用该母版的版式，就能保证每张幻灯片具有一致的外观效果。而且要对公共的内容进行修改，只需在母版上修改一次。

1）设置母版格式

设置母版格式主要包括设置主题样式、设置背景样式和设置页面样式。具体操作步骤如下：

（1）进入幻灯片母版视图，在左窗格中选定幻灯片母版，功能区自动切换到"幻灯片母版"选项卡下。

（2）根据想要达到的效果设置母版的主题样式、背景样式及页面格式（如幻灯片方向等）。

（3）根据需要修改标题和正文文字格式及项目符号等（此时要先选定相应占位符的提示文字，单击"开始"选项卡，进行相关设置）。

（4）根据需要插入图片、艺术字等对象。

（5）设置好后，单击"关闭母版视图"按钮，退出幻灯片母版视图。

（6）单击快速启动工具栏中的"保存"按钮，将设置好的母版保存到当前演示文稿中。

【小贴士】为了创建风格版式统一的多个演示文稿，可以将设计好的母版保存为模板，以后新建演示文稿时可以套用该模板。

2）设计版式布局

通过设计母版格式，可以统一定制该母版中所有版式的共有内容，PowerPoint 也允许用户在母版中添加自己设计的版式。具体操作如下：

图 4-8　自定义版式提示信息

（1）进入幻灯片母版视图，在"编辑母版"组中单击"插入版式"按钮，即在左窗格添加了一个自定义版式（将光标移至该版式上，会显示提示信息，如图 4-8 所示）。

（2）选定该版式，在"母版版式"组中单击"插入占位符"按钮，在下拉列表中根据需要选择相应的占位符类型（如图片等）。

（3）此时光标呈十字状，在幻灯片编辑窗格的适当位置按住鼠标左键拖动，绘制出"图片"占位符，如图 4-9 所示。

（4）继续绘制和设置其他占位符。最后在"编辑母版"组中单击"重命名"按钮，在打开的"重命名版式"对话框的"版式名称"文本框中给该版式命名，单击"重命名"按钮。

（5）退出幻灯片母版视图。单击"开始"选项卡，单击"版式"按钮，在下拉列表中可见新添的版式。

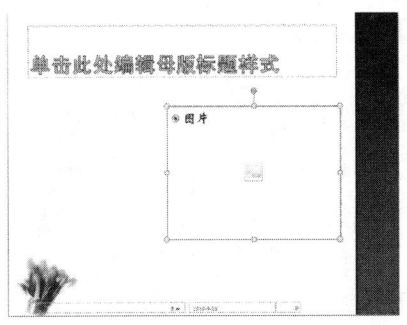

图 4-9　自定义的"图片"占位符

【小贴士】可以在版式中添加占位符，但不能直接在幻灯片中添加占位符。

### 4.5.4　单元实验

单元实验 4-5-1：演示文稿的外观设置 1

【实验目的】

掌握应用背景设置演示文稿外观的操作。

【实验素材】

"花.jpg"。

【实验要求】

打开单元实验 4-4-1 生成的演示文稿"自我介绍.pptx"，对其进行如下设置：

（1）对第一张幻灯片应用一种内置背景样式。

（2）对第二张幻灯片应用自定义的渐变填充背景样式。

（3）对第三张幻灯片应用自定义的图片填充背景样式，图片来自素材文件"花.jpg"。

（4）对第四张幻灯片应用自定义的纹理填充背景样式。

（5）对所有幻灯片应用自定义的纯白色填充背景样式。

单元实验 4-5-2：演示文稿的外观设置 2

【实验目的】

掌握应用主题设置演示文稿外观的操作。

【实验要求】

自定义一个主题，将其保存为一个主题样式，对单元实验 4-4-2 生成的"计算机系统.pptx"演示文稿应用该样式。

单元实验 4-5-3：演示文稿的外观设置 3

【实验目的】

掌握幻灯片母版和版式应用。

【实验素材】

　　"花.jpg"。

【实验要求】

　　打开单元实验 4-5-1 保存的演示文稿"自我介绍.pptx"，进行如下操作：

　　（1）进入幻灯片母版视图，在幻灯片母版的左下角插入图片文件"花.jpg"。

　　（2）选定标题占位符中提示文字"单击此处编辑母版标题样式"，更改其字体格式。

　　（3）修改正文文本占位符中各级别段落的项目符号及字体格式。

　　（4）设置母版背景样式。

【实验结果】

　　参见"单元实验 4-5-3(结果).pptx"。

# 4.6　设计动画效果

　　本节介绍为幻灯片中的对象设计动画效果。在 PowerPoint 2007 中可以使用 PowerPoint 预设的动画方案快速设置动画，也可以自定义设置。不管用哪种方式，都要选定要设置动画效果的对象。如果是文本，则将光标定位在占位符或文本框内即可。

## 4.6.1　快速设置动画

　　快速设置动画的步骤如下：

　　（1）选定要设置动画的对象。

　　（2）单击"动画"选项卡，在"动画"组的"动画"下拉列表中选择一种动画效果，如图 4-10 所示。

## 4.6.2　自定义动画

　　自定义动画可以为对象设置"进入"、"强调"、"退出"和"动作路径"四种类型的动画效果。

　　1. 设置"进入"动画效果

　　所谓"进入"动画，就是演示文稿在放映过程中文本或对象等进入画面时的动画效果。设置"进入"动画效果的步骤是：

　　（1）单击"动画"选项卡，在"动画"组中单击"自定义动画"按钮。

　　（2）默认情况下，在编辑区右侧将打开"自定义动画"窗格，如图 4-11 所示。

　　（3）选定要设置"进入"动画的对象，单击"自定义动画"窗格中的"添加效果"按钮，在下拉菜单中选择"进入"命令。

　　（4）在展开的下级菜单中列出了一些常用的和最近使用的"进入"动画效果，如图 4-12 所示。可单击"其他效果"命令，在打开的"添加进入效果"对话框中选择其他的效果，如图 4-13 所示。单击"确定"按钮。

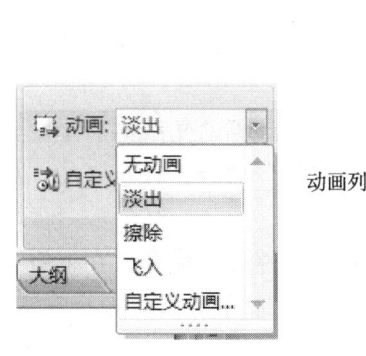

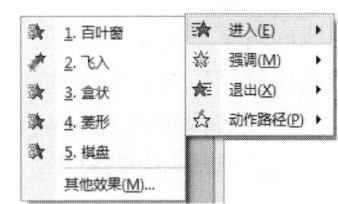

动画列表

图 4-10　快速设置动画　　　图 4-11　"自定义动画"窗格　　　图 4-12　常用的"进入"动画效果

【小贴士】（1）默认情况下，"自定义动画"窗格中的"自动预览"和"添加进入效果"对话框中的"预览效果"复选框是处于勾选状态。当选中一个动画效果时，在幻灯片中会同步演示相应的动画效果，可以边选择边预览，直到满意为止。如果不勾选该复选框，则不会同步演示。

（2）单击"自定义动画"窗格中的"播放"按钮，或"动画"选项卡下"预览"组的"预览"按钮，可以预览当前幻灯片的动画效果。

2．设置"强调"动画效果

所谓"强调"动画，就是演示文稿在放映过程中，为幻灯片中已经显示的文本或对象进行强调所设置的动画效果。具体方法如下：

选定要设置"强调"动画的对象，单击"自定义动画"窗格中的"添加效果"按钮，在下拉菜单中选择"强调"命令，随后的操作与设置"进入"动画效果类似。

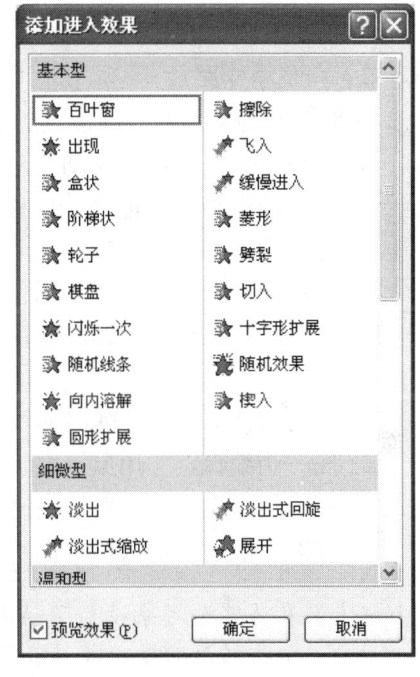

图 4-13　"添加进入效果"对话框

3．设置"退出"动画效果

所谓"退出"动画，就是演示文稿在放映过程中，幻灯片中已经显示的文本或对象离开画面时所设置的动画效果。

设置"退出"动画效果同设置"进入"动画效果相似，只是单击"添加效果"按钮后在打开的下拉菜单中选择"退出"命令。

4．设置动作路径

动作路径是指演示文稿在放映过程中,幻灯片中已经显示的文本或对象的移动路径。PowerPoint 2007 内置了动画的动作路径供用户选择，用户也可以自定义动作路径。

1）设置动作路径

（1）选定要设置动作路径的对象，单击"添加效果"按钮，在打开的下拉菜单中选择"动作路径"命令。

（2）在展开的下级菜单中列出了六种常用的内置动作路径，包括对角线向右上、对角线向右下、向上、向下、向左和向右。可单击"其他动作路径"命令，在打开的"添加动作路径"对话框中选择其他的内置动作路径。

（3）若内置的动作路径不能满足需要，可单击"绘制自定义路径"命令，在下级菜单中选择要绘制的路径类型（有直线、曲线、任意多边形和自由曲线），按住鼠标左键，在幻灯片中绘制动作路径。

【小贴士】在设置一条动作路径之后，路径上会出现一对箭头来指示动作路径的起点和终点（分别用绿色和红色表示）。

2）调整动作路径

如果设置的动作路径的位置、方向、长度及光滑度不符合要求，则可对其进行调整。

- 移动对象，则同时移动该对象动作路径的位置。
- 单击动作路径并拖动，可移动动作路径的位置。
- 选定动作路径，将鼠标移至动作路径起点或终点处，等鼠标变成双向箭头时，按住左键拖动，则可调整动作路径的方向和长度。
- 右击动作路径，在弹出的快捷菜单中选择"反转路径方向"命令，即可使路径反向。
- 右击动作路径，在弹出的快捷菜单中选择"编辑顶点"命令，在动作路径上会出现一些编辑点。用鼠标左键拖动任一编辑点可更改路径走向。
- 右击编辑点，在弹出的快捷菜单中选择"平滑顶点"命令，用鼠标左键对平滑顶点进行拖动，可以调整出平滑的弧形路径。

【小贴士】在为某个对象设置了动画效果后，幻灯片中该对象旁边会出现一个数字，表示其动画顺序，并且在"自定义动画"窗格的动画列表框中列出该动画，如图 4-11 所示。

5. 更改动画效果

如果对设置的动画效果不满意，可以直接对其进行更改。具体方法是：

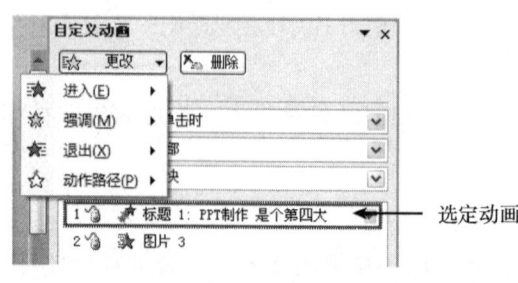

图 4-14　更改动画效果

选定要更改动画效果的动画（在"自定义动画"窗格中，单击动画列表框中的动画，在该动画周围将出现一个边框，即表示该动画被选定），单击"更改"按钮，如图 4-14 所示。

6. 删除动画效果

删除动画效果的具体方法是：

（1）在幻灯片中，选定要删除动画效果的文本框或对象，单击"动画"选项卡。

（2）在"动画"组的"动画"下拉列表中选择"无动画"选项。

【小贴士】也可在"自定义动画"窗格选中动画列表框中要删除的动画，单击"删除"按钮。

### 4.6.3　设置动画播放效果和播放顺序

当为对象添加了动画效果后，该动画就应用了默认的播放效果。这些动画播放效果主要包括动画开始方式、播放方式、播放速度、重复次数等。如果不满意默认的播放效果，可以自行设置。

另外，如果为一个对象设置了多个动画或者为一张幻灯片中多个对象设置了动画，则存在一个动画播放顺序问题。默认情况下是按照动画设置的先后顺序进行播放的，也可以自行调整动画的播放顺序。

为动画设置播放效果和播放顺序是在"自定义动画"窗格中完成的。在设置前先要选定动画。

1. 设置动画播放效果

1）设置动画开始方式

选定要设置开始方式的动画，在"开始"下拉列表中有三种开始方式供选择：

- "单击时"选项：当前动画在前一动画播放后，通过单击鼠标开始播放，当前动画的序号为前一个动画序号加 1，如图 4-15(a)所示。
- "之前"选项：当前动画与前一个动画同时播放，当前动画的序号与前一个动画的序号相同，如图 4-15(b)所示。
- "之后"选项：当前动画在前一动画播放后自动开始播放，当前动画的序号与前一个动画的序号相同，如图 4-15(c)所示。

2）设置动画播放方式

动画播放方式会因所选动画的动画效果而异。例如，动画效果是"放大/缩小"，则播放方式为尺寸，如图 4-16(a)所示；动画效果是"飞入"，则播放方式为方向，如图 4-16(b)所示。

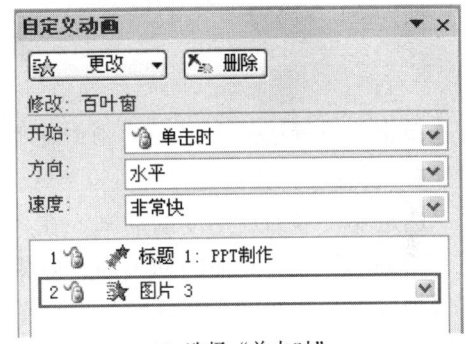

(a) 选择"单击时"

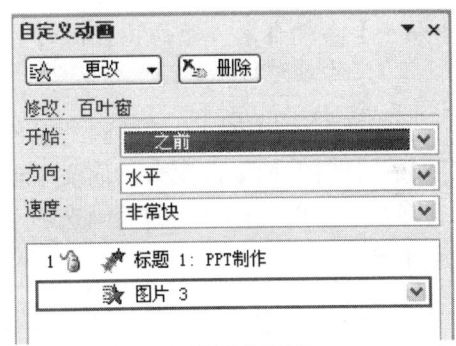

(b) 选择"之前"

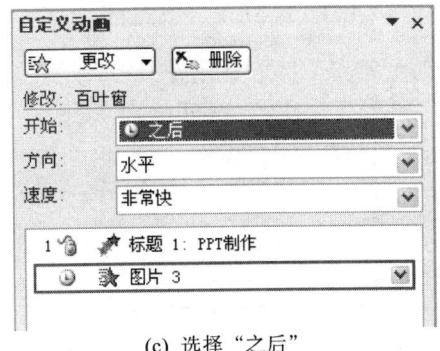

(c) 选择"之后"

图 4-15　设置动画开始方式

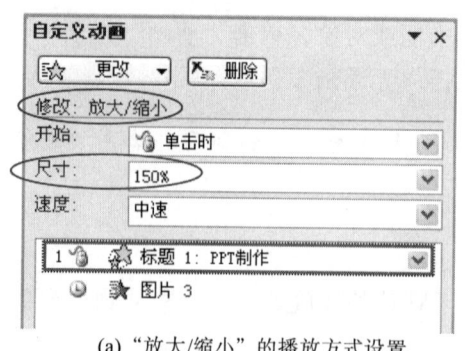
(a)"放大/缩小"的播放方式设置

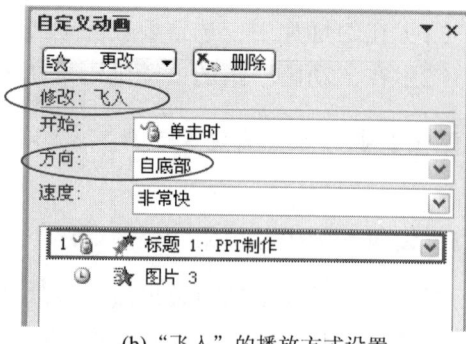
(b)"飞入"的播放方式设置

图 4-16　设置动画播放方式

单击要设置播放方式的动画，在相应的下拉列表中选择需要的方式即可。

3）设置动画播放速度

选定要设置播放速度的动画，在"速度"下拉列表中选择需要的播放速度即可。

要进一步设置其他的动画播放效果，可选定要设置播放效果的动画，单击该动画右侧出现的下拉按钮，在打开的下拉菜单中选择"效果选项"命令，如图 4-17(a)所示，打开以该动画效果名称（如"百叶窗"）命名的对话框，如图 4-17(b)所示。

【小贴士】在"自定义动画"窗格的动画列表框中双击要设置播放效果的动画也可以打开该对话框。

该对话框的内容因设置动画的对象而异。对图片、表格和公式对象，对话框只有"效果"和"计时"两个选项卡，而文本框（或占位符）、图形、图表和 SmartArt 图形对象则会多出一个以对象命名的动画选项卡，见图 4-17(b)中圈出的部分。以下操作均在该对话框中进行。

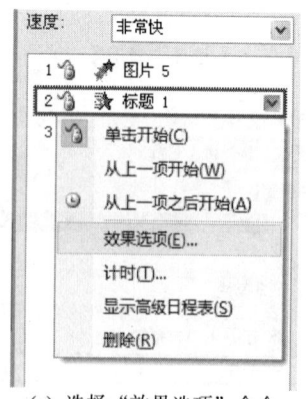
(a) 选择"效果选项"命令

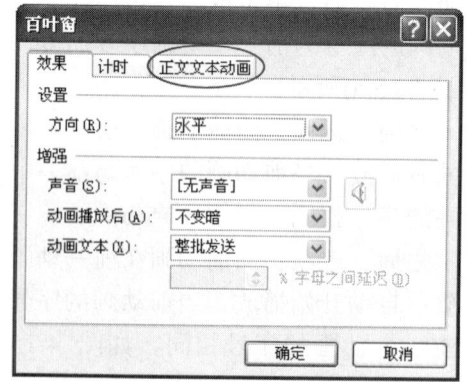
(b) 打开的动画效果对话框

图 4-17　设置其他动画播放效果

4）设置动画重复播放

默认情况下，在放映演示文稿时，所设置的动画效果只播放一次，如果希望动画反复播放，则可单击"计时"选项卡，在"重复"下拉列表中选择一种重复方式。

5）设置动画播放的声音效果

单击"效果"选项卡，在"声音"下拉列表中选择一种声音效果。单击其右侧的音量按钮，可设置该声音的音量。

6）设置动画播放后的效果

在"效果"选项卡下的"动画播放后"下拉列表中选择一种播放后的效果。

7）设置文本动画播放效果

默认情况下，文本播放时都是"整批发送"的，在"效果"选项卡下的"动画文本"下拉列表中可选择文本的播放方式：

- "整批发送"：播放时，占位符或文本框中所有文本一起出现。
- "按字/词"：播放时，文本会以一个字或词为单位逐个出现，可在下方的微调框中设置前后两个字/词之间的延迟。
- "按字母"：和"按字/词"选项类似，播放时，文本会以一个字或字母为单位逐个出现。

2. 调整动画播放顺序

在"自定义动画"窗格中，选定需要调整顺序的动画，反复单击"重排顺序"两侧的上（下）箭头或按住鼠标左键向上（下）拖拉。

3. 文本框（或占位符）和 SmartArt 图形对象的特别操作

在设置动画播放效果时，默认情况下，PowerPoint 2007 是把文本框（或占位符）和 SmartArt 图形当做一个对象来处理的。由于一个文本框（或占位符）中的正文文本可以有多个段落，一个 SmartArt 图形对象也往往由几个形状构成，因此，PowerPoint 2007 也允许对文本框（或占位符）中的不同段落、SmartArt 图形对象的不同形状分别设置不同的动画播放效果。具体方法如下：

（1）在"自定义动画"窗格的动画列表框中双击文本框或 SmartArt 图形对象的动画，在打开的对话框中：

- 文本框：单击"正文文本动画"选项卡，在"组合文本"下拉列表中根据需要选择除"作为一个对象"以外的其他选项，单击"确定"按钮。
- SmartArt 图形：单击"SmartArt 动画"选项卡，在"对图示分组"下拉列表中根据需要选择除"作为一个对象"以外的其他选项，单击"确定"按钮。

此时，每个段落或形状都分配了一个动画顺序号，并在文本框或 SmartArt 图形左边显示，如图 4-18(a)所示。

【小贴士】占位符默认的选项是"按第一段落"，故可跳过此步。

（2）在"自定义动画"窗格的动画列表中，单击该动画下面的"展开"按钮，如图 4-18(b)所示，此时，每个段落或形状都被作为一个动画列出，如图 4-18(c)所示，从中就可以对这些段落或形状的动画播放效果和播放顺序逐个进行更改了。

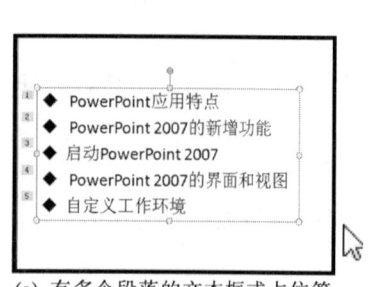　　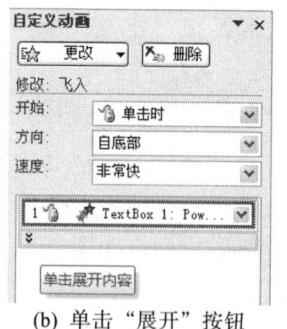　　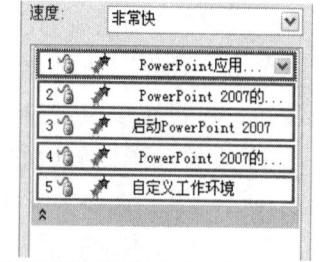

(a) 有多个段落的文本框或占位符　　　　　(b) 单击"展开"按钮　　　　(c) 每个段落都被作为一个动画列出

图 4-18　为正文段落单独设置动画效果

【小贴士】"标题"占位符中的文本不可以进行此项设置。

### 4.6.4　设置幻灯片的切换效果

前面介绍的动画效果是针对幻灯片上的对象设置的，而幻灯片切换效果是指一张幻灯片是如何进入屏幕来替换前一张幻灯片的，是针对整张幻灯片而设置。可以为一组幻灯片设置同一种切换效果，也可以为每张幻灯片设置不同的切换效果。

1. 设置幻灯片切换效果

在 PowerPoint 2007 中预置了 58 种幻灯片切换效果样式，用户可以根据需要进行选择。具体操作如下：

（1）选定要设置切换效果的幻灯片，单击"动画"选项卡。

（2）在"切换到此幻灯片"组中选择需要的切换效果。单击"其他"下拉按钮有更多的选择。

（3）如果希望为演示文稿中所有幻灯片设置同样的切换效果，则单击"全部应用"按钮。

【小贴士】在幻灯片切换效果样式列表中选择"无切换效果"样式，可取消当前幻灯片的切换效果。单击"全部应用"按钮则取消演示文稿中所有幻灯片的切换效果。

2. 设置切换的声音和速度

在"切换到此幻灯片"组的"切换声音"或"切换速度"下拉列表中选择，单击"全部应用"按钮可为演示文稿中所有幻灯片设置同样的效果。

【小贴士】（1）可在声音效果列表中选择"其他声音"命令，在打开的"添加声音"对话框中选择电脑中保存的声音文件（.WAV 格式）。

（2）在声音效果列表中选择"无声音"命令，可取消当前幻灯片的切换声音效果。单击"全部应用"按钮则取消演示文稿中所有幻灯片的切换声音效果。

3. 设置切换方式

在"动画"选项卡下的"切换到此幻灯片"组中，有两个复选框：

- "单击鼠标时"复选框。如果勾选，则单击鼠标时，可以从当前幻灯片切换到下一张幻灯片，是 PowerPoint 的默认切换方式。
- "在此之后自动设置动画效果"复选框。如果勾选，则在其右侧的微调框中设置一个以秒为单位的时间间隔，放映时在经过这个指定的时间后会自动切换到下一张幻灯片。

【小贴士】如果两个复选框同时勾选，则两者都起作用。

### 4.6.5　创建交互式演示文稿

默认情况下，PowerPoint 按顺序放映演示文稿中的幻灯片，但也可以通过单击幻灯片中的某个对象，从一张幻灯片直接跳转到另外一张幻灯片，甚至其他演示文稿中的幻灯片。这种交互可以通过超级链接和动作按钮来实现。

1. 添加超级链接

可以为幻灯片中的任何对象（如文本、图形、表格或图片等）添加超级链接。

1）链接到同一演示文稿中的其他幻灯片

（1）选定要添加超级链接的对象。

（2）单击"插入"选项卡，在"链接"组中单击"超链接"按钮，打开"插入超级链接"对话框。

（3）在"链接到"列表框中选择"本文档中的位置"选项，在"请选中文档中的位置"列表框中列出了当前演示文稿中所有可以作为目的幻灯片的幻灯片标题，选择好后，单击"确定"按钮。

2）链接到其他演示文稿中的幻灯片

（1）选定要添加超级链接的对象，打开"插入超级链接"对话框。

（2）在"链接到"列表框中选择"原有文件或网页"选项，在"查找范围"下拉列表中选择目的演示文稿所在的位置，在下面的列表框中选择目的演示文稿，单击"书签"按钮。

（3）在打开的"在文档中选择位置"对话框中单击目的幻灯片的标题，单击"确定"按钮。

3）链接到网页或电子邮件

链接到电子邮件的步骤是：

（1）选定要添加超级链接的对象，打开"插入超级链接"对话框。

（2）在"链接到"列表框中选择"电子邮件地址"选项，在"电子邮件地址"文本框中输入要链接到的邮箱名称，或在"最近用过的电子邮件地址"列表框中选择。单击"确定"按钮。

链接到网页的步骤是：

（1）选定要添加超级链接的对象，打开"插入超级链接"对话框。

（2）在"链接到"列表框中选择"原有文件或网页"选项，在"地址"下拉列表中输入要链接到的网页地址，单击"确定"按钮。

4）链接到已有的文件

（1）选定要添加超级链接的对象，打开"插入超级链接"对话框。

（2）在"链接到"列表框中选择"原有文件或网页"选项，在"查找范围"下拉列表中选择目的文件所在的位置，在下面的列表框中选择目的文件，单击"确定"按钮。

5）链接到新建文件

（1）选定要添加超级链接的对象，打开"插入超级链接"对话框。

（2）在"链接到"列表框中选择"新建文档"选项。在"完整路径"区域单击"更改"按钮，打开"新建文档"对话框，选择好新建文件的保存位置、文件名和文件类型，单击"确定"按钮，返回"插入超级链接"对话框。

（3）在"何时编辑"区域，选择何时对新建文档进行编辑。最后单击"确定"按钮。

在幻灯片放映时，将鼠标移至添加了超级链接的对象上，当鼠标呈导航手状时单击鼠标，即可跳转到目的位置。

【小贴士】（1）超级链接只有在幻灯片放映时才起作用。

（2）给文本添加超级链接后，通常该文本的颜色会改变且有下划线。

2. 更改或删除超级链接

（1）选定要更改或删除超级链接的对象。在"插入"选项卡下的"链接"组中单击"超链接"按钮，打开"编辑超级链接"对话框。

（2）若要删除，则单击"删除链接"按钮；若要更改，则重新指定目的位置即可。

【小贴士】右击要更改或删除超级链接的对象，在弹出的快捷菜单中选择"取消超链接"命令或"编辑超级链接"命令也可删除或更改超级链接。

3. 添加动作按钮

动作按钮与超级链接的功能类似，通常用来在幻灯片中起一个指示、引导或控制播放的作用。

PowerPoint 提供了 12 种预设的动作按钮，大部分已经指定了跳转的位置或默认动作，也可以自己创建动作按钮。

PowerPoint 预设的动作按钮以及它们的功能如表 4-3 所示。

添加动作按钮的步骤如下：

（1）单击"插入"选项卡，在"插图"组中单击"形状"按钮。

（2）在打开的下拉列表的"动作按钮"区域中单击需要的动作按钮。

（3）在幻灯片中绘制出该按钮后，松开鼠标，会自动打开"动作设置"对话框。

（4）在该对话框中，如果认可指定的动作和设置，则单击"确定"按钮，否则继续下面的操作。

（5）单击"单击鼠标"选项卡，在"单击鼠标时的动作"区域：

- 选定"超级链接到"单选按钮，在其下拉列表中选择单击该动作按钮时要跳转到的目标位置。

表 4-3　PowerPoint 预设的动作按钮以及它们的功能

| 按钮 | 名称 | 超级链接到 |
|---|---|---|
| ◁ | 后退或前一项 | 当前幻灯片所在的演示文稿中其前面的一张幻灯片 |
| ▷ | 前进或下一项 | 当前幻灯片所在的演示文稿中其后面的一张幻灯片 |
| ◁\| | 开始 | 当前幻灯片所在的演示文稿中的第一张幻灯片 |
| \|▷ | 结束 | 当前幻灯片所在的演示文稿中的最后一张幻灯片 |
| 🏠 | 第一张 | 演示文稿中的第一张幻灯片 |
| ⓘ | 信息 | 默认情况下，没有内容，但可以让它指向包含信息的幻灯片或者文档 |
| ⏏ | 上一张 | 最近观看的幻灯片 |
| 🎥 | 影片 | 默认情况下，没有内容，但可以设置它播放指定的影片 |
| 📄 | 文档 | 默认情况下，没有内容，但可以设置它打开指定的文件 |
| ◁ | 声音 | 播放指定的声音。如果没有选择声音，它将播放 PowerPoint 的标准声音列表中的第一种声音（鼓掌） |
| ？ | 帮助 | 默认情况下，没有内容，但可以让它指向包含帮助的文档或者其他应用程序中的帮助文件（扩展名一般为.hIP，但也可以是.chm 或者.hml） |
| □ | 自定义 | 默认情况下，没有内容。可以添加文本或者填充按钮创建自定义按钮 |

- 选定"运行程序"单选按钮，单击"浏览"按钮，在打开的"选择一个要运行的程序"对话框中选择单击动作按钮时要启动的应用程序。

（6）必要时勾选"播放声音"复选框，在其下拉列表中选择单击动作按钮时的音效。

（7）单击"确定"按钮。

也可以把自己绘制的图形或插入的图片作为动作按钮，操作是：选定该图形或图片，在"插入"选项卡下的"链接"组中单击"动作"按钮，打开"动作设置"对话框进行设置。

【小贴士】（1）在"动作设置"对话框中有两个选项卡："单击鼠标"和"鼠标移动"，它们只是两种不同的激活动作按钮响应的方式，前者是用鼠标单击动作按钮时激活，后者是当鼠标移过该动作按钮时激活。

　　　　　（2）可以对动作按钮进行格式设置，如果添加的是自定义动作按钮，还可以为其添加文本内容，达到更好的说明效果。

### 4.6.6　单元实验

单元实验 4-6-1：设计动画效果和演示文稿的交互功能

【实验目的】

（1）掌握幻灯片切换方式和各种对象动画效果的设置。

（2）掌握添加超级链接和动作按钮操作。

【实验要求】

打开单元实验 4-5-2 保存的"计算机系统.pptx"，进行如下操作：

（1）为每张幻灯片中的各对象设置合适的动画效果。对其中的 SmartArt 图形对象，要求按形状逐个播放，播放顺序是："计算机硬件"→"系统软件"→"应用软件"。

（2）设置幻灯片之间的切换方式。

（3）在标题幻灯片（即第一张幻灯片）后插入一张幻灯片，使用"标题和内容"版式；标题占位符中输入"目录"，内容占位符中列出4个部分的标题。

（4）为目录中的各个标题创建到其对应的幻灯片的超级链接，并在分别链接到的4个幻灯片上添加动作按钮，设置返回到"目录"幻灯片的链接。

# 4.7  在演示文稿中添加多媒体对象

在 PowerPoint 中可以方便地插入影片和声音等多媒体对象，使演示文稿从画面到声音多方位地向观众传递信息。在使用多媒体素材时，必须注意所使用的对象均切合主题，否则反而会使演示文稿冗长、累赘。本章将介绍如何在幻灯片中插入影片、声音和 Flash，以及对插入的这些多媒体对象进行属性设置的方法。

## 4.7.1  插入声音

1. 插入声音

在演示文稿中可以插入剪辑库中的声音、文件中的声音和 CD 中的声音。PowerPoint 2007 支持很多格式的声音文件，包括 MP3 文件（.MP3）、Windows 音频文件（.WAV）、Windows Media Audio 文件（.WMA）等。

下面以插入文件中的声音为例，介绍插入声音对象的具体步骤：

（1）选定要在其中插入声音的幻灯片。

（2）单击"插入"选项卡，在"媒体剪辑"组中单击"声音"按钮下方的下拉按钮，在打开的下拉菜单中选择"文件中的声音"命令，打开"插入声音"对话框。

（3）选中声音文件，单击"确定"按钮，弹出如图 4-19 所示的对话框。如果希望切换到该幻灯片时自动播放声音文件，可单击"自动"按钮；如果希望切换到该幻灯片时，手动启动播放声音文件，则单击"在单击时"按钮。

（4）之后，幻灯片中会出现一个小喇叭状的声音图标，通过它可以调整声音图标大小和位置。在编辑状态下双击此图标或放映状态下单击此图标，即可播放相应的声音文件。

图 4-19  插入声音提示框

2. 设置声音播放属性

1）设置声音播放方式

（1）选定幻灯片中的声音图标，单击"声音工具/选项"选项卡。

（2）在"声音选项"组的"播放声音"下拉列表中选择一种播放方式。如果选择了：

- "自动"选项，则切换到该幻灯片时自动播放声音。
- "单击时"选项，则单击声音图标时播放声音。
- "跨幻灯片播放"选项，则在切换到该幻灯片时自动播放声音，且在放映后续幻灯片时也一直播放。

2）在放映时隐藏声音图标

勾选"声音选项"组中的"放映时隐藏"复选框。

【小贴士】此时需要将声音播放方式设置为自动播放，或者创建其他类型的控件（单击该控件播放声音），否则无法激活播放声音。

3）设置声音循环播放

默认情况下，当放映带声音的幻灯片时，声音文件只会播放一遍就停止。即使声音还没播完，当切换到下一张幻灯片时，也会自动停止。如果需要一个一直播放的背景音乐来烘托演示文稿的气氛，就需要对声音的播放进行设置。

可进行两种声音循环播放的设置：

- 单张幻灯片中声音的循环播放：实现只在插入声音的幻灯片中不停地播放声音，一旦切换到其他幻灯片则停止播放。此时只需勾选"声音选项"组中的"循环播放，直到停止"复选框即可。
- 多张幻灯片中声音的循环播放：实现从插入声音的幻灯片开始播放，直到退出幻灯片放映。需要勾选"声音选项"组中的"循环播放，直到停止"复选框，并且选择"跨幻灯片播放"播放方式。

4）设置音量

单击"声音选项"组中的"幻灯片放映音量"按钮，在打开的下拉菜单中选择"低"、"中"（默认）、"高"、"静音"四种音量。单击"播放"组中的"预览"按钮，可在编辑状态下试听声音文件效果。

5）其他主要设置

（1）在"自定义动画"窗格中，双击相应的声音动画，如图 4-20(a)所示，打开"播放声音"对话框，如图 4-20(b)所示。

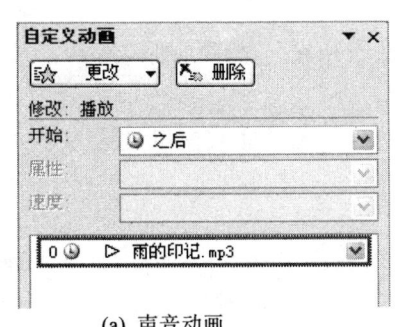

(a) 声音动画

(b) "播放声音"对话框

图 4-20 其他设置

（2）在"效果"选项卡下，可以设置：

- "开始播放"：即控制声音文件从哪里开始播放。如果希望从头开始播放，则选中"从头开始"单选按钮；如果要从 CD 中上次播放的曲目结束位置开始播放，可选中"从上一位置"单选按钮；如果要从声音文件中间的某个位置（以秒为单位）开始播放，则选中"开始时间"单选按钮，并在其后的微调框中输入开始时间。
- "停止播放"：即设置何时停止声音播放。选中"单击时"单选按钮，则单击鼠标可停止播放；选中"当前幻灯片之后"单选按钮，则在该声音文件所在的幻灯片放映完后停止播放；选中"在"单选按钮并在其后的微调框中输入幻灯片数，则声音从其所在的幻灯片开始播放直到放映完指定数量的幻灯片后停止播放。

（3）在"计时"选项卡中，在"开始"下拉列表中可以设置声音动画的开始方式（参看 4.6.3 节），在"延迟"微调框中设置声音动画在前一动画播放完毕后延迟多长时间开始播放。

（4）在"声音设置"选项卡中，单击"声音音量"按钮可以更精确地设置音量。

### 4.7.2　插入影片

在 PowerPoint 中可以插入剪辑库中的影片和文件中的影片。这里只介绍后者。

PowerPoint 2007 支持的影片文件格式包括 Windows 视频文件（.AVI）、影片文件（.MPG 或 .MPGE）、Windows Media Video 文件（.WMV）等。

1. 插入影片

（1）选定要插入影片文件的幻灯片。

（2）单击"插入"选项卡，在"媒体剪辑"组中单击"影片"按钮下方的下拉按钮，在打开的下拉菜单中选择"文件中的影片"命令，打开"插入影片"对话框。

（3）选中相应的影片文件，单击"确定"按钮，在弹出的对话框中选择影片的播放方式即可。

（4）在幻灯片中添加了影片之后，幻灯片中会出现一个影片播放窗口，可以调整播放窗口的大小和位置。在编辑状态下双击此播放窗口或放映状态下单击此播放窗口，即可播放相应的影片文件。

2. 设置影片播放属性

设置影片播放属性与设置声音的相关属性类似。

勾选"影片选项"组中的"影片播放完后返回开头"选项，则该影片播放完后，自动返回到影片开头并等待重新播放。

勾选"影片选项"组中的"全屏播放"选项，则无论播放窗口设置为多大，都会自动实现全屏播放效果。

### 4.7.3　插入 Flash

1. 添加 Flash 动画文件

（1）打开 Office 菜单，单击"PowerPoint 选项"按钮。

（2）在打开的"PowerPoint 选项"对话框左侧的列表中，单击"常用"命令。在右侧"PowerPoint 首选使用选项"下，勾选"在功能区显示'开发工具'选项卡"复选框，单击"确定"按钮。

（3）选定需要添加 Flash 动画文件的幻灯片。

（4）单击"开发工具"选项卡，在"控件"组中单击"其他控件"按钮，打开"其他控件"对话框，如图 4-21 所示。

（5）在控件列表中，选中 Shockwave Flash Object 选项，单击"确定"按钮，鼠标呈十字形。

（6）按住鼠标左键在幻灯片上拖动，绘制 Flash 播放窗口，并调整好播放窗口的大小。

（7）右击上述播放窗口，在弹出的快捷菜单中选择"属性"命令，打开图 4-22 所示的"属性"设置框。

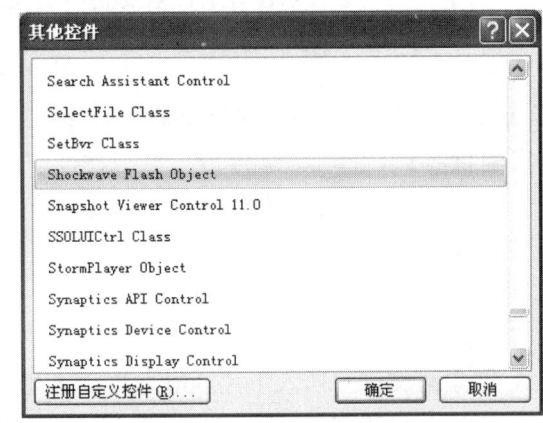

图 4-21　"其他控件"对话框

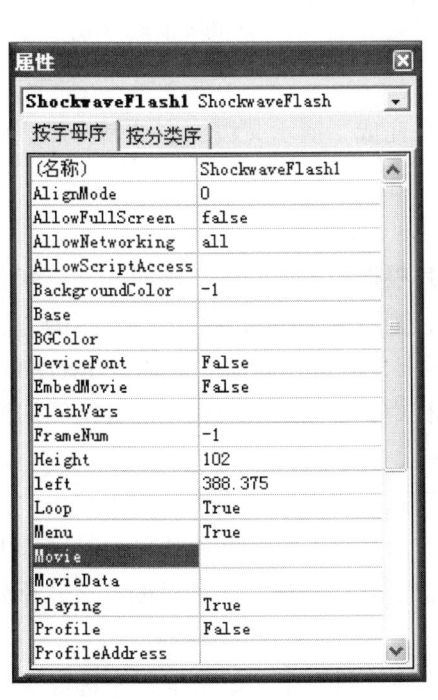

图 4-22　"属性"设置框

（8）单击"按字母序"选项卡，在 Movie 取值栏（Movie 右侧的空白单元格）中输入要播放的 Flash 文件的完整路径及名称，关闭"属性"设置框即可。

2. 设置 Flash 动画播放属性

在上述"属性"设置框中设置下列属性，可进一步设置 Flash 动画的播放效果。

如果希望切换到 Flash 动画所在的幻灯片时能自动播放动画，则要将 Playing 属性设置为 True，反之设置为 False。操作方法是：选中 Playing 取值栏，单击出现的下拉箭头，在打开的下拉列表中选择 True 或 False。

如果想让动画反复播放，请在 Loop 属性中选择 True， 反之选择 False。方法同上。

### 4.7.4　单元实验

单元实验 4-7-1：在演示文稿中插入声音和 Flash 动画

【实验目的】

掌握在演示文稿中插入声音和 Flash 动画的操作。

【实验素材】

　　"雨的印记.mp3"、clock17.swf。

【实验要求】

　　打开单元实验 4-6-1 保存的"计算机系统.pptx"，进行如下操作：

　　（1）添加背景音乐，背景音乐要循环播放，直至人为结束放映。放映时隐藏声音图标。

　　（2）在母版上的合适位置插入时钟（来自素材文件 clock17.swf）。

单元实验 4-7-2：在演示文稿中插入影片

【实验目的】

　　掌握在演示文稿中插入影片操作。

【实验素材】

　　"插入影片.pptx"、Titanic.avi。

【实验要求】

　　在素材文件"插入影片.pptx"中插入影片文件 Titanic.avi，使得幻灯片中的电视机屏幕上能放出影像。

# 4.8　演示文稿的放映与打印

## 4.8.1　设置放映方式

　　制作演示文稿的目的就是演示和放映。因此，在完成了演示文稿内容的制作后，可进一步设置它的放映方式。

　　1. 使用排练计时

　　有些场合，需要让演示文稿自动放映，即幻灯片根据预先设置的放映时间一张张自动演示。如果知道每张幻灯片大概需要的放映时间，则可以按照 4.6.4 节中介绍的方法手动设置每张幻灯片在屏幕上的停留时间；如果不十分清楚，则需要使用 PowerPoint 2007 提供的"排练计时"功能，在演示文稿预演过程中，自动记录每张幻灯片之间切换的时间间隔。具体步骤如下：

　　（1）打开相应的演示文稿，单击"幻灯片放映"选项卡，在"设置"组中单击"排练计时"按钮，进入"排练计时"放映状态。此时演示文稿开始全屏放映，同时屏幕上出现"预演"工具栏，如图 4-23 所示。系统自动记录并在"预演"工具栏的"幻灯片放映时间"框中显示本张幻灯片放映的时间。

　　（2）根据演示文稿放映的需要，单击鼠标左键或单击"预演"工具栏中的"下一项"按钮 ➡，继续记录下一张幻灯片的放映时长。

图 4-23　"预演"工具栏

　　（3）全部放映结束后，保留本次排练计时的结果。然后自动切换到"幻灯片浏览"视图，刚才记录的时间显示在每张幻灯片的左下角。

【小贴士】默认情况下，保存了排练计时结果的演示文稿在放映时会按照记录的时间自动放映。如果希望既保存排练计时结果，又手动放映，则只要去掉对"设置"组中"使用排练计时"复选框的勾选即可。

2. 录制旁白

要录制和收听旁白，电脑必须安装有声卡、话筒和扬声器。录制旁白的步骤如下：

（1）打开相应的演示文稿，单击"幻灯片放映"选项卡，在"设置"组中单击"录制旁白"按钮。

（2）在打开的"录制旁白"对话框中单击"设置话筒级别"按钮，打开"话筒检查"对话框，如图 4-24 所示。

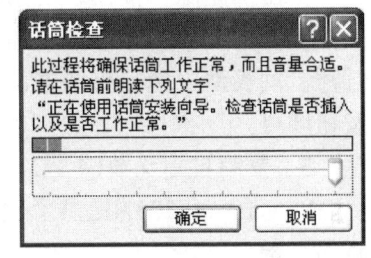

（3）按照提示信息朗读文字内容，PowerPoint 会自动校正音量的大小。单击"确定"按钮，返回"录制旁白"对话框。

（4）单击"确定"按钮，进入演示文稿放映状态，开始录制旁白。

（5）录制好后按 Esc 键停止录制，在弹出的对话框中单击"保存"按钮，自动进入"幻灯片浏览"视图，

图 4-24　　"话筒检查"对话框

在录制了旁白的幻灯片上会有声音图标。双击声音图标即可预览旁白。

【小贴士】在录制过程中，右击幻灯片，在弹出的快捷菜单中选择"暂停旁白"或"继续旁白"命令，可暂停或继续录制。

3. 隐藏幻灯片

选定要隐藏的幻灯片，在"幻灯片放映"选项卡下的"设置"组中单击"隐藏幻灯片"按钮。

被隐藏的幻灯片有个明显的标志，其编号四周有一个边框，边框中有一条斜对角线。被隐藏的幻灯片在演示文稿放映时不会放映。

4. 自定义放映

有时候，需要针对不同的演示对象，选取同一演示文稿中不同部分的幻灯片进行播放，这可以通过"自定义放映"功能来实现。

1）创建自定义放映

（1）打开要创建自定义放映的演示文稿，单击"幻灯片放映"选项卡，在"开始放映幻灯片"组中单击"自定义幻灯片放映"按钮，在下拉菜单中选择"自定义放映"命令，打开"自定义放映"对话框。

（2）单击"新建"按钮，打开"定义自定义放映"对话框。

（3）在"幻灯片放映名称"文本框中输入一个名称，在"在演示文稿中的幻灯片"列表中选定需要放映的幻灯片，单击"添加"按钮，将选定的幻灯片添加到"在自定义放映中的幻灯片"列表框中，单击"确定"按钮返回到"自定义放映"对话框。

（4）在"自定义放映"列表框中可见新建的自定义放映。再重复（2）、（3）步，创建其他的自定义放映。最后单击"关闭"按钮即可。

2）编辑自定义放映

如果要在创建的自定义放映中删除或添加幻灯片，或者要重新调整幻灯片的顺序，则可对其进行编辑。具体操作步骤如下：

（1）打开"自定义放映"对话框，在"自定义放映"列表框中选定要编辑的自定义放映，单击"编辑"按钮，打开"定义自定义放映"对话框。

（2）要删除幻灯片，则在"在自定义放映中的幻灯片"列表框中选定要删除的幻灯片，单击"删除"按钮；要添加幻灯片，则在"在演示文稿中的幻灯片"列表中选定需要添加的幻灯片，单击"添加"按钮；要调整幻灯片顺序，则在"在自定义放映中的幻灯片"列表框中选定要调整位置的幻灯片，单击右侧的上、下箭头。最后单击"关闭"按钮即可。

3）复制自定义放映

PowerPoint 2007 提供了复制自定义放映功能，可根据现有的自定义放映快速制作出新的自定义放映。具体操作步骤如下：

（1）打开"自定义放映"对话框，在"自定义放映"列表框中选定要复制的自定义放映，单击"复制"按钮，此时在"自定义放映"列表框中可见复制的自定义放映。

（2）选定复制的自定义放映，单击"编辑"按钮，对其进行编辑、更名操作即可。

4）删除自定义放映

打开"自定义放映"对话框，在"自定义放映"列表框中选定要删除的自定义放映，单击"删除"按钮。

5）放映自定义放映

方法一：在"幻灯片放映"选项卡下，单击"开始放映幻灯片"组中的"自定义幻灯片放映"按钮，在打开的下拉列表中选择相应的自定义放映。

方法二：打开"自定义放映"对话框，在"自定义放映"列表框中选定要放映的自定义放映，单击"放映"按钮。

方法三：在"幻灯片放映"选项卡下，单击"设置"组中的"设置幻灯片放映"按钮，打开"设置放映方式"对话框，选中"放映幻灯片"区域中的"自定义放映"单选按钮，在其下面的下拉列表中选择一种自定义放映方式，单击"确定"按钮返回，以后通过按功能键 F5，即可放映上述设置的自定义放映。

5. 设置幻灯片放映类型

打开"设置放映方式"对话框，在"放映类型"区域有三个单选按钮：

● "演讲者放映"：默认放映类型，演示文稿将全屏放映，演讲者拥有完整的控制权，可以采用手动或自动方式进行放映。

● "观众自行浏览"：演示文稿在一个小窗口中放映，不能单击鼠标进行放映，可以拖动垂直滚动条定位幻灯片的位置，也可以按 PageDown 或 PageUp 键来控制。

● "在展台浏览"：演示文稿通常会自动放映，且大多数控制命令都不可用，以避免个人更改幻灯片放映，在每次放映完毕后自动重新放映。

6. 放映部分幻灯片

除了可以利用自定义放映放映部分幻灯片外，还可以在"设置放映方式"对话框中设置部分连续幻灯片的放映。方法如下：

打开"设置放映方式"对话框，在"放映幻灯片"区域中选中"从　　到"单选按钮，并在微调框中输入幻灯片的起始和结束编号，单击"确定"按钮即可。

### 4.8.2　放映过程中的操作

1. 切换幻灯片

当演示文稿的放映类型为"演讲者放映"时，在演示文稿的放映过程中，无论设置手动还是自动放映，都可利用鼠标或键盘控制幻灯片的切换。

1）切换到相邻的幻灯片

可以通过下面的操作实现：

- 单击鼠标切换到下一张。
- 如果使用的是三键滚轮鼠标，可以滚动滚轮来切换幻灯片，滚轮向下滚动则向后切换，滚轮向上滚动则向前切换。
- 单击屏幕左下角的切换按钮 ⇦ 或 ⇨ 切换到上一张或下一张。
- 按"↓"或"→"方向键切换到下一张，按"↑"或"←"方向键切换到上一张。
- 按 Page Down 键切换到下一张，按 Page Up 键切换到上一张。
- 右击，在弹出的快捷菜单中选择"下一张"命令切换到下一张，选择"上一张"命令切换到上一张。

2）切换到不相邻的幻灯片

可以通过下面的操作实现：

- 用键盘输入需要切换到的幻灯片序号，按 Enter 键。
- 右击，在弹出的快捷菜单中选择"定位至幻灯片"命令，在展开的幻灯片列表中选择需要切换到的幻灯片。
- 右击，在弹出的快捷菜单中选择"上次查看过的"命令，返回查看的前一张幻灯片。
- 按 Ctrl+S 组合键，打开"所有幻灯片"对话框，选择要切换到的幻灯片，单击"定位至"按钮。
- 通过添加超级链接或动作按钮实现跳转。
- 按 Home 键切换到第一张幻灯片，按 End 键切换到最后一张幻灯片。

2. 圈点演示内容

在演示文稿的放映过程中可以利用鼠标指针将需要突出的内容临时圈点出来。具体步骤如下：

（1）在放映的幻灯片中右击，在弹出的快捷菜单中选择"指针选项"命令，在下级菜单中选择一种画笔类型，如图 4-25 所示。

（2）按住鼠标左键并拖动，即可在幻灯片上对内容进行圈点，如图 4-26 所示。

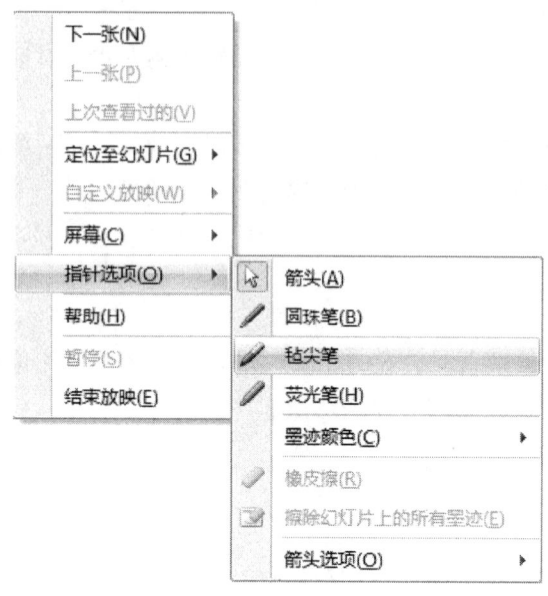

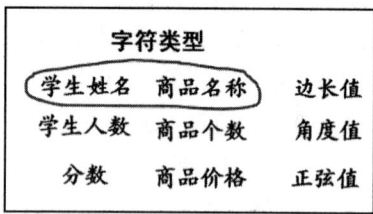

图 4-25　选择画笔类型　　　　　　　　　图 4-26　圈点演示内容

（3）在结束放映时，会弹出一个提示框，可以根据需要选择是否保留墨迹。

【小贴士】（1）在快捷菜单中选择"指针选项/墨迹颜色"命令，在颜色列表中选择一种
　　　　　　颜色可更改画笔的墨迹颜色。
　　　　　（2）在快捷菜单中选择"指针选项/橡皮擦"命令，单击墨迹，可擦除该墨迹。
　　　　　　选择"指针选项/擦除幻灯片上的所有墨迹"命令或按字母 E，可去除幻
　　　　　　灯片上所有墨迹。
　　　　　（3）利用屏幕左下角的 ✏ 按钮也可实现圈点。

### 4.8.3　打印演示文稿

1. 页面设置

1）设置幻灯片的日期、编号和页脚

（1）单击"插入"选项卡，在"文本"组中单击"页眉和页脚"按钮，打开"页眉
和页脚"对话框。

（2）单击"幻灯片"选项卡，勾选"日期和时间"复选框插入日期，在下方有两个
单选按钮：

- 选中"自动更新"单选按钮，并选择日期和时间的格式，则显示的日期和时间将
  与幻灯片放映时的日期和时间一致。
- 选中"固定"单选按钮，并输入日期和时间，则显示的日期和时间永远是输入的
  日期和时间。

（3）勾选"幻灯片编号"复选框插入幻灯片的编号，当增、删幻灯片时，编号会自

动更新。

（4）勾选"页脚"复选框，并在下面的文本框中输入页脚文字，则插入页脚。

（5）如果设置的信息只在当前幻灯片上显示，则单击"应用"按钮；如果该演示文稿的所有幻灯片都显示，则单击"全部应用"按钮（勾选"标题幻灯片中不显示"复选框，可不在标题幻灯片上显示）。

【小贴士】在"页眉和页脚"对话框中单击"备注和讲义"选项卡，可以设置备注和讲义的页眉页脚。

2）设置打印页面

打印演示文稿前应根据输出的纸张大小和方向设置好幻灯片的页面格式，方法如下：

（1）打开相应的演示文稿。

（2）单击"设计"选项卡，在"页面设置"组中单击"页面设置"按钮，在打开的"页面设置"对话框中设置。

2. 打印预览

在打印预览状态下，可以对页面格式及页眉页脚进行最后确认，还可以在打印前设置一张纸中要打印的幻灯片的数量以及是否打印幻灯片中的批注与墨迹等。

打开 Office 菜单，选择"打印/打印预览"命令，功能区自动切换到"打印预览"选项卡下：

- 在"页面设置"组的"打印内容"下拉列表中选择打印内容。单击"纸张方向"按钮设置纸张方向。
- 在"打印"组中单击"选项"按钮，可以设置页眉页脚、选择是否根据纸张调整幻灯片的大小、打印时是否给幻灯片加框、是否打印批注和墨迹、是否打印隐藏的幻灯片、设置幻灯片打印的色彩等。

3. 打印演示文稿

（1）如果当前是在打印预览视图下，则在"打印"组中单击"打印"按钮；如果是在普通和幻灯片浏览视图下，则打开 Office 菜单，选择"打印/打印"命令。

（2）在打开的"打印"对话框中，可以选择打印范围、打印内容（幻灯片、讲义、备注页、大纲视图）、颜色、打印份数等。

（3）单击"确定"按钮即可打印。

### 4.8.4　单元实验

单元实验 4-8-1：设置页眉页脚和计时排练

【实验目的】

掌握设置页眉页脚和计时排练操作。

【实验要求】

对单元实验 4-5-3 保存的"自我介绍.pptx"进行如下操作：

（1）给所有幻灯片添加页眉页脚（标题幻灯片除外），要求有自动更新的日期、幻灯片编号，页脚文字是"自我介绍"。

（2）所有动画都是自动播放，使用排练计时功能，以便采用"在展台浏览"放映类型放映。

单元实验 4-8-2：录制旁白

【实验目的】

掌握给演示文稿录制旁白操作。

【实验素材】

"古诗集锦.pptx"。

【实验要求】

为素材文件"古诗集锦.pptx"录制旁白。

单元实验 4-8-3：自定义放映

【实验目的】

掌握设置自定义放映。

【实验素材】

"计算机发展与应用概述.pptx"。

【实验要求】

（1）给素材文件"计算机发展与应用概述.pptx"创建两个自定义放映。一个是由标题幻灯片以及 4~15 页幻灯片构成，命名为"计算机发展概述"；另一个是由标题幻灯片及 16~20 页幻灯片构成，命名为"计算机的特点与应用"。

（2）分别放映这两个自定义放映。

# 4.9 综 合 实 验

综合实验 4-1

【实验目的】

综合应用字体格式的设置，幻灯片母版的使用，插入图片、声音和影片，设置动作按钮，创建超级链接，创建自定义放映。

【实验素材】

（1）GS-166-B.jpg、GS-166-G.jpg、GS-206-R.jpg、GS-206-RW.jpg、GS-267-B.jpg、GS-267-W.jpg、LOGO.png、背景.jpg。

（2）商品展示.docx、背景音乐.mp3、自行车.avi。

【实验要求】

（1）新建一个空白演示文稿，以"商品展示.pptx"为文件名保存。

（2）使用母版统一演示文稿外观。对幻灯片母版进行如下设置：

● 标题占位符文字：华文隶书，44 号，黄色，加粗，设文字阴影，水平左对齐。

- 文本占位符文字：华文新魏，28 号，颜色：橙色，深色，25%。
- 日期、页脚、页码占位符：隶书，18 号。
- 背景：图片填充背景样式，图片来自素材文件"背景.jpg"。
- 适当调整标题占位符和日期、页脚、页码占位符的位置。
- 在母版左上角插入企业 logo 图片，图片来自素材文件 LOGO.png，调整 logo 大小。
- 将 logo 图片周围的白色底纹设置成透明色，即在"图片工具"的"格式"选项卡中单击"调整"组的"重新着色"按钮，从打开的下拉菜单中选择"设置透明色"命令，将鼠标对准图片周围的白色底纹单击即可。
- 设置页眉页脚，页脚为文字"飞跃集团"，单击"全部应用"按钮。

（3）根据素材文件"商品展示.docx"的内容以及六个（.jpg）图片文件制作演示文稿的内容：

- 制作标题幻灯片：主标题是"飞跃集团 2010 年新款自行车展示"，副标题是"休闲系列"。
- 新建第二张幻灯片，使用"标题和内容"版式，输入标题"目录"以及具体的目录内容，修改目录内容的项目符号（自定）。
- 新建第三张幻灯片，输入前言。
- 新建第四张幻灯片，输入商品特点及功能。
- 第五张到第十张幻灯片，均使用"两栏内容"版式，分别介绍六种产品。标题是商品编号，左下方占位符中插入该商品图片，右下方占位符是该商品的文字介绍。
- 第十一张幻灯片中插入商品广告视频（来自素材文件"自行车.avi"），使用"仅标题"版式，标题为"自行车影片展示"，选择自动播放。
- 第十二张幻灯片中根据素材中的数据生成图表，使用"仅标题"版式，标题为"商品销售"。

（4）为演示文稿添加声音效果：在第一张幻灯片中插入声音文件（来自素材文件"背景音乐.mp3"），自动播放，播放时隐藏声音图标，循环播放，在第十二张幻灯片后停止播放。

（5）设置幻灯片切换效果。

（6）设置对象的动画效果。

（7）创建交互式演示文稿。

- 为"目录"幻灯片中的各个目录内容创建到其对应的幻灯片的超级链接。
- 在第三、四、十、十二张幻灯片上绘制动作按钮，并且创建能返回"目录"幻灯片的链接。

（8）创建自定义放映：将包含商品展示图片的幻灯片利用自定义放映功能设置为一组，命名为"商品展示"。

（9）设置演示文稿的放映类型、换片方式、幻灯片放映范围等。

（10）放映演示文稿。

【实验结果】

参见"综合实验 4-1(结果).pptx"。

## 4.10　辅助阅读资料

[1]　太平洋电脑网. PowerPoint 2007 从入门到精通视频教程. http://pcedu.pconline.com.cn/videoedu/office/0908/1733200.html.

[2]　锐普 PPT. PowerPoint 2007 技巧官方视频. http://www.rapidbbs.cn/forum.php?mod=viewthread&tid=2756&page=1.

[3]　中国教程网. PowerPoint 专区. http://www.jcwcn.com/html/PowerPoint.

[4]　豆豆网. PowerPoint 教程. http://tech.ddvip.com/soft/powerpoint/947.html.

# 第5章 电子表格处理

【实验目标】

本章通过对 Excel 2007 的学习、操作与实践，使学生掌握电子表格处理的基本方法与技巧，满足日常工作和生活的需要。

【实验方法】

本章重点讲解了 Excel 2007 工作簿、工作表、数据编辑、公式、函数、图表及透视表等的知识及相关操作，内容基本按照电子表格处理的过程安排，引导学生逐步掌握电子表格处理的技术。每节详细介绍了一类操作的步骤，其后有配套的实验内容。实验内容以验证为主，目的是让学生及时掌握所学的操作。最后安排了综合实验，将前面介绍的知识综合地融入到练习中，起到进一步熟练和巩固的作用，也锻炼学生创造性学习的能力。

## 5.1 常用电子表格处理软件

### 5.1.1 Excel

Excel 2007 是 Microsoft Office 2007 办公软件中的核心组件之一，是目前世界上最流行的、功能十分强大的数据图表处理软件。它具有出色的数据计算、统计分析、辅助决策以及图表绘制功能，广泛地应用于管理、统计、财经、金融等众多领域，为用户提供了实现智能化工作的强大工具。

### 5.1.2 Calc

Calc 是 Sun 公司开发的办公套件 OpenOffice 中的电子表格处理软件，其功能和界面都与 Excel 相类似，与 Excel 在文件格式上也兼容，它是一个免费开源软件。

### 5.1.3 WPS 表格

WPS 表格是金山公司开发的 WPS Office 办公软件中的组件之一，其功能和界面也与 Excel 相类似，并且实现与 Excel 的双向无障碍兼容。WPS 表格可以跨 Excel 文件进行数据引用，若改变了被引用的 Excel 文件数据，WPS 表格文件中的引用数据会同步更新。WPS 表格还具有一些更符合中文特色的功能，如阿拉伯数字自动转换为人民币大写，同时自动添加货币单位的功能，是一款极具竞争力的 Office 产品。

## 5.2 认识 Excel 2007

### 5.2.1 Excel 2007 的工作界面

Excel 2007 保持了与其他的 Office 2007 组件一致的工作界面风格，如图 5-1 所示。

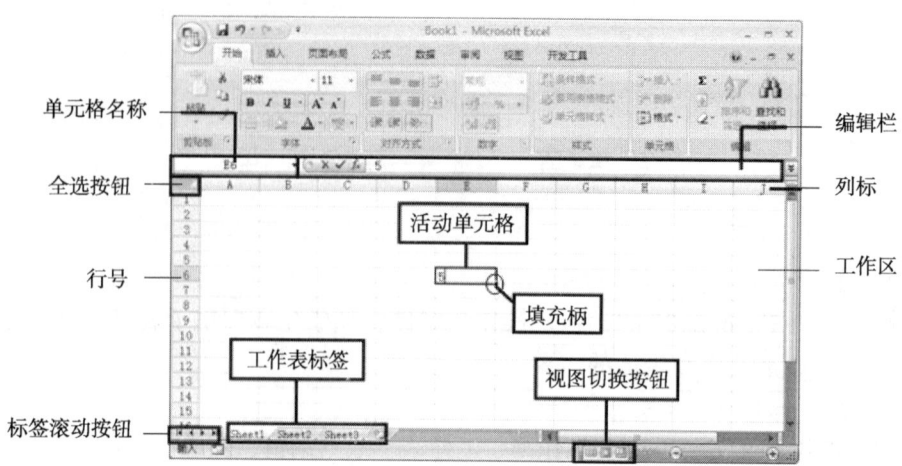

图 5-1　Excel 2007 的工作界面

### 1. 单元格名称框和编辑栏

单元格名称框用于指示当前选定的单元格、图表项或绘图对象；编辑栏用于显示、输入和编辑当前活动单元格中的数据或公式。单击"取消"按钮 ✕ 可以取消在编辑栏输入的内容，单击"输入"按钮 ✔ 可确定输入的内容，单击"插入函数"按钮 $f_x$ 可插入函数。

### 2. 工作表区

工作表区由行号、列标、工作表标签和单元格组成，可以输入不同类型的数据，是最直观显示所有输入内容的区域。

## 5.2.2　Excel 2007 的视图方式

Excel 2007 支持三种视图方式：普通视图、页面布局视图和分页预览视图。通过单击状态栏中的视图切换按钮可以在三种视图方式之间进行切换。

其中，普通视图为默认视图方式，用于正常显示工作表，如图 5-1 所示；分页预览视图可以显示蓝色的分页符，用户可以用鼠标拖动分页符以改变显示的页数和每页的显示比例；在页面布局视图中，每一页都会同时显示页边距、页眉、页脚，用户可以在此视图下编辑数据、添加页眉和页脚，并可以通过拖动水平或垂直标尺中的浅蓝色控制条设置页面边距。

## 5.2.3　单元实验

单元实验 5-2-1：体会 Excel 2007 的不同视图方式

【实验目的】

熟悉 Excel 2007 工作界面，体会工作表在不同视图方式下的显示效果。

【实验素材】

"出差人员报销清单.xlsx"。

【实验要求】
（1）打开素材文件"出差人员报销清单.xlsx"。
（2）在普通视图、页面布局视图和分页预览视图下浏览工作表。

# 5.3 认识工作簿、工作表与单元格

工作簿、工作表与单元格是组成 Excel 文件的三大元素，Excel 中的操作主要是针对它们进行的。

## 5.3.1 工作簿、工作表与单元格的关系

一个 Excel 文件就是一个工作簿，是用来存储并处理工作数据的文件，其默认的名字是 Book，以.xlsx 为扩展名。一个工作簿包含了多张工作表，工作表的默认名字为 Sheet，每一张工作表有若干行和若干列。一行一列交叉处为一个单元格，单元格的名字由其所在的列标和行号组成，如 A1、C5。在 Excel 中，单元格是存储数据的最小单位。工作簿、工作表与单元格之间的关系如图 5-2 所示。

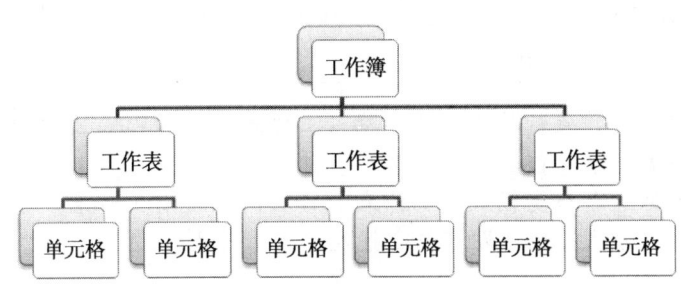

图 5-2 工作簿、工作表与单元格之间的关系

启动 Excel 2007 后，系统自动新建了一个名为 Book1.xlsx 的工作簿，其中包括 Sheet1、Sheet2 和 Sheet3 三张工作表。

## 5.3.2 工作簿的基本操作

在 Excel 中，工作簿的基本操作主要包括新建、保存、打开和关闭工作簿等，这些操作与 Word 和 PowerPoint 类似，这里不再赘述。

## 5.3.3 工作表的基本操作

工作表用于组织和管理各种相关的数据信息，掌握工作表的基本操作是熟练使用 Excel 的基础，其基本操作主要包括选择、插入、重命名、移动与复制及删除工作表等。

### 1. 选定工作表

对工作表进行操作前首先要选定工作表。选定方法如表 5-1 所示。

表 5-1　工作表选定操作

| 选定内容 | 操作 |
|---|---|
| 一张 | 单击该工作表标签 |
| 相邻的多张 | 单击第一张工作表标签，按住 Shift 键的同时单击要选定的最后一张工作表标签 |
| 不相邻的多张 | 单击第一张工作表标签，按住 Ctrl 键的同时依次单击其他需要选定的工作表标签 |
| 全部工作表 | 右击任一工作表标签，在弹出的快捷菜单中选择"选定全部工作表"命令 |

【小贴士】单击工作表标签左侧的 ⊮ 或 ⧫ 按钮可以切换至第一张或最后一张工作表，单击 ◀ 或 ▶ 按钮则可以切换至上一张或下一张工作表。

2. 插入工作表

在实际操作中，工作簿默认的三张工作表有时不能满足需要，此时可以根据需要插入工作表。插入的工作表依次命名为 Sheet4、Sheet5、Sheet6、…

在当前工作表前插入空白工作表的方法有多种：

方法一：单击"开始"选项卡，在"单元格"组中单击"插入"按钮，在打开的下拉菜单中选择"插入工作表"命令。

方法二：在工作表标签上右击，在弹出的快捷菜单中选择"插入"命令，打开"插入"对话框。选择"常用"选项卡下的"工作表"选项，单击"确定"按钮。

方法三：按下快捷键 Shift+F11。

【小贴士】（1）单击工作表标签右侧的"插入工作表"按钮 🗋，可在最后一个工作表后添加一张工作表。

（2）同时选定与要插入的工作表数目相同的现有工作表，然后按照上面方法一到方法三操作即可一次插入多张工作表。

3. 重命名工作表

在 Excel 2007 中，工作表名称默认为 Sheet1、Sheet2、Sheet3、…这样的命名不具任何含义，也容易造成混淆。用户可以重命名工作表。其方法是：

在要重命名的工作表标签上右击，在弹出的快捷菜单中选择"重命名"命令，当标签以黄字黑底显示时输入新的名称，按 Enter 键或单击任意单元格即可。

【小贴士】双击需要重命名的工作表标签，输入新的名称，可快速重命名工作表。

4. 移动与复制工作表

移动或复制工作表可以在同一工作簿中进行，也可以在不同工作簿之间进行。

1）在同一工作簿中移动或复制工作表

（1）选定要移动或复制的工作表，右击，在弹出的快捷菜单中选择"移动或复制工作表"命令，打开"移动或复制工作表"对话框。

（2）在"下列选定工作表之前"列表框中选择移动后的位置，单击"确定"按钮，即可将选定的工作表移动到指定位置。若同时勾选"建立副本"复选框再单击"确定"按钮，即可将选定的工作表复制到指定位置。

【小贴士】选定要移动的工作表，按住鼠标左键拖动至目标位置处释放鼠标，即可移动
　　　　所选工作表；在移动的同时按住 Ctrl 键不放则可复制该工作表。

2）在不同工作簿之间移动或复制工作表

此操作执行前，必须确保目标工作簿处于打开状态。

（1）在当前工作簿中选定要移动或复制的工作表，打开"移动或复制工作表"对
话框。

（2）在"工作簿"下拉列表中选择目标工作簿，在"下列选定工作表之前"列表框
中选择移动或复制到目标工作簿中的哪个位置，单击"确定"按钮。

5．删除工作表

方法一：选定需要删除的工作表，单击"开始"选项卡，在"单元格"组中单击"删
除"按钮，在下拉菜单中选择"删除工作表"命令，在弹出的对话框中单击"删除"
按钮。

方法二：右击要删除的工作表标签，在弹出的快捷菜单中选择"删除"命令，在弹
出的对话框中单击"删除"按钮。

【小贴士】如果删除的是空白工作表，则不会弹出提示对话框，而直接将其删除。

### 5.3.4　单元格的基本操作

单元格的基本操作主要包括选定、插入与删除单元格等。下面分别对其进行介绍。

1．选定单元格

选定单元格的操作如表 5-2 所示。

表 5-2　单元格选定操作

| 选定内容 | 操作 |
| --- | --- |
| 一个单元格 | 单击要选定的单元格，该单元格成为活动单元格 |
| 一个单元格区域 | 选定区域内左上角的单元格，按住鼠标左键拖动至区域右下角的单元格（或按住 Shift 键单击右下角的单元格），左上角的单元格成为活动单元格 |
| 不连续的多个单元格 | 选定一个单元格，按住 Ctrl 键的同时单击其他要选定的单元格。最后选定的单元格成为活动单元格 |
| 整行（列）单元格 | 将光标移至行号或列标，指针变为 ➡ 或 ⬇ 后单击，该行（列）第一个单元格成为活动单元格 |
| 工作表的所有单元格 | 单击工作表左上角行号与列标交叉处的全选按钮 |
| 多个工作表中的同一个单元格（区域） | 选定多个工作表，再选定其中任意一个工作表的一个单元格或单元格区域 |

2．插入与删除单元格

Excel 允许用户在已经输入了内容的工作表的任意位置插入或删除单元格。

1）插入单元格

（1）选定一个 $M$ 行×$N$ 列的单元格区域（$M$、$N \geqslant 1$），在"开始"选项卡下的"单
元格"组中单击"插入"按钮右侧的下拉按钮，在下拉菜单中选择"插入单元格"命令。

（2）在打开的"插入"对话框中：

- 选中"活动单元格右移"单选按钮，则选定的单元格及其右边的所有单元格均右移 $N$ 个单元格，新单元格插到选定单元格原址。
- 选中"活动单元格下移"单选按钮，则选定的单元格及其下边的所有单元格均下移 $M$ 个单元格，新单元格插到选定单元格原址。
- 选中"整行"单选按钮，则在当前位置插入 $M$ 行，选定的单元格所在行及其下边的所有行整体下移 $M$ 行。
- 选中"整列"单选按钮，则在当前位置插入 $N$ 列，选定的单元格所在列及其右边的所有列整体右移 $N$ 列。

（3）单击"确定"按钮，如图 5-3 所示。

2）删除单元格

选定要删除的单元格，在"开始"选项卡下的"单元格"组中单击"删除"按钮右侧的下拉按钮，在下拉菜单中选择"删除单元格"命令，在打开的"删除"对话框中选择合适的选项即可，如图 5-4 所示。

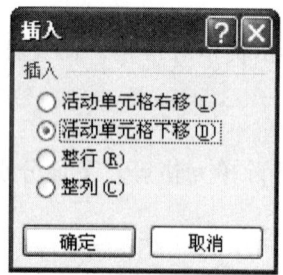
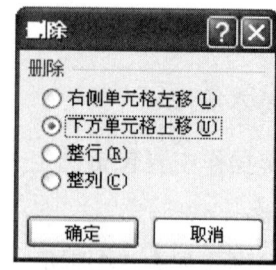

图 5-3　"插入"对话框　　　图 5-4　"删除"对话框

【小贴士】（1）选定相应的单元格并右击，在弹出的快捷菜单中选择"插入"或"删除"命令，可快速打开"插入"或"删除"对话框。

（2）单击"插入"按钮右侧的下拉按钮，在下拉菜单中选择"插入工作表行"或"插入工作表列"命令，即在当前单元格上方插入一行或左侧插入一列。删除行或列操作也类似，删除的是当前单元格所在行或列。

（3）在行号或列标上右击某行或列，在弹出的快捷菜单中选择"插入"命令，可快速在当前行上方或列左侧插入一行或一列。要插入多行或多列，需先选定与插入数量相同的行或列。

3. 移动和复制单元格

移动或复制单元格时，Excel 会将单元格包含的公式及其结果值、单元格格式和批注等一并移动或复制。

1）移动或复制行和列

（1）选定要移动或复制的行或列。

（2）在"开始"选项卡下的"剪贴板"组中单击"剪切"或"复制"按钮。

（3）将光标定位在要粘贴的行或列上，单击"粘贴"按钮。

【小贴士】（1）Excel 会在已经剪切或复制的单元格周围显示一个动态移动的边框，按
                Esc 键可取消显示。
          （2）将鼠标移到所选行或列的边框上，当光标呈十字箭头形状时，按住鼠标
                拖动到目的位置即可实现移动；若拖动的同时按住 Ctrl 键则实现复制。

2）移动或复制单元格

（1）选定要移动或复制的单元格（或单元格区域）。

（2）单击"剪切"或"复制"按钮后，将光标定位到目标单元格（如果是单元格区
域，则为目标区域左上角的单元格），单击"粘贴"按钮即可。

3）转置粘贴和选择性粘贴

复制单元格区域时如果希望行列互换，则粘贴时单击"粘贴"按钮下方的下拉按钮，
在下拉菜单中选择"转置"命令。

有时仅需要复制单元格的某个属性，则粘贴时：

（1）在上述下拉菜单中选择"选择性粘贴"命令。

（2）在打开的"选择性粘贴"对话框中，选择需要粘贴的内容和属性。例如，只复
制数值不复制格式和其他属性，则选中"数值"单选按钮。如果同时要转置粘贴，则勾
选"转置"复选框。

（3）单击"确定"按钮。

### 5.3.5  隐藏单元格和工作表

1. 隐藏行或列

隐藏行的操作步骤如下：

（1）选定需要隐藏的行。

（2）单击"开始"选项卡，在"单元格"组中单击"格式"按钮，在下拉菜单中选
择"隐藏和取消隐藏/隐藏行"命令。

（3）此时在隐藏的行处，会显示一条黑粗线，如图 5-5(a)所示。单击任一单元格，
该线消失，此时行号上的边界会变粗，如图 5-5(b)所示。

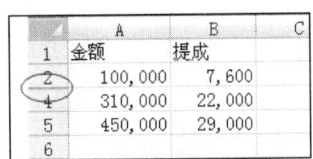

(a) 显示黑粗线                    (b) 行号边界变粗

图 5-5  隐藏行

如果要取消隐藏，则在工作表中选定被隐藏行的上下相邻行，单击"格式"按钮，
在下拉菜单中选择"隐藏和取消隐藏/取消隐藏行"命令即可。

列的隐藏和取消隐藏操作也类似。

2. 隐藏工作表

选定要隐藏的工作表，单击"格式"按钮，在下拉菜单中选择"隐藏和取消隐藏/隐藏工作表"命令。

要取消隐藏，则在上述下拉菜单中选择"隐藏和取消隐藏/取消隐藏工作表"命令，打开"取消隐藏"对话框。在"取消隐藏工作表"列表框中选择需要取消隐藏的工作表，单击"确定"按钮。

【小贴士】（1）右击工作表的标签，在弹出的快捷菜单中选择"隐藏"命令可快速隐藏该工作表。
　　　　　（2）右击任一工作表标签，在弹出的快捷菜单中选择"取消隐藏"命令可快速打开"取消隐藏"对话框。

### 5.3.6　单元实验

单元实验 5-3-1：工作簿的创建和工作表的基本操作
【实验目的】

掌握工作簿的创建和工作表的基本操作。

【实验素材】

"成绩表.xlsx"。

【实验要求】

（1）新建一个空白工作簿，将其保存为"期末成绩统计.xlsx"。

（2）打开素材文件"成绩表.xlsx"，进行如下操作：

* 将工作表 Sheet1 重命名为"学生成绩"，复制到工作表 Sheet3 后面。

* 将新复制的工作表移动到工作簿"期末成绩统计.xlsx"中，并位于其他工作表前。

（3）保存并关闭"成绩表.xlsx"和"期末成绩统计.xlsx"。

单元实验 5-3-2：单元格的基本操作
【实验目的】

掌握单元格的基本操作。

【实验要求】

（1）打开单元实验 5-3-1 保存的工作簿"期末成绩统计.xlsx"。

（2）将工作表"学生成绩（2）"中单元格区域 A1:J6 转置粘贴到工作表 Sheet1 的 A1:F10 区域中，且只粘贴数值。

（3）删除工作表"学生成绩（2）"，将工作表 Sheet1 重命名为"成绩统计"。

（4）删除行 6，在"王红"所在的单元格上方插入一个单元格，并输入"李潮"。

（5）隐藏行 5 和行 6。

（6）保存并关闭"期末成绩统计.xlsx"。

【实验结果】

参见"单元实验 5-3-2 (结果).xlsx"。

# 5.4　数据的输入和编辑

Excel 是专业的数据处理软件，要发挥其计算数据的强大功能，首先需要在单元格中输入数据。在 Excel 中输入的数据包括文本数据、数值型数据、日期和时间数据等。

### 5.4.1　输入数据

输入数据的方法是：

（1）选定一个单元格后直接输入数据；或先选定单元格，将光标定位于编辑栏中，在编辑栏中输入数据。

（2）按 Enter 键或 Tab 键，向下或向右移动一个单元格，可继续输入下一个数据。

【小贴士】（1）无论通过单元格还是编辑栏输入数据，输入时两者都将同步显示输入的内容。

（2）如果要更改 Enter 键的移动方向，单击 Office 菜单中的"Excel 选项"按钮，在打开的"Excel 选项"对话框左侧的列表中单击"高级"选项。在右侧的"编辑选项"区域中，勾选"按 Enter 键后移动所选内容"复选框，然后在"方向"下拉列表中选择所需方向。

（3）如果要在一个单元格中输入多行数据，可在输入一行后按下快捷键 Alt+Enter 换行。也可设置单元格自动换行，方法是：选定要自动换行的单元格，单击"开始"选项卡，在"单元格"组中单击"格式"按钮，在下拉菜单中选择"设置单元格格式"命令，在打开的"设置单元格格式"对话框中单击"对齐"选项卡，在"文本控制"区域勾选"自动换行"复选框，然后单击"确定"按钮。

1. 输入文本

文本由汉字、英文字母、数字及键盘符号等构成。默认情况下，输入的文本会沿单元格左侧对齐。

对于全部由数字组成的文本型数据（如电话号码、邮政编码、学号等），输入时应在数据前面输入一个英文单引号"'"（如'201009112），否则 Excel 会自动将其识别为数值型数据。

2. 输入数值型数据

数值型数据是指可用于计算的整数、小数、分数等，数值型数据由数字 0~9、正负号、小数点、分数号"/"、百分号"%"、指数符号"E"或"e"、货币符号"￥"或"$"和千位分隔号","等组成。默认情况下，输入的数值数据会沿单元格右侧对齐。

大部分情况下，数值数据的输入与常规输入一致，但有个别不同。

如输入负数，除了在数字前输入一个负号"–"外，给数字加上圆括号也可以输入负数。例如，输入"–5"和"(5)"都可在单元格中得到–5。

如果要输入分数（如 1/2），则应先输入 0 和一个空格，然后输入 1/2。如果直接输入 1/2，Excel 会把该数据当做日期格式处理，存储为"1 月 2 日"。

【小贴士】（1）数值型数据中不能存在空格，有空格的数据 Excel 将识别为文本数据。

（2）有时候，在输入数值数据时，单元格中会显示"####"，这是因为单元格
中数据的宽度超过该单元格的列宽，不能显示出完整的数据。增加列宽
就可显示所有数据。

3．输入日期或时间

输入日期或时间的方法与输入文本的方法一致。

1）输入日期

使用斜线（/）或连字符（-）分隔日期的年、月、日。例如，在单元格中输入 2010/9/28
或 2010-9-28。但按 Enter 键后，单元格最后显示的日期格式都是 2010-9-28，如图 5-6 所示。

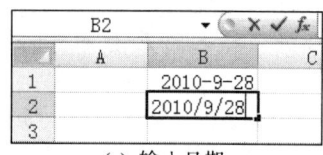

(a) 输入日期                                (b) 显示日期

图 5-6　输入和显示日期

2）输入时间

使用分号（:）分隔时、分、秒。如果采用 12 小时制的时间，Excel 将把插入的时间
默认为上午时间（AM）。若输入的是下午时间，则应在时间后面加一空格，然后输入 PM。
当输入带日期的时间时，日期和时间之间可以输入一个空格。

【小贴士】按快捷键"Ctrl+;"输入当前日期；按快捷键"Ctrl+Shift+;"则可以输入当前
时间。

4．在多个单元格中输入相同的数据

如果多个单元格在同一工作表中，则选定这些单元格，在其中一个单元格中输入数
据，按快捷键 Ctrl+Enter。

如果多个单元格在不同的工作表中但位置相同，则选定这些工作表，然后在某个工
作表中选定要输入相同数据的单元格，在其中一个单元格中输入数据，按快捷键
Ctrl+Enter。

### 5.4.2　自动填充数据

当需要在工作表某一横向或纵向的多个相邻单元格中输入相同或有规律的数据时，
逐一输入不但费时，而且容易出错，这时可使用 Excel 提供的自动填充功能。

1．填充相同的数据

1）利用功能区的"填充"命令

（1）在某个单元格（或单元格区域）中输入数据。

（2）选定从该单元格（或单元格区域）开始的行或列方向的单元格区域，如图 5-7(a) 所示。

（3）单击"开始"选项卡下"编辑"组中的"填充"按钮，在下拉列表中选择相应方向的填充命令，如图 5-7(b)所示。则 Excel 在相邻的单元格中自动填充与第一行或列单元格相同的数据，如图 5-7(c)所示。

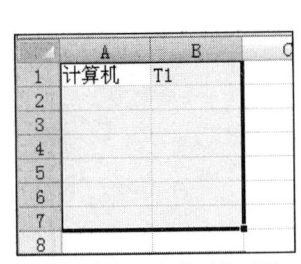
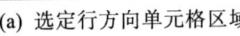

(a) 选定行方向单元格区域

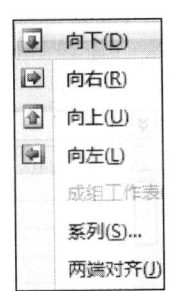

(b) 选择"向下"填充命令

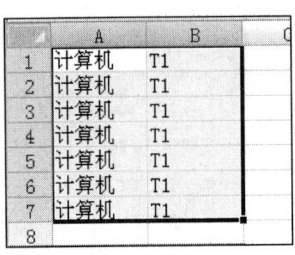

(c) 填充结果

图 5-7　利用"填充"命令填充相同数据

2）利用填充柄

（1）在某个单元格（或单元格区域）中输入数据。

（2）选定该单元格（或单元格区域），移动光标到右下角的填充柄处，当光标变成 ✛ 形状时，如图 5-8(a)所示，按住鼠标左键拖动至需要填充的最后一个单元格后释放，如图 5-8(b)所示。必要时单击"自动填充选项"按钮，在打开的菜单中选中"复制单元格"单选按钮，如图 5-8(c)所示。

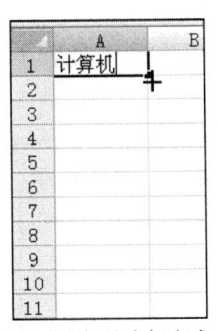

(a) 填充柄处光标变成✛字状

(b) 拖动鼠标至填充区域最后一个单元格

(c) 选择填充选项

图 5-8　利用填充柄填充相同数据

### 2. 填充数据序列

1）填充内置序列

在起始单元格中输入的数据如果是 Excel 内置序列中的数据，在使用填充柄进行填充操作时，会自动以该序列填充后续单元格；如果不是，则用起始单元格中的数据填充后续单元格（即复制）。

要了解有哪些内置序列，可打开"Excel 选项"对话框，在左侧列表中单击"常用"选项，然后单击右边的"编辑自定义列表"按钮，打开"自定义序列"对话框，如图 5-9 所示，此对话框中列出了内置序列。

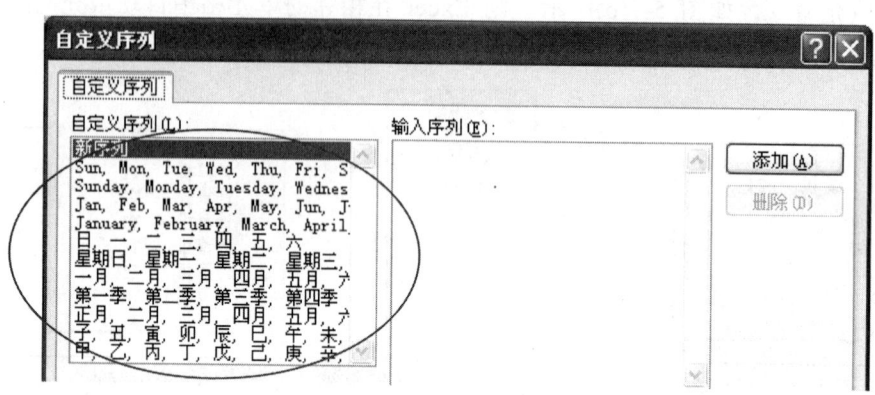

图 5-9　Excel 内置序列数据

如果输入的初始数据为文字数字的混合体，在拖动填充柄时，则文字不变，最右边的数字递增。例如，初始数据是"5 大队 1 队"，在拖动填充柄后，其后续单元格依次填入"5 大队 2 队"、"5 大队 3 队"……

2）填充自定义序列

Excel 允许用户创建自定义填充序列。自定义填充序列可以基于工作表中已有的序列，也可以从头定义序列。

如果要基于工作表中已有的序列，则按照以下步骤操作：

（1）在工作表中选定要在填充序列中使用的序列，如图 5-10(a)所示。

（2）打开"自定义序列"对话框，单击"导入"按钮，在"自定义序列"列表框中将显示该序列，如图 5-10(b)所示，单击"确定"按钮。

(a) 选定已有序列

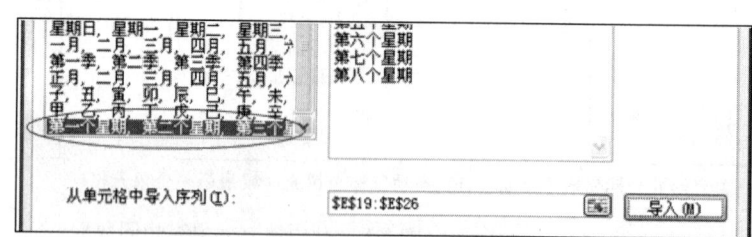

(b) 选定的序列导入到自定义序列

图 5-10　基于工作表中已有的序列自定义填充序列

如果要从头定义序列，可以按照以下操作步骤进行：

（1）打开"自定义序列"对话框。

（2）在"自定义序列"列表框中选定"新序列"选项，在右侧的"输入序列"列表框中输入要创建的自定义填充序列，每输入一项按 Enter 键换行，完成后单击"添加"

按钮，如图 5-11 所示，最后单击"确定"按钮。

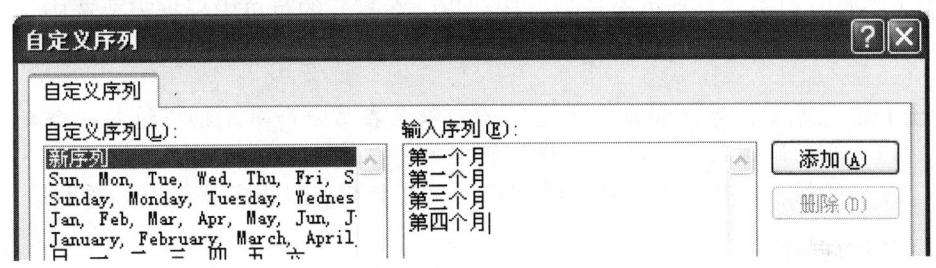

图 5-11　从头定义自定义填充序列

【小贴士】自定义列表只能是文本数据。

　　如果要编辑自定义填充序列，则在"自定义序列"列表框中选中要编辑的序列，在"输入序列"列表框中进行编辑修改，然后单击"添加"按钮，修改后的序列将覆盖原序列。

　　如果要删除自定义填充序列，则在"自定义序列"列表框中选中要删除的序列，单击"删除"按钮。

　　3）填充等差序列

　　（1）在两个相邻单元格中分别输入等差序列的前两个数据，如图 5-12(a)所示。

　　（2）选定上述两个单元格，用鼠标左键拖动填充柄至该序列的最后一个单元格，松开鼠标，如图 5-12(b)所示。

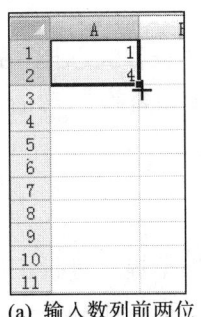
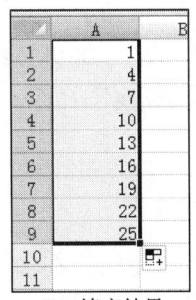

(a) 输入数列前两位　　　　　　　(b) 填充结果

图 5-12　填充等差序列

　　4）填充等比序列

　　（1）在两个相邻单元格中分别输入等比数列的前两个数据。

　　（2）选中上述两个单元格，用鼠标右键拖动填充柄至该序列的最后一个单元格，松开鼠标。

　　（3）在弹出的快捷菜单中选择"等比序列"命令即可。

　　5）填充日期序列

　　（1）在一个单元格中输入日期。

（2）用鼠标左键拖动该单元格的填充柄至需要填充的最后一个单元格，松开鼠标。

（3）必要时单击"自动填充选项"按钮▦，在打开的菜单中根据需要选中"以天填充"、"以工作日填充"、"以月填充"或"以年填充"单选按钮。

【小贴士】填充等差、等比和日期序列，还可以只在第一个单元格中填入一个数，单击"开始"选项卡，在"编辑"组中单击"填充"按钮▣，在打开的下拉菜单中选择"系列"命令，打开"序列"对话框，根据需要进行选择和输入。

### 5.4.3 编辑数据

编辑数据主要包括删除、修改、查找和替换数据等。

1. 删除数据

选定要删除数据的单元格或单元格区域，按 Del 键可删除其中的数据。或者，在"开始"选项卡下的"编辑"组中单击"清除"按钮▱，在下拉菜单中选择需要的命令，如果选择"全部清除"命令，则内容和格式都清除；如果选择"清除格式"命令，则只清除格式，恢复为默认格式。

2. 修改数据

在 Excel 2007 中修改数据包括修改单元格全部数据和修改部分数据两种情况。
- 修改全部数据：选定要修改数据的单元格，在其中输入正确的数据后按 Enter 键。
- 修改部分数据：选定要修改数据的单元格，将光标移至编辑栏中进行数据修改；或双击要修改数据的单元格，直接对数据进行修改。

3. 查找和替换数据

在"开始"选项卡下的"编辑"组中，单击"查找和选择"按钮，在打开的下拉菜单中选择"查找"或"替换"命令，打开"查找和替换"对话框，其余操作与 Word 类似。

### 5.4.4 设置数据的有效性

设置数据有效性可以使用户在输入数据时，根据提示进行正确的输入。在用户输入错误数据时，能提示或终止用户操作，从而保证数据的正确性、提高数据的录入效率。

下面以输入学生成绩为例，说明设置数据有效性的步骤。假定学生成绩为百分制，那么小于 0 和大于 100 的数据都视为无效数据。

1. 设置数据有效性验证

（1）选定要输入学生成绩的单元格（本例选定语文、数学和英语成绩所在的列）。

（2）在"数据"选项卡下的"数据工具"组中单击"数据有效性"按钮，在下拉菜单中选择"数据有效性"命令，打开"数据有效性"对话框。

（3）单击"设置"选项卡，在"允许"下拉列表中选择"整数"，在"数据"下拉列表中选择"介于"，在"最小值"和"最大值"文本框中分别输入 0 和 100，如图 5-13 所示。

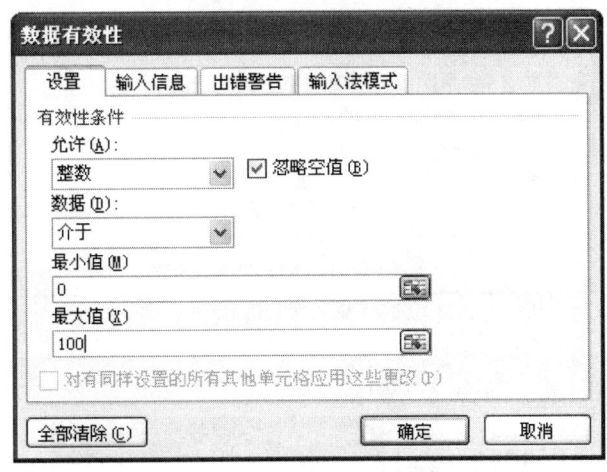

图 5-13　设置数据有效性验证

### 2. 设置提示信息

（1）在"数据有效性"对话框中单击"输入信息"选项卡，在"标题"文本框中输入提示框的标题（这里输入"有效成绩"）；在"输入信息"文本框中输入提示信息（"请输入 1~100 的数"），单击"确定"按钮，如图 5-14(a)所示。

（2）当选定设置了提示信息的单元格时，会出现提示信息，如图 5-14(b)所示。

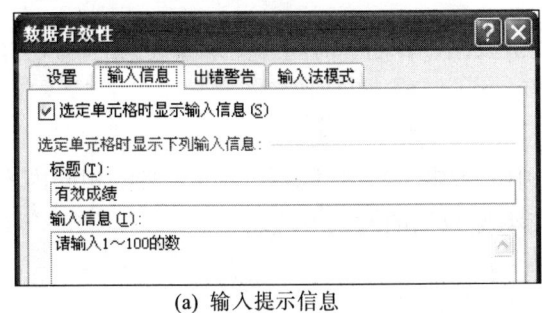

(a) 输入提示信息

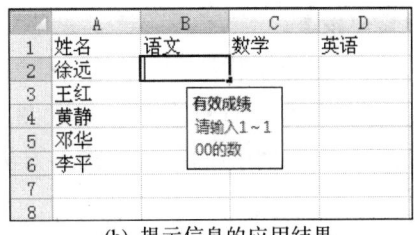

(b) 提示信息的应用结果

图 5-14　设置提示信息

### 3. 设置出错警告

（1）在"数据有效性"对话框中单击"出错警告"选项卡，在"样式"下拉列表中选择警告对话框的类型（这里选择"停止"），在右侧的"标题"文本框中输入警告对话框标题（"有效成绩错"），在"错误信息"文本框中输入出错原因（"请输入 1 到 100 之间的数"），单击"确定"按钮，如图 5-15(a)所示。

（2）如果在设置后的单元格中输入一个超出设置范围的成绩，会弹出警告对话框，如图 5-15(b)所示。

（3）单击"重试"按钮，可以更改输入的数据，单击"取消"按钮，则取消该数据的输入。

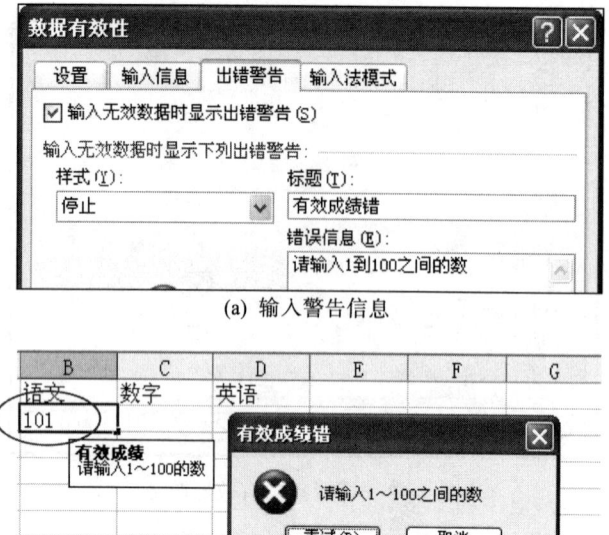

(a) 输入警告信息

(b) 出错警告的应用结果

图 5-15　设置出错警告

### 5.4.5　单元实验

单元实验 5-4-1：输入数据

【实验目的】

熟悉 Excel 的基本操作，掌握文本、数值数据、日期、时间、文本型数据的输入方法。

【实验要求】

（1）新建工作簿。

（2）在 Sheet1 工作表中输入图 5-16 中的数据。特别注意相邻单元格中相同内容的输入方法、12 小时制时间的输入方法及文本型数据的输入方法。

| | A | B | C | D | E |
|---|---|---|---|---|---|
| 1 | 城市 | 票数 | 日期 | 时间 | 电话 |
| 2 | 北京 | 8 | 2005-1-18 | 8:30 AM | 88373767 |
| 3 | 广州 | 2 | 2005-1-18 | 6:30 PM | 88302319 |
| 4 | 南京 | 5 | 2005-1-18 | 9:30 PM | 88303966 |

图 5-16　出票情况

单元实验 5-4-2：输入和编辑数据

【实验目的】

（1）熟悉 Excel 的基本操作，掌握非相邻单元格中相同数据的输入技巧和数据序列的输入方法。

（2）掌握工作表中数据的编辑操作。

【实验要求】

（1）灵活运用各种数据序列输入方法，在单元实验 5-4-1 工作簿的 Sheet2 工作表中输入图 5-17 所示的课表，在 Sheet3 工作表中输入图 5-18 所示学生基本信息。

| | A | B | C | D | E | F |
|---|---|---|---|---|---|---|
| 1 | | 星期一 | 星期二 | 星期三 | 星期四 | 星期五 |
| 2 | 第1节 | 高等数学 | | | 英语口语 | 程序设计 |
| 3 | 第2节 | | 体育 | 高等数学 | | |
| 4 | 第3节 | 大学英语 | | 程序设计 | | |
| 5 | 第4节 | | 英语口语 | | 大学英语 | 高等数学 |

图 5-17　课表

| | A | B | C | D | E | F |
|---|---|---|---|---|---|---|
| 1 | 序号 | 学号 | 专业 | 姓名 | 性别 | 党/团员 |
| 2 | T1 | 201010001 | 网络工程 | 徐远 | 男 | 党员 |
| 3 | T2 | 201010002 | 网络工程 | 李潮 | 男 | 团员 |
| 4 | T3 | 201010003 | 网络工程 | 王红 | 女 | 团员 |
| 5 | T4 | 201010004 | 网络工程 | 邓华 | 女 | 党员 |
| 6 | T5 | 201010005 | 网络工程 | 李平 | 男 | 党员 |
| 7 | T6 | 201010006 | 网络工程 | 胡斌 | 男 | 团员 |
| 8 | T7 | 201010007 | 网络工程 | 陈远 | 男 | 团员 |
| 9 | T8 | 201010008 | 网络工程 | 黄静 | 女 | 团员 |

图 5-18　学生基本信息

（2）将 Sheet3 工作表中 C3 和 C5 单元格内容改为"计算机科学"，并保存。

单元实验 5-4-3：设置数据有效性验证

【实验目的】

掌握设置数据有效性验证的方法。

【实验要求】

（1）打开单元实验 5-4-2 保存的工作簿。

（2）在 Sheet3 工作表的 F 列左侧插入一列，在单元格 F1 中输入"年龄"，对单元格区域 F2:F9 设置数据有效性验证。具体要求如下：

- 年龄为整数，有效范围为 10~50。
- 输入信息时的提示标题为"年龄范围"，提示信息是"年龄只能在 10~50 岁之间"。
- 出错时弹出"警告"对话框，标题是"年龄错误"，错误提示信息是"请输入 10~50 之间的有效年龄"。

（3）输入各位同学的年龄并验证自己的设置。

# 5.5　工作表的格式化

## 5.5.1　单元格的格式化设置

单元格格式化包括如何设置数字格式、文本格式和对齐方式；如何设置边框和填充底纹，如何应用单元格样式。有的操作与 Word 类似，这里不再赘述。

1. 设置数字格式

Excel 2007 中主要的数值型数据类型有常规、数值、货币、会计专用、日期、时间、百分比、分数等。通过为单元格中的数值应用不同的数字格式，可以更改数字的显示形式，但不影响其用于执行计算的实际数值。

默认情况下，向单元格输入数据时，其数字格式为常规类型，如果需要更改数字格式，可以选定要设置数字格式的单元格，在"开始"选项卡下"数字"组最上方的下拉列表中选择需要的数字格式。

各类数字格式如表 5-3 所示。

表 5-3　数字格式

| 格式 | 说明 |
| --- | --- |
| 常规 | 默认数字格式，通常以数字输入的方式显示，对较大的数字使用科学计数法表示 |
| 数值 | 数字的一般表示形式，可以指定小数位数，可以使用千位分隔符以及设置负数的显示方式。默认数值格式：有两位小数，当数值为负数时以红色显示，并放在括号中 |
| 货币 | 显示带有货币符号的数字，用于表示货币值。默认货币符号为人民币符，其余默认格式同"数值" |
| 会计专用 | 也用于表示货币值。会在一列中对齐货币符号和小数点。默认的会计格式：有两位小数和一个人民币符 |
| 日期 | 根据指定的类型和区域设置(国家／地区)，将日期和时间系列数值显示为日期值 |
| 时间 | 根据指定的类型和区域设置(国家／地区)，将日期和时间系列数值显示为时间值 |
| 百分比 | 以百分数形式显示单元格的值，可以指定小数位数。默认百分数格式：有两位小数 |
| 分数 | 根据用户指定的分类类型以分数形式显示数字 |
| 科学计数 | 以指数表示法显示数。默认科学计数格式：有两位小数 |
| 文本 | 将单元格中所有的内容视为文本，即使用户输入的是数字 |

【小贴士】选定要设置数字格式的单元格，单击"数字"组中的图 5-19 所示按钮可快速设置相应数字格式。

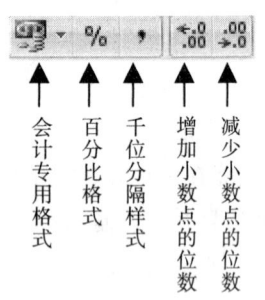

会计专用格式　百分比格式　千位分隔样式　增加小数点的位数　减少小数点的位数

图 5-19　按钮

还可以使用"设置单元格格式"对话框来设置数字格式。具体方法为：

（1）选定要设置数字格式的单元格，单击"数字"组的对话框启动器，打开"设置单元格格式"对话框。

（2）在"数字"选项卡下的"分类"列表框中选择相应的数据类型，有的数据类型还要做进一步的设置，如小数点的位数、货币符号等，最后单击"确定"按钮即可，如图 5-20 所示。

【小贴士】不管单元格中的数值应用了哪种数字格式，编辑栏中显示的总是其实际数值。

2. 设置单元格内容的对齐方式

默认情况下，单元格中的内容如果是文本格式，其水平对齐方式是"左对齐"；如果是数值格式，其水平对齐方式是"右对齐"；不论什么格式的数据，其垂直对齐方式是"垂直居中"。这种默认的对齐方式往往不能满足用户的需要，Excel 允许根据实际需要对其进行重新设置。

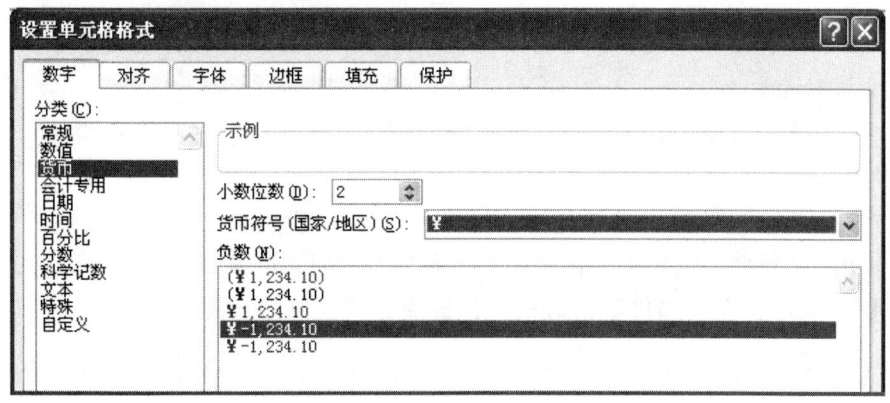

图 5-20　设置数字格式

设置对齐方式的操作步骤如下：

（1）选定需要设置对齐方式的单元格。

（2）打开"设置单元格格式"对话框，单击"对齐"选项卡，在"水平对齐"或"垂直对齐"下拉列表中选择需要的对齐方式，单击"确定"按钮。

Excel 中的对齐方式除了和 Word 中相同的以外，在"水平对齐"中增加了"填充"和"跨列居中"选项，它们的含义是：

- "填充"选项：使文本重复地将单元格填满。
- "跨列居中"选项：把当前单元格中的内容分布在选定的多个单元格（位于当前单元格右侧）宽度的中间位置，以水平方向居中，但各单元格仍然是独立的单元格。

【小贴士】单击"开始"选项卡下"对齐方式"组中的 ≡ ≡ ≡ ｜≡ ≡ ≡ 按钮，可分别设置顶端对齐、垂直居中、底端对齐、左对齐、居中和右对齐。

3. 合并单元格

选定要合并的单元格，单击"开始"选项卡，在"对齐方式"组中单击"合并并居中"按钮 ，即将选定的单元格合并为一个单元格，并设置单元格内容居中对齐。图 5-21 所示为合并前后的效果。

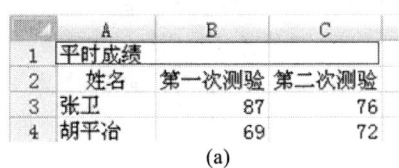

图 5-21　合并单元格

【小贴士】（1）单击"合并并居中"按钮右侧的下拉按钮，在打开的下拉菜单中可以选择其他合并方式。

（2）选定合并后的单元格，单击"合并并居中"按钮，可以将合并后的单元格再次拆分为多个单元格。

4. 设置缩进量

缩进是指单元格左（右）边界与内容间的距离，默认情况下是没有缩进的。设置缩进的方法是：

（1）选定需要设置缩进的单元格，打开"设置单元格格式"对话框。

（2）单击"对齐"选项卡，在"水平对齐"下拉列表中选择"靠左（缩进）"或"靠右（缩进）"选项，在"缩进"微调框中设置缩进值，单击"确定"按钮。

【小贴士】单击"开始"选项卡下"对齐方式"组中的 ▦ ▦ 按钮，可分别减少和增加左缩进量。

5. 设置单元格中内容的显示方向

默认情况下，单元格的内容是水平方向显示的，但可以根据需要按一定的角度显示。具体设置方法是：

（1）选定需要设置的单元格，打开"设置单元格格式"对话框。

（2）在"方向"区域中按住指针移动到适当角度，或者直接在下面的微调框中输入角度数值，单击"确定"按钮即可。

【小贴士】单击"开始"选项卡下"对齐方式"组中的"方向"按钮 ▧，在下拉菜单中可选择内置的几种显示方向。

6. 设置单元格的边框和底纹

（1）选定需要设置边框或底纹的单元格，打开"设置单元格格式"对话框。

- 设置边框：单击"边框"选项卡，选择线条样式和颜色，单击"预置"区域的"外边框"或"内边框"按钮，可设置全部外边框或内边框；单击"边框"区域各按钮，可设置相应边框。
- 设置底纹：单击"填充"选项卡，进行背景颜色、填充效果或图案颜色和样式的选择。

（2）单击"确定"按钮。

【小贴士】单击"开始"选项卡下"字体"组中"边框"按钮右侧的下拉按钮，在打开的下拉菜单中选择内置的边框样式可快速设置边框；单击"填充颜色"按钮右侧的下拉按钮，在打开的颜色列表中选择一种颜色，可快速为单元格填充纯色。

7. 应用、创建和清除单元格样式

1）应用内置单元格样式

如果想在一个步骤中应用几种格式，并确保各个单元格格式一致，可以使用单元格样式。

单元格样式是一组已定义的格式特征，如字体和字号、数字格式、单元格边框和单元格底纹等。通过应用 Excel 2007 提供的内置单元格样式，可以非常便捷地完成格式设置工作。其方法是：

（1）选定需要设置格式的单元格，单击"开始"选项卡。

（2）在"样式"组中单击"单元格样式"按钮，在打开的样式下拉列表中，根据实际需要选择一种样式，如图 5-22 所示。

2）自定义单元格样式

如果用户觉得内置的单元格样式不能满足需求，也可以自定义单元格样式。方法是：

（1）单击"样式"组中的"单元格样式"按钮，在打开的样式下拉列表中选择"新建单元格样式"选项，打开"样式"对话框，如图 5-23 所示。

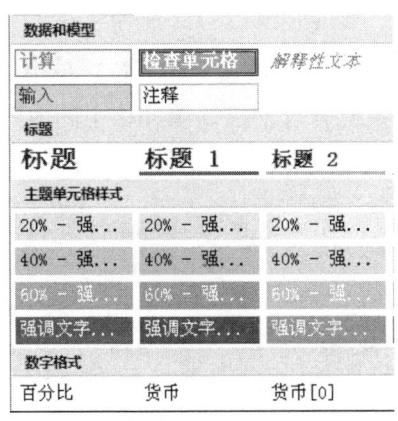

图 5-22　内置单元格样式

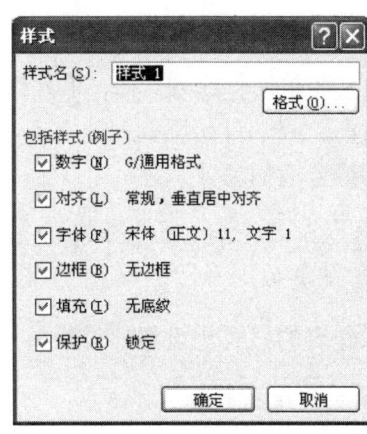

图 5-23　自定义单元格样式

（2）在"样式名"文本框中输入一个样式名称，单击"格式"按钮，打开"设置单元格格式"对话框，根据需要设置好相应的格式后，单击"确定"按钮返回，再单击"确定"按钮退出"样式"对话框。

自定义好单元格样式后，仿照应用内置单元格样式的操作方法，在单元格样式下拉列表的"自定义"栏目中选择刚才定义的样式即可。

3）清除单元格样式

要清除套用的单元格样式，必须先选定应用样式的单元格，单击"编辑"组中的"清除"按钮，在下拉列表中选择"清除格式"选项。

### 5.5.2　调整行高和列宽

#### 1. 使用对话框调整

当创建一个新工作簿时，其工作表的行高和列宽是以默认的数值设置的，可以对其进行调整。

（1）选定要调整的行或列，在"开始"选项卡下的"单元格"组中单击"格式"按钮，在下拉菜单中选择"行高"或"列宽"命令。

（2）在打开的"行高"或"列宽"对话框中设置"行高"或"列宽"值，然后单击"确定"按钮。

### 2. 拖动鼠标快速调整

将光标移到需要调整列宽的列标右分隔线上，当光标变为调整宽度的左右双向箭头时，向右拖动分隔线可以增加列宽；向左拖动分隔线可以减小列宽。

将光标移到需要调整行高的行号下边的分隔线上，当光标变为调整高度的上下双向箭头时，向下拖动分隔线可以增加行高；向上拖动分隔线可以减小行高。

选定要调整尺寸的多行或多列，对其中的某一行或某一列进行调整，则所选定的其他行或列也会同时调整。

### 3. 自动调整

选定要调整的行或列，在"单元格"组中单击"格式"按钮，在下拉菜单中选择"自动调整行高"或"自动调整列宽"命令。此后，系统会自动根据单元格中的内容将行或列调整到最合适的尺寸。

【小贴士】双击需要调整行高的行号下边的分隔线，可快速自动调整该行行高。列宽调整类似。

## 5.5.3　工作表的格式化设置

### 1. 设置工作表主题

与 PowerPoint 一样，Excel 2007 也可以应用内置主题样式来创建具有专业水准、设计精美、美观时尚的表格。还可以更改主题颜色、主题文字和主题效果以及自定义主题，以设计出符合独特需要的表格。

有关的工具都在"页面布局"的"主题"组中，操作也与 PowerPoint 类似，此处不再赘述。

### 2. 设置工作表的背景图案

在 Excel 中，用户可以将图片用作仅供显示的工作表背景。工作表背景不会被打印，也不会保留在工作表中。

1）添加工作表背景

（1）选定要添加背景的工作表。

（2）在"页面布局"选项卡下的"页面设置"组中单击"背景"按钮，打开"工作表背景"对话框。

（3）在打开的对话框中选择要插入的图片，单击"插入"按钮。

2）删除工作表背景

选定附有背景的工作表，在"页面布局"选项卡下的"页面设置"组中单击"删除背景"按钮。

### 5.5.4　条件格式及应用

条件格式是为表中符合条件的单元格设置格式，帮助用户直观地查看和分析数据。Excel 2007 中使用条件格式可以突出显示用户所关注的单元格、强调异常值，使用数据条、颜色刻度和图标集来直观地显示数据。

**1. 突出显示指定条件的单元格**

（1）选定要设置条件格式的单元格区域。

（2）单击"条件格式"按钮，在下拉列表中单击"突出显示单元格规则"命令。

（3）在打开的下级菜单中根据需要选择：

- "文本中包含"：突出显示包含某个内容的单元格。
- "大于"、"小于"、"等于"：突出显示其值大于、小于或等于某个具体值的单元格。
- "介于"：突出显示其值介于某个数据范围的单元格。
- "发生日期"：突出显示满足指定时间范围的单元格。
- "重复值"：突出显示选定单元格区域中的重复值或唯一值。

（4）在打开的对话框中输入条件，并设置满足条件的单元格的格式，单击"确定"按钮。

图 5-24 所示为突出显示成绩表中所有"王"姓同学的姓名。

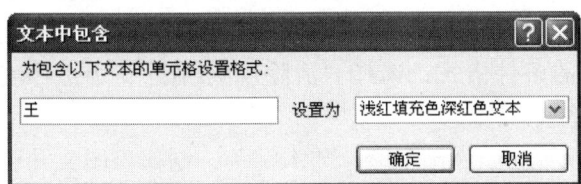

（a）输入条件、设置满足条件的单元格格式　　　　（b）显示结果

图 5-24　突出显示指定条件的单元格

**2. 突出显示指定条件范围的单元格**

（1）选定要设置条件格式的单元格区域。

（2）单击"条件格式"按钮，在打开的下拉列表中单击"项目选取规则"命令。

（3）在下级菜单中根据需要选择相应规则命令，在打开的对话框中指定条件范围并设置格式，单击"确定"按钮。

图 5-25 所示为突出显示成绩表中总分前两名的分数。

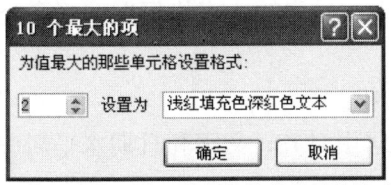

（a）输入条件、设置满足条件的单元格格式　　　　（b）显示结果

图 5-25　突出显示指定条件范围的单元格

3. 使用数据条、色阶及图标设置条件格式

Excel 2007 在条件格式功能中，增加了用数据条、色阶及图标集来代表单元格数据值的变化。

- 数据条：用长度代表单元格中数据的值，数据条越长，代表值越高。
- 色阶：用颜色和颜色深浅代表单元格中数据值的高低，通常情况下，颜色越深，代表值越高。用户可以自己指定不同颜色和深浅代表的含义。
- 图标集：用一组图标表示单元格数据，按组中图标的个数将数据分为 3~5 等级，每个图标代表一个等级的数据。

三者的使用方法完全一致，下面以设置数据条格式为例介绍具体操作过程：

（1）选中需要添加数据条格式的单元格区域，单击"条件格式"按钮，在下拉列表中单击"数据条"命令。

（2）在下级菜单的数据条样式列表中，选择一种合适的样式。

图 5-26 所示是为成绩表中英语成绩设置数据条格式的效果。

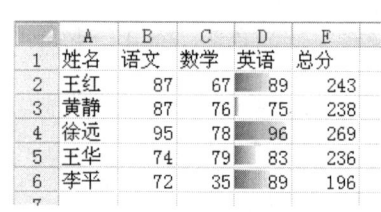

图 5-26　设置数据条格式

（3）如果选择"其他规则"命令，则打开"新建格式规则"对话框，从中可为数据条自定义样式。

4. 清除条件格式

单击"条件格式"按钮，在下拉菜单中选择"清除规则/清除所选单元格的规则" 命令可清除选定单元格区域的条件格式；选择"清除规则/清除整个工作表的规则"命令可清除整个工作表的条件格式。

在工作表中也可以插入图片、图形、SmartArt 图形、艺术字等，制作出图文并茂的 Excel 表格，其操作方法与 Word 和 PowerPoint 类似。

### 5.5.5　单元实验

单元实验 5-5-1：设置工作表格式

【实验目的】

掌握单元格数字和文本格式、表格边框和底纹、行高和列宽等工作表基本格式设置。

【实验素材】

"公司生产记录表.xlsx"。

【实验要求】

在素材文件"公司生产记录表.xlsx"的 Sheet1 工作表中进行如下格式设置：

（1）在第一行上方插入一空白行，在 A1 单元格中输入表格标题"好食公司生产记录表"，合并 A1:G1 单元格区域，居中标题。

（2）设表格标题为华文楷体、14 号字，加粗。

（3）设其余单元格为宋体、11 号字；垂直居中对齐，文字和日期水平居中对齐，数字水平右对齐。

（4）设置"生产日期"、"生产数量"和"总计"列宽为 14，自动调整行高。

（5）设置表格外框线为蓝色粗线，内部为细线，标题与数据之间为双线；标题单元格设绿色底纹，其余设黄色底纹。

（6）所有数值数据使用千位分隔符，保留一位小数。

【实验结果】

参见"单元实验 5-5-1(结果).xlsx"。

单元实验 5-5-2：设置工作表的背景图案和条件格式

【实验目的】

掌握工作表的背景图案和条件格式设置方法。

【实验素材】

"背景.jpg"。

【实验要求】

在单元实验 5-3-2 的结果文件"期末成绩统计.xlsx"的"成绩统计"工作表中进行如下操作：

（1）取消对行 5 和行 6 的隐藏。

（2）在第一行上方插入一空白行，在 A1 单元格中输入表格标题"成绩统计表"，合并 A1:F1 单元格区域，居中标题。

（3）在工作表中插入背景图片"背景.jpg"。

（4）用条件格式将不及格的成绩用红色粗体显示；英语成绩高于平均值的单元格用浅红填充；物理成绩前两名的分数单元格用红色边框突出显示；给计算机成绩添加数据条，样式自定。

【实验结果】

参见"实验 5-5-2(结果).xlsx"。

# 5.6　数　据　计　算

Excel 的数据计算是通过公式和函数实现的。

## 5.6.1　使用公式计算

Excel 的公式是以等号开头，后面是用运算符连接运算对象组成的表达式。公式中的对象可以是常量、函数以及单元格引用。当公式中相应的单元格的值发生变化时，公式的计算结果也会自动更改。

1. 公式中使用的运算符

Excel 中的运算符可以分为算术运算符、比较运算符、文本运算符和单元格引用运算符。

1）算术运算符

算术运算符完成基本的数学运算，如表 5-4 所示。

表 5-4　算术运算符

| 算术运算符 | 含义 | 示例 | 算术运算符 | 含义 | 示例 |
| --- | --- | --- | --- | --- | --- |
| + | 加法或正号 | =B3 + C3 + 6 | / | 除法 | =D6 / 2 |
| − | 减法或负号 | =A8 − 2 | % | 百分比 | =20 % |
| * | 乘法 | = D6 * C3 | ^ | 乘方 | =6 ^ 2 |

2）比较运算符

比较运算符用来对两个运算对象进行比较，并产生逻辑值 True（真）或 False（假），如表 5-5 所示。

表 5-5　比较运算符

| 比较运算符 | 含义 | 示例 | 比较运算符 | 含义 | 示例 |
| --- | --- | --- | --- | --- | --- |
| = | 等于 | A1=B2 | > = | 大于等于 | A1> =B2 |
| > | 大于 | A1>B2 | < = | 小于等于 | A1< =B2 |
| < | 小于 | A1<B2 | <> | 不等于 | A1<>B2 |

3）文本运算符

文本运算符"&"用来将文本与文本、文本与单元格内容、单元格内容与单元格内容等连接起来。

例如，在单元格 A1 中输入"十月一日"，在 B3 中输入"国庆节"，在 A5 中输入公式"=A1&B3"后，在 A5 中显示"十月一日国庆节"，如图 5-27 所示。

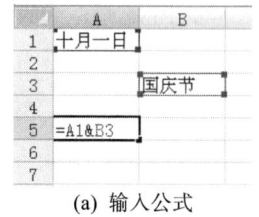

(a) 输入公式　　　　　　　　　(b) 结果显示

图 5-27　文本运算符示例

而公式"='平均值:'&F8"表示将单元格 F8 中的内容连接在"平均值:"之后。

【小贴士】要在公式中直接输入文本，必须用双引号把输入的文本括起来。

4）单元格引用运算符

在进行计算时，常常要对工作表单元格区域的数据进行引用，通过使用引用运算符可以告诉 Excel 在哪些单元格中查找公式中要用的数据，如表 5-6 所示。

表 5-6　单元格引用运算符

| 引用运算符 | 含义 | 示例 |
| --- | --- | --- |
| : | 区域运算符，引用区域内全部单元格 | =sum(C1:C6) |
| , | 联合运算符，引用多个区域内的全部单元格 | =sum(C1:C6 , D1:D6) |
| 空格 | 交叉运算符，只引用交叉区域内的单元格 | =sum(B2:D3　C1:C5) |

2. 运算符优先级

运算符的优先级如表 5-7 所示。

表 5-7　运算符优先级

| 运算符 | 含义 | 优先级 |
|---|---|---|
| : | 区域运算符 | 高 |
| 单个空格 | 交叉运算符 | |
| 逗号 | 联合运算符 | |
| – | 负号 | |
| % | 百分比 | |
| ∧ | 乘方 | |
| *和/ | 乘法和除法 | |
| +和 – | 加法和减法 | |
| & | 文本连接 | 低 |
| =、<、>、<=、>=、<> | 比较运算符 | |

3. 输入公式

输入公式的操作类似于输入文本。可以在编辑栏中输入，也可以在单元格里直接输入。步骤如下：

（1）选定要输入公式的单元格。

（2）在单元格或编辑栏中输入等号和公式内容。

（3）按 Enter 键或者单击编辑栏中的"输入"按钮确认输入。

计算结果会自动填入该单元格，编辑栏中仍然显示当前单元格的公式，以便于用户编辑和修改。

【小贴士】在输入公式内容时，若要输入单元格引用，可直接用鼠标在工作区中选定要引用的单元格。

4. 复制公式

同单元格内容一样，单元格中的公式也可以被复制。可以利用"复制"和"粘贴"操作来复制，也可利用填充句柄来复制。

5. 在公式中引用单元格

通过引用单元格，可以在公式中使用同一工作表、不同工作表，甚至不同工作簿的单元格中的数据。在公式中引用单元格的方式有相对引用、绝对引用、混合引用和三维引用四种。

1）相对引用

相对引用方式是指用单元格名称作为其引用的一种方式。如在图 5-27 中要引用 A1 和 B3 这两个单元格中的数据，则直接在公式中写它们的名称即可（=A1&B3）。

相对引用的特点是当将相应的计算公式复制或填充到其他单元格时，其中的单元格引用会自动随着移动的位置而变化。

　　例如，图 5-28(a)中是几位学生的成绩，若要计算每位学生的总分，则在单元格 E2 中输入公式"=B2+C2+D2"，确认后，用鼠标拖动该单元格的填充柄至 E6，松开鼠标后，所有学生总分均计算完毕。在公式复制过程中，其公式中引用的单元格的行号随向下移动的位置而自动发生改变。当选定单元格 E5 时，从编辑栏中可以看到这种改变，如图 5-28(b)所示。

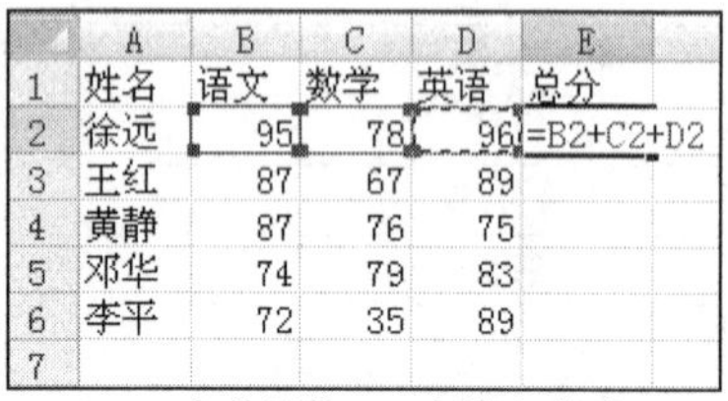

(a) 在单元格 E2 中输入公式 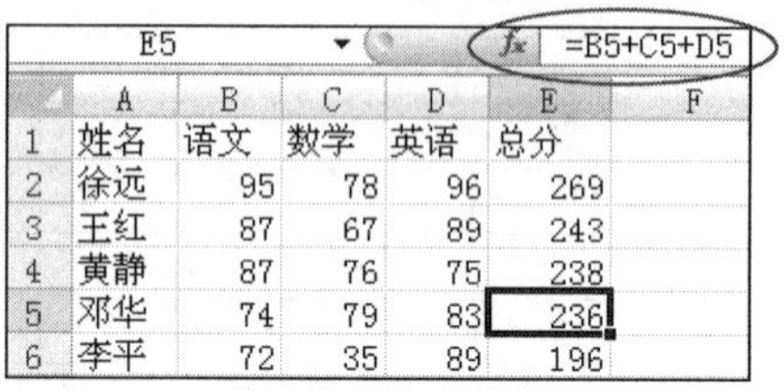　　　　　　　　(b) 单元格地址自动改变

图 5-28　相对引用示例

2）绝对引用

　　绝对引用是指在引用单元格时，在行号和列标前分别加上符号"$"。复制公式时，若公式中使用绝对引用，则单元格引用不会随公式位置的变化而发生变化。

　　如对上例中第一个学生总分的计算公式改为"=$B$2+$C$2+$D$2"，如图 5-59(a)所示，则复制完后，其他总分单元格中的公式都为"=$B$2+$C$2+$D$2"，因此所有学生的总分单元格填的都是第一个学生的总分，如图 5-29(b)所示。

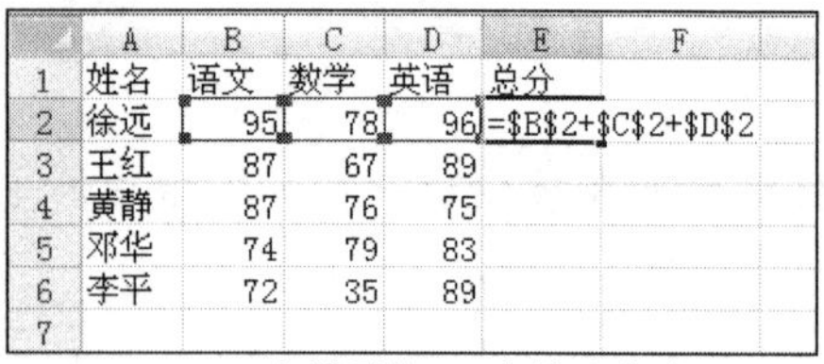

(a) 在单元格 E2 中输入公式 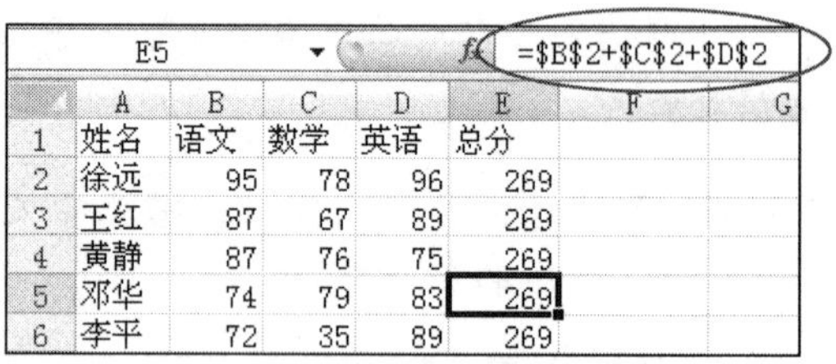　　　　　　　　(b) 单元格地址没改变

图 5-29　绝对引用示例

3）混合引用

　　在某些情况下，需要在复制公式时只有行或列保持不变，这就需要使用混合引用。

　　混合引用是指在引用单元格时，行和列中一个采用相对引用而另一个采用绝对引用。例如，"A$2"表示行不变而列随着移动的位置自动调整；"$E2"表示列不变而行随着移动的位置自动调整。

4）三维引用

　　如果要引用工作簿中其他工作表的单元格，其引用格式为：工作表名!单元格引用。例如，若当前工作表为 Sheet1，要引用 Sheet3 工作表中的 A3 单元格，则表示为"Sheet3!A3"。

若要引用其他工作簿中的数据，则常用引用格式为：[工作簿名]工作表名!单元格引用。例如，要引用工作簿"各班成绩.xlsx"中的"软件 1 班"工作表中的单元格 B4，则应表示为"[各班成绩.xlsx]软件 1 班!B4"。

【小贴士】选定包含公式的单元格，在编辑栏中选定要更改的引用并按 F4 键，可在相对引用、绝对引用和混合引用之间切换，当切换到所需的引用方式时，按 Enter键即可。

### 5.6.2 使用函数计算

Excel 中的函数是一些预定义的公式，函数的一般结构为：

函数名（参数 1，参数 2，…）

每个函数都有自己唯一的函数名，函数中的参数是一个函数用以生成新值或完成运算的基础信息。参数可以是数字、文本、逻辑值、数组、单元格引用、表达式，甚至其他函数。参数的具体值由用户提供。

1. Excel 中函数的种类

Excel 函数按照其功能可以分为以下几类：

- 数据库函数：分析和处理数据清单中的数据。
- 日期与时间函数：在公式中分析和处理日期和时间值。
- 统计函数：对数据区域进行统计分析。
- 逻辑函数：用于进行真假值判断或者进行复合检验。
- 信息函数：用于确定存储在单元格中数据的类型。
- 查找和引用函数：用于在数据清单或表格中查找特定数值，或者查找某一单元格的引用。
- 数学和三角函数：处理各种数学计算。
- 文本函数：用于在公式中处理字符串。
- 财务函数：对数值进行各种财务运算。
- 工程函数：对数值进行各种工程上的运算和分析。

2. 输入函数

以计算图 5-29 中第一个同学的总分为例，输入函数的一般步骤如下：

（1）选定要输入函数的单元格（E2）。

（2）单击"公式"选项卡下"函数库"组中的"插入函数"按钮（或"编辑栏"中的"插入函数"按钮），打开"插入函数"对话框。

（3）在"或选择类别"下拉列表中选择所需函数的类别（此例选"常用函数"或"数学与三角函数"或"全部"），在"选择函数"列表框中选择要插入的函数 SUM，此时列表框的下方会出现关于该函数功能的简单提示，如图 5-30(a)所示，单击"确定"按钮。

【小贴士】也可直接单击"公式"选项卡下"函数库"组中各函数类别按钮，在打开的下拉列表中选择需要的函数，打开"函数参数"对话框。

（4）在打开的"函数参数"对话框各参数框中输入参数，即在 Number1、Number2、…中输入常量、单元格或单元格区域引用等（此例在 Number1 参数框中输入 B2:D2），也可以单击参数框，用鼠标到工作表中选定引用的单元格区域，所选的单元格引用将自动出现在参数框中，如图 5-30(b)所示。

（5）单击"确定"按钮。

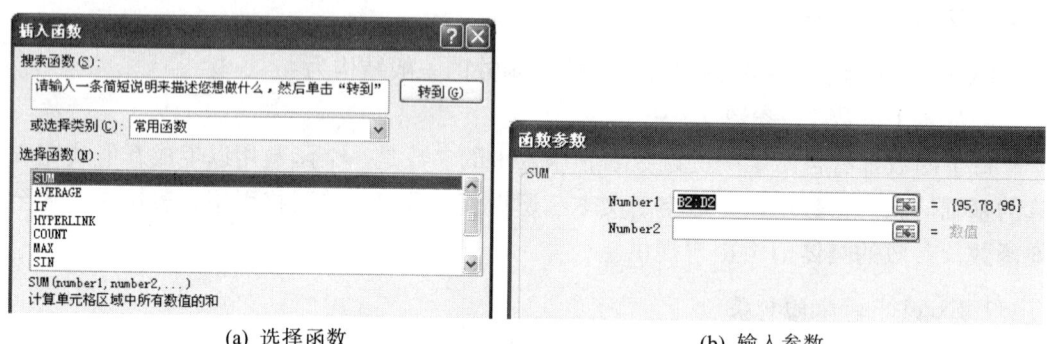

(a) 选择函数                                       (b) 输入参数

图 5-30  插入函数

【小贴士】（1）若还要计算其他各位同学的总分，只需采用前面介绍过的复制公式的方法复制函数即可。

（2）若对某些函数非常熟悉，可选定要输入函数的单元格后，在编辑栏中直接输入函数及参数。与公式一样，也要先输入"="。

### 5.6.3  常用函数简介

1. 日期时间类函数

1）DATE 函数

使用格式：DATE(年，月，日)

主要功能：返回指定数值的日期。

参数说明：年为指定的年份数值（小于 9999）；月为指定的月份数值（可以大于 12）；日为指定的天数（可以大于 31）。

应用举例：函数 DATE(2007, 02, 28)将返回日期数据 2007-2-28；函数 DATE(2003, 13, 35)将返回日期数据 2004-2-4，月份为 13，多了一个月，顺延至 2004 年 1 月；天数为 35，比 2004 年 1 月的实际天数又多了 4 天，故又顺延至 2004 年 2 月 4 日。

特别提醒：输入年份参数时，若是 20 世纪及以前的，则可以只输入后 2 位数字，也可以输入 4 位数字；若是 21 世纪及以后的年份，则要输入 4 位数字。

2）DAY 函数

使用格式：DAY(日期表达式)

主要功能：返回参数中指定的日期或者引用单元格中的日期中的天数（1～31）。

应用举例：在 D1 单元格中有日期数据 1988-2-26，函数 DAY(D1)将返回 26；函数
　　　　　DAY("2003-12-18")的返回值为 18。

3）MONTH 函数

使用格式：MONTH(日期表达式)

主要功能：返回参数中指定的日期或者引用单元格中的日期中的月份（1~12）。

4）NOW 函数

使用格式：NOW()

主要功能：返回系统的当前日期和时间。

应用举例：假设现在是 2010 年 10 月 3 日晚上 23 点 54 分，函数 NOW()将返回
　　　　　2010-10-3 23:54。

5）TODAY 函数

使用格式：TODAY()

主要功能：返回系统日期。

6）WEEKDAY 函数

使用格式：WEEKDAY(日期表达式[,返回值类型])

主要功能：返回指定日期所对应的星期几。

参数说明：返回值类型为 1 或省略，则返回的数字 1 代表星期日，7 代表星期六；
　　　　　返回值类型为 2，则返回的数字 1 代表星期一，7 代表星期日；返回值类
　　　　　型为 3，则返回的数字 0 代表星期一，6 代表星期日。

应用举例：若单元格 A1 中的内容为 2010-10-04（星期一），则 WEEKDAY(A1)的返
　　　　　回值为 2，WEEKDAY(A1,2)的返回值为 1，WEEKDAY(A1,3)的返回值
　　　　　为 0。

2. 常用数学和统计函数

1）ABS 函数

使用格式：ABS(数值表达式)

主要功能：返回数值参数的绝对值。

应用举例：单元格 A2 中有数值 95，单元格 B2 中有数值-2，函数 ABS(A2*B2)的返
　　　　　回值为数值 190。

2）AVERAGE 函数

使用格式：AVERAGE(数值表达式 1 [, 数值表达式 2]…)

主要功能：返回所有参数的算术平均值。

应用举例：工作表中输入的全是数值数据，函数 AVERAGE(A1:C18)返回 A1:C18 一
　　　　　共 54 个单元格中数值的算术平均值。

特别提醒：如果引用区域中包含 0 值单元格，则计算在内；如果引用区域中包含空
　　　　　白或字符单元格，则不计算在内。

3）COUNT 函数

使用格式：COUNT(数值表达式 1 [, 数值表达式 2]…)

主要功能：统计参数列表中数值数据的个数。

参数说明：参数可以包含或引用各种类型的数据，但只有数值类型的数据才被统计。

应用举例：若单元格区域 J2:J8 有 4 个单元格包含数值数据，则函数 COUNT(J2:J8, TRUE,"123", 123)的返回值为 7。

特别提醒：直接输入到参数列表中的逻辑值和代表数字的文本（用引号引起的数字，如"123"）将被计算在内。如果参数是一个数组或引用，那么只统计数组或引用中的数值数据；数组或引用中的空白单元格、逻辑值、文字或错误值都将被忽略。如果要统计逻辑值、文字或错误值，请使用函数 COUNTA。

4）COUNTA 函数

使用格式：COUNTA(数值表达式 1 [, 数值表达式 2]…)

主要功能：统计所有参数中非空值的个数。

应用举例：若单元格区域 J2:J8 中的值分别是 27、98、FALSE、apple、空单元格、" "、2010-10-04，则函数 COUNTA(J2:J8, 123, " ")的返回值为 8。

5）COUNTIF 函数

使用格式：COUNTIF(单元格区域引用, 条件表达式)

主要功能：返回某个单元格区域中符合指定条件的单元格数目。

应用举例：函数 COUNTIF(A1:C6, ">5")返回 A1 至 C6 单元格区域中数值大于 5 的单元格数目。

特别提醒：可以在 COUNTIF 的条件表达式中使用通配符"?"和"*"。"?"匹配任意单个字符，"*"匹配任意一串字符，如果要查找实际的"?"和"*"，可在该字符前输入"~"。例如，要统计单元格区域 A2:A8 中以字母 a 开头的单元格个数，则可输入公式：

=COUNTIF(A2:A8, "a*")

要统计单元格区域 A2:A8 中以字母 a 为第 2 个字符的单元格个数，则可输入公式：

=COUNTIF(A2:A8, "?a*")

要统计单元格区域 A2:A8 中只包含 1 个字符的单元格个数，则可输入公式：

=COUNTIF(A2:A8, "?")

要统计单元格区域 A2:A8 中包含字符?的单元格个数，则可输入公式：

=COUNTIF(A2:A8, "*~?*")

6）INT 函数

使用格式：INT(数值表达式)

主要功能：将数值参数的小数部分去掉，且不进行四舍五入，只返回整数部分，称为"取整"。

应用举例：函数 INT(52.9992)将返回数值 52。

7）MAX 或 MIN 函数

使用格式：MAX(数值表达式 1 [, 数值表达式 2]···)或者 MIN(数值表达式 1 [, 数值表达式 2]···)

主要功能：求出一组数中的最大值或者最小值。

应用举例：函数 MAX(3/2, 3, 6/3)将返回数值 3。

8）MOD 函数

使用格式：MOD(数值表达式 1, 数值表达式 2)

主要功能：返回两数相除的余数。

应用举例：在 A1 单元格中有数值 123, 在 A2 单元格中有数值 12, 函数 MOD(A1, A2)将返回 123 除以 12 所得的余数 3。

9）RAND 函数

使用格式：RAND()

主要功能：返回大于等于 0 及小于 1 的均匀分布随机实数, 每次计算工作表时都将返回一个新的随机实数。

参数说明：若要生成 a 与 b 之间的随机实数, 可写成 RAND()*(b–a)+a 的形式；如果要使用函数 RAND()生成一随机数, 并且使之不随单元格计算而改变, 可以在编辑栏中输入"=RAND()", 保持编辑状态, 然后按 F9 键, 将公式永久性地改为随机数。

应用举例：函数 RAND()将返回介于 0 到 1 之间的一个随机数；RAND()*100 将返回大于或者等于 0 但小于 100 的一个随机数；RAND()*(10–5)+5 将返回介于 5 和 10 之间的随机数。

10）ROUND 函数

使用格式：ROUND(数值表达式 1, 数值表达式 2)

主要功能：返回某个数值按指定位数取整后的结果。

参数说明：数值表达式 1 为要进行四舍五入的数, 数值表达式 2 指定取整位数, 如果数值表达式 2 大于 0, 则四舍五入到指定的小数位；如果数值表达式 2 等于 0, 则四舍五入到最接近的整数；如果数值表达式 2 小于 0, 则在小数点左侧进行四舍五入。

应用举例：31.4*11.23=352.622, 函数 ROUND(31.4*11.23, 2)的返回值是 352.62；函数 ROUND(31.4*11.23, 0)的返回值是 353；函数 ROUND(31.4*11.23, –1)的返回值是 350；函数 ROUND(31.4*11.23, –2)的返回值是 400。

11）SUM 函数

使用格式：SUM(数值表达式 1 [, 数值表达式 2]···)

主要功能：返回所有数值参数值的和。

参数说明：数值表达式可以是直接给出的数值, 也可以是单元格引用。

应用举例：函数 SUM(A1:C5)将返回单元格区域 A1:C5 中所有数值之和。

特别提醒：如果引用区域中包含空白或字符单元格，则不计算在内。

12）SUMIF 函数

使用格式：SUMIF(单元格区域, 相加的条件 [, 相加的实际单元格])

主要功能：返回符合指定条件的单元格区域内的数值之和。

参数说明："单元格区域"为用于条件判断的区域，"相加的条件"是对指定的区域实行什么条件，其形式可以是数字、表达式或文本。例如，条件可以表示为 32、"32"、">32"，如果是表达式或文本必须用引号括起来。如果省略参数"相加的实际单元格"，则对"单元格区域"中符合条件的单元格求和。

应用举例：有如图 5-31 所示工作表数据，函数 SUMIF(A2:A5, ">200000", B2:B5)在 A2 至 A5 区域中判断金额高于 200000 元的单元格是 A3 至 A5，返回对应的提成（B3 至 B5）之和为 64000 元。函数 SUMIF(A2:A5, ">200000")在 A2 至 A5 区域中判断金额高于 200000 元的单元格是 A3 至 A5，因省略了"相加的实际单元格"参数，故返回 A2 至 A5 区域中满足条件的单元格（A3 至 A5）的金额之和为 980000 元。函数 SUMIF(A2:A5, "=310000", B2:B3)返回"单元格区域"中金额等于 310000 元的佣金之和为 22000 元。

| | A | B |
|---|---|---|
| 1 | 金额 | 提成 |
| 2 | 100,000 | 7,600 |
| 3 | 220,000 | 13,000 |
| 4 | 310,000 | 22,000 |
| 5 | 450,000 | 29,000 |
| 6 | | |

图 5-31　SUMIF 函数示例数据

3. 常用逻辑函数

1）AND 函数

使用格式：AND(逻辑表达式 1 [,逻辑表达式 2]…)

主要功能：仅当所有参数的结果值均为逻辑真（TRUE）时返回逻辑真（TRUE），否则返回逻辑假（FALSE）。

应用举例：函数 AND(8=4*2, 9>6, 3*6<4^2)各个参数的逻辑值依次为"逻辑真"、"逻辑真"、"逻辑假"，最后判断出结果是 FALSE（逻辑假）。

2）IF 函数

使用格式：IF(条件表达式, 表达式 1, 表达式 2)

主要功能：对于给出的条件表达式进行逻辑判断，若结果为逻辑真（TRUE）则返回第二个参数的值，若结果为逻辑假（FALSE）则返回第三个参数的值。

应用举例：假设在单元格 C8、C9、C10 中分别有数值数据，在单元格 D8、D9、D10 中分别有文本数据。函数 IF(A1<>0, SUM(C8:C10), D8&D9&D10)判断 A1 的数值是否等于 0，若不等于 0（结果为逻辑真），则计算 C8、C9、C10 三个单元格中的数值之和并返回；若等于 0（即逻辑假），则返回 D8、D9、D10 单元格中文本的连接结果。

3）NOT 函数

使用格式：NOT(逻辑表达式)

主要功能：当逻辑表达式的值为逻辑假（FALSE）时返回逻辑真（TRUE）；当逻辑
　　　　　表达式的值为逻辑真（TRUE）时返回逻辑假（FALSE）。

应用举例：函数 NOT(4>6)将返回逻辑真（TRUE）。

4）OR 函数

使用格式：OR(逻辑表达式 1 [, 逻辑表达式 2]…)

主要功能：在给出的所有参数中，当其值均为逻辑假（FALSE）时返回逻辑假
　　　　　（FALSE），只要有一个参数的值为逻辑真则返回逻辑真（TRUE）。

应用举例：函数 OR(3>2, 25<3*8, 54<>3618)将返回逻辑真（TRUE），因为第一个参
　　　　　数结果为 TRUE。

4．常用文本函数

1）CONCATENATE 函数

使用格式：CONCATENATE(文本表达式 1 [, 文本表达式 2]…)

主要功能：将多个文本字符串或单元格中的文本数据连接成一个新字符串并显示在
　　　　　一个单元格中。

应用举例：若 B3 单元格中的数据为“计算机”，则函数 CONCATENATE("大学", B3,
　　　　　"基础")的返回值是文本字符串“大学计算机基础”。

2）LEFT 函数

使用格式：LEFT(文本表达式, 数值表达式)

主要功能：从一个文本字符串的第一个字符开始，返回指定数值的子字符串。

应用举例：函数 LEFT("GDTYWUI", 4)将返回子字符串“GDTY”。

3）LEN 函数

使用格式：LEN(文本表达式)

主要功能：返回文本字符串中字符的个数。

应用举例：在 A5 单元格中存有文本数据“Excel 函数”，函数 LEN(A5)将返回数值 7。

特别提醒：一个标点符号、汉字及空格都算作一个字符。

4）MID 函数

使用格式：MID(文本表达式, 数值表达式 1, 数值表达式 2)

主要功能：从一个文本字符串的指定位置开始，返回指定字符个数的子字符串。

参数说明：数值表达式 1 指出开始位置，数值表达式 2 指定个数。

应用举例：在 A2 单元格中有文本数据“中华人民共和国”，函数 MID(A2, 3, 2)将返
　　　　　回文本字符串“人民”。

5）RIGHT 函数

使用格式：RIGHT(文本表达式, 数值表达式)

主要功能：返回从一个文本字符串的最后一个字符开始，向左截取指定字符个数的
　　　　　子字符串。

应用举例：在 A3 单元格中有文本数据“ABSDEFG”，函数 RIGHT(A3, 9/3)将返回

字符串"EFG"。

6）VALUE 函数

使用格式：VALUE(文本表达式)

主要功能：将一个由数字组成的文本字符串转换为对应的数值型数据。

应用举例：函数 VALUE("785.87")的返回值是数值数据 785.87。

5. 常用查询与引用函数

1）CHOOSE 函数

使用格式：CHOOSE(数值表达式, 表达式 1 [, 表达式 2]…)

主要功能：根据数值表达式的值，返回其后的表达式列表中以该值为序号的表达式的执行结果。即，如果数值表达式的值为 1，则返回表达式 1 的结果；如果数值表达式的值为 2，则返回表达式 2 的结果，以此类推。

参数说明：数值表达式必须为 1~254 之间的数，或结果为 1~254 的公式或单元格引用。

应用举例：函数 CHOOSE(IF(A2>=60, 1, 2), "及格", "不及格")用来判断和显示单元格 A2 中的学生成绩是否及格。

2）COLUMN 函数

使用格式：COLUMN(单元格引用)

主要功能：返回所引用的单元格的列标号值。

应用举例：在 C11 单元格中输入公式"=COLUMN(E11)"，确认后显示为 5，因为 E 列为第 5 列。

特别提醒：如果在 E9 单元格中输入公式"=COLUMN()"，也显示出 5；与之相对应的还有一个返回行标号值的函数——ROW(单元格引用)。

3）INDEX 函数

使用格式：INDEX(单元格区域引用, 行序号数字 [, 列序号数字])

主要功能：返回指定的单元格区域中，由给定的行序号和列序号交叉处的单元格的值或者引用。

应用举例：函数 INDEX(A1:D8, 5, 3)将返回 A1 到 D8 区域中第五行与第三列交叉处的单元格（C5）的值或者引用。

4）ROW 函数

使用格式：ROW(单元格引用)

主要功能：返回一个引用的行序号。

5）ROWS 函数

使用格式：ROWS(数组名或者单元格区域引用)

主要功能：返回指定的单元格区域或者数组的行数。

应用举例：函数 ROWS(A11:A258)将返回 248。

## 5.6.4　单元实验

单元实验 5-6-1：公式和函数计算

【实验目的】

掌握使用公式和函数计算的方法。

【实验素材】

"程序设计成绩统计.xlsx"。

【实验要求】

在素材文件"程序设计成绩统计.xlsx"的 Sheet1 工作表中进行如下操作：

（1）在单元格 J3 中插入函数 SUM，计算第一个同学的各次作业和测验合计，然后将函数向下复制，算出每个同学的合计。

（2）在单元格 K3 中输入公式"=J3*0.3"，计算第一个同学的平时成绩，向下复制该公式计算所有同学的平时成绩。

（3）保存并关闭工作簿文件。

单元实验 5-6-2：单元格的引用和公式及函数计算

【实验目的】

掌握不同工作表之间单元格的引用方法。

【实验要求】

打开单元实验 5-6-1 保存的"程序设计成绩统计.xlsx"，在 Sheet3 工作表中进行如下操作：

（1）计算每个同学的总成绩（平时成绩 + 期末成绩×70%，平时成绩和期末成绩分别在工作表 Sheet1 和 Sheet2 中）。若计算第一个同学的总成绩，则选定单元格 C3，输入公式"=Sheet1!K3+ Sheet2!C3*0.7"。

（2）合并 A11:B11，在其中输入"最高分"，在单元格 C11 中通过插入函数 MAX，求出最高总分。

（3）合并 A12:B12，在其中输入"平均分"，在单元格 C12 中通过插入函数 AVERAGE，求出平均成绩。

（4）保存并关闭工作簿文件。

单元实验 5-6-3：公式和函数的高级应用

【实验目的】

掌握公式和函数的高级应用。

【实验要求】

继续在单元实验 5-6-2 保存的"程序设计成绩统计.xlsx"的 Sheet3 工作表中进行如下操作：

（1）在单元格 D2 中输入"总评"，在该列每个同学的对应单元格中利用 IF 函数判断该同学的成绩是否属于优秀（总成绩>=85）。若是，则显示"优秀"；若不是，则留空。如判断第一个同学，则选定 D3，在编辑栏输入"=IF(C3>=85,"优秀","")"，或插入逻辑函数 IF，其参数按图 5-32 所示设置。

Logical_test　C3>=85　= TRUE
Value_if_true　"优秀"　= "优秀"
Value_if_false　""　= ""

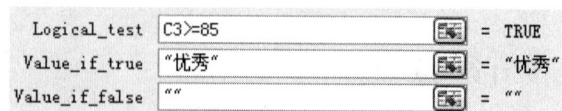

图 5-32　IF 函数参数设置示例

（2）在单元格 A13 中输入“优秀率”，在 B13 中统计优秀率。方法是：选定 B13，插入统计函数 COUNTIF，按图 5-33(a)所示设置参数（即统计优秀的人数），确定后，在编辑栏可看到公式“=COUNTIF(C3:C8,">=85")”，在其后输入“/”，再插入统计函数 COUNT，按图 5-33(b)所示设置参数（即统计总人数），确定后，在 B13 中得到优秀率。

Range　C3:C10
Criteria　>=85
Value1　C3:C10
Value2

(a) 函数 COUNTIF 的参数设置　　(b) 函数 COUNT 的参数设置

图 5-33　统计优秀率

【实验结果】

参见“单元实验 5-6-3(结果).xlsx”。

## 5.7　数据管理和分析

数据管理和分析只能针对数据清单进行，数据清单是遵循某种规则建立的 Excel 表格，其中表格的第一行必须是文本类型，为相应列的名称。在此行的下面是连续的数据区域，每一列包含相同类型的数据，每一列又叫做一个字段。

Excel 可以对数据清单进行排序、筛选和分类汇总等，还可以根据数据清单分析数据，得出其他有用的信息。

### 5.7.1　数据排序

Excel 2007 不仅可以对一列或多列中的数据按文本、数字、日期和时间的升序或降序进行排序，还可以按自定义序列，甚至按格式（包括单元格颜色、字体颜色或图标集）进行排序，将具有相同格式的数据集中排放。大多数排序操作都是针对列进行的，但也可以针对行进行。

1. 简单排序

简单排序是指对一列数据按文本、数字或日期和时间的升序或降序进行排序。方法是：

（1）将光标定位在要排序的数据列中。

（2）单击“开始”选项卡下“编辑”组的“排序和筛选”按钮，在下拉菜单中选择“升序”或“降序”命令；或者直接单击“数据”选项卡下“排序和筛选”组中的“升序”或“降序”按钮。

【小贴士】可右击要排序的数据列中任一单元格，在弹出的快捷菜单中选择"排序/升序（降序）"命令。

2. 复杂数据排序

如果是对多个数据列进行排序，或按行、按自定义序列、按格式进行排序，就要使用"排序"对话框来指定排序的主要关键字、次要关键字、排序依据和次序。

下列操作均能打开"排序"对话框：

方法一：单击"数据"选项卡下"排序和筛选"组中的"排序"按钮。

方法二：单击"开始"选项卡下"编辑"组中的"排序和筛选"按钮，在下拉菜单中选择"自定义排序"命令。

方法三：在快捷菜单中选择"排序/自定义排序"命令。

复杂数据排序操作的具体步骤如下：

（1）单击数据区域任一单元格，打开"排序"对话框。

（2）在"主要关键字"下拉列表中选择排序的主要关键字。

（3）在"排序依据"下拉列表中选择排序类型：

- 若要按文本、数字或日期和时间进行排序，则选择"数值"类型。
- 若要按单元格颜色、字体颜色或图标集排序，则选择相应类型。

（4）在"次序"下拉列表中，根据排序类型进行选择：

- 若是"数值"类型，则选择"升序"、"降序"或"自定义序列"。如果选择"自定义序列"，则将打开"自定义序列"对话框，选择已有的自定义序列或新建一个自定义序列。
- 若是"单元格颜色"、"字体颜色"或"单元格图标"类型，则选择相应的颜色或图标，并在其后的下拉列表中设置将符合该颜色或图标的单元格集中在什么位置（对列进行排序，则选择"在顶端"或"在底端"；对行进行排序，则选择"在左侧"或"在右侧"）。

（5）若要添加作为排序条件的另一列或行，则单击"添加条件"按钮，在"排序"对话框中添加"次要关键字"行，然后进行上述相应的设置。继续单击"添加条件"按钮，可以添加更多的排序条件，如图 5-34 所示。

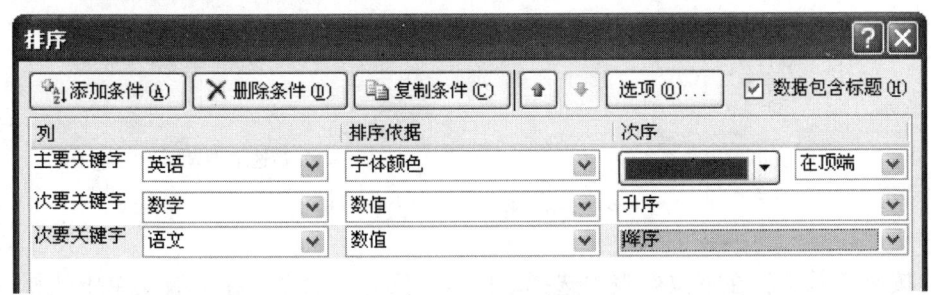

图 5-34　复杂数据排序

（6）单击"确定"按钮。

在"排序"对话框中，如果要删除排序条件，则选定要删除的排序条件，单击"删除条件"按钮即可。

【小贴士】（1）在"排序"对话框中，如果不勾选"数据包含标题"复选框，则标题也会参加排序。

（2）如果是对行进行排序，则要在"排序"对话框中单击"选项"按钮，在打开的"排序选项"对话框中选中"按行排序"单选按钮。

（3）如果排序时要区分大小写字母，则要在"排序选项"对话框中勾选"区分大小写"复选框。

### 5.7.2　筛选数据

Excel 数据筛选是指仅显示数据清单中那些满足指定条件的数据行，隐藏不希望显示的行。对于筛选过的数据子集，可以直接进行复制、查找、编辑、设置格式、制作图表和打印等操作。

1. 使用自动筛选

（1）将光标定位在数据清单中，单击"数据"选项卡下"排序和筛选"组中的"筛选"按钮，此时区域各列名称右侧出现一个下拉按钮（暂且叫"筛选"下拉按钮），如图 5-35 所示。

| | A | B | C | D | E |
|---|---|---|---|---|---|
| 1 | 姓名 ▼ | 语文 ▼ | 数学 ▼ | 英语 ▼ | 总分 ▼ |
| 2 | 徐远 | 95 | 78 | 96 | 269 |
| 3 | 王红 | 87 | 67 | 89 | 243 |
| 4 | 黄静 | 87 | 76 | 75 | 238 |
| 5 | 邓华 | 74 | 79 | 83 | 236 |
| 6 | 李平 | 72 | 35 | 89 | 196 |
| 7 | | | | | |

图 5-35　筛选器下拉按钮

（2）单击某列"筛选"下拉按钮，在打开的下拉菜单中选择筛选条件。可以按列表值、按格式（包括单元格颜色和字体颜色）或按条件进行筛选。

- 按列表值筛选：在下拉列表中，底部的列表框列出该数据列的所有数据，在每个数据前面都有一个复选框，如果复选框被勾选，表示该数据被筛选出来，如果没有被勾选，则表示该数据被隐藏。勾选"全选"复选框，则显示该列所有数据。图 5-36 所示为筛选出语文成绩为 72 和 74 的学生记录。

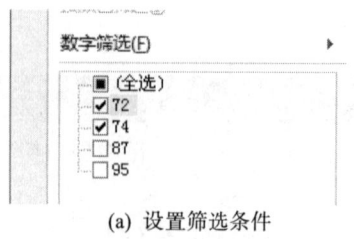

（a）设置筛选条件

（b）筛选结果显示

图 5-36　按列表值筛选示例

- 按颜色筛选：在下拉列表中选择"按颜色筛选"命令，在下级菜单中选择一种颜色，则该列中所有该颜色的数据被筛选出来。图 5-37 示例中，英语 90 分数段的成绩颜色已设为红色，80 分数段的成绩颜色为蓝色，设置筛选条件为按蓝色筛选。

|  | A | B | C | D | E |
|---|---|---|---|---|---|
| 姓名 | 语文 | 数学 | 英语 | 总分 |  |
| 徐远 | 95 | 78 | 96 | 269 |  |
| 王红 | 87 | 67 | 89 | 243 |  |
| 黄静 | 87 | 76 | 75 | 238 |  |
| 邓华 | 74 | 79 | 83 | 236 |  |
| 李平 | 72 | 35 | 89 | 196 |  |

(a) 筛选前　　　　　　　　　　　　　　　　　(b) 设置筛选条件

|  | A | B | C | D | E |
|---|---|---|---|---|---|
| 姓名 | 语文 | 数学 | 英语 | 总分 |  |
| 王红 | 87 | 67 | 89 | 243 |  |
| 邓华 | 74 | 79 | 83 | 236 |  |
| 李平 | 72 | 35 | 89 | 196 |  |

(c) 筛选后结果显示

图 5-37　按颜色筛选示例

- 按条件筛选：对于不同类型（文本、数值、日期）的数据列，在下拉列表中有不同的命令，分别是"文本筛选"、"数字筛选"或"日期筛选"，选择相应命令，并在下级菜单中选择筛选条件或选择"自定义筛选"命令，会打开"自定义自动筛选方式"对话框，在对话框里可以灵活地设置筛选条件。图 5-38 所示是筛选总分为 240~300 之间的学生记录。

【小贴士】Excel 通过给筛选下拉按钮加上"漏斗"标志来说明该列已经应用了筛选功能。

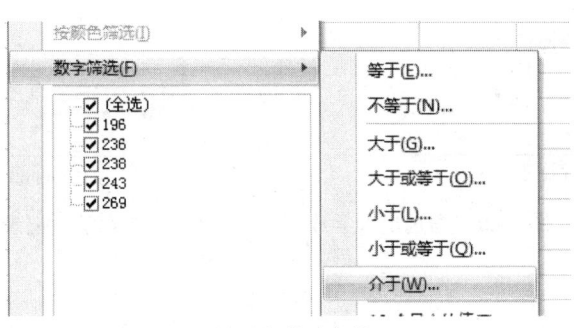

(a) 选择筛选条件

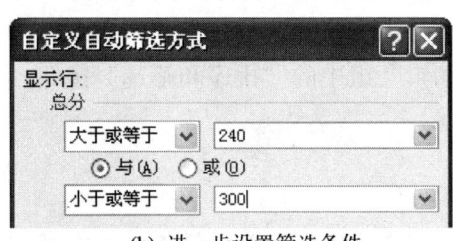

(b) 进一步设置筛选条件

|  | A | B | C | D | E |
|---|---|---|---|---|---|
| 1 | 姓名 | 语文 | 数学 | 英语 | 总分 |
| 2 | 徐远 | 95 | 78 | 96 | 269 |
| 3 | 王红 | 87 | 67 | 89 | 243 |
| 7 |  |  |  |  |  |

(c) 筛选后结果显示

图 5-38　按条件筛选示例

2. 对多列使用自动筛选

Excel 允许按多个列进行筛选，且筛选操作是累加的。这意味着每个追加的筛选操作都基于当前的筛选结果，从而进一步减小了数据的子集。

例如，想筛选出数学成绩在 70 分以上的女学生记录，就要对两个数据列进行筛选。其操作步骤如下：

（1）单击"数学"列的筛选下拉按钮，在打开的下拉列表中选择"数字筛选/大于或等于"命令，打开"自定义自动筛选方式"对话框，进行如图 5-39(a)所示的设置，单击"确定"按钮，则筛选出数学成绩在 70 分以上的学生记录，如图 5-39(b)所示。

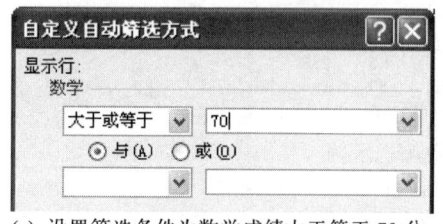

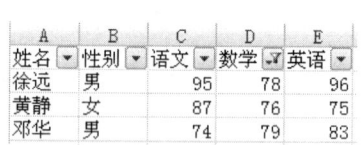

(a) 设置筛选条件为数学成绩大于等于 70 分                          (b) 筛选结果

图 5-39    筛选出数学成绩在 70 分以上的学生记录

（2）单击"性别"列的筛选下拉按钮，在打开的下拉列表只勾选"女"复选框，如图 5-40(a)所示，单击"确定"按钮，即筛选出数学成绩在 70 分以上的女学生记录，如图 5-40(b)所示。

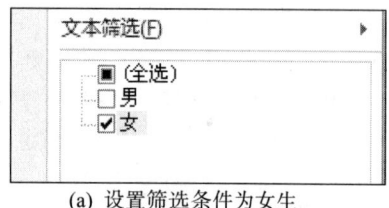

(a) 设置筛选条件为女生                                          (b) 筛选结果

图 5-40    筛选出数学成绩在 70 分以上的女学生记录

3. 清除筛选

若清除某列中应用的筛选，则单击该列筛选下拉按钮，在打开的下拉列表中选择"从'××'中清除筛选"命令（××是该列的名称）。

若清除工作表中所有的筛选，则单击"编辑"组中的"排序和筛选"按钮，在打开的下拉列表中选择"清除"命令。

### 5.7.3　分类汇总和分级显示

分类汇总是按照某关键字段对数据按特定的方式进行汇总，是 Excel 中基本的数据分析工具之一。分类汇总可进行的计算有求和、平均值、最大值、最小值、乘积、计数值、标准偏差、总体标准偏差、方差和总体方差等。

1. 创建分类汇总

下面以对图 5-41(a)所示的原始数据统计各地区的销售总额为例，介绍创建分类汇总的操作步骤：

（1）对需要分类的字段（即列）进行排序（这里对"地区"进行排序）。

（2）将光标定位在工作表的数据清单中，单击"数据"选项卡下"分级显示"组的"分类汇总"按钮，打开"分类汇总"对话框。

（3）在"分类字段"下拉列表中选择已排序的字段，在"汇总方式"下拉列表中选择用来计算分类汇总的函数，在"选定汇总项"列表框中勾选要进行汇总的项目，如图5-41(b)所示。

（4）如果要将汇总结果显示在明细数据的下方，则勾选"汇总结果显示在数据下方"复选框，否则会显示在明细数据上方。

（5）单击"确定"按钮，得到图 5-41(c)所示结果。

(a) 原始数据

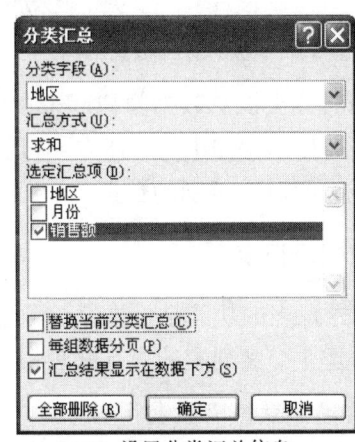

(b) 设置分类汇总信息

| 1 2 3 | | A | B | C |
|---|---|---|---|---|
| | 1 | | 销售额统计表 | |
| | 2 | 地区 | 月份 | 销售额 |
| | 3 | 东部 | 2010年1月 | 11250.00 |
| | 4 | 东部 | 2010年1月 | 11300.00 |
| | 5 | 东部 | 2010年2月 | 11150.00 |
| | 6 | 东部 | 2010年2月 | 11500.00 |
| | 7 | 东部 汇总 | | 45200.00 |
| | 8 | 西部 | 2010年1月 | 31300.00 |
| | 9 | 西部 | 2010年2月 | 42500.00 |
| | 10 | 西部 | 2010年2月 | 42500.00 |
| | 11 | 西部 汇总 | | 116300.00 |
| | 12 | 中部 | 2010年1月 | 22000.00 |
| | 13 | 中部 | 2010年2月 | 13700.00 |
| | 14 | 中部 | 2010年2月 | 32500.00 |
| | 15 | 中部 汇总 | | 68200.00 |
| | 16 | 总计 | | 229700.00 |

(c) 分类汇总结果

图 5-41  创建分类汇总示例

Excel 允许在现有的分类汇总基础上再嵌套分类汇总。如在上例中还要进一步按月份统计各地区的销售额，则再次打开"分类汇总"对话框，在"分类字段"下拉列表中选择"月份"，在"汇总方式"下拉列表中选择"求和"，在"选定汇总项"列表框中勾选"销售额"复选框，单击"确定"按钮，得到图 5-42 所示结果。

【小贴士】在进行嵌套分类汇总时，在"分类汇总"对话框中不能勾选"替换当前分类汇总"复选框，否则新建的分类汇总会替换掉已存在的分类汇总。

| 1 2 3 4 | A | B | C |
|---|---|---|---|
| 1 | | 销售额统计表 | |
| 2 | 地区 | 月份 | 销售额 |
| 3 | 东部 | 2010年1月 | 11250.00 |
| 4 | 东部 | 2010年1月 | 11300.00 |
| 5 | | **2010年1月 汇总** | **22550.00** |
| 6 | 东部 | 2010年2月 | 11150.00 |
| 7 | 东部 | 2010年2月 | 11500.00 |
| 8 | | **2010年2月 汇总** | **22650.00** |
| 9 | **东部 汇总** | | **45200.00** |
| 10 | 西部 | 2010年1月 | 31300.00 |
| 11 | | **2010年1月 汇总** | **31300.00** |
| 12 | 西部 | 2010年2月 | 42500.00 |
| 13 | 西部 | 2010年2月 | 42500.00 |

图 5-42　嵌套分类汇总示例

打开"分类汇总"对话框，单击其中的"全部删除"按钮即可清除工作表中的分类汇总结果。

**2. 在分类汇总中分级显示数据**

在对数据清单进行分类汇总后，Excel 会自动按汇总时的分类分级显示数据，而在数据清单行标题的左侧会显示一些分级显示按钮 ➖ 或 ➕。

单击分级显示按钮 ➖，它将变为 ➕，同时将其右侧的分类汇总数据隐藏起来；反之，单击 ➕ 会显示隐藏的数据，➕ 变为 ➖。

在分级显示按钮上方，还有一行数字按钮 1 2 3 4，代表级别 1 ~ 4，单击这些级别按钮，可显示对应级别的数据。

### 5.7.4　数据透视表

数据透视表的功能是将排序、筛选和分类汇总三个过程结合在一起，能对大量数据快速汇总和建立交叉列表的交互式表格。可以转换行和列以查看源数据的不同汇总结果。

**1. 创建空数据透视表**

（1）打开要创建数据透视表的工作表，单击"插入"选项卡，在"表"组中单击"数据透视表"按钮，在打开的下拉菜单中选择"数据透视表"命令，打开"创建数据透视表"对话框。

（2）选中"选择一个表或区域"单选按钮，输入（或在工作表中选定）要作为创建数据透视表数据的单元格区域，如图 5-43(a)所示。

（3）在"选择放置数据透视表的位置"区域中选择数据透视表的创建位置。如果要将数据透视表放在新工作表中，并以单元格 A1 为起始位置，则选中"新工作表"单选按钮；如果要将数据透视表放在现有的工作表中，则要选中"现有工作表"单选按钮，输入（或在工作表中选择）要放置数据透视表的起始单元格位置。然后单击"确定"按钮，即可在选择的位置创建一个空的数据透视表，如图 5-43(b)所示。

**2. 创建和修改布局**

创建空数据透视表之后，在窗口右侧会显示"数据透视表字段列表"窗格，即图 5-43(b)

·

中右侧框体部分。可以使用该窗格向数据透视表添加字段，或重新排列和删除字段。

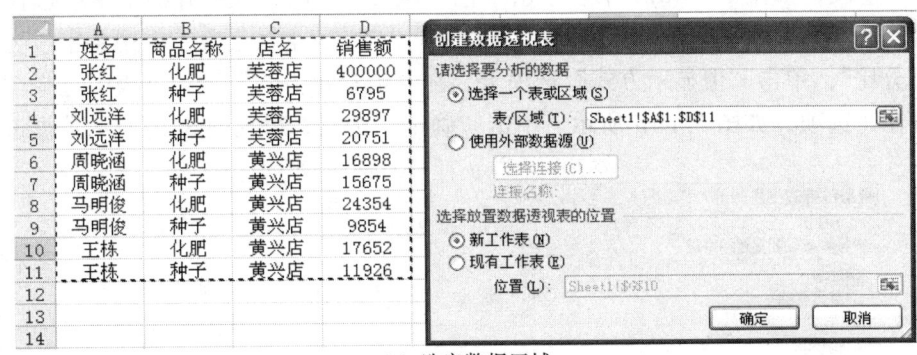

(a) 选定数据区域

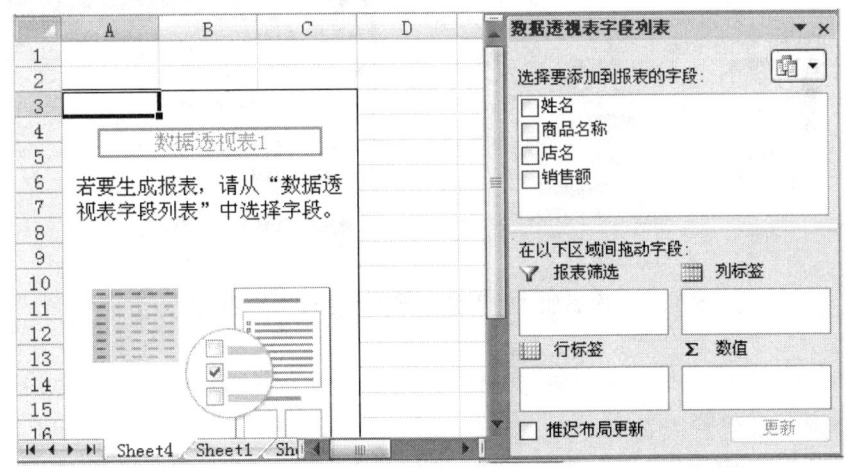

(b) 空数据透视表

图 5-43　创建空数据透视表

　　默认情况下，"数据透视表字段列表"窗格分为上下两个区域：上方的列表框显示了在数据透视表中可添加的字段，下方的布局区域有 4 个列表框，用于在数据透视表中排列和组合字段。必须将要添加到透视表中的字段根据其在透视表中的作用和位置，添加到 4 个列表框之一：

- 作为整个透视表的筛选关键字字段，则添加到"报表筛选"列表框。
- 作为透视表侧面的行，则添加到"行标签"列表框。
- 作为透视表顶部的列，则添加到"列标签"列表框。
- 被用作透视表的汇总数据，则添加到"数值"列表框。

　　例如，要创建一个透视表，统计并显示每个营业员销售种子和化肥的金额，以及这些金额占总销售额的百分比，并且可以筛选各营业点的销售情况，则按以下步骤操作：

　　（1）将窗格中"选择要添加到报表的字段"列表框中的"店名"字段拖到"报表筛选"列表框；将"姓名"字段拖到"行标签"列表框；将"商品名称"字段拖到"列标签"列表框；将"销售额"字段拖到"数值"列表框。

（2）再次将"销售额"字段拖到"数值"列表框，这时，"数值"列表框增加了"销售额 2"字段，如图 5-44(a)所示。单击"销售额 2"字段，在打开的菜单中选择"值字段设置"命令，打开"值字段设置"对话框。在"自定义名称"文本框中将字段名称更改为"百分比"，单击"值显示方式"选项卡，在"值显示方式"下拉列表中选择"占总和的百分比"选项，如图 5-44(b)所示。单击"确定"按钮，得到图 5-45 所示数据透视表。

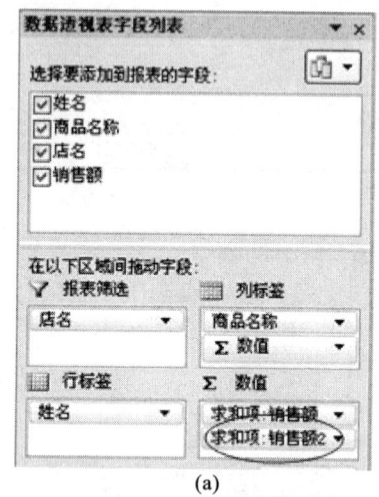
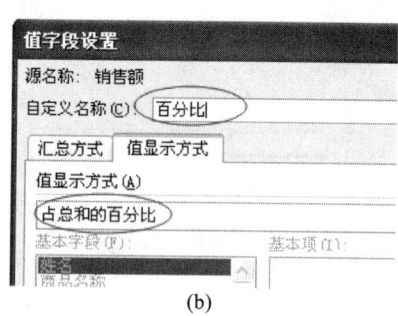

(a) 　　　　　　　　　　　　　　　　(b)

图 5-44　再次添加"销售额"字段并更改名称和值显示方式

| 店名 | (全部) | | | | | | |
|---|---|---|---|---|---|---|---|
| | 列标签 | | | | | 求和项:销售额汇总 | 百分比汇总 |
| | 化肥 | | 种子 | | | | |
| 行标签 | 求和项:销售额 | 百分比 | 求和项:销售额 | 百分比 | | | |
| 刘远洋 | 29897 | 18.14% | 20751 | 12.59% | | 50648 | 30.74% |
| 马明俊 | 24354 | 14.78% | 9854 | 5.98% | | 34208 | 20.76% |
| 王栋 | 17652 | 10.71% | 11926 | 7.24% | | 29578 | 17.95% |
| 张红 | 10987 | 6.67% | 6795 | 4.12% | | 17782 | 10.79% |
| 周晓涵 | 16898 | 10.25% | 15675 | 9.51% | | 32573 | 19.77% |
| 总计 | 99788 | 60.56% | 65001 | 39.44% | | 164789 | 100.00% |

图 5-45　数据透视表最终效果

在生成的透视表中，单击"店名"筛选下拉按钮，可以查看某个店的销售情况；单击"列标签"筛选下拉按钮，可以查看某个商品的销售情况；单击"行标签"筛选下拉按钮，可以查看某个营业员的销售业绩。

【小贴士】要删除数据透视表中的字段，则可直接将该字段从所在的列表框拖到布局区域外。

3. 更新和删除数据透视表

1）更新数据透视表

在创建了数据透视表后，如果源数据发生了变化，基于此数据清单的数据透视表并不会自动随之改变，需要更新数据源。方法是：

选中数据透视表，右击，在弹出的快捷菜单中选择"刷新"命令，即可将数据更新至数据透视表。也可以单击"选项"选项卡下"数据"组中的"刷新"按钮。

2）删除数据透视表

单击数据透视表中任意单元格，然后单击"选项"选项卡下"操作"组中的"选择"按钮，在下拉菜单中选择"整个数据透视表"命令，按 Del 键即可将整个数据透视表删除。

如果只删除数据透视表中的所有报表筛选、标签、值和格式，并重新设置数据透视表，则单击"操作"组中的"清除"按钮，在打开的菜单中选择"全部清除"命令即可。

### 5.7.5　单元实验

单元实验 5-7-1：简单排序、筛选和汇总

【实验目的】

掌握对数据清单进行排序、筛选和汇总的方法。

【实验素材】

"图书销售表.xlsx"。

【实验要求】

（1）打开素材文件"图书销售表.xlsx"。

（2）按照公式"销售总额 = 销售数量 × 销售单价"计算出"销售总额"。

（3）将 Sheet1 的数据清单复制到 Sheet2 和 Sheet3 中。

（4）对 Sheet1 的数据清单按"销售总额"进行降序排序。

（5）对 Sheet2 的数据清单进行"自动筛选"，将"高等教育"出版社中销售数量大于等于 25 的记录显示出来。

（6）对 Sheet3 中的数据清单按"出版社"进行升序排序，然后按"出版社"进行"销售总额"的"求和"汇总。

【实验结果】

参见"单元实验 5-7-1(结果).xlsx"。

单元实验 5-7-2：复杂排序

【实验目的】

掌握复杂数据排序的方法。

【实验素材】

"加班费表.xlsx"。

【实验要求】

（1）打开素材文件"加班费表.xlsx"。

（2）对 Sheet1 的数据清单排序，排序规则是：先把部门字段中字体颜色相同的记录按红、蓝、黑的顺序集中排放，每个颜色段中再按实发金额的升序排放。

【实验结果】

参见"单元实验 5-7-2(结果).xlsx"。

单元实验 5-7-3：分类汇总的嵌套

【实验目的】

掌握对数据清单进行排序、筛选和汇总的方法。

【实验素材】

"数据清单.xlsx"。

【实验要求】

（1）打开素材文件"数据清单.xlsx"。

（2）对 Sheet1 中的数据清单按"车辆型号"进行升序排序，然后按"车辆型号"进行"销售金额"的"求和"汇总。

（3）在上步分类汇总的基础上，再按"销售分公司"进行"销售台次"的"求和"汇总。

【实验结果】

参见"单元实验 5-7-3(结果).xlsx"。

单元实验 5-7-4：创建数据透视表

【实验目的】

掌握数据透视表的建立过程。

【实验素材】

"透视表原始数据.xlsx"。

【实验要求】

（1）打开素材文件"透视表原始数据.xlsx"。

（2）在新工作表中创建一个汇总全部男生和女生的数学、英语、计算机成绩平均分的透视表。

提示：选定数据区域为 C2:F8，将性别添加到"行标签"列表框，将数学、英语、计算机添加到"数值"列表框。在"数值"列表框分别单击"求和项:数学"、"求和项:英语"、"求和项:计算机"，选择"值字段设置"命令，在打开的"值字段设置"对话框中将汇总方式设置成求平均值即可。

【实验结果】

参见"单元实验 5-7-4(结果).xlsx"。

## 5.8　图表的编辑应用

Excel 2007 提供了数十种图表类型，用户可以选择恰当的方式来表达数据信息、自定义图表、设置图表各部分的格式。

### 5.8.1　创建图表

创建图表前，首先认识一下图表的分类。

Excel 中的图表按照插入的位置可以分为内嵌图表和工作表图表。内嵌图表一般与其数据源一起出现，而工作表图表与数据源是分离的，图表占据整个工作表。按照表示数据的图形来区分，图表分为柱形图、饼图和曲线图等多种类型。同一数据源可以使用不同的图表类型来创建图表。

创建图表的方法是：

选定要作为图表数据源的单元格区域，在"插入"选项卡下的"图表"组中单击所需的图表类型按钮，在下拉菜单中选择一种子类型，如图 5-46(a)所示，系统会以默认的格式在当前工作表中插入一个内嵌图表，如图 5-46(b)所示。

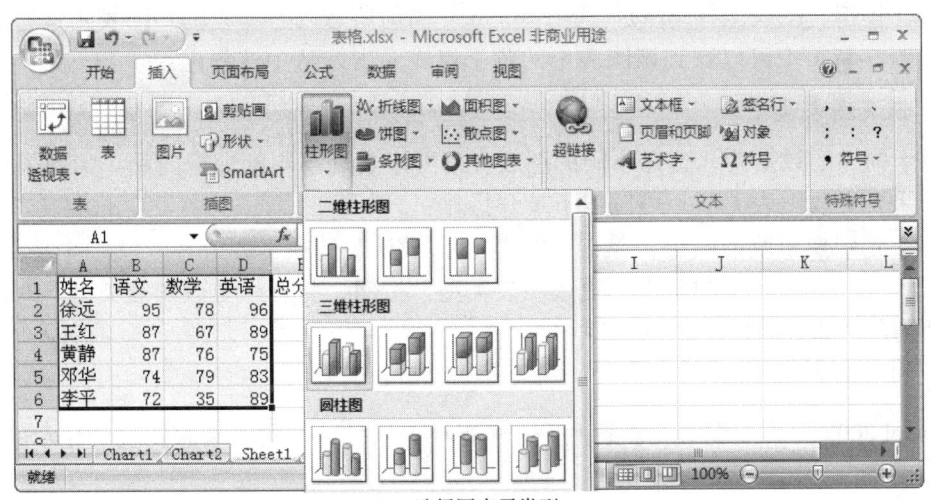

(a) 选择图表子类型

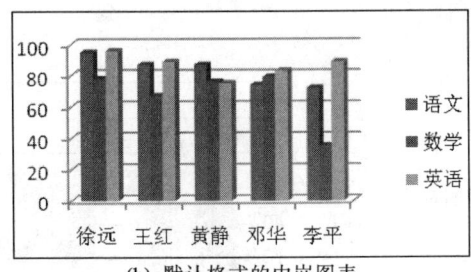

(b) 默认格式的内嵌图表

图 5-46　创建图表

也可以单击"图表"组的对话框启动器，打开"插入图表"对话框，选择需要的图表类型。

【小贴士】（1）选定作为图表数据源的单元格区域，按 F11 键，可快速创建一个使用默认图表类型的图表。

（2）如果作为图表数据源的单元格不在连续的区域中，只要选择的区域是矩形，则按住 Ctrl 键的同时选择不相邻的多个单元格或区域即可。

（3）如果在创建图表时经常使用某种特定的图表类型，则可将该图表类型设置为默认图表类型。方法是：在"插入图表"对话框中选择图表类型和子类型后，单击"设置为默认图表"按钮。

### 5.8.2 编辑图表

图表创建好后，还可以根据需要对其类型、布局、样式、位置等进行更改。

#### 1. 如何选定图表的各元素

在编辑图表前，首先必须选定要编辑的图表元素，可以用鼠标直接单击选定，也可以用以下方法准确选定：

（1）单击要修改的图表。

（2）单击"图表工具/布局"选项卡，在"当前所选内容"组的"图表元素"下拉列表（见图 5-47）中可以看到该图表中的各个组成元素，从中选择即可。

#### 2. 改变图表类型

对于同样的数据源，选择不同的图表类型可以表现不同的数据内涵。当图表创建好后，如果要更改图表类型，可按以下步骤操作：

（1）选定要更改的图表，单击"图表工具/设计"选项卡。

（2）在"类型"组中单击"更改图表类型"按钮，打开"更改图表类型"对话框，选择所需的图表类型。

#### 3. 切换行列

Excel 2007 允许对图表切换行列，这样有利于从另一个角度观察图表所显示的内涵。具体方法是：

单击"图表工具/设计"选项卡，在"数据"组中单击"切换行/列"按钮，如图 5-48 所示，请与图 5-46(b)相比较。

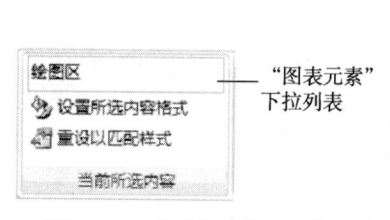

图 5-47　"图表元素"下拉列表

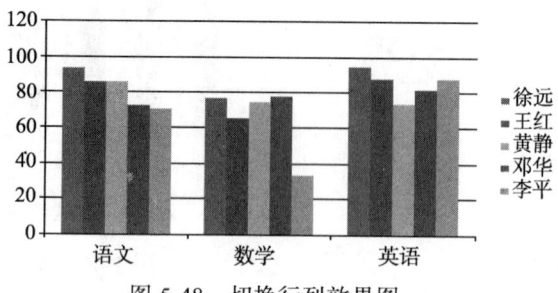

图 5-48　切换行列效果图

#### 4. 修改数据源

如果需要改变图表的数据源，可以执行以下操作：

（1）选定图表，在"数据"组中单击"选择数据"按钮，打开"选择数据源"对话框。

（2）拖动鼠标，在工作表中重新选择数据源。

（3）单击"确定"按钮，系统会根据所选择的数据源重新生成图表。

【小贴士】（1）也可以在"选择数据源"对话框中通过"添加"、"编辑"和"删除"按
　　　　　　　钮更改数据源。

　　　　　　（2）默认情况下，图表中不显示工作表中隐藏的行和列中的数据，空单元格
　　　　　　　也显示为空距。可以在"选择数据源"对话框中单击"隐藏的单元格和空
　　　　　　　单元格"按钮，在打开的"隐藏和空单元格设置"对话框中确定是否显示
　　　　　　　隐藏的行列中的数据和更改空单元格的显示方式。

　5. 图表及组成元素的移动和删除

　1）移动

　选定要移动的图表或元素，将其拖到目标位置即可。

　如果要移动图表到当前工作簿中其他的工作表，可在"图表工具/设计"选项卡下，单击"位置"组的"移动图表"按钮，打开"移动图表"对话框：

- 选中"新工作表"单选按钮，则 Excel 会在当前工作簿中插入一个新工作表来放置图表。
- 选中"对象位于"单选按钮，可以从其右侧的下拉列表中选择已有的其他工作表来放置图表。

　2）删除

　选定要删除的图表或元素，按 Del 键。

【小贴士】可以用"复制"、"剪切"和"粘贴"操作移动和复制图表。

### 5.8.3　设置图表格式

　创建图表后，可以根据个人审美和图表表达需要来更改它的外观。

　1. 快速更改图表布局和样式

　Excel 2007 内置了多种预定义布局和样式供用户选择，从而可以快速更改图表的布局和样式。

　（1）选定要更改布局和样式的图表。

　（2）单击"图表工具/设计"选项卡，在"图表布局"组中选择要使用的图表布局效果。单击"其他"下拉按钮可以查看和选择更多图表布局。

　（3）在"图表样式"组中选择要使用的图表样式效果。单击"其他"下拉按钮，可以查看更多样式。

　2. 手动设置图表元素的布局和格式

　如果预定义布局效果不能满足需要，可以通过手动设置图表元素的布局和格式来进一步自定义图表的布局效果。

　图表元素的布局主要指它们在图表中的位置，图表元素的格式主要指边框、填充、

对齐方式、阴影和三维格式等。

1）设置图表标签元素的布局和格式

图表标签元素包括图表标题、坐标轴标题、图例、数据标签和数据表。操作步骤如下：

（1）选定要更改布局的图表。

（2）单击"图表工具/布局"选项卡，在"标签"组中单击相应标签元素的图标按钮，打开的下拉列表分为上下两个区域：

- 布局列表：列出可选择的布局选项，根据需要进行选择，再进行相应设置。
- "其他××选项"（"××"为标签元素名称）命令：单击可打开相应的设置格式对话框，从中可设置标签元素的格式。

2）设置坐标轴和网格线的布局和格式

通常图表有两个用于对数据进行度量和分类的坐标轴：垂直轴（也称数据轴或 $y$ 轴）和水平轴（也称分类轴或 $x$ 轴），如果是三维图表，还有第三个轴，即竖轴（也称系列轴或 $z$ 轴）。也有的图表没有坐标轴，如饼图、圆环图。

为了方便阅读图表中的数据，可以在图表的绘图区显示网格线。二维图表主要有水平网格线和垂直网格线，三维图表中还有竖网格线。网格线按刻度又分为主要网格线和次要网格线。

可以对坐标轴和网格线的布局和格式进行设置，操作步骤如下：

（1）选定要更改布局的图表。

（2）单击"图表工具/布局"选项卡，在"坐标轴"组中单击"坐标轴"和"网格线"图标按钮，其余操作与设置图表标签元素类似。

【小贴士】选定图表元素后，单击"图表工具/布局"选项卡，在"当前所选内容"组中单击"设置所选内容格式"按钮，打开相应设置格式对话框也可以进行格式设置。

3. 设置图表背景

在图表中可以设置绘图区背景，以进一步美化图表。如果选择了三维图表类型，则可以设置图表背景墙、图表基底和图表区格式。

（1）选定图表。

（2）单击"图表工具/布局"选项卡，在"背景"组中单击"绘图区"按钮，在下拉菜单中选择：

- "无"选项：将清除绘图区背景。
- "显示绘图区"选项：以默认颜色填充绘图区。
- "其他绘图区选项"选项：详细设置绘图区填充效果。

4. 保存和应用自定义图表模板

自定义图表布局或样式不能保存，如果希望再次使用相同的图表布局或样式，可以将图表另存为图表模板。以后可以与应用一个内置的图表类型类似的方法来应用图表模板。

将自定义的图表保存为图表模板的具体步骤如下：

（1）选定要保存为模板的图表。

（2）在"图表工具/设计"选项卡下，单击"类型"组的"另存为模板"按钮，打开"保存图表模板"对话框。

（3）给模板命名（保存位置和类型采用默认），单击"保存"按钮。

在创建图表时，只需在"插入图表"对话框的左侧选择"模板"选项，在"我的模板"列表框中选择需要应用的图表模板，单击"确定"按钮即可，如图 5-49 所示。

图 5-49　应用自定义图表模板

### 5.8.4　单元实验

单元实验 5-8-1：创建和编辑图表

【实验目的】

掌握创建和编辑图表操作。

【实验素材】

"电器销售情况.xlsx"。

【实验要求】

（1）打开素材文件"电器销售情况.xlsx"。

（2）根据 Sheet1 的数据清单生成一个柱形图表。

（3）将图表类型更改为一个三维面积图。

（4）对图表切换行列，观察图表变化。

（5）修改数据源，只对各电器的前两个月的销售情况生成图表。

（6）将图表复制到 Sheet2 中。

【实验结果】

参见"单元实验 5-8-1(结果).xlsx"。

单元实验 5-8-2：创建、编辑和格式化图表

【实验目的】

掌握创建、编辑和格式化图表的方法。

【实验素材】

"毕业生分配表.xlsx"。

【实验要求】

（1）打开素材文件"毕业生分配表.xlsx"。

（2）按年份、国有企业、外资企业、合资企业、乡镇企业和私人企业生成折线图。X 轴标题为"年份"，Y 轴标题为"人数"，图表标题为"毕业生分配表"。

（3）将坐标轴标题设为华文楷体，10 号，加边框和底纹，颜色和样式自定。对图表标题进行适当修饰。

（4）显示数据标签，位置自定。设置绘图区背景，使用渐变色填充绘图区，颜色效果自定。

【实验结果】

参见"单元实验 5-8-2(结果).xlsx"。

# 5.9　打印工作表

## 5.9.1　页面设置

工作表的页面设置包括纸张大小、打印方向、打印质量、起始页码、页边距、居中方式和页眉/页脚等操作，这些操作可在"页面设置"对话框中进行。单击"页面设置"组的对话框启动器，打开"页面设置"对话框，此对话框有"页面"、"页边距"、"页眉/页脚"和"工作表"四个选项卡。

1."页面"选项卡

在该选项卡下，可以设置打印方向、纸张大小，调整工作表的缩放比例，设置打印质量和起始页码。

2."页边距"选项卡

在该选项卡下，可以设置上下左右页边距的大小，指定页眉或页脚与页边界的距离，设置数据在页面水平和垂直居中方式。

3."页眉/页脚"选项卡

在 Excel 中，可以作为页眉和页脚内容的信息包括页码、当前日期和时间、工作簿文件名、工作表标签名称等系统预置的信息以及用户输入的任何信息，甚至图片。

在"页眉"或"页脚"下拉列表中可以选择系统预置的信息，如图 5-50 所示。

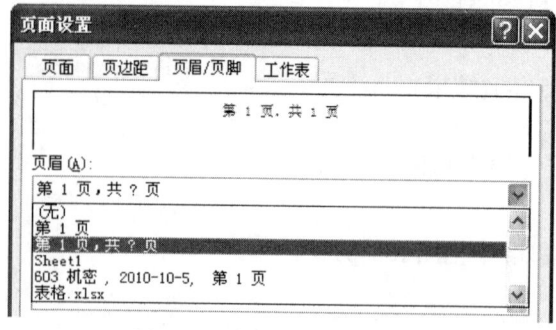

图 5-50　插入"页眉"信息

　　如果预置的页眉或页脚信息不符合需要,可以单击"自定义页眉"或"自定义页脚"按钮,打开"页眉"或"页脚"对话框。在对话框中选定页眉或页脚存放区域(左、中、右),输入作为页眉或页脚的文字信息,或者利用上面的相关按钮,将文档的相关信息或图片添加到页眉或页脚中。

　　如果要设置页眉或页脚奇偶页不同,必须先勾选"奇偶页不同"复选框,再单击"自定义页眉"按钮,在打开的"页眉"或"页脚"对话框中分别设置奇偶页的页眉或页脚参数。

【小贴士】(1)要删除页眉或页脚,可在"页眉"或"页脚"下拉列表中选择"无"选项。
　　　　　(2)单击工作表右下角的视图切换按钮中的"页面布局"按钮,切换到页面布局视图下,单击页眉、页脚编辑区,即可进行页眉和页脚设置。

　　4."工作表"选项卡

　　在"打印区域"参数框中可以设定要打印的单元格范围。在"顶端标题行"或"左端标题列"的参数框中可以设定每一页的水平方向标题或垂直方向标题,当工作表太宽或太长,一页打印不下时,此选项是非常有用的。

　　可以选择是否打印"网格线",是否打印"行号列标"及当表格的行和列都跨页时,是按先列后行还是先行后列的顺序打印等。

　　每个选项卡下都有"打印预览"和"打印"按钮,单击可以及时查看设置的效果和打印。

## 5.9.2　打印设置

　　1.预览打印效果

　　除了在"页面设置"对话框各选项卡下单击"打印预览"按钮外,还可以打开 Office 菜单,选择"打印/打印预览"命令进入打印预览视图。在打印预览视图下也可以进行页面设置。按 PageUp 或 PageDown 键,或功能区中"上一页"、"下一页"按钮可查看所有页。

　　2.设置打印选项

　　在 Office 菜单中选择"打印/打印"命令,打开"打印内容"对话框,可以设置打印范围(选择页、整个工作簿、活动工作表、选定区域)和打印份数。

## 5.9.3　单元实验

单元实验 5-9-1:页面设置
【实验目的】
　　掌握工作表页面设置的方法。
【实验素材】
　　"化妆品销售订单.xlsx"、"花.jpg"。
【实验要求】
　　(1)打开素材文件"化妆品销售订单.xlsx"。

（2）设置页边距为上下各 2.5 厘米，左右各 2 厘米，水平居中，缩放 120%。

（3）在页眉右边插入图片（来自素材文件"花.jpg"），页脚居中插入页码。

（4）每页都有重复标题行。

【实验结果】

参见"单元实验 5-9-1(结果).xlsx"。

# 5.10　综　合　实　验

综合实验 5-1

【实验目的】

进一步熟练掌握数据的输入、格式设置和图表生成。

【实验要求】

（1）新建一个工作簿，在工作表 Sheet1 中输入表 5-8 中的数据。要求：

- 将标题设为黑体 16 号字，并将标题居中，标题与表格之间插入一个空行。
- 求出每个人的"应发工资"和"实发工资"并填入到相应的单元格内。其中：应发工资=基本工资+岗位津贴+奖励工资，实发工资=应发工资–应扣工资。
- 求除"编号"和"姓名"外其他栏目的"合计"和"平均"，填入相应单元格，平均值保留 2 位小数。
- 将"实发工资"低于 3000 的数据用红色字表示（应用条件格式）。

表 5-8　综合实验 5-1 原始数据

| 朗拓软件开发公司 2008 年 8 月份工资表 | | | | | | | |
|---|---|---|---|---|---|---|---|
| 编号 | 姓名 | 基本工资 | 岗位津贴 | 奖励工资 | 应发工资 | 应扣工资 | 实发工资 |
| 001 | 王敏 | 2200 | 600 | 844 | | 25 | |
| 002 | 丁伟光 | 2000 | 580 | 700 | | 12 | |
| 003 | 吴兰兰 | 1500 | 640 | 510 | | 0 | |
| 004 | 许光明 | 1800 | 620 | 650 | | 0 | |
| 005 | 王坚强 | 1900 | 450 | 680 | | 15 | |
| 006 | 姜玲燕 | 1750 | 480 | 680 | | 58 | |
| 007 | 周兆平 | 2200 | 620 | 780 | | 20 | |
| 008 | 赵于地 | 2050 | 560 | 646 | | 0 | |
| 合计 | | | | | | | |
| 平均 | | | | | | | |

（2）将工作表 Sheet1 更名为"工资表"。

（3）将"工资表"各栏列宽设置为 9.5；列标题行行高设置为 25，其余行高为最合适的行高；列标题粗体、水平和垂直居中，浅蓝色的底纹；表格中的其他内容居中。

（4）对"工资表"进行页面设置：纸张大小为 A4，上、下边距为 3 厘米；设置页眉为"职工工资一览表"，格式为居中、粗斜体；设置页脚为"制表人：×××"，×××为自己的姓名，靠右对齐。

（5）以职工王坚强的"基本工资"、"岗位津贴"和"奖励工资"为数据源，创建其应发工资的饼图，要求每部分饼上有数据标签。

【实验结果】

参见"综合实验 5-1(结果).xlsx"。

综合实验 5-2

【实验目的】

进一步熟练掌握图表基本操作及函数运算。

【实验要求】

（1）新建一个工作簿，在工作表 Sheet1 中输入图 5-51 所示的数据。要求：

- 将标题设为黑体 18 号字、红色加粗、居中，橙色底纹。
- 表格其余单元格设黄色底纹，设置整个表格内外边框为黑色。
- 所有单元格垂直居中对齐，数值型单元格右对齐，设千位分隔符，产品数量单元格无小数，产品合格率和各等级所占百分比有 2 位小数；其他单元格的内容居中。

（2）使用函数在单元格 F8 中计算所有分厂产品数量的总和，并计算表中的"产品合格率(%)"和"各等级所占百分比"。其中：产品合格率=非次品产品数量/所有等级产品数量之和；各等级所占百分比=该等级产品数量之和/产品总和。

（3）建立"一分厂"、"三分厂"、"五分厂"第四季度各等级产品产量的三维柱形图表。

（4）图表标题为"各单位产品质量"，横坐标轴标题为"产品等级"，纵坐标轴标题为"产品数量"。

【实验结果】

参见"综合实验 5-2(结果).xlsx"。

| | A | B | C | D | E | F |
|---|---|---|---|---|---|---|
| 1 | 新电器公司第四季度产量报表 | | | | | |
| 2 | 单位 | 一等产品数量 | 二等产品数量 | 三等产品数量 | 次品产品数量 | 产品合格率(%) |
| 3 | 一分厂 | 1324 | 567 | 123 | 89 | |
| 4 | 二分厂 | 2314 | 765 | 241 | 34 | |
| 5 | 三分厂 | 3412 | 891 | 654 | 123 | |
| 6 | 四分厂 | 9871 | 616 | 528 | 95 | |
| 7 | 五分厂 | 2180 | 567 | 324 | 178 | |
| 8 | 各等级所占百分比 | | | | | |

图 5-51　综合实验 5-2 数据

综合实验 5-3

【实验目的】

进一步熟练掌握图表制作的各种操作。

【实验要求】

（1）新建一个工作簿，将工作表 Sheet1 重命名为"部门费用统计"，以下操作均在该工作表中进行。

（2）在单元格 A1 中输入表格标题"部门费用统计表"，分别在 A2:I2 区域的单元格中输入列标题"序号"、"时间"、"姓名"、"部门"、"费用类别"、"入账"、"出账"、"余额"和"备注"。

（3）将表格标题合并居中，设为隶书 20 号字、红色加粗。所有列标题设为微软雅黑 11 号字，加粗，居中。

（4）选定"序号"列，打开"设置单元格格式"对话框，单击"数字"选项卡，在"分类"列表框中选择"自定义"选项。在右侧"类型"文本框中输入 000，单击"确定"按钮。在 A3 中输入 1，拖动填充柄到 A15。

（5）在其他列分别输入图 5-52(a)所示数据。

（6）选定"入账"、"出账"、"余额"列，将其格式设置为"货币"，保留 1 位小数，货币符号为"￥"。

（7）分别在 E3、E5、E6、E7、E8 单元格中输入"办公费"、"出差费"、"第一季度入账"、"宣传费"、"招待费"。

（8）依次右击"费用类别"列其他空白单元格，在弹出的快捷菜单中单击"从下拉列表中选择"命令，从出现的下拉列表中根据图 5-52(b)选择适当的数据输入。

| | A | B | C | D | E | F | G | H | I |
|---|---|---|---|---|---|---|---|---|---|
| 1 | | | | 部门费用统计表 | | | | | |
| 2 | 序号 | 时间 | 姓名 | 部门 | 费用类别 | 入账 | 出账 | 余额 | 备注 |
| 3 | 001 | 2010-3-5 | 张磊 | 开发部 | | | 500 | 4500 | 打印纸 |
| 4 | 002 | 2010-3-6 | 郭海涛 | 宣传部 | | | 800 | 4200 | 墨盒 |
| 5 | 003 | 2010-3-8 | 黄大俊 | 销售部 | | | 1200 | 3800 | 成都 |
| 6 | 004 | 2010-3-10 | 刘娟 | 财务部 | | 100000 | | 100000 | |
| 7 | 005 | 2010-3-11 | 邓强 | 宣传部 | | | 1400 | 2800 | 广告 |
| 8 | 006 | 2010-3-12 | 张潇潇 | 秘书处 | | | 1600 | 3400 | 合江宾馆 |
| 9 | 007 | 2010-3-14 | 李志明 | 开发部 | | | 1000 | 3500 | 材料 |
| 10 | 008 | 2010-3-17 | 肖凯 | 销售部 | | | 200 | 3600 | 飘来香 |
| 11 | 009 | 2010-3-19 | 郑玲 | 秘书处 | | | 300 | 3100 | 礼品 |
| 12 | 010 | 2010-3-22 | 李兴明 | 宣传部 | | | 400 | 2400 | 办公纸 |
| 13 | 011 | 2010-3-25 | 谭功强 | 销售部 | | | 500 | 3100 | 礼品 |
| 14 | 012 | 2010-3-27 | 黄丽 | 开发部 | | | 1100 | 2400 | 软件 |
| 15 | 013 | 2010-3-29 | 曾善琴 | 秘书处 | | | 1300 | 1800 | 北海宾馆 |

(a)

| | |
|---|---|
| 2 | 费用类别 |
| 3 | 办公费 |
| 4 | 办公费 |
| 5 | 出差费 |
| 6 | 第一季度入账 |
| 7 | 宣传费 |
| 8 | 招待费 |
| 9 | 招待费 |
| 10 | 招待费 |
| 11 | 办公费 |
| 12 | 招待费 |
| 13 | 办公费 |
| 14 | 办公费 |
| 15 | 出差费 |

(b)

图 5-52 输入部分数据

（9）在列标题行上插入一行，行高 15。

（10）分别合并 A2:E2、F2:I2，并在合并后的单元格中分别输入制表人和制表日期，字体格式为华文楷体 11 号字，分别左对齐和右对齐。

（11）给 A3:I16 区域添加边框，内外框均为蓝色。

（12）选定列标题行，套用单元格样式中的"注释"样式。

（13）选定 A3:I16，以"部门"为主关键字、"费用类别"为次关键字，均按升序排序。

（14）按"部门"进行"出账"的"求和"汇总。

（15）清除全部分类汇总。对 A3:I16 进行"自动筛选"，将办公费用高于 500 的记录显示出来。

（16）取消筛选，在新工作表中根据 A3:I16 提供的数据，制作一张数据透视表，反应各部门产生的各项费用汇总情况。

【实验结果】

　　参见"综合实验 5-3(结果).xlsx"。

## 5.11　辅助阅读资料

[1] 太平洋电脑网. Excel 2007 入门基础视频教程. http://pcedu.pconline.com.cn/videoedu/
　　office/0908/1725810.html.

[2] 天极网. Excel 2007 教程集　http://soft.yesky.com/office/368/3322368.shtml.

[3] 爱好者. Microsoft Excel 2007 教程专题. http://school.cfan.com.cn/zhuanti/excel2007.

[4] Ms.Excel 教程网. Excel 2007 教程. http://msexcel.com.cn/Excel2007.

# 第 6 章　网络基础应用

【实验目标】

本章通过对有关网络基本应用方面内容的学习与实践，使学生掌握浏览器的使用及基本的网络信息的检索方法，掌握电子邮件的原理及使用方法，掌握文件的上传与下载方法，培养学生依托 Internet 查找资料、自主学习和研究的能力。

【实验方法】

本章首先按小节介绍了网页浏览、信息检索、电子邮件、文件传输等网络主要应用与服务的基本概念、原理、方法等相关内容，并针对不同的部分分别设计了相关的实验，使学生逐步掌握浏览网页信息、查找资料、发送电子邮件、进行文件传输的方法和技术。最后设计了两个综合实验，融合了上述多个方面的网络应用，训练学生基于网络进行工作的方法和技术。

## 6.1　网　页　浏　览

### 6.1.1　网页浏览概述

Web 服务（3W 服务）是目前应用最广的一种基本互联网应用。通过 Web 服务使用的超文本链接，可以很方便地从一个信息页转换到另一个信息页，不仅能查看文字，还可以欣赏图片、音乐、动画等。

Web 采用的是一种主从式结构（Client-Server Module），其中客户端（Client）计算机可通过网络联机取得另一台计算机的资源或服务，而提供资源或服务的计算机就叫做服务端或服务器（Server）。Web 客户端所执行的是一种叫做浏览器的软件，客户端只要通过浏览器，即可阅读服务器的 Web 文件（网页）。基本的工作模式是：

- Web 浏览器的工作是处理用户的要求，当用户单击超链接，浏览器就会通过超链接的网址连上服务器，向服务器要求用户所需要的 Web 文件。
- Web 服务器接收到浏览器发出的 HTTP 要求，然后从自己的硬盘找出用户所需要的文件，将文件传给浏览器。
- 浏览器接收到服务器传回的文件后，将这些 HTML 文件翻译成 Web 画面，然后显示在用户面前。

浏览器是专门用于定位和访问 Web 信息的浏览器程序或工具，通常具备下列功能：书签管理、下载管理、网页内容缓存、通过第三方外挂程式（plugins）支援多媒体、"编辑"附加功能、网址和表单资料自动完成、分页浏览、禁止弹出式广告、广告过滤等。

主要的浏览器有 Internet Explorer、火狐 Firefox、傲游 Maxthon、Opera 和 Safari 等，

这些浏览器在设计、方便用户使用、安全等方面各具特色。

### 1. Internet Explorer

Internet Explorer（简称 IE）浏览器是微软公司的产品。

2006 年 12 月 1 日发布的 IE7 相对 IE6 及之前的版本，整体风格有了全新的改变，布局更合理，而 2010 年 3 月 20 日正式发布的新一代浏览器 IE8 在兼容标准方面向前迈出了一大步，性能有了较大提升。IE 浏览器全面支持中文.cn 的功能，采用了标签浏览，集成了 RSS 订阅功能，增强了安全性能，进一步支持 W3C 的 CSS、PNG 等。

2010 年 9 月 15 日，微软公司发布了 IE9 Beta 浏览器测试版，2011 年 3 月，IE9 正式在中国发布，它使网页加载和运行速度变得更快。

### 2. Firefox

Firefox（火狐）的全称是 Mozilla Firefox（缩写为 Fx），是非盈利性的"Mozilla 基金会（Mozilla Foundation）"与开源团体共同开发的网页浏览器，Mozilla 是一个软件套装，包含了浏览器、电子邮件客户端、网页编辑器、IRC 聊天等。

Firefox 界面美观清爽、轻便快捷，包含了许多突出的特色，如分页浏览、即时查找、即时书签、下载管理器、自定义搜索引擎、跨平台支持等。Firefox 最吸引人的地方还是它的插件和扩展功能，通过由第三方开发者贡献的众多的插件和扩展来丰富和加强各种功能，提供了大量免费的插件，保持了自身尽可能小巧。

自 2004 年 11 月 9 日发行第一个版本 Firefox 1.0 以来，其"开放源代码"特性决定着 Firefox 在开源社区拥有众多的支持者。可以说，获得众多软件开发人员的无偿支持是 Firefox 在市场上迅速取得成功的关键所在。Firefox 的发展已经影响到微软 IE 浏览器的霸主地位，引发了新一轮的浏览器大战。Firefox 单独为中国推出了 G-fox 火狐中国版，增加了一系列特色插件。

### 3. Maxthon

傲游浏览器（Maxthon）是一款基于 IE 内核的、多功能、个性化、多标签浏览器。

Maxthon 最大的特点是多标签浏览，它允许在同一窗口内打开任意多个页面，可以有效减少对系统资源的占用，提高网上冲浪的效率，标签的右键菜单使浏览和各种其他操作更快捷。Maxthon 能有效防止恶意插件，阻止各种弹出式、浮动式广告，加强网上浏览的安全；支持各种外挂工具及 IE 扩展插件。除此之外，Maxthon 还具有鼠标手势、超级拖曳、隐私保护、RSS 阅读器、外部工具栏、自定义皮肤等特点。

傲游无论从功能设计、界面设计还是交互设计上都为用户提供了很好的浏览体验。

### 4. 其他浏览器

#### 1）GreenBrowser

GreenBrowser（绿色浏览器）是一款基于 IE 内核的、免费的绿色多窗口浏览器，是一款上手容易、浏览高效的、受欢迎的网页浏览器。

#### 2）Opera

Opera 浏览器提供了一种快速、有趣并且易用的网络浏览方式。Opera 是最早实现显示用户最近浏览过的 9 个站点的缩略图预览功能的浏览器，好像也是最早实现标签式浏览的浏览器；内置的 BT（BitTorrent）支持可以直接在 Opera 中 BT 下载。

3）Chrome

Google 推出的 Chrome 浏览器发展迅速。它的浏览器作为平台的想法很吸引人，在速度、设计以及内置开发工具等方面颇具特色。Chrome 实现的多标签功能中，每个标签使用独立的 Windows 进程，任何一个标签的崩溃不会影响到别的标签，在先进多核系统中，这些标签或窗口运行十分流畅；快速启动是 Google 开发 Chrome 浏览器的主要目标之一，Chrome 的启动速度在多款浏览器测试中名列前茅。

4）腾讯 TT 浏览器

腾讯 TT 浏览器是一款基于 IE 内核的多页面浏览器，具有亲切、友好的用户界面，提供多种皮肤供用户根据个人喜好使用。另外，TT 更是新增了多项人性化的特色功能，使上网冲浪变得更加轻松自如、省时省力。

5）Safari

苹果公司出品的 Safari 是一款从 Mac OS 移植到 Windows 的浏览器，它的界面设计总是引领潮流。

### 6.1.2　IE 8 浏览器的使用

下面介绍浏览器 IE 8.0 的操作方法及使用技巧。

1. 浏览器界面介绍

启动浏览器后，其主界面如图 6-1 所示。

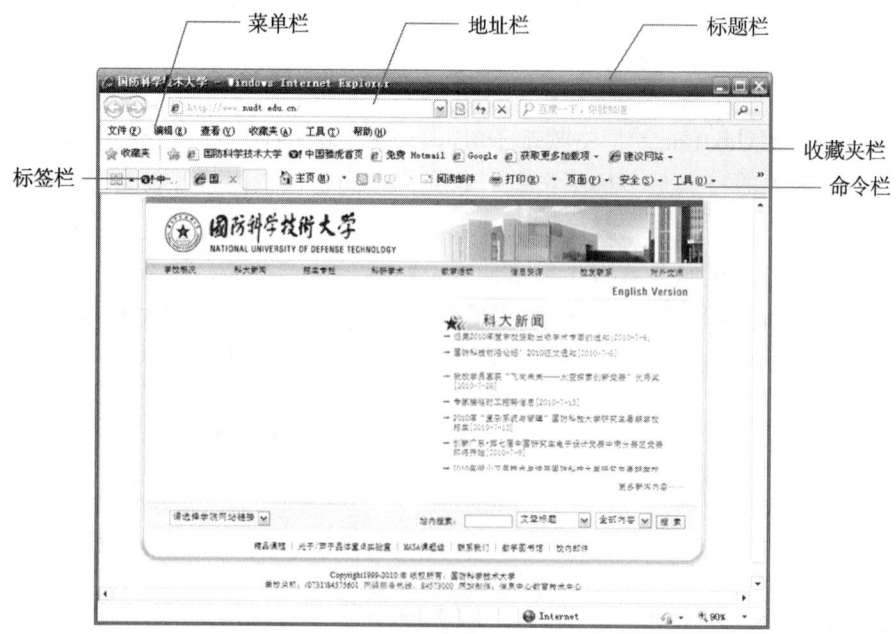

图 6-1　IE 浏览器主界面

1）标题栏

标题栏反映的是用户正在浏览的页面的名称或当前网页的地址。随着用户在网上漫游，标题栏在不断变化。标题栏符合 Windows 的基本风格，含有大家所熟悉的最小化、最大化（还原）和关闭按钮。

2）地址栏

地址栏上显示的是用户正在访问的那一页的网上地址。用户直接在地址栏中输入 URL 地址，按 Enter 键，即可访问该地址所对应的网页。

地址栏加入了域名高亮的设置，在输入某个网址的时候，域名会以黑色高亮显示在地址栏，很是醒目，并把其网址的其余部分显示成灰色，突出显示了域名，这对用户识别网站的真实域名，有效防止一些虚假和仿冒网站有所帮助。

3）菜单栏

菜单栏中包含了所有的菜单命令。只要单击菜单栏上的任何一个菜单，就会弹出相应的下拉菜单，下拉菜单的某些选项还含有子菜单，只需用鼠标一步步搜索，就能找到所需要的功能。

4）收藏夹按钮、收藏夹栏

收藏夹提供了快速进行收藏夹管理、浏览历史记录的途径。

收藏夹栏上放置着指向频繁访问的部分网页的链接，用户可以把自己喜欢的或经常访问的网页链接放到收藏夹中，或添加到收藏夹栏上。用户可以通过收藏夹或收藏夹栏上的站点快速访问所需网页。

5）命令栏

命令栏包含了用户使用最为频繁的一些菜单命令，它们以图标按钮的形式放在一起，IE 浏览器的主要功能都包含在常用按钮中。用户还可以自行增加或减少工具按钮的数量。

【小贴士】在没有锁定工具栏的情况下，菜单栏、命令栏、收藏夹、收藏夹栏都是可拖动的，用户可根据自己的爱好任意调整其布局。

6）标签栏

标签栏用于对打开的选项卡进行选择和切换。

浏览网页的时候，相关网页标签会以相同的颜色标示出来，也就是说，若用新选项卡打开该网页下级页面，这两个选项卡就会用相同的颜色标示出来，而其他无关联页面的选项卡则依旧是普通样式，以便用户查找与分类选项卡。

2. 网页浏览的基本操作

1）在地址栏中输入 URL 打开网页

在地址栏中输入一个网页地址，按 Enter 键或单击地址栏后面的右箭头（转至…）按钮，即开始与新网站建立链接。

用户在输入网址时，IE 的智能地址栏会根据用户的浏览历史记录、收藏夹为用户提供相关的建议，让用户无须重复输入网址即可在 IE 的智能建议中找到自己需要的网址。

【小贴士】在地址栏输入某个单词后，同时按下 Ctrl+Enter 组合键，可以在输入的单词两端自动添加"http://www."和".com"，自动生成网页地址。

2）多选项卡方式浏览网页

为了浏览方便，用户在浏览网页时可打开多个选项卡。

单击"文件/新建选项卡"命令，或单击最后一张选项卡后面的"新选项卡"按钮，可在浏览器窗口中增加一个新的选项卡，在该选项卡的地址栏输入网址后，即可打开新的网页。

在网页中的超级链接上右击，在弹出的快捷菜单中选择"在新选项卡中打开"命令，系统就会打开一个新的选项卡显示目标网页。

【小贴士】新网页可在新窗口中打开或在新选项卡中打开，默认的网页打开方式是窗口打开方式。用户可以根据自己的喜好重新选择。选择"工具/Internet 选项"命令，打开"Internet 选项"对话框，在该窗口的"常规"选项卡中，单击"选项卡"项目对应的"设置"按钮，在"选项卡浏览设置"对话框中选择所需。

3）利用导航按钮浏览网页

单击地址栏左边的"返回"或"前进"按钮，可以在以前浏览过的网页中自由跳转。单击"前进"按钮右侧的下拉箭头，弹出一个下拉列表，列出了所有以前访问过的网页，可以从中选择一个网址，快速跳转到指定网页。

单击地址栏右侧的"刷新"按钮，浏览器会与当前的服务器再次进行链接，下载当前网页的最新内容，单击"停止"按钮，浏览器会终止正在进行的链接操作，停止网页的加载。

【小贴士】（1）浏览网页的时候，可以很方便地翻译页面中的一些文字或者段落。选择一段文字，右击，从弹出的快捷菜单中选择"使用 Live Search 转换"命令，即可实现文本翻译，如图 6-2 所示。

（2）浏览网页的时候，按住 Ctrl 键的同时滚动鼠标的滚轮可以对页面进行放大、缩小的操作。

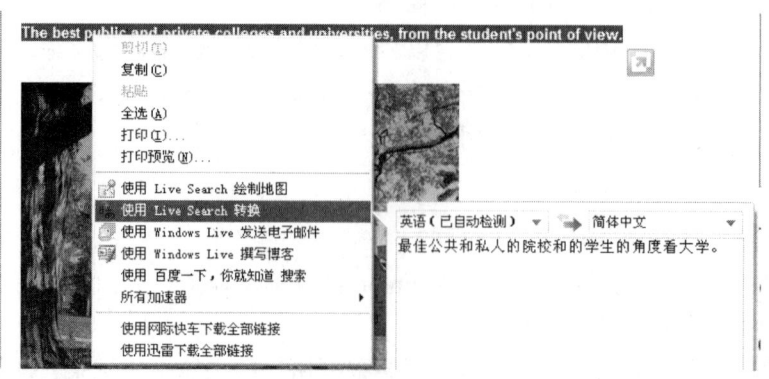

图 6-2　快速翻译

4）通过收藏夹栏查看网页

单击图 6-1 所示的收藏夹栏中的链接图标，或从显示出来的链接项目中选择所需，即可快速访问相应网页。

用户可以通过多种方式将所需网址添加到收藏夹栏：浏览所需网页，单击收藏夹栏最左侧的"添加到收藏夹栏"按钮；将地址栏中最左侧的网页的图标拖到收藏夹栏；将网页上的链接拖到收藏夹栏；将已存储在收藏夹列表中的链接拖动到收藏夹栏。

【小贴士】如果界面上没有显示收藏夹栏，表明收藏夹栏没有启用。可以在单击"查看/工具栏"命令后弹出的菜单中勾选收藏夹栏项目来启用，通过快捷菜单也能启用相应栏目。同样的方法可以设置"菜单栏"、"命令栏"的显示与否。

5）查找最近访问过的网页

单击收藏夹按钮后选择"历史记录"选项卡，显示出"历史记录"浏览栏。

选择"历史记录"浏览栏顶部弹出式列表框中的下三角，可以选择查看历史记录的查看方式，包括"按日期查看"、"按站点查看"、"按访问次数查看"、"按今天的访问顺序查看"和"搜索历史记录"，默认方式是"按日期查看"。

【小贴士】用户在浏览网页的时候经常会遇到浏览某一类型网站的问题，IE 的网站建议功能可以有效地帮助你完成智能关联的功能，如图 6-3 所示。

图 6-3　建议网站

6）脱机浏览网页

通过脱机浏览，用户不必连接到 Internet 就可以查看网页。

当连接到 Internet 并处于联机状态时，通过频道和预订功能可以获得最新内容并下载到本机上，以备以后可以脱机查看网页。要脱机浏览网页时，勾选"文件/脱机工作"命令即可。

在脱机浏览方式下，将鼠标箭头移动到网页的链接处，鼠标箭头变为手型，表示可以进行脱机浏览，若鼠标箭头变为旁边带有圆环的手型，表明此链接不可以进行脱机浏览。单击此链接时，浏览器弹出"脱机状态下网页不可用"对话框提示用户当前的链接无法脱机浏览。如果单击"连接"按钮，可接入 Internet 进行联机浏览；如果单击"保持脱机状态"按钮，则仍然保持脱机浏览状态。

3. 主页设置

主页是每次打开 IE 时最先显示的网页，也是在浏览某个网页过程中，如果单击命令栏中的"主页"按钮，所返回到的网页，用户可将需要频繁查看或者需快速访问的网页设置为主页。选择"工具/Internet 选项"命令，在弹出的"Internet 选项"对话框中选择"常规"选项卡，在"主页"区域的文本栏中输入所需网址，或从下面的三个选项中选择其一："使用当前页"将主页设置为当前浏览器打开的页面；"使用默认值"将主页恢复为原来的主页，即微软主页；"使用空白页"时在打开浏览器时页面为空白，如图 6-4 所示。

【小贴士】如果浏览器在多个选项卡中打开了多个页面，则所打开的页面均被设置为主页。单击"主页"按钮时，将打开全部主页。如果单击"主页"按钮右侧的下三角，则可以查看当前设置的主页，添加或更改主页、删除主页，如图 6-5 所示。

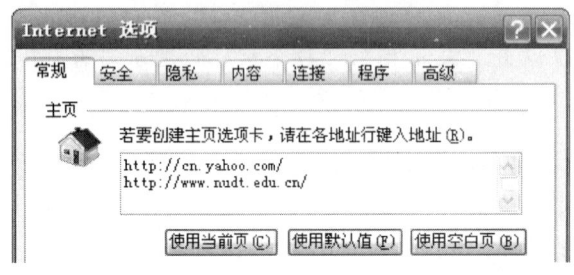

图 6-4　"Internet 选项"对话框中主页设置

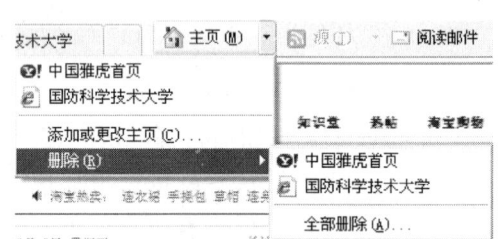

图 6-5　主页管理

### 4. 收藏夹的使用

IE 浏览器提供"收藏夹"功能，用户可以将自己喜爱的网页添加到收藏夹中，以后再次访问这些网站时，只需打开收藏夹，通过单击收藏夹中的网站，即可快速进入相关网页。

1）向收藏夹添加网址

打开要添加到"收藏夹"中的网页，单击"收藏夹/添加到收藏夹"命令，或者单击"收藏夹"按钮，再选择"添加到收藏夹"命令，弹出"添加收藏"对话框，如图 6-6 所示。在该对话框中"创建位置"列表框确定保存网页的位置，在"名称"文本框中输入一个代表该网页的名称，单击"添加"按钮即可。

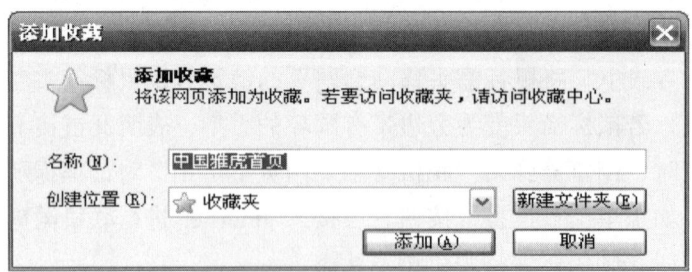

图 6-6　"添加收藏"对话框

用户还可自行创建保存网页的文件夹，在"添加收藏"对话框中单击"新建文件夹"按钮，打开"创建文件夹"对话框，在"文件夹名"文本框中输入自己的收藏文件夹的名称，在"创建位置"列表框中确定建立文件夹的位置，单击"创建"按钮，如图 6-7 所示。

2）整理收藏夹

随着上网时间的积累，收藏夹会越来越大，整理收藏夹很有必要。选择"收藏/整理收藏夹"命令，打开"整理收藏夹"对话框。可在该对话框中对收藏夹进行如下整理：

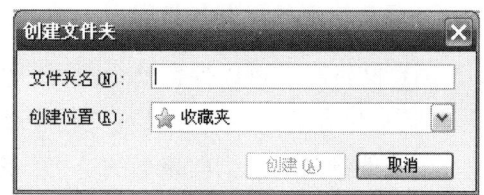

图 6-7　"创建文件夹"对话框

- 单击"新建文件夹"按钮，输入新建文件夹的名称，并按 Enter 键，可建立一个新的文件夹。
- 选定要移动的网页或文件夹，单击"移动"按钮，弹出"浏览文件夹"对话框，在文件夹列表中单击目标文件夹，单击"确定"按钮，则将所选择的目标移动到该文件夹中。
- 选定要改名的网页或文件夹，单击"重命名"按钮，直接输入新的文件名后按 Enter 键，则完成了对选定目标的更名。
- 选定要删除的网页或文件夹，单击"删除"按钮，则删除指定网页或文件夹。

【小贴士】将某个网站添加到"收藏夹"后，IE 会记录用户对该网站的访问记录。通过"整理收藏夹"对话框，可以查看所选择网站的访问记录，如"已访问次数"、"上次访问时间"等信息。

3）导入导出收藏夹

通过导入导出功能，可以在多台计算机上共享收藏夹中已收藏的网址。

单击"文件/导入和导出"命令，打开"导入和导出设置"对话框。若选择"导出到文件"，则可把当前计算机中已收藏的多个网址信息导出；若选择"从文件中导入"，则可把已收藏的多个网址信息导入到当前计算机中。

5. 常用快捷键

- Alt+Home：返回主页。
- Ctrl+F：在网页中进行查找。
- Ctrl+N：打开新窗口。
- Ctrl+W：关闭当前窗口。
- Esc：停止下载当前网页。
- Ctrl+I：打开收藏夹。
- Ctrl+D：打开将当前网页添加到收藏夹中的"添加收藏"对话框。
- Ctrl+B：打开"整理收藏夹"对话框。
- Alt+右箭头键：前进到下一页。
- Alt+左键头键或 BackSpace 键：返回到前一页。
- F4：显示已键入的地址的列表。
- F11：在全屏幕和常规浏览器窗口之间进行切换。
- Ctrl+Enter：可在地址栏中将"www."添加到键入文本的前面，将".com"添加到文本的后面。

- 按住 Shift 键单击链接：可在新窗口中打开链接。

### 6.1.3 网页信息的保存与打印

浏览网页时，可以保存整个网页，也可以只保存其中的部分内容（文本、图形或链接）。信息保存后，可以在其他文档中使用或作为计算机墙纸在桌面上显示，还可以通过电子邮件将网页或指向该页的链接，发送给其他能够访问网页的人，也可以将网页打印出来。

1．保存网页

1）将当前页保存在计算机上

单击"文件/另存为"命令，弹出"保存网页"对话框。在该对话框的"保存在"下拉列表框中选择用于保存网页的文件夹，在"文件名"文本框中输入该网页的名称，在"保存类型"和"编码"下拉列表框中进行选择，单击"保存"按钮即可。

【小贴士】若在"保存网页"对话框的"保存类型"下拉列表框中选择"Web 档案，单个文件(*.mht)"项，然后单击"保存"按钮，可以将文字和图片保存在一个文件中。

2）不打开网页或图片而直接保存 HTML 文档

右击所需项目的链接，单击快捷菜单中的"目标另存为"命令，在弹出的"另存为"对话框中进行相应的输入选择，即可下载某一项的副本而不必将它打开。

3）查看当前页的 HTML 文件

单击"查看/源文件"命令，然后选择"查看源文件"命令，可浏览网页的源文件，如图 6-8 所示。采用这种方式查看其他网页构成的方式，可以帮助想创建自己的网页的用户快速学习，如果想进一步在其上进行编辑，可以先将网页保存在计算机上，然后根据需要进行修改。

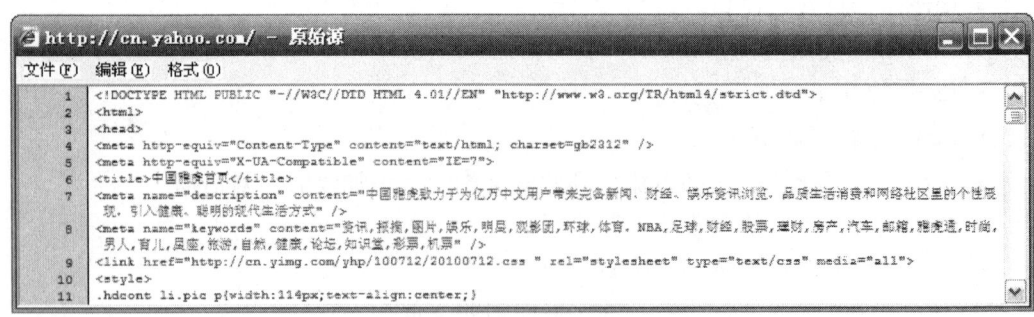

图 6-8　网页源文件窗口

【小贴士】若要查看含有框架的网页完整源文件，则需要分别在各个框架内右击。

4）用电子邮件发送网页

首先转到要发送的网页，单击"文件/发送"命令，单击"电子邮件页面"或"电子邮件链接"，然后在邮件编辑器中输入发送网页的目标地址及收件人地址，再单击工具栏上的"发送"按钮即可，如图 6-9 所示。

图 6-9　"发送电子邮件"窗口

2. 保存网页文本

在网页上选定需要复制的文字信息，单击"编辑/复制"命令，在需要显示信息的字处理文档中（如 Word 或记事本）的相应位置粘贴即可。

3. 保存图片

选中网页上的图片，右击，在弹出的快捷菜单中选择"图片另存为"命令，可将该图片保存到本地硬盘上；若选择"设置为背景"命令，则可将网页图片设置为桌面墙纸。

如果想要保存网页中的背景图案，在网页空白处右击，然后单击快捷菜单中的"背景另存为"命令即可。

【小贴士】用户把所需图片拖动到合适的文件夹中，也可保存此图片。除此之外，还可以将网页中的图片、超级链接等内容拖到 Word、FrontPage 等其他应用程序中。例如，将图片拖到 Word 中，一幅图片就嵌入到了文档中，用户可对其进行编辑。

4. 打印网页信息

打开准备打印的页面，单击"文件/打印"命令，也可以直接单击命令栏中的"打印"按钮，弹出"打印"对话框。

如果网页使用框架，在"打印框架"区域选择框架的打印方式。

如果希望同时打印链接到该页的所有网页，勾选"打印链接的所有文档"复选框。

如果希望见到该页左右链接的列表，则勾选"打印链接列表"复选框。

### 6.1.4　IE 浏览器的设置

#### 1. 将 IE 设为默认浏览器

如果你的系统中安装了诸如 Firefox、Netscape、IE 等两种以上的浏览器，可将 IE 设为默认的浏览器。

在 IE 浏览器中，单击"工具/Internet 选项"命令，在弹出的"Internet 选项"对话框中选择"程序"选项卡，在"默认的 Web 浏览器"区域中单击"设为默认值"按钮即可。如果勾选了"如果 Internet Explorer 不是默认的 Web 浏览器，提示我"复选框，当 IE 启动时如果当前的默认浏览器不是 IE 时就会弹出对话框，此时就可以非常快捷地将其设置为默认浏览器。设置完成后，单击"确定"按钮，如图 6-10 所示。

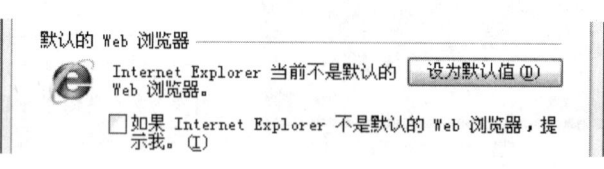

图 6-10　"Internet 选项"对话框中设置默认 Web 浏览器

#### 2. 设置多媒体信息的加载方式

为了加快网页的访问速度，可以关闭图像、动画、声音、视频、智能图像抖动等多媒体选项。操作方法如下：

在"Internet 选项"对话框中单击"高级"选项卡，在"多媒体"选项组中通过单击"显示图片"、"在网页中播放动画"、"在网页中播放声音"和"智能图像抖动"等复选框，去掉这些复选框前面的"√"标记，单击"确定"按钮完成关闭设置，如图 6-11 所示。

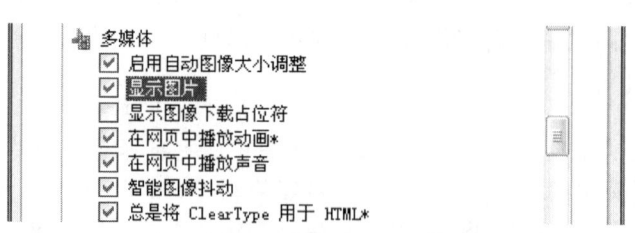

图 6-11　"Internet 选项"对话框中设置多媒体信息加载方式

如上设置后，浏览网页时其中的图像等多媒体信息均不显示，提高了网页下载和显示的速度。如果需要在网页中显示图像，将鼠标箭头移动到要显示的图像上，右击，从弹出的快捷菜单中选择"显示图片"命令即可。

【小贴士】选择"高级"中的"启用自动图像大小调整",在下载大型图像时就会自动将图像调整成窗口的大小。用户可通过右下角的显示比例列表框设置图片的放大、缩小及图片的显示比例。

3. 添加删除工具栏

默认情况下工具栏中不可能放下全部的工具按钮,操作中可能会找不到需要的一些按钮,用户可以根据自己的需要进行添加定制,将自己经常使用的工具按钮添加到工具栏中以提高工作效率。

单击命令栏中的"工具"选项,再单击弹出菜单中的"工具栏"命令,进入"工具栏"选项列表,选择"自定义"级联菜单中的"添加或删除"命令。

在弹出的"自定义工具栏"对话框中根据自己的需要添加或者删除相应的工具,如图 6-12 所示。设置完成后,当每次使用 IE 时,就会固定显示已经选择好的工具栏。

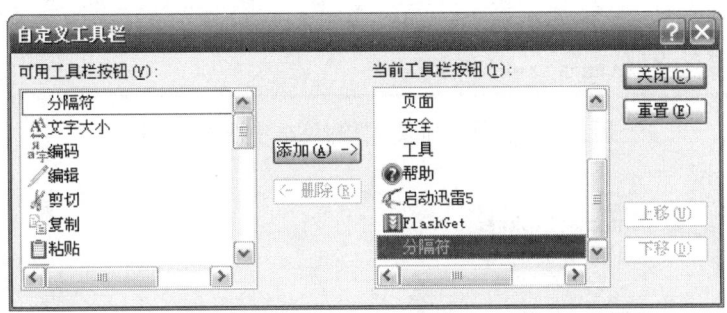

图 6-12　"自定义工具栏"对话框

4. 添加或删除加载项

加载项的类型包括工具栏和扩展、搜索提供程序、加速器、InPrivate 筛选等,用户可以根据需要进行添加或者删除。

在"Internet 选项"对话框中选择"常规"选项卡,然后单击"搜索"区域的"设置"按钮,在弹出的"管理加载项"对话框中,可以查看和管理已经安装到浏览器中的不同类型的加载项列表。

1)管理搜索引擎

用户可以根据自己的需要添加搜索引擎,并通过搜索框中的搜索引擎快速切换按钮来轻松地在各搜索引擎之间切换。

在"管理加载项"对话框中,单击左侧"搜索提供程序"选项。如果想要删除搜索引擎,选择并高亮显示希望删除的项目,单击"删除"按钮,或在其上右击,从弹出的快捷菜单中选择"删除"命令。如果想设置默认的搜索引擎,只需选中所需的搜索引擎,单击"设置为默认值"按钮,如图 6-13 所示。

如果要添加更多搜索引擎,单击图 6-13 左下角的"查找更多搜索提供程序"链接,在弹出的"加载项资源库"页面中单击左侧名称列表中的"搜索",即可看到当前所有可用的搜索引擎列表,如图 6-14 所示。

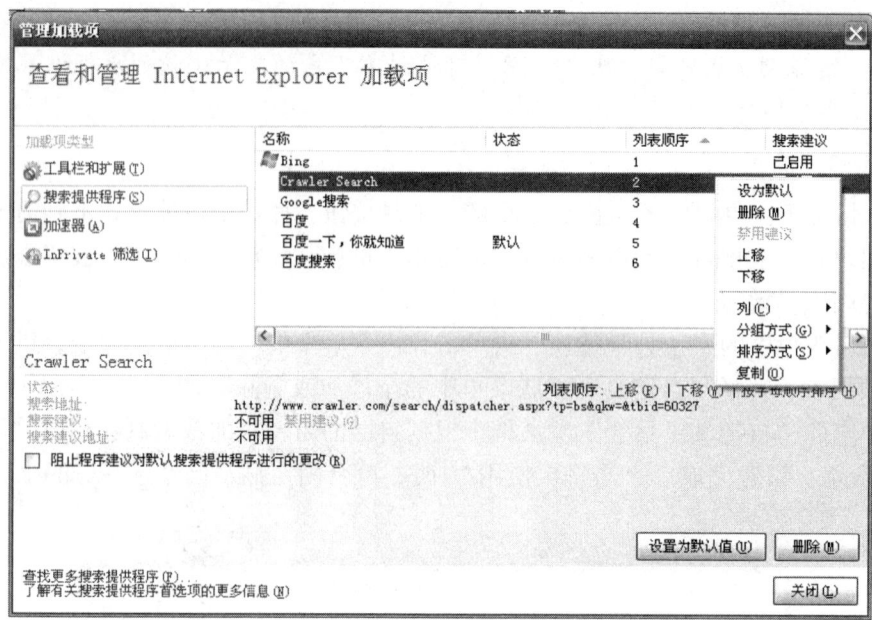

图 6-13    "管理加载项"对话框中搜索提供程序

图 6-14    搜索引擎列表

在需要的搜索引擎区域单击"添加到 Internet Explorer"按钮将弹出"添加搜索提供程序"对话框，如图 6-15 所示，单击"添加"按钮即可将所需搜索引擎添加到搜索引擎候选列表中，如图 6-16 所示。

【小贴士】单击地址栏右侧的"搜索选项"按钮，从弹出的菜单中选择"查找更多提供程序"命令，也可以完成添加搜索引擎的任务。

2）管理加速器

加速器是实时网络优化加速工具，提供了一种类似于第三方插件功能的扩展功能，可使浏览器的速度得到较大的提升。

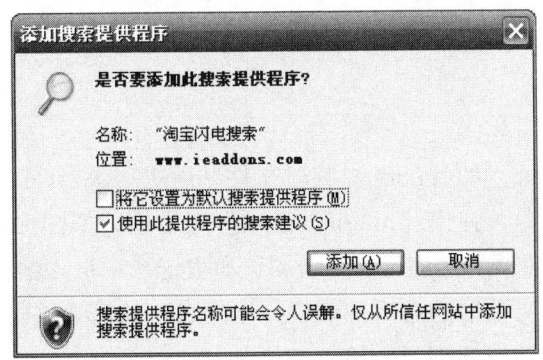

图 6-15  "添加搜索提供程序"对话框

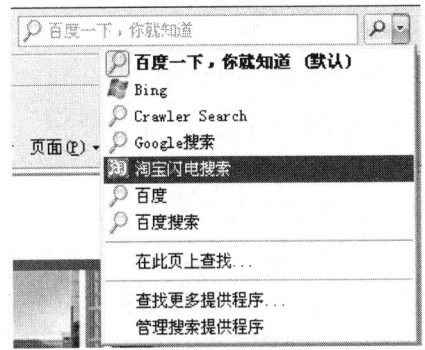

图 6-16  添加完成的搜索引擎

在"管理加载项"对话框中，单击左侧"加速器"选项。如果想要删除或禁用加速器，选择并高亮显示希望删除或禁用的加速器，单击"删除"或"禁用"按钮，或在其上右击，从弹出的快捷菜单中选择"删除"或"禁用"命令，如图 6-17 所示。

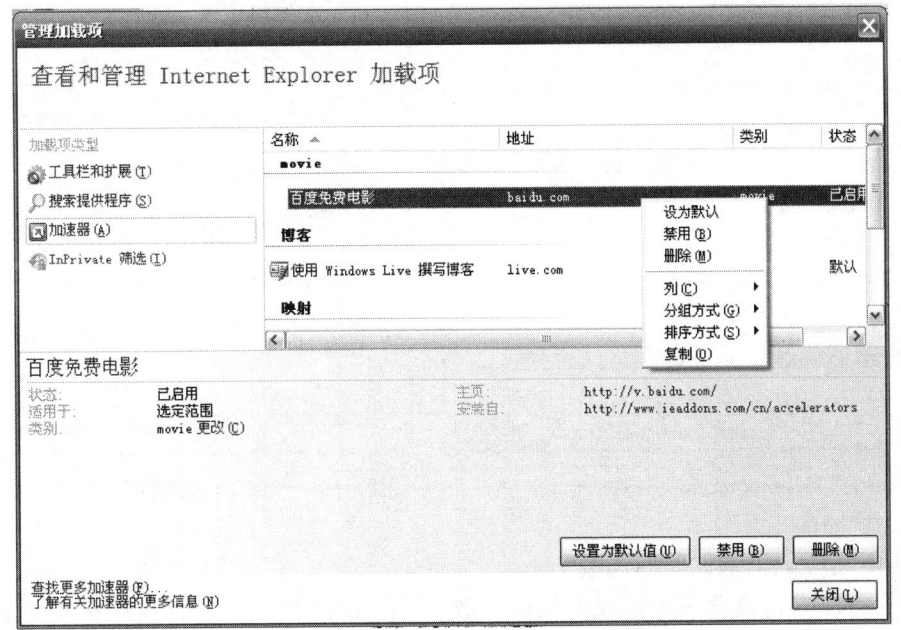

图 6-17  "管理加载项"对话框中查看和管理加速器

如果要添加更多加速器，单击图 6-17 左下角的"查找更多加速器"链接，在弹出的"加载项资源库"窗口中查看并在需要的加速器区域单击"添加到 Internet Explorer"按钮即可添加所需的加速器。

### 6.1.5  IE 浏览器的安全设置

浏览器向用户提供了可靠的个人隐私及安全保护措施，可以让用户控制浏览器向外发送信息的多少，允许用户根据需要对"浏览历史"、"临时文件"、Cookie 等进行设置以达到安全上网。

1. 历史记录的管理

1）清除历史记录

在浏览网页后，如果想要清除历史记录，如 Internet 临时文件、历史记录、Cookie 等信息，可单击"工具/Internet 选项"命令，弹出"Internet 选项"对话框，如图 6-18 所示。在"Internet 选项"对话框中选择"常规"选项卡，单击浏览历史记录中的"删除"按钮，在弹出的"删除浏览的历史记录"对话框的选项列表中，根据自己的需要进行选择，勾选需要删除的选项然后单击"删除"按钮即可删除，如图 6-19 所示。

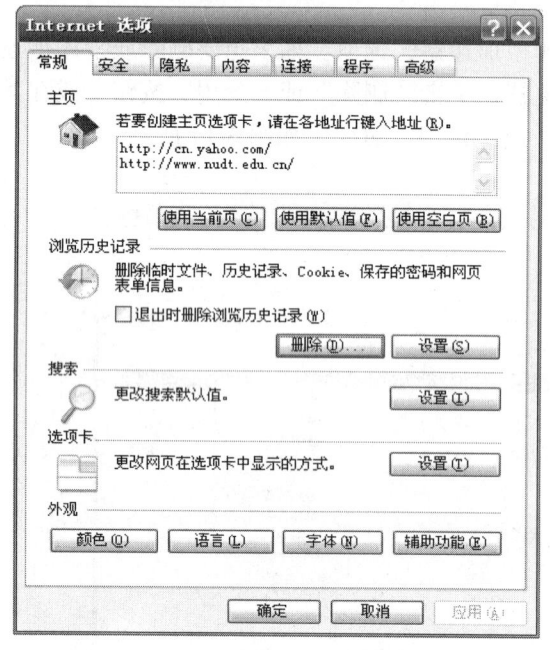

图 6-18    "Internet 选项"对话框

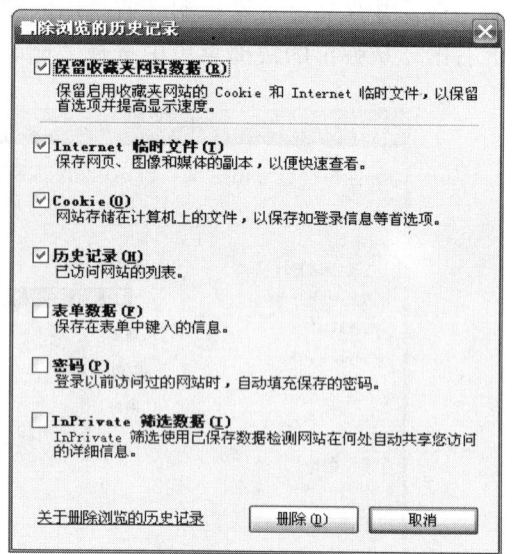

图 6-19    "删除浏览的历史记录"对话框

2）定义历史记录保留的天数

用户可以自行设置历史记录的保留天数。在图 6-18 所示的对话框中单击"浏览历史记录"区域中的"设置"按钮，弹出"Internet 临时文件和历史记录设置"对话框，在"历史记录"区域的"网页保存在历史记录中的天数"数值框中，输入保留历史记录的最多天数，则比此设置天数更久远的记录将不再保存，如图 6-20 所示。

【小贴士】若想只清除部分记录，单击收藏夹中的"历史记录"按钮，在历史记录中，找到希望清除的地址或其下属网页，右击，从弹出的快捷菜单中选取"删除"命令即可。

2. 管理 Cookie

用户在"Internet 选项"对话框的"隐私"选项卡中，通过拖动滑块就可以设置其他

站点对自己的计算机所使用 Cookie 的方式，包括从最高的"阻止所有 Cookie"到最低

的"接受所有 Cookie"的六个级别（默认
为"中"），如图 6-21 所示。用户只需要
单击下方的"站点"按钮，在"每站点的
隐私操作"对话框中输入特定的网址，就
可以将该网址设定为允许或阻止它们使
用 Cookie。

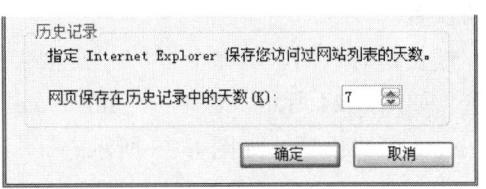

图 6-20　设定历史记录天数

3. 启用隐私保护

IE 为了保护用户个人隐私安全设置了 InPrivate 模式，包括 InPrivate 浏览和 InPrivate
筛选。

1）InPrivate 浏览

IE 的隐私浏览功能保证不会记录用户任何搜索或访问网页的痕迹，如用户浏览网页
所产生的临时文件、Cookie、涉及个人隐私的内容等。

打开新的页面，从命令栏的"安全"按钮中选择"InPrivate 浏览"即可启用"InPrivate
浏览"模式，如图 6-22 所示。此时将在地址栏的左侧看到 InPrivate 字样，说明此网页
启用了 InPrivate 浏览模式，如图 6-23 所示。如果想要结束隐私浏览，只需关闭该浏览
器窗口。

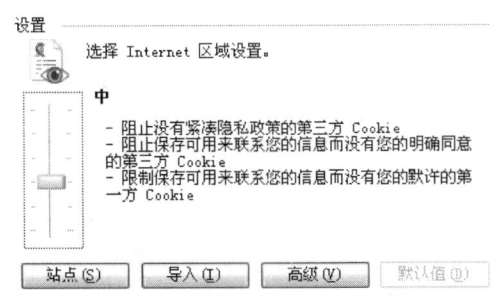

图 6-21　"Internet 选项"对话框中设置 Cookie

图 6-22　启用 InPrivate 浏览

图 6-23　启用了 InPrivate 浏览模式网页

2）InPrivate 筛选

InPrivate 筛选重在防止用户访问的网页的信息被第三方网站所共用，从而大大提高

了隐私保护的安全系数，但是这一功能有可能导致某些网站无法浏览，而需要用户自行手动设置。

　　打开新的页面，从命令栏的"安全"按钮中勾选"InPrivate 筛选"可启用 InPrivate 筛选，如图 6-24 所示。若单击"InPrivate 筛选设置"命令，则可在打开的对话框中进行 InPrivate 筛选设置，如图 6-25 所示。

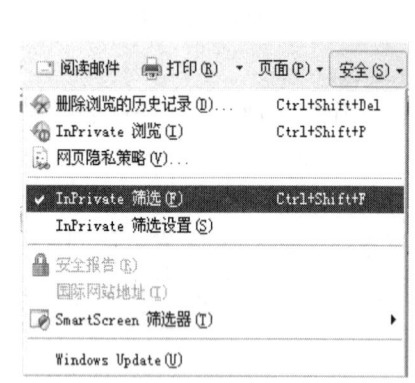

图 6-24　启用 InPrivate 筛选

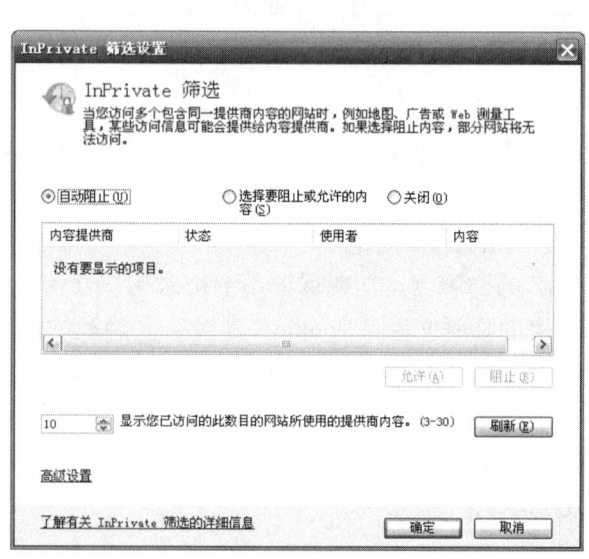

图 6-25　"Internet 筛选设置"对话框

3）InPrivate 设置

用户通过"Internet 选项"对话框中的"隐私"选项卡，可以直接设置浏览时的隐私级别，如图 6-26 所示。

### 6.1.6　单元实验

单元实验 6-1-1：熟悉浏览器的界面

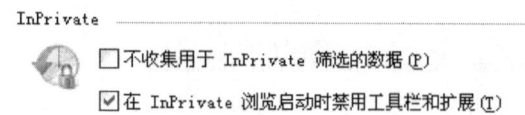

图 6-26　"Internet 选项"对话框中 InPrivate 设置

【实验目的】

　　（1）熟悉浏览器工具软件的界面、功能及基本操作方法。

　　（2）掌握收藏夹的操作方法，学会将所需站点设置为浏览器主页。

【实验要求】

　　（1）浏览新浪网主页（http://www.sina.com.cn），进入分类主题中"军事"主题网页，查看几条最新的军事新闻。

　　（2）将新浪网主页设置为浏览器的主页。

　　（3）将"军事"主题网页添加到"收藏夹"中，命名为"新浪军事"。

单元实验 6-1-2：浏览器的基本操作

【实验目的】

（1）掌握链接栏的操作方法。

（2）掌握保存网页的方法。

（3）掌握保存网页上的文字、图片等相关信息的方法。

【实验要求】

（1）浏览国防科学技术大学（http://www.nudt.edu.cn）网站，将其添加到收藏夹栏中。

（2）通过国防科学技术大学主页中的"招生专栏"打开"国防科学技术大学本科招生信息网"信息，以"网页，全部"为文件类型、"本科招生信息网"为文件名保存。

（3）浏览教学活动的信息，选择一项活动介绍下载并保存到以"校园生活一瞥"命名的 Word 文档中。

（4）浏览和欣赏校园风貌图片，选择两幅保存为 jpg 的文件格式，名字自取。

（5）脱机浏览已保存的"国防科学技术大学本科招生信息网"页面。

单元实验 6-1-3：浏览器的设置

【实验目的】

（1）掌握浏览器的基本设置方法。

（2）掌握浏览器的安全设置方法。

【实验要求】

（1）设置浏览器加载网页时不显示图片，再次浏览和欣赏校园风貌图片网页，选择两个图片框显示其中的图片。

（2）清除历史记录中的 Internet 临时文件，并将保存历史记录的天数修改为 10 天。

（3）在浏览某个网页时启用 InPrivate 浏览模式。

（4）查找更多的搜索提供程序，从查找到的搜索引擎列表中选择其一添加到浏览器中，并将该搜索引擎设为默认。

# 6.2　信息检索

信息检索是指信息按一定的方式组织起来，并根据用户的需要找出有关的信息的过程和技术。信息检索是获取知识的捷径，是科学研究的向导，是终身教育的基础。

## 6.2.1　网络信息检索

从信息利用的角度看，互联网信息资源由连接在网上的计算机中的无数信息、网上的各种信息工具以及网络通信渠道三方面构成，其特点是数量庞大、增长迅速，更新频繁、变化无常。

　　网络信息检索，也即网络信息搜索，是指互联网用户在网络终端通过特定的网络搜索工具或通过浏览的方式查找并获取信息的行为。

　　搜索引擎是用于搜索网络信息的服务环境和服务工具，它通过提供网站、图像、音频等多种资源的查询服务，将网上繁杂无序的内容整理为可以方便用户使用的信息。常用的中文搜索引擎包括百度搜索、谷歌搜索、搜狗搜索、必应搜索等。

　　1. 百度搜索（http://www.baidu.com）

　　百度是全球最优秀的中文信息检索与传递技术供应商，百度搜索引擎是全球最大的中文搜索引擎之一，可查询数十亿中文网页，是中国互联网用户最常用的搜索引擎之一，并保持着快速增长的势头。

　　百度搜索引擎提供网页快照、网页预览/预览全部网页、相关搜索词、错别字纠正、新闻搜索、Flash 搜索、信息快递搜索、百度搜霸等多项查询服务，支持主流的中文编码标准，具有高准确性、高查全率、更新快以及服务稳定的特点，能够帮助用户快速地在浩如烟海的互联网信息中找到自己需要的信息。

　　2. 谷歌搜索（http://www.google.com）

　　Google 是 Larry Page 和 Sergey Brin 在 1998 年斯坦福大学的一个学生宿舍里共同开发出的一个全新的在线搜索引擎，然后迅速传播到全球的信息搜索者。Google 富有创新的高级搜索技术，以及方便用户使用的设计，使之成为目前最优秀的搜索引擎之一。

　　Google 提供网站、图像、音频、新闻组等多种资源的查询，支持多种语言查找信息，提供了最便捷的网上信息查询方法及免费服务，为用户提供了最好的、全球化的信息服务。Google 不同于其他大部分搜索网站的特点在于：只返回包含所有关键词的网页，在查询结果中显示了用户搜索关键词的网页摘要，"手气不错"按钮可以让用户直接进入最符合搜索条件的网站，储存网页的快照功能可以在服务器暂时出现故障时，用户仍可以浏览该网页的内容。

　　3. 搜狗搜索（http://www.sogou.com）

　　搜狗是搜狐公司于 2004 年 8 月 3 日推出的完全自主技术开发的、具有独立域名的、全球首家第三代互动式中文搜索引擎，提供全球网页、新闻、商品、分类网站等搜索服务。

　　搜狗以一种人工智能的新算法，分析和理解用户可能的查询意图，给予多个主题的"搜索提示"，在用户查询和搜索引擎返回结果的人机交互过程中，引导用户更快速准确定位自己所关注的内容，帮助用户快速找到相关搜索结果，并可在用户搜索冲浪时，给予用户未曾意识到的主题提示。

　　4. 其他搜索引擎

　　• 必应搜索（http://bing.com.cn）：2009 年 6 月 1 日，微软推出了新的搜索引擎 Bing 中文版。其功能包括页面搜索、图片搜索、资讯搜索、视频搜索、地图搜索及排行榜。

- 爱问搜索（http://iask.com/）：爱问搜索引擎由全球最大的中文网络门户新浪汇集技术精英、耗时一年多完全自主研发完成，采用了目前最为领先的智慧型、互动搜索技术，充分体现了人性化应用理念。

### 6.2.2　百度搜索引擎的使用

百度是中国互联网用户最常用的搜索引擎之一，每天完成上亿次搜索；也是当今互联网上最大、最流行的中文搜索引擎，可查询数十亿中文网页。

百度支持搜索 1.3 亿中文网页，并且百度每天都在增加几十万新网页，对重要的中文网页每天进行更新，用户通过百度搜索引擎可以搜到世界上最新、最全的中文信息。

百度搜索引擎界面简洁、操作简单、查询速度快、搜索结果准确，对音频、视频文件及中文搜索的支持非常强大。

1. 百度搜索引擎的界面

在浏览器地址栏中输入 http://www.baidu.com 即可打开百度搜索引擎主页。百度搜索引擎主页上包括一个搜索框，一个搜索按钮"百度一下"、LOGO 及搜索分类标签。

【小贴士】各个搜索引擎中通常都设有网址库，在百度主页上单击 hao123 链接，即可打开"hao123-我的上网主页"网页。用户单击感兴趣的网址，可直接进入所选网站。

2. 基本搜索

百度提供了包括新闻、网页、图片、MP3、视频等多个类别的分类搜索，系统默认为"网页"搜索。用户在搜索框内输入需要查询的内容如"建军节"，按 Enter 键，或者单击搜索框右侧的"百度一下"按钮，就可以得到最符合查询需求的网页内容。

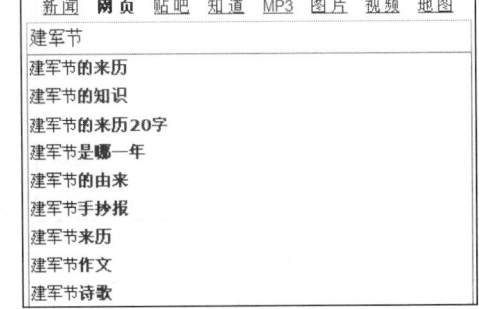

图 6-27　输入提示

1）输入框提示

百度会根据用户的输入内容，在搜索框下方实时展示最符合的提示词，如图 6-27 所示。用户只需单击想要的提示词，或者用键盘上下键选择想要的提示词并按 Enter 键，就会返回该词的查询结果。

默认情况下，在百度主页和搜索结果页上方的搜索框都会显示搜索框提示。如果用户不希望显示搜索框提示，可以单击搜索框右侧的"设置"链接打开"个性设置与高级搜索"窗口，在其中的"个性设置"区的"搜索框提示"中选中"不显示"单选按钮来关闭搜索框提示功能，如图 6-28 所示。

2）拼音提示

如果用户输入的是查询词的汉语拼音，百度就会把最符合要求的对应汉字提示出来，如图 6-29 所示。例如，输入 jianjun，搜索框提示中会显示"建军节"、"建军节的来历"等。

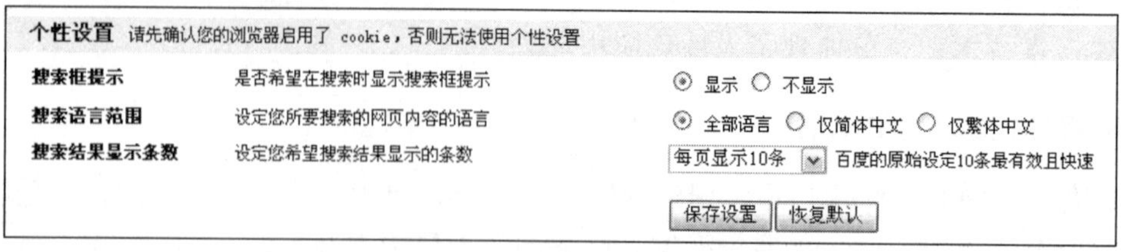

图 6-28　搜索框提示设置

【小贴士】百度服务器会将每个未被禁止搜索的网页的文本内容自动生成临时缓存页面，称为"百度快照"。当用户遇到网站服务器暂时故障无法打开某个搜索结果，或网络传输堵塞网页打开速度特别慢时，单击"百度快照"可以快速浏览页面文本内容。

3. 在查找结果中二次检索

如果某个搜索返回的结果太多，不够精确，难于找到自己所需的信息，可以采用二次检索的方法进行精确查找。

例如，在前面完成的"建军节"搜索结果页面底部单击"结果中找"链接，打开如图 6-30 所示的窗口，在文本框中输入二次检索关键字"历史"，单击"结果中找"按钮即可实现进一步的检索。

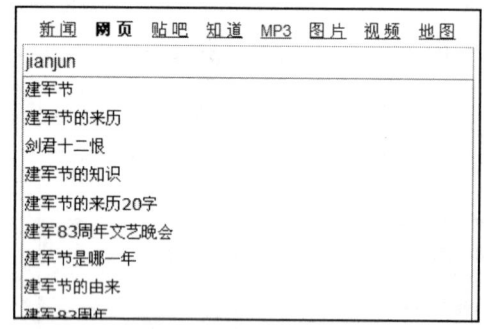

图 6-29　汉语拼音输入提示

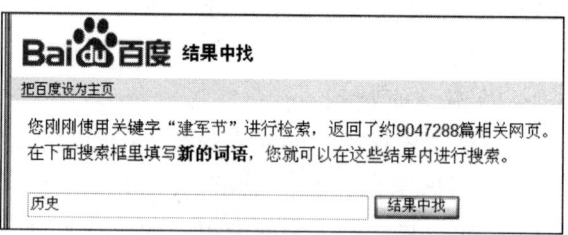

图 6-30　在结果中继续查找

4. 高级搜索界面

高级搜索相当于一个多条件的组合搜索，它可以根据用户输入的不同条件组合来进行更加灵活、复杂的搜索。

单击首页右侧"设置"选项卡，即可打开"个性设置与高级搜索"窗口。该窗口内有 4 个输入框用于限定搜索中对关键词的处理：包含以下全部的关键词、包含以下任意一个关键词、包含以下完整关键词、不包括以下关键词。

例如，图 6-31 表明查找的结果包含"建军节"和"历史"两个关键词之一，图 6-32

表明查找的结果要同时包括"建军节"和"历史"两个关键词。

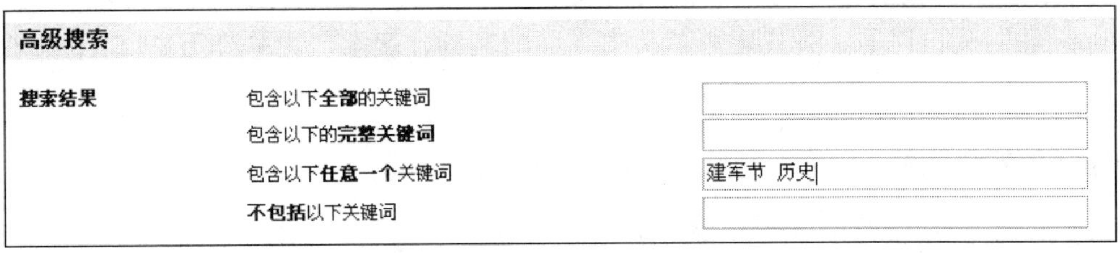

图 6-31　高级搜索设置画面 1

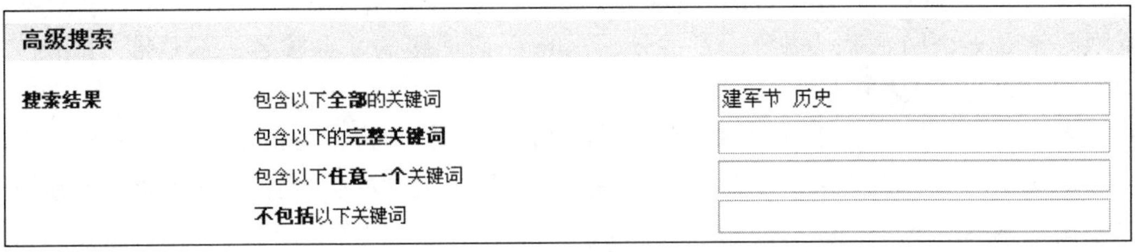

图 6-32　高级搜索设置画面 2

【小贴士】可以在多个输入框中输入相应的关键词实现更加复杂的查询。

5. 高级搜索语法

通过百度专门定义的一些保留字可以在查询输入框中构造组合的查询条件，实现复杂的搜索功能。

1）双引号和书名号：实现搜索精确匹配

如果输入的查询词很长，百度在经过分析后会将查询词进行拆分，从而影响到查询效果。如果给查询词加上双引号或书名号，查询词就不会被拆分。

例如，搜索"建军节历史"，如果不加双引号，检索到有关"建军节"、"历史"和"建军节历史"等多方面的结果，如果加上双引号，则检索结果全部为"建军节历史"的内容。

2）减号：去除含有特定查询词的网页

用减号"–"可以去除含有特定关键词的网页。

例如，输入"建军节–历史"，则查找的结果网页中包括"建军节"但不包括"历史"。需要注意的是，前一个关键词和减号之间必须有空格，后一个关键词和减号之间不能有空格，否则减号会被当成连字符处理而失去减号语法功能。

3）filetype：查找专业文档

在互联网上有很多资料是以 Word、PowerPoint、Excel、Adobe PDF 等格式存在。百度支持 DOC、XLS、PPT、PDF、RTF、ALL 等多种类型的文档搜索，只要与用户的搜索相关，就会自动显示在搜索结果中。

通过在查询内容的后面，加上"filetype:文件格式"，就可以实现特定文档类型的搜索。文件格式包括 DOC、XLS、PPT、PDF、RTF、ALL，其中，ALL 表示搜索所有这些文件类型。

　　例如，如果只想查找 PDF 格式的文件，而不要一般网页，只需搜索"关键词 filetype:pdf"就可以了，查找建军节历史方面的文章，搜索"建军节历史 filetype:doc"即可。

**【小贴士】**百度提供了一个文档搜索 http://file.baidu.com。

　　4）site：把搜索范围限定在特定站点中

　　如果用户知道某个站点中有自己需要找的东西，就可以把搜索范围限定在这个站点中，提高查询效率。通过在查询内容的后面，加上"site:站点域名"，用户可以将查找的范围限定在某个网站上。需要注意的是，"site:"后面跟的站点域名，不要带"http://"，"site:"和站点名之间不要带空格。

　　例如，要在华军软件园站点中查找 CuteFtp 软件，则搜索 cuteftp site:www.newhua.com 就会返回所有相关结果。而要了解国防科学技术大学的数据挖掘研究情况，则搜索"数据挖掘 site:www.nudt.edu.cn"即可。

　　5）intitle：把搜索范围限定在网页标题中

　　网页标题通常是对网页内容提纲挈领式的归纳。把查询内容范围限定在网页标题中，有时能获得良好的效果。通过在保留字"intitle:"的后面加上关键词，用户可以将查找的范围限制在网页标题中。需要注意的是，"intitle:"和后面的关键词之间不要有空格。

　　例如，在查找建军节相关信息时，如果要求在网页标题中出现"历史"关键词，则搜索"建军节 intitle:历史"就会返回含有关键词标题的所有网页。

　　6）inurl：把搜索范围限定在链接中

　　网页 url 中的某些信息，常常有某种有价值的含义，如果对搜索结果的 url 做某种限定，就可以获得良好的效果。通过在保留字"inurl:"的后面加上需要在 url 中出现的关键词，用户可以将查找的范围限制在链接中。需要注意的是，"inurl:"和后面所跟的关键词之间不要有空格。

　　例如，要查找 CuteFtp 软件操作相关的、在链接中出现 jiqiao 的网页，搜索 cuteftp inurl:jiqiao 就可找到在网页 url 出现了 jiqiao 的 CuteFtp 使用技巧。如果要查找数据挖掘的课件信息，可以搜索"数据挖掘 inurl:kejian"。

　　**6. 特色搜索**

　　百度开发了很多极具特色的搜索功能。单击首页正下方"更多"链接，打开"百度产品大全"窗口，如图 6-33 所示。用户可以通过其中的"网站"链接获取按主题进行分类的优秀的网络资源，通过"博客搜索"可以从最新的博客文章中查找到感兴趣的主题，通过"风云榜"可以查看众多热门榜单，了解最新热点，通过"词典"可以在线翻译普通的英语单词、词组、汉字词语及外文段落等。

　　例如，通过"地图"，用户可以找到指定的城市、城区、街道、建筑物等所在的地理位置，也可以找到最近的所有餐馆、学校、银行、公园等。如果要去某个地点，通过路线查询功能，百度地图搜索会提示用户如何换乘公交车，或推荐最佳自驾路线。

图 6-33　特色搜索的站点

单击"地图"，输入要查询的信息就可查询地址、搜索地区周边及规划路线等，如图 6-34 所示。

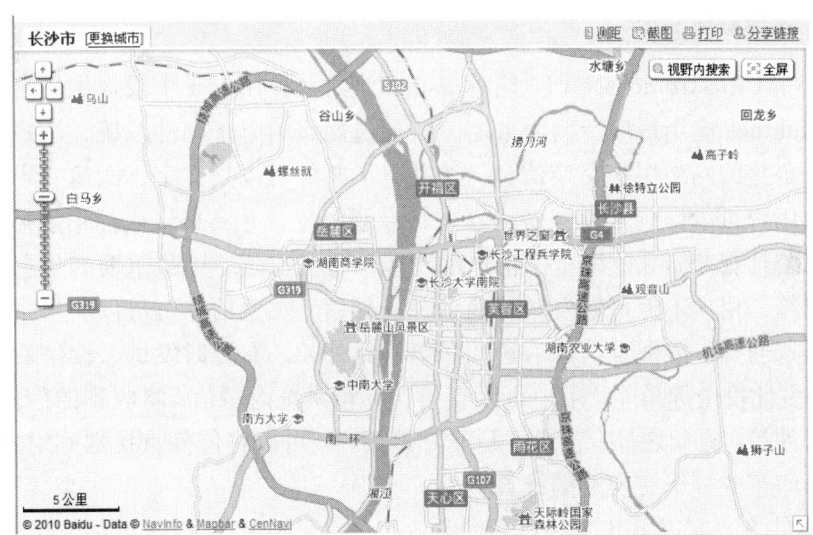

图 6-34　地图搜索

### 6.2.3　单元实验

单元实验 6-2-1：搜索引擎的基本搜索

【实验目的】

（1）熟练掌握一种搜索引擎的基本使用方法。

（2）掌握使用网络搜索工具查找相关内容的基本方法及二次检索方法。

【实验要求】

（1）搜索电视剧信息，查看你所喜欢的电视剧的剧情介绍。

（2）在电视剧搜索结果中，搜索军事题材的电视剧，至少找到 5 个电视剧的相关剧情简介。

单元实验 6-2-2：搜索引擎的复杂搜索

【实验目的】

（1）掌握通过"高级搜索"窗口实现复杂搜索的方法。

（2）掌握通过构造复杂查询表达式实现复杂搜索的方法。

【实验要求】

通过"高级搜索"窗口和构造复杂查询表达式这两种途径完成下列查询：

（1）搜索网页标题中包含文字"信息战"或"网络战"的网页。

（2）搜索网页标题中包含文字"信息战"和"网络战"的网页。

（3）搜索网页标题中包含文字"信息战"但不包含"网络战"的网页。

# 6.3　电 子 邮 件

## 6.3.1　电子邮件概述

电子邮件（Electronic Mail），简称 E-mail，是一种用电子手段提供信息交换的通信方式，是 Internet 应用最广泛的服务之一。通过网络的电子邮件系统，用户可以与世界上任何一个角落的网络用户交换信息，这些电子邮件可以是文字、图像、声音等各种形式。同时，用户可以得到大量免费的新闻、专题邮件，并实现轻松的信息搜索。

电子邮箱具有存储和收发电子信息的功能，是 Internet 中最重要的信息交流工具。利用电子邮箱，用户不但可以发送普通信、挂号信、加急信，也可以要求系统在对方收到信件后回送通知，或阅读信件后送回条等。另外，还有定时发送、读信后立即回信或转发他人、多址投送等功能。用户可以直接在邮箱系统内写信，将收到的信件归类存档，删除无用信件等。除此之外，若对方是非邮箱用户，可以将信件直接送到对方的传真机、电传机、打印机或分组交换网的计算机上。

电子邮件主要有以下几个特点：

- 速度快。给国外发信，只需要若干秒或几分钟。
- 信息多样化。电子邮件发送的信件内容除普通文字内容外，还可以是软件、数据，甚至录音、动画、视频等各类多媒体信息。
- 收发方便、高效、可靠。与电话通信或邮政信件发送不同，发件人和收件人可以在任意时间和地点通过邮件服务器收发 E-mail。如果电子邮件因地址不对或其他原因无法递交，服务器会退回发信人。

电子邮件以其快速、高效、方便、价廉等特点，得到越来越广泛的应用。

1. 邮件服务方式

按照提供给用户访问界面的不同，发送和接收电子邮件的方式可以分为两大类：Web

访问方式和客户端访问方式。

1）Web 访问方式

用户通过浏览器访问 ISP（Internet Service Provider）的网站，登录其邮件系统，进入自己的邮箱，所有接收的邮件都以网页的形式显示。此外，它一般还提供了发送、转发、附件发送、草稿等功能。由于统一使用了 Web 界面，用户基本不需要学习就可以很容易掌握，这是初学者最常使用的方式。

但是它的缺点也很明显：

- 用户必须主动去接收邮件。当有新邮件到达时，无法通知用户，导致邮件处理可能被耽搁或者迫使用户频繁登录邮件系统，费时费力。
- 访问速度慢，效率低。由于访问邮件系统需要使用 Web 服务作为中介，而 Web 服务器经常有大量用户并发访问，使其负载较重，这些因素导致访问邮件的延时较大，效率很低。
- 尽管 Web 界面易学易用，但是不够灵活，提供的功能有限。

一些著名的网络服务商提供了电子邮箱服务，如雅虎、新浪、中华网、腾讯的 QQ mail、网易的 163mail、126 邮箱和 yeah.net、中国移动的 139 邮箱、中国电信的 189 邮箱。

2）客户端访问方式

邮件客户端是可以在本机收发电子邮件的一类软件，通过在本机运行一个专用的客户端程序，用户不需要登入邮箱就可以访问邮件系统进行邮件收发。

目前主流的邮件客户端软件包括 Windows 自带的 Outlook Express、微软的 Outlook、谷歌的 Gmail、Foxmail、Koomail、网易闪电邮、梦幻快车 Dreammail、Mozilla Thunderbird 等。

客户端程序提供了友好的界面和强大的功能，它避免了 Web 访问方式的缺点，具有邮件到达自动通知、下载，效率高、速度快，使用灵活、功能强大等优点。其不足在于安装后需要进行相关设置。

2. 主流客户端简介

1）Outlook Express

Outlook Express（简称 OE）是微软公司出品的一款 Windows XP 系统的电子邮件客户端，也是一个基于 NNTP 协议的 Usenet 客户端。微软将这个软件与 Windows XP 操作系统以及 Internet Explorer 网页浏览器捆绑在一起。

在 Windows Vista 系统中 OE 变成了 Windows Mail。而进入 Windows 7 以后，它没有自带的免费邮件管理程序，但内置了一个 Windows Live 的链接，可以下载安装微软新发布的 Windows Live Mail 来管理邮件。Windows Live Mail 是 Windows Live 系列工具之一，其功能等同于 OE。

2）Foxmail

Foxmail 是由华中科技大学（原华中理工大学）张小龙先生开发的一款优秀的国产

电子邮件客户端软件,最早在 1997 年和 1998 年分别推出 Foxmail 英文版和中文版。2005 年 Foxmail 被腾讯收购后,依然实行免费政策,并且每一次更新几乎都会给用户带来新的体贴功能。Foxmail 邮件客户端截至目前已更新至 7.0 版本。

Foxmail 邮件客户端软件是中国最著名的十大国产软件产品之一,以其功能强大、操作简单、界面美观(简洁、明朗)、稳定、迅捷、符合中国人的使用习惯等特点受到广大用户的青睐。

3)Koomail

Koomail 是"酷邮时空科技公司"旗下的一款邮件客户端软件,是近年来非常流行的软件,具有很高的成熟度,堪称后起之秀,逐渐登上国内最大邮件客户端软件供应商的舞台。

Koomail 支持多种操作系统,支持多邮箱账户,支持各国字符集和 Unicode、支持 IMAP/POP/SMTP/Hotmail/Yahoo、SSL、RSS。Koomail 可以分割断点发送邮件并自动合并,具有强大的垃圾邮件过滤功能,可加密发送和远程管理邮件。独有的断电保护功能使得用户在撰写邮件的过程中无论断电,还是系统死机,重启 Koomail 之后,即会自动弹出未完成的邮件。除此之外,提供了强大的邮件模板功能,支持来信动画、来信语音等,写邮件时可以显示打字声效,插入图片、签名、表情、附件等,可以发送语音、视频邮件。

Koomail 最突出的特点是无须配置 POP3、SMTP 等设置,只需输入邮箱账号、密码即可使用。

4)Gmail

Gmail 是 Google 的免费网络邮件服务,其提供的存储空间可以永久保留重要的邮件、文件和图片,使用搜索可快速、轻松地查找任何需要的内容,让这种作为对话的一部分的查看邮件的全新方式更加顺理成章。

Gmail 中没有弹出式窗口或无针对性的横幅广告,只有右侧小幅文字广告。广告和相关信息与用户的邮件有关,因此用户并不会觉得突兀,有时它们还很有用。Gmail 还将即时消息整合到电子邮件中,因此当用户在线时,可以更好地与好友联系,简单、有效。这是关于电子邮件的全新思维方式,是 Google 提供电子邮件服务的方式。

5)其他客户端软件

Outlook 是微软办公套装软件的组件之一,随着办公软件的更新而更新,Outlook 一般都是与 Word、Excel、PowerPoint 等捆绑出现,目前还没有一个独立的 Outlook 安装程序。

Outlook 对 OE 的功能进行了扩充,其主要功能包括收发电子邮件、管理联系人信息、记日记、安排日程、分配任务。

### 6.3.2　免费邮箱的申请

雅虎是全球最早从事电子邮件服务的互联网企业之一。雅虎邮箱卓越的性能和优质的服务得到了广大用户的充分认可。自 1996 年至今,雅虎邮箱业务在全球范围内,为互联网用户持续、可靠地提供了电子邮箱服务。

下面通过注册 yahoo 邮箱账户的操作过程,介绍免费邮箱的申请方法。单击雅虎首页登录框旁的"免费注册"链接或雅虎其他产品登录页面的"立即注册"按钮,即可启动注册过程，如图 6-35 所示。

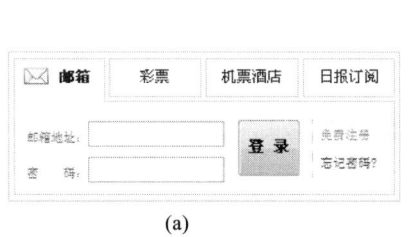 

(a)    (b)

图 6-35    "免费注册"和"立即注册"

（1）在 yahoo 注册页面，按照注册页面提示进行注册信息填写。

（2）目前雅虎邮箱同时提供两个邮件域名的注册：@yahoo.cn 或@yahoo.com.cn，系统默认为@yahoo.cn。

（3）密码是区分大小写的，长度为 6～32 个字符，不能使用空格。

（4）生日为不可更改项，一旦确认提交了生日信息，此信息将被存档记录，将无法进行修改。

（5）在认真阅读服务条款之后，单击"同意并提交"按钮即可。

【小贴士】@yahoo.cn 邮箱需要输入完整地址进行登录，如 nudt603@yahoo.cn。

### 6.3.3    Yahoo 邮箱的使用

下面以 Yahoo 邮箱为例，介绍通过 Web 方式收发邮件的方法。

1. 登录

在雅虎首页登录框中正确输入注册成功的雅虎邮箱地址和密码，单击"登录"按钮。Yahoo 为用户设置了自动浮出邮件域名的选项，用户只需从中选择正确的邮件域名即可。

2. 撰写、发送邮件

1）撰写邮件

登录雅虎邮箱后，单击页面左上角的"写信"按钮，即可打开图 6-36 所示的撰写信件窗口，在该窗口中输入邮件主题、正文等信息，选择收件人。

2）群发邮件

如果要给多个人发送信件，可在"收件人"、"抄送"、"密送"字段中添加多个电子邮件地址，地址之间用英文半角逗号隔开。例如，zhangshan@yahoo.com.cn，lisi@yahoo.com.cn。

【小贴士】"抄送"字段中的任何一位收信人都将收到信件的副本，信件的所有其他收件人都能够看到"抄送"的收件人已经收到该信件。"密送"与"抄送"的区别在于，"密送"的收件人不可见，即"不显示的副本"。

图 6-36　撰写邮件并添加附件

3）添加附件

单击写信页面邮件主题下方的"添加附件"按钮，在上传附件页面，单击"浏览"按钮选择文件。如果需要添加 5 个以上的文件，可单击页面下方的"添加更多附件"链接，选择完所有文件后，单击左上角的"上传附件"按钮。

上传后，写信页面即会列出所附加的文件名称和大小。如果需要删除某个附件，直接单击文件名后面的"删除"即可。如果需要继续上传其他附件，可单击"添加更多"按钮。

3. 接收、阅读邮件

1）收取、阅读邮件

登录雅虎邮箱后，单击"收信"按钮，即可查看是否有新的邮件，如图 6-37 所示。

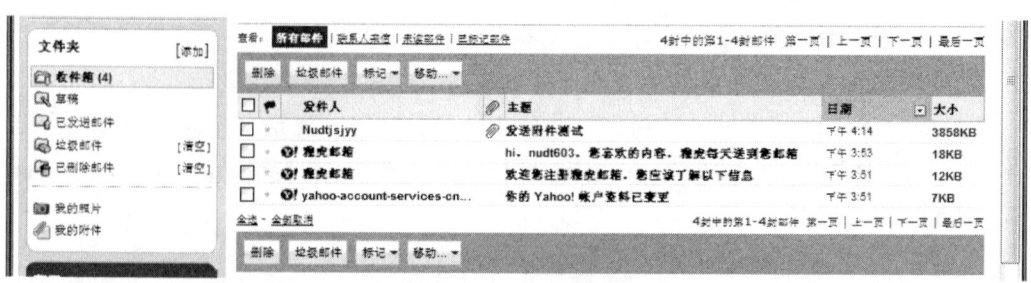

图 6-37　收取邮件

【小贴士】（1）在包含未读邮件的"收件箱"或文件夹中，单击"未读邮件"链接可以快速查看未读邮件。

　　　　　（2）如果收到的部分邮件显示乱码，则需要调整页面编码：打开显示为乱码的邮件，单击右下角的"选择邮件编码"下拉列表框，在编码列表中选择正确的编码类型即可。

### 2）回复邮件

打开需要回复的邮件，单击信件窗口顶部的"回复"按钮，可回复邮件给该信件的发件人。除了发件人以外，如果还想给其他所有收件人回复，可单击"回复"按钮右侧的下三角，然后选择"回复所有人"命令，如图 6-38 所示。

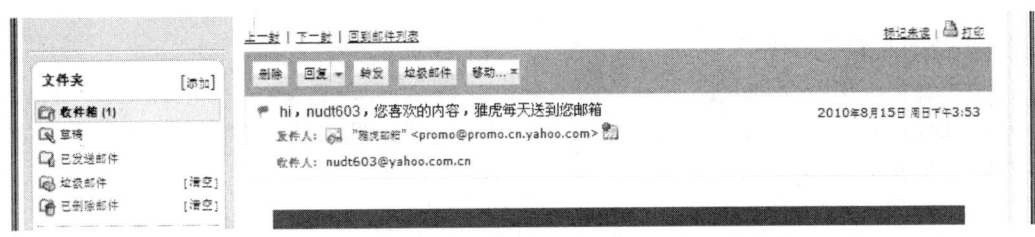

图 6-38　阅读、回复邮件

### 3）保存附件

打开一封包含附件的邮件时，收件人下方会显示"曲别针"图标、附件的文件个数、附件大小、所有附件的图标和文件名等信息，如图 6-39 所示。

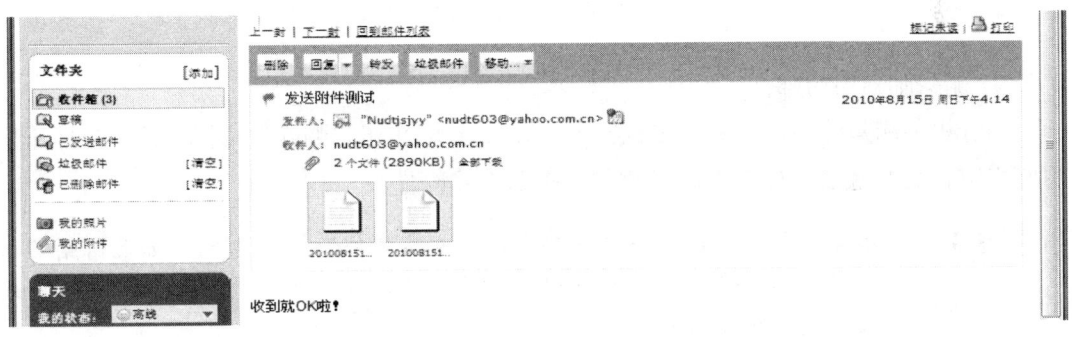

图 6-39　打开带附件邮件

如果需要打开或保存这些文件，可分别单击各文件图标或文件名。系统会对将要下载的文件进行扫描，确认文件不包含病毒后，会在附件的下方出现一行可以安全进行文件下载的提示信息，如图 6-40 所示。单击"下载文件"链接后，在弹出的"文件下载"对话框中选择是打开或保存附件。

### 4. 邮件及文件夹管理

### 1）建立文件夹

用户可以通过设置个人文件夹的方法，将邮件分门别类地进行保存，便于管理。单击"文件夹"导航栏中的"添加"，在弹出的对话框中输入文件夹名称即可。

图 6-40　安全文件下载的提示信息

【小贴士】如果还要建立更多的文件夹，就应该单击"我的文件夹"导航栏中的"添加"。

2）移动邮箱中的邮件

勾选想要移动的邮件左侧的复选框，单击"移动"按钮，在下拉列表中选择目标文件夹，如图 6-41 所示。或者在打开某封邮件时，直接通过邮件上方的"移动"按钮将此邮件移动到其他文件夹。

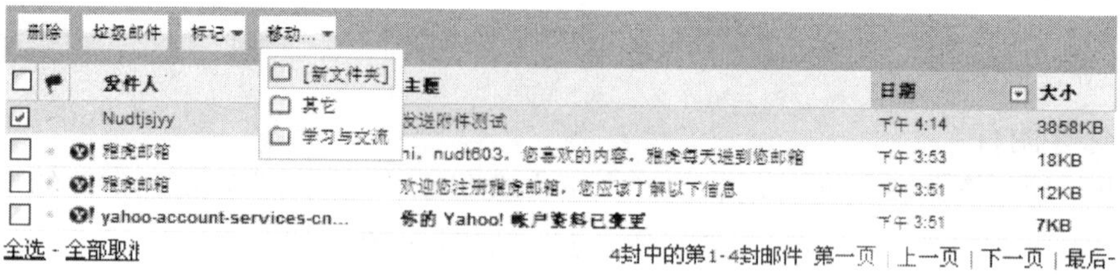

图 6-41　移动邮件

3）删除邮箱中的邮件

勾选想要删除的邮件左侧的复选框（可以多选），单击"删除"按钮。或者在打开某封邮件时，直接通过邮件上方的"删除"按钮删除邮件。

【小贴士】通过以上方式删除的邮件将被移到"已删除邮件"文件夹中。如果错删了邮件，只需从已删除邮件文件夹中找到该邮件，并且将其移动到"收件箱"或其他文件夹内即可恢复。

4）删除文件夹

如果要删除已经建立的文件夹，必须先删除这个文件夹中的所有信件。清空文件夹之后，单击"我的文件夹"旁的"编辑"按钮，如图 6-42(a)所示，再在文件夹管理页面中单击该文件夹后面的"删除"，如图 6-42(b)所示。

【小贴士】在文件夹管理页面中还可以很方便地对建立的文件夹进行更名操作。

5. 垃圾邮件的过滤方法

单击邮箱右上方的"邮箱设置"，选择左侧"垃圾邮件"，即可看到垃圾邮件的过滤设置页面，如图 6-43 所示。

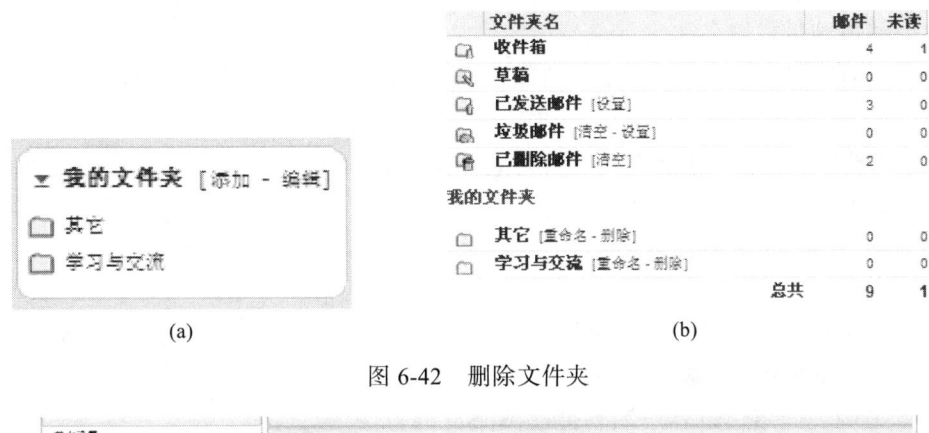

(a)　　　　　　　　　　　　　　　　　　　(b)

图 6-42　删除文件夹

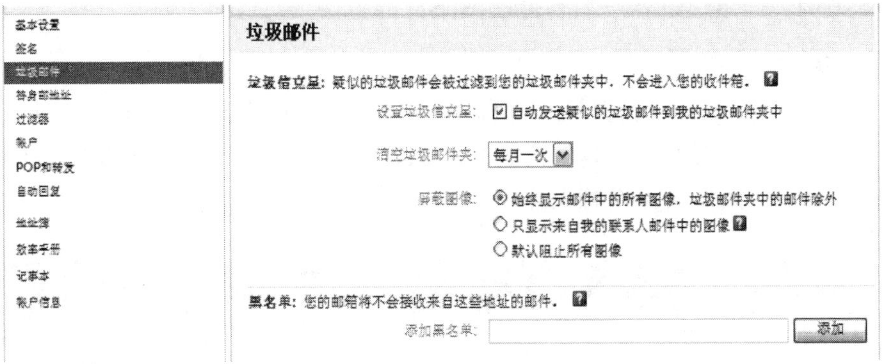

图 6-43　垃圾邮件的过滤设置

1）垃圾信克星过滤系统

垃圾信克星过滤系统是专门对付垃圾邮件的。当用户收到第一个被自动过滤系统确认为是垃圾邮件的电子邮件时，雅虎邮箱会将垃圾邮件自动发送到垃圾邮件文件夹。

用户可以通过勾选和取消勾选"自动发送疑似的垃圾邮件到我的垃圾邮件夹中"开启或关闭垃圾信克星（默认是开启），可以选择对"垃圾邮件"的处理方式：是"立即"删除，还是"每周一次"、"两周一次"或"每月一次"清除垃圾邮件，默认是"每月一次"。

2）屏蔽邮件图像

邮件中的一些图像能够提醒发送者你已经打开了此邮件，即可证明你的邮箱地址是活跃的。用户可以进行设置拒绝下载图像，那么发送者将无法确认你的邮箱地址是否活跃。

在"屏蔽图像"区域选择所需屏蔽图像的选项，如"默认阻止所有图像"或"只显示来自我的联系人邮件中的图像"，这样用户就可以看到想看到的图片，同时避免不必要的显示。

如果要查看邮件中被屏蔽的图像，可单击"显示图片"。

3）使用黑名单

可以使用"黑名单"功能来拒收指定的邮件地址的来信。在黑名单中，最多可以添加 500 个邮箱地址或域名。

在"添加黑名单"文本框中输入邮箱地址，单击"添加"按钮，即可将其添加到黑名单中。

如果需要重新收到"黑名单"中邮箱地址发来的邮件，选中该邮箱地址，并单击"删除"按钮即可。

### 6.3.4　Outlook Express 的使用

Outlook Express（简称 OE）是目前常用的电子邮件客户端软件之一，如果用户的计算机安装了 Windows XP 操作系统，则 Outlook Express 即已默认安装。下面以 Outlook Express 6 为例，介绍通过客户端软件收发邮件的方法。

1. Outlook Express 窗口

启动 Outlook Express 后，其窗口如图 6-44 所示。Outlook Express 在外观上与 Internet Explorer 相似，自上而下分为标题栏、菜单栏、工具栏、工作区和状态栏。工作区内又分左右两个窗口：文件夹窗口和工作窗口。

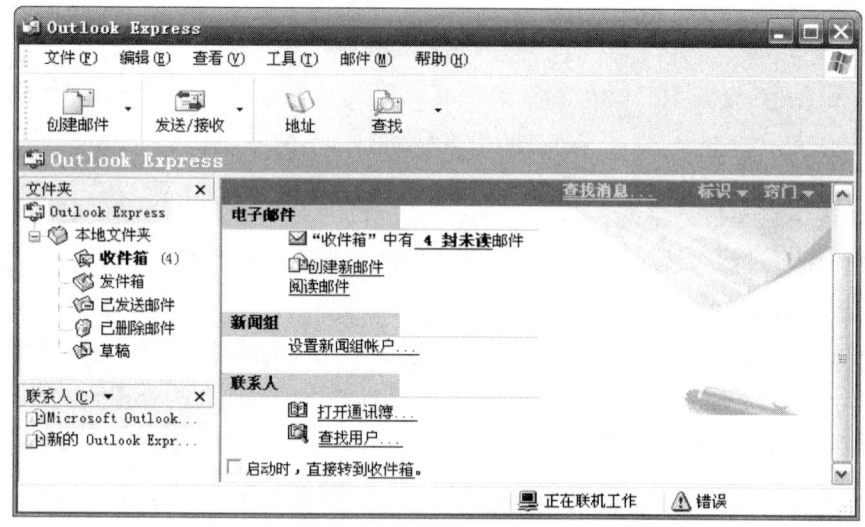

图 6-44　Outlook Express 窗口

文件夹窗口中列出了 Outlook Express 为用户建立的所有文件夹，默认情况下包括收件箱、发件箱、已发送邮件、已删除邮件和草稿。

工作窗口中的内容由文件夹窗口中选择的文件夹所决定。

- 收件箱：用于存放接收到的新邮件，若不将它们移到别处，所有收到的邮件将一直保存在此。
- 发件箱：在撰写好新邮件后，Outlook Express 并不将其立即发出，而是把它们暂存在发件箱中，直到单击"发送/接收"按钮后才将邮件发出。

- 已发送邮件：存放已发送邮件的副本，以备将来使用。
- 已删除邮件：从其他文件夹中删除的邮件都保存在该文件夹中。如果要永久删除这些邮件，则右击该文件夹图标，在弹出的快捷菜单中选择"清空文件夹"命令即可。
- 草稿：若在撰写邮件的过程中不得不临时中断一下，可以关闭正在撰写邮件的"新邮件"窗口并选择保存邮件，该邮件就保存在"草稿"文件夹中。以后可以随时从"草稿"文件夹中打开该邮件继续进行编辑。

2. 设置个人账号

用户从 ISP 得到邮箱地址后，在使用 Outlook Express 收发邮件之前，首先需要设置你所使用的邮件服务器地址和你的电子邮件地址。

1）添加账户

添加一个账户的步骤如下：

（1）在 Outlook Express 窗口中单击"工具/账户"命令，打开"Internet 账户"对话框，如图 6-45 所示。

（2）单击"添加"按钮，从弹出的快捷菜单中选择"邮件"选项后将弹出"Internet 连接向导"对话框。在其中的"显示名"文本框中输入用户名称，如 nudtjsjyy。在发送邮件时，这个信息会出现在邮件的"发件人"一栏中。

（3）单击"下一步"按钮，在新的"Internet 连接向导"对话框的"电子邮件地址"文本框中，输入电子邮件地址，如图 6-46 所示。

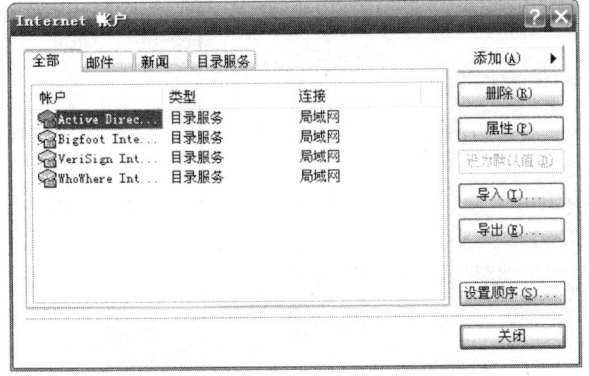

图 6-45　"Internet 帐户"对话框

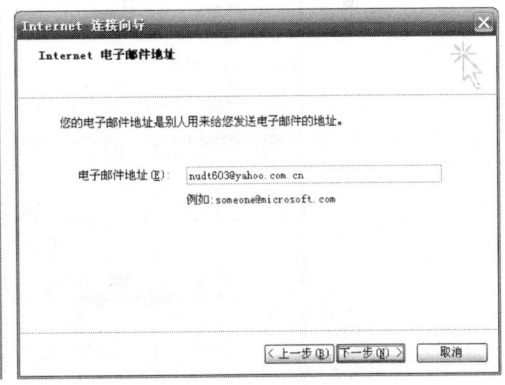

图 6-46　输入电子邮件地址

（4）单击"下一步"按钮，在新的"Internet 连接向导"对话框中，选择接收邮件服务器的类型（POP3 或 IMAP），分别在两个文本框中输入接收邮件服务器（POP3）和发送邮件服务器（SMTP）的服务器地址，如图 6-47 所示。一般 ISP 会向公众公布这两个地址。例如对于 yahoo 邮箱，它的 POP3 服务器地址是 pop.mail.yahoo.com.cn，SMTP 服务器地址是 smtp.mail.yahoo.com.cn。

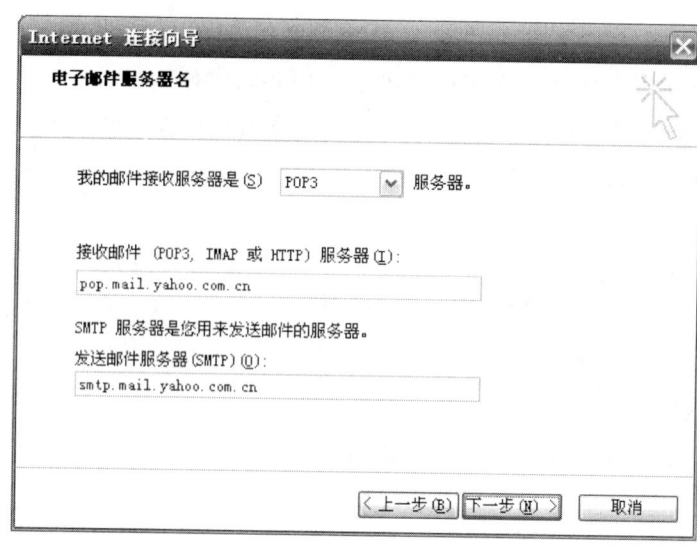

图 6-47　输入 SMTP 和 POP3 服务器

（5）单击"下一步"按钮，输入账户和密码，账户即是用户名，如图 6-48 所示。此处密码可以不填，当每次 Outlook Express 连接 POP3 服务器时会提示你输入密码；也可以在这里输入密码，并且勾选"记住密码"复选框，则 Outlook Express 连接 POP3 服务器时会自动进行身份验证。如果使用的计算机不是个人专用，建议不要让 Outlook Express 记住密码，否则其他人也可以访问你的邮箱。

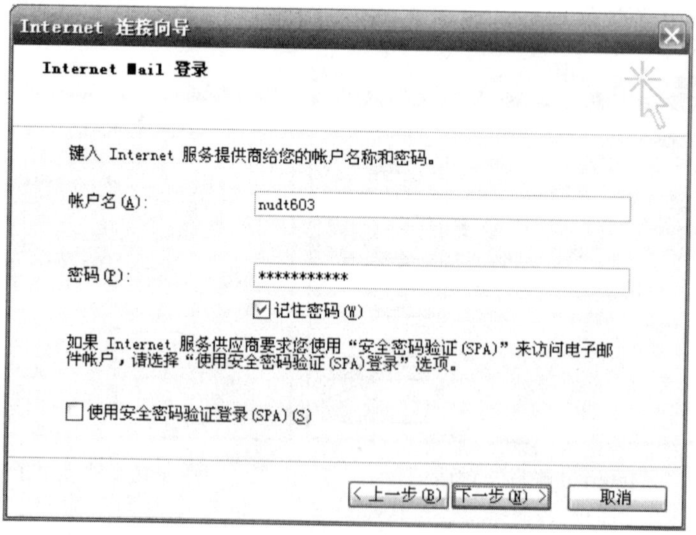

图 6-48　输入账户名和密码

（6）单击"下一步"按钮，在最后一个对话框中单击"完成"按钮，完成一个 Internet 账户的设置。此时出现"Internet 账户"对话框，可看到电子邮箱名字显示在对话框中，并已自动设为"默认"类型。

【小贴士】在 Outlook Express 中可以设置多个邮件账户，Outlook Express 按照所设置的顺序依次接收各个信箱中的信件。在"Internet 账户"对话框中单击"添加"按钮，并如上所述进行相应的设置，可以增加新的账户。

2）修改账户信息

在"Internet 账户"对话框的"邮件"选项卡中，选择要修改的邮件账户，单击"属性"按钮，弹出"账户属性"对话框。

在"常规"选项卡中修改电子邮件地址，在"服务器"选项卡中修改邮件服务器地址及登录账号等，如图 6-49 所示，最后单击"确定"按钮。

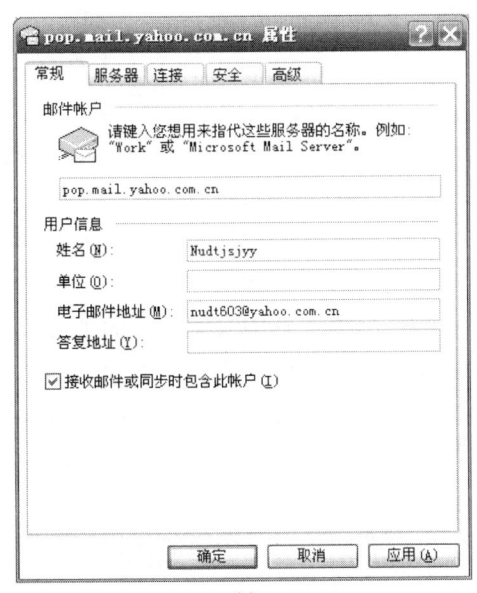
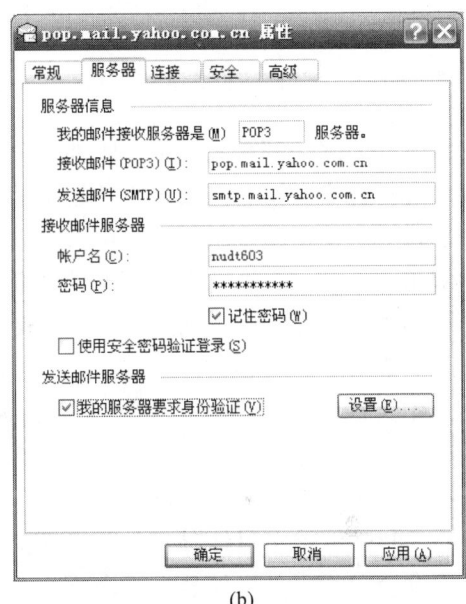

(a)　　　　　　　　　　　　　　　　　　　(b)

图 6-49　"常规"选项卡和"服务器"选项卡

3）账户的安全设置

大多数 ISP 为了尽可能地避免垃圾邮件的干扰，一般还要求进行 SMTP 认证设置，如果没有进行该项设置，则无法通过 Outlook Express 发送邮件。

在图 6-49 所示的"服务器"选项卡中，勾选"我的服务器要求身份验证"复选框，然后单击旁边的"设置"按钮，在弹出的"发送邮件服务器"对话框中选中"使用与接收邮件服务器相同的设置"单选按钮，如图 6-50 所示。

在"账户属性"对话框中选择"高级"选项卡，并填写服务器的端口，勾选两个"此服务器要求安全连接（SSL）"复选框，如图 6-51 所示。

3. 接收和阅读邮件

用 Outlook Express 接收邮件非常简单，只需单击工具栏中的"发送/接收"按钮即可。下载邮件时，会弹出一个对话框，提示用户从哪个邮件服务器上下载了邮件、下载了几封邮件等。实际上，此时不仅下载了新邮件，同时也将保存在"发件箱"中的所有待发邮件发送出去了。

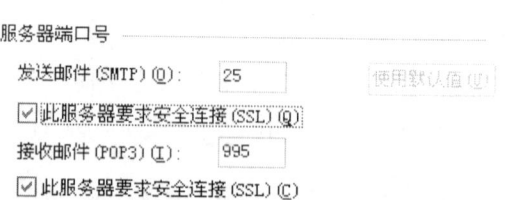

图 6-50    "发送邮件服务器"对话框            图 6-51    服务器安全设置

接收到的邮件都被放到了"收件箱"中。收件箱工作窗口被分成了上下两部分,上面称作邮件列表窗口,列出了收件箱中的所有邮件,下面部分叫做阅览窗口。用户在邮件列表窗口中单击某一邮件,阅览窗口立即就显示出该邮件的内容。如果在邮件列表窗口中双击某一邮件,会打开一个新的独立窗口来显示邮件的内容。

在邮件列表窗口中,列出了用户已经接收的所有邮件,其中未阅读过的邮件以黑体字显示。如果用户只想列出未阅读过的邮件,可以单击"查看/当前视图"命令,从弹出的菜单中选择"隐藏已读邮件"。虽然已阅读过的邮件不显示在邮件列表中,但并未被删除,仍然保留在收件箱中。当用户需要查看它们时,只需再从"查看/当前视图"命令中选择"显示所有邮件"即可。

当一封邮件带有附件时,会在阅览窗口主题行的右侧显示一个回形针状的图标,单击此图标会显示附件文件名,单击此文件名就会打开文件。

【小贴士】假如用户希望在收信之后,不删除服务器上的邮件,则可以在邮件账号属性
　　　　　对话框的"高级"选项卡中勾选"在服务器上保留邮件副本"复选框,并设
　　　　　置保存天数。

4. 发送邮件

1)发送新邮件

要发送新邮件,单击工具栏中的"创建邮件"按钮,将弹出"新邮件"窗口。在"新邮件"窗口中依次填写下列各项:

- 收件人:收件人的 E-mail 地址。
- 主题:邮件的主题信息,这里是对邮件内容的简单提示,便于接收者了解邮件的内容。
- 抄送:若要把此邮件同时发给其他人,则在此栏中输入他们的 E-mail 地址,每个地址之间用逗号隔开。
- 密送:若要把此邮件同时发给其他人,但又不让收信人知道,应将这些人的 E-mail 地址填入此栏中。

- 在正文窗口中输入邮件的内容，最后单击工具栏中的"发送"按钮，就可将撰写的邮件发出。如果此时未连接网络，邮件就被发送到了"发件箱"。

【小贴士】 如果需要确认对方是否收到了邮件，可在"新邮件"窗口中单击"工具/请求阅读回执"命令。如果需要所有邮件都返回阅读回执，则单击"工具/选项"命令，然后单击"回执"选项卡，并在其中勾选"所有发送的邮件都要求提供阅读回执"复选框即可。

2）发送带附件的邮件

发送邮件时可以加入附件。所谓附件，就是一个文件，这个文件可以是纯文本文件，也可以是其他类型的文件，如图形文件、声音文件、Word 文档及可执行文件等。

在"新邮件"窗口中单击"插入/文件附件"命令，或单击工具栏上的"附件"按钮，弹出"插入附件"对话框。选择要附加的文件，单击"附件"按钮。如果需要插入多个附件，可以重复进行。全部完成后，单击"发送"按钮。需要注意的是，附件文件的大小不应超过所申请邮箱限制的附件大小。

3）回复邮件

回复邮件是在阅读完一封邮件后立即回信给发送者，并将来信的原文引入到回信的正文中。操作步骤如下：

（1）在"收件箱"的邮件列表中，选择要回复的邮件，然后单击工具栏中的"答复"按钮。

（2）在答复邮件的窗口中，收件人和邮件主题已自动填写好，来信的全文也填入到正文窗口中，并且每行前都加了"|"标记。用户可在正文窗口中写入回信的内容，然后单击"发送"按钮。

4）转发邮件

若想把收到的邮件转寄给其他人，可进行转发操作。

（1）在"收件箱"的邮件列表中，选择要转发的邮件，然后单击工具栏中的"转发"按钮。

（2）在转发邮件窗口的"收件人"一栏中填写收件人的 E-mail 地址，然后单击"发送"按钮。

5. 管理邮件

用户可以建立多个个人文件夹以对收到的邮件进行分类管理，文件夹的操作还包括重命名、删除等。有了个人文件夹，用户就可以对邮件进行移动、复制、删除等操作。

例如，若要删除一些邮件，在"收件箱"的邮件列表中选择要删除的邮件，然后单击工具栏中的"删除"按钮，邮件就被转移到"已删除邮件"文件夹中，如图 6-52 所示。若要清空"已删除邮件"文件夹中的邮件，则右击"已删除邮件"文件夹，从弹出的快捷菜单中选择"清空'已删除邮件'文件夹"命令即可。

6. 管理通讯簿

通讯簿相当于一个电子名片夹，用以保存经常与本人有邮件往来的用户信息，以后发邮件时直接从通讯簿取用。

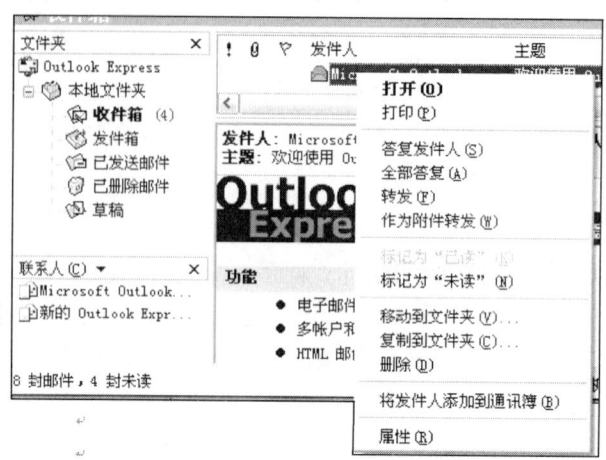

图 6-52　删除邮件的菜单

1）在通讯簿中添加联系人

单击 Outlook Express 窗口中的"地址"按钮，弹出"通讯簿"窗口，如图 6-53 所示。

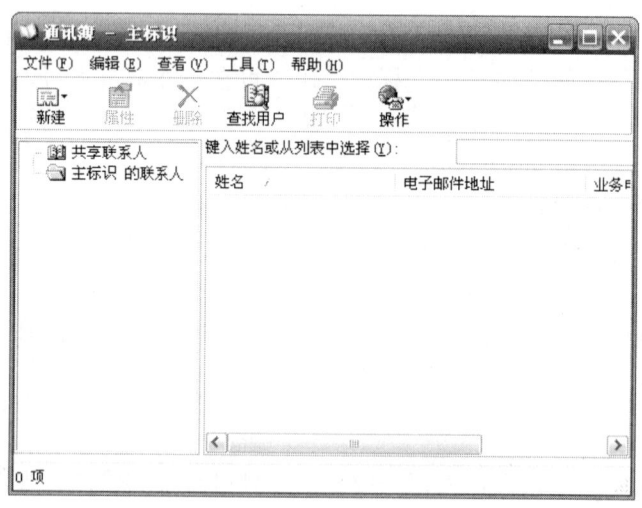

图 6-53　"通讯簿"窗口

单击"新建"按钮中的"新建联系人"命令，弹出"属性"对话框。选择"姓名"选项卡，在"姓"和"名"文本框中分别输入联系人的姓和名，显示栏中自动将两者结合起来作为该联系人在通讯簿中的显示名称。在"电子邮件地址"文本框中输入联系人的 E-mail 地址，然后单击右侧的"添加"按钮，如图 6-54 所示。

根据需要选择其他的选项卡并输入相应的信息。输入完成后，单击"确定"按钮。

2）自动添加联系人的 E-mail 地址

如果要有选择地进行添加，可以在打开收到的邮件后，右击要添加的发件人名称，从弹出的快捷菜单中选择"将发件人添加到通讯簿"命令。或者在回复邮件窗口中，右击收件人文本框中的地址，从弹出的快捷菜单中选择"添加到通讯簿"命令。如果要对所有回复邮件地址进行添加，只需单击"工具/选项"命令，在弹出的"选项"对话框中选择"发送"选项卡，勾选"自动将我的回复对象添加到通讯簿"复选框，如图 6-55 所示。

图 6-54　输入新联系人信息的对话框

3）修改通讯簿中联系人的信息

打开"通讯簿"窗口，在联系人列表框中双击要修改信息的联系人名称，弹出"属性"对话框。在"属性"对话框中，修改联系人的相应信息，最后单击"确定"按钮。

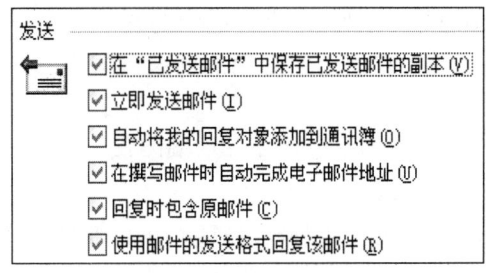

图 6-55　设置自动添加联系人

4）使用通讯簿

撰写邮件时，如果对方信息存在于通讯簿中，单击撰写邮件窗口中的收件人图标，弹出"选择收件人"对话框，从左边的联系人列表中选中收件人，单击"收件人"按钮，将其添加到右边的"邮件收件人"列表框中。如果要同时发送给多个联系人，可以连续操作，之后单击"确定"按钮，回到撰写邮件窗口。

7. 安全措施

邮件的安全问题包含多个方面，如邮件可能给系统带来不安全的因素、邮件内容本身的隐私性等。

　　1）防病毒保护设置

　　单击"工具/选项"命令，在弹出的"选项"对话框中选择"安全"选项卡，选中"当别的应用程序试图用我的名义发送电子邮件时警告我"复选框，可以监视其他程序的动作，避免有安全问题的邮件寄至自己的信箱；选择"不允许保存或打开可能有病毒的附件" 复选框，可以避免病毒入侵计算机，如图 6-56 所示。

　　2）群发邮件的时候采用密送的方式

　　从安全角度来说，将电子邮件地址与没有必要知道的人分享，是一个不太合适的做法。在发送电子邮件给多个人的时候，如果选择收件人或者抄送的方式，所有收件人将分享所有的电子邮件地址。如果没有明确确认电子邮件地址应该被所有收件人分享的时候，应该使用密送的方式，这样收件人不会知道还有其他接收者的存在。

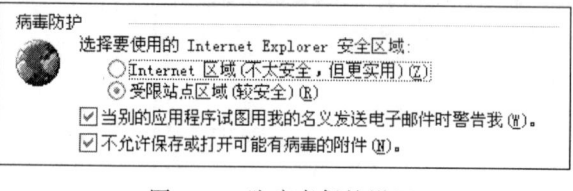

图 6-56　防病毒保护设置

### 6.3.5　单元实验

单元实验 6-3-1：申请免费邮箱、在线收发邮件

【实验目的】

　　（1）掌握免费邮箱的申请方法。

　　（2）掌握在 Web 页在线收发邮件的方法。

【实验要求】

　　（1）免费申请一个 Yahoo 邮箱。

　　（2）在 Yahoo 邮箱中撰写一封邮件，与你的朋友互助问候，并密送一份给自己，要求在正文中加入一张合适的图片。

　　（3）将你的朋友添加到通讯簿中。

单元实验 6-3-2：邮件客户端的使用

【实验目的】

　　（1）进一步理解 SMTP 协议和 POP3 协议的应用和提供的主要服务。

　　（2）掌握电子邮件客户端工具的配置与使用方法。

【实验要求】

　　（1）打开 Google 主页，免费申请一个 Gmail 邮箱。

　　（2）根据申请邮箱所提供的 SMTP 服务器的地址和 POP3 服务器的地址配置 Outlook Express，并进行适当的截屏以记录你的操作过程，保存到"OE 的配置方法.doc"中。

　　（3）在 Outlook Express 中撰写一封测试邮件发送到自己的邮箱，要求附加文件"OE 的配置方法.doc"。

（4）接收邮件，将附件保存到本机，并将该邮件转发给你的一个朋友。

# 6.4　文　件　传　输

## 6.4.1　文件传输概述

1. FTP 简介

Internet 的主要功能之一就是实现信息共享，文件传输是信息共享非常重要的一个内容。

FTP 是 File Transfer Protocol 的英文简称，中文译为文件传输协议，用于控制文件的双向传输，是 Internet 上常用的协议之一。FTP 采用客户机/服务器方式，用户通过一个支持 FTP 协议的客户程序，连接到在远程主机上的 FTP 服务器，访问服务器上的程序和信息。FTP 服务是一种实时的联机服务。

1）FTP 服务器

在 Internet 上，有一些网站，它们依照 FTP 协议提供服务，让网络用户进行文件的存取，这些网站就是 FTP 服务器。

FTP 服务器是一种专供其他计算机检索和存储文件的特殊计算机。FTP 服务器通常比一般的个人计算机拥有更大的存储容量，并具有磁盘镜像、多个网络接口卡、热备援多电源供应器等功能。FTP 服务器已成为互联网上的一种重要资源。

2）FTP 客户程序

网上的用户要连上 FTP 服务器，就要用到 FTP 的客户端软件。FTP 客户端程序的主要功能就是让用户把自己的 PC 机连接上一个远程计算机（这些计算机上运行着 FTP 服务器程序），查看远程计算机有哪些文件，然后把文件从远程计算机上复制到本地计算机，称为下载（Download），或把本地计算机的文件送到远程计算机，称为上传（Upload），以实现资源共享。这些文件可以是任何类型的多媒体文件，如图像、声音、数据压缩文件等。

FTP 客户程序有字符界面和图形界面两种。字符界面的 FTP 的命令复杂、繁多。图形界面的 FTP 客户程序，操作上要简洁方便得多，一般都具有高速下载、稳定且功能齐全等特点。

3）匿名 FTP 服务

使用 FTP 时必须首先登录，在远程主机上获得相应的权限以后，方可下载或上传文件。也就是说，要想同哪一台计算机传送文件，就必须具有那一台计算机的适当授权。如果是该服务器主机的注册用户，你将会有一个 FTP 登录账号和密码，凭这个账号、密码连上该服务器。但是，Internet 上的 FTP 主机何止千万，不可能要求每个用户在每一台主机上都拥有账号。于是运行 FTP 服务的许多站点都开放匿名服务，在这种设置下，用户不需要成为其注册用户就可以登录服务器。系统管理员建立了一个特殊的用户 ID，用户名为 anonymous，用户口令可以是任意的字符串，通常用自己的 E-mail 地址作为口令，使系统维护程序能够记录下来谁在存取这些文件。Internet 上的任何人在任何地方都可使用该用户 ID。

当远程主机提供匿名 FTP 服务时，会指定某些目录向公众开放，允许匿名存取。系统中的其余目录则处于隐匿状态。作为一种安全措施，大多数匿名 FTP 主机都允许用户从其下载文件，而不允许用户向其上传文件。也就是说，用户可将匿名 FTP 主机上的文件复制到自己的计算机上，但不能将自己计算机上的任何一个文件复制至匿名 FTP 主机上。

【小贴士】匿名 FTP 不适用于所有 Internet 主机，它只适用于那些提供了这项服务的主机。

2. FTP 服务的方式

启动 FTP 客户程序工作的方法包括：通过网页浏览器，或安装并运行专门的 FTP 客户程序。

大多数最新的网页浏览器或文件管理器都能和 FTP 服务器建立连接，FTP 服务器有一个固定的 FTP 地址，这个地址可以是 IP 地址，也可以是域名地址。这使得在 FTP 上通过一个接口就可以操控远程文件，如同操控本地文件一样。这个功能通过给定一个 FTP 的 URL 实现，形如 ftp://<服务器地址>。

FTP 客户程序可以更好地帮助用户管理 FTP 目录，提供更方便使用的操作，其稳定性好，可以断点续传，适合上传大文件或一次上传很多文件。

3. 主流 FTP 图形界面客户端

1）CuteFTP

CuteFTP 是一个小巧且强大的 FTP 客户程序之一，可以上传下载队列，支持断点续传、整个目录的覆盖和删除、远端文件编辑、不会因闲置过久而被踢出站台。其友好的用户界面、稳定的传输速度很受用户喜爱。

其主要功能包括：站点对站点的文件传输（FXP）、定制操作日程、远程文件修改、自动拨号功能、自动搜索文件、连接向导、连续传输直到完成文件传输、shell 集成、及时给出出错信息、恢复传输队列、附加防火墙支持、可以删除回收箱中的文件等。

2）LeapFTP

LeapFTP 是一款功能强大的 FTP 软件。与 Netscape 相仿的书签形式，使之连线非常方便；下载与上传文件支持续传；可下载或上传整个目录，亦可直接删除整个目录；可让你编列顺序一次下载或上传同一站台中不同目录下的文件；具有不会因闲置过久而被站台踢出的功能；可直接编辑远端 Server 上的文件；可设定文件传送完毕自动中断连接。

3）FlashFXP

FlashFXP 是一款功能强大的 FXP/FTP 软件，提供了最简便和快速的途径来通过 FTP 传输任何文件，提供了一个格外稳定和强大的程序，确保你的工作能够快速和高效地完成。FlashFXP 拥有直观和全功能的用户界面，允许用户通过简单的单击完成所有指令任务；支持鼠标拖曳，因此可以通过简单的单击和拖曳完成文件传输，文件夹同步，查找文件和预约任务；支持目录（和子目录）的文件传输，删除；支持上传、下载，以及第三方文件续传；可以跳过指定的文件类型，只传送需要的文件；可自定义不同文件类型的显示颜色；有避免闲置断线功能，防止被 FTP 平台踢出；可显示或隐藏具有"隐藏"属性的文档和目录；支持每个平台使用被动模式等。

FlashFXP 集成了其他优秀的 FTP 软件的优点，如 CuteFTP 的目录比较，支持彩色文字显示；如 BpFTP 支持多目录选择文件，暂存目录；以及 LeapFTP 的界面设计等。

FlashFXP 与 LeapFTP、CuteFTP 合称 FTP 三剑客，三者各有所长。FlashFXP 传输速度比较快，但是在访问某些网站时不稳定，传大文件出现过卡死的现象；LeapFTP 传输速度稳定，能够连接绝大多数 FTP 站点，而且绝对不会卡死，但是速度有所不足；CuteFTP 的优点在于功能繁多，速度和稳定性介于前两者之间，虽然相对来说比较庞大，但其自带了许多免费的 FTP 站点，资源丰富。

4）FileZilla

FileZilla 是一个免费开源的适合 Windows、Mac 和 Linux 的 FTP 客户端软件，因为其免费跨平台和易用性，因此它是很多 FTP 用户的最初选择，FileZilla 下载速度非常快，功能齐全。

FileZilla 分为客户端版本和服务器版本，具备所有的 FTP 软件功能。可控性、有条理的界面和管理多站点的简化方式使得 FileZilla 客户端版成为一个方便高效的 FTP 客户端工具，而 FileZilla Server 则是一个小巧并且可靠的支持 FTP&SFTP 的 FTP 服务器软件。

5）8UFTP 客户端

8UFTP 是一款国产免费客户端软件，是目前体积最小的 FTP 客户端工具。虽然体积小，但功能非常强大，涵盖了其他 FTP 工具的功能。可以支持多线程上传，使上传速度更快、更稳定；还支持直接上传压缩包后在空间上直接解压等，也可以在空间上压缩后直接下载压缩包。

4. 主流 FTP 服务器

1）Serv-U FTP Server

Serv-U 是目前 Windows 下最流行的、最好的 FTP 服务器软件之一，它设置简单，功能强大，使用方便，性能稳定。可以设定多个 FTP 服务器、限定登录用户的权限、登录主目录及空间大小等。

它具有非常完备的安全特性，支持 SSL FTP 传输，支持在多个 Serv-U 和 FTP 客户端通过 SSL 加密连接保护数据安全，还为用户的系统安全提供了相当全面的保护，如设置 FTP 密码、使用者权限、使用者 IP 登录、设置各种用户级的访问许可等。

主要功能包括：

- 流量控制与带宽限制：支持对上传、下载流量，磁盘空间，网络带宽设定限制，以确保带宽不会被 FTP 用户独占。
- 断点续传：能有效地降低重复下载。
- 远程管理：方便用户从任何地方管理 FTP Server，提高工作效率。

- 安全机制：通过严格的权限控制，提供系统安全性和稳定性。
- 支持"多宿主" IP 站点：对需单个服务器支持多 IP 地址的站点尤为适用。
- 匿名用户接入。
- 作为系统服务运行等。

2）Wing FTP Server

Wing FTP Server 是一个专业的跨平台 FTP 服务器端，它拥有不错的速度、可靠性和一个友好的配置界面。它除了能提供 FTP 的基本服务功能以外，还能提供管理员终端、任务计划、基于 Web 的管理端、基于 Web 的客户端和 Lua 脚本扩展等，它还支持虚拟文件夹、上传下载比率分配、磁盘容量分配、ODBC/MySQL 存储账户等特性。

3）FileZilla Server

FileZilla Server 是一个小巧的 FTP 服务器软件，耗用系统资源相当小。

### 6.4.2　浏览器中的 FTP 服务

1. 登录

在浏览器地址栏中输入 URL 地址，按 Enter 键或单击"转至"按钮，会弹出一个对话框，如图 6-57 所示。在对话框中输入用户名和密码，然后按 Enter 键或单击"登录"按钮进行连接。

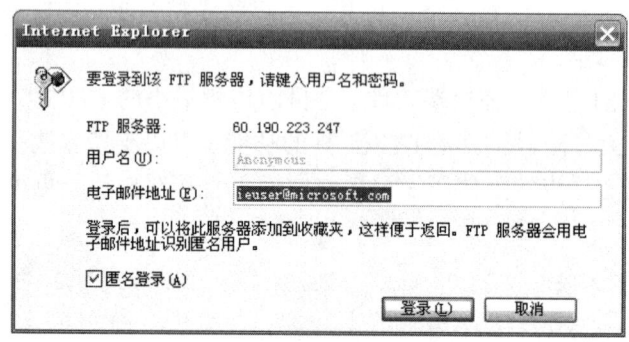

图 6-57　系统登录对话框

2. 上传、下载

连接成功后，即可看到服务器的主窗口。下面以下载文件为例，介绍其操作方法。

从主窗口进入所需文件夹，如图 6-58 所示，选择目标文件或文件夹，右击，从弹出的快捷菜单中选择"目标另存为"命令，在随后打开的"另存为"对话框中指定保存位置，单击"确定"按钮，完成下载。

如果单击工具栏上的"页面"按钮，在菜单中选择"在 Windows 浏览器中打开 FTP"命令，即可在 Windows 资源管理器中查看 FTP 站点的信息，如图 6-59 所示。

【小贴士】在 Windows 资源管理器窗口中，可以通过直接拖曳的方法实现文件的上传与下载。当然，只有具有上传权限的用户才可以进行文件的上传。

图 6-58　登录后

图 6-59　在 Windows 资源管理器中查看 FTP 站点的信息

### 6.4.3　CuteFTP 的配置与使用

　　CuteFTP 是一个基于 Windows 的文件传输协议（FTP）的客户端程序，它使用户无

须知道协议本身的具体细节，就可充分利用 FTP 的强大功能，连接全球范围内的远程 FTP 服务器，实现上传、下载及编辑文件。下面简要介绍 CuteFTP8.0 的使用方法。

　　1．连接向导

　　1）启动连接向导

　　第一次运行 CuteFTP 时，软件会自动进入"CuteFTP 连接向导"。

　　通过单击"文件/连接"中的"连接向导"命令，或在工具栏中单击连接向导，可重新运行连接向导。

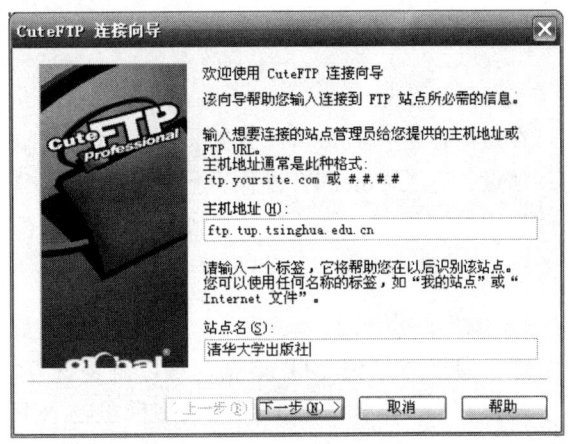

图 6-60　输入主机地址和连接名

　　2）输入主机地址或 IP 地址，并起个连接名

　　在"CuteFTP 连接向导"对话框的"主机地址"文本框中填写 FTP 主机地址（不得

包含 ftp:// 或 http://），在"站点名"文本框中输入用于标识 FTP 站点的名称，如图 6-60 所示，单击"下一步"按钮。

3）输入 FTP 账户名和密码

如果你是该 FTP 站点的注册用户，该 FTP 提供商会为用户提供连接 FTP 账户的用户名和密码，登录方式选择"标准"，否则选择"匿名"，如图 6-61 所示，单击"下一步"按钮。CuteFTP 会自动开始连接网络，尝试登录到 FTP 服务器。

4）设置默认文件夹

登录成功后，需要设置上传和下载用到的两个文件夹。

"默认本地文件夹"是用户在登录后在 CuteFTP 操作界面左栏显示的本地文件夹，用户单击"浏览"按钮进行选择；"默认远程文件夹"是用户在登录后 CuteFTP 操作界面右栏显示的 FTP 服务器上的文件夹，一般情况下可先不选择，等登录后再根据需要进行相关的选择，如图 6-62 所示。

设置完成后，单击"下一步"按钮。

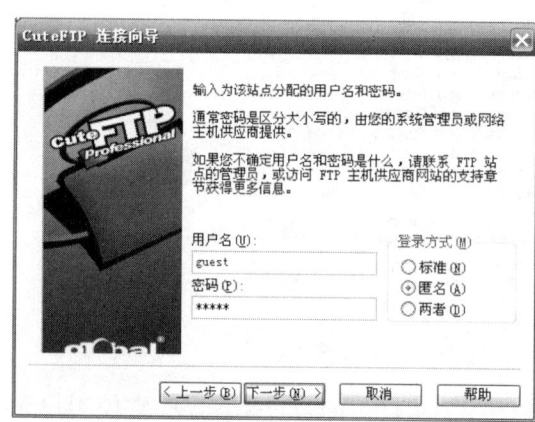

图 6-61　输入用户名和密码

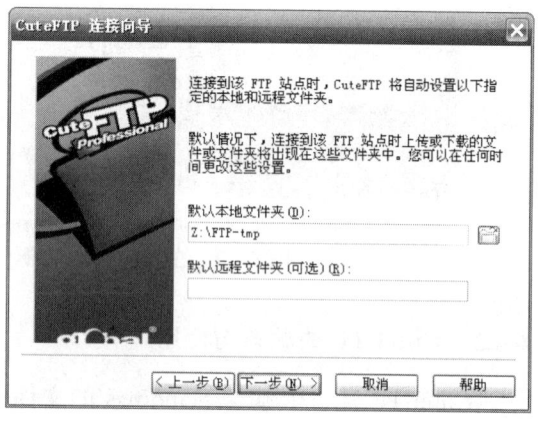

图 6-62　设置默认本地文件夹

5）连接完成

在最后一个"CuteFTP 连接向导"对话框中，单击"完成"按钮即连接到前面所设的 FTP 站点，进入 CuteFTP 操作主界面，如图 6-63 所示。CuteFTP 操作主界面的左侧为本地文件列表，即我们自己的计算机硬盘，右侧为 FTP 服务器端文件列表和状态信息栏。

2. 站点管理

1）添加站点

如果要加入其他 FTP 站点，可以有多种方法。

直接在"主界面"上部相应文本框里输入 FTP 地址、账户、密码和端口等连接信息，然后单击"连接"按钮，CuteFTP 会自动保存这个连接站点信息，或单击最右边带加号的"添加到站点管理器"图标也会将站点加入到站点管理器。

通过单击"文件/新建"命令，再选择"FTP 站点"命令，在弹出的"站点属性"对话框"常规"选项卡的"标签"文本框中输入站点名称，在"主机地址"文本框中输入

FTP 服务器地址的 IP 地址，在"用户名"和"密码"文本框中输入用户 ID 号和密码等连接信息，单击"确定"按钮，即完成了一个新的 FTP 站点的建立，如图 6-64 所示。

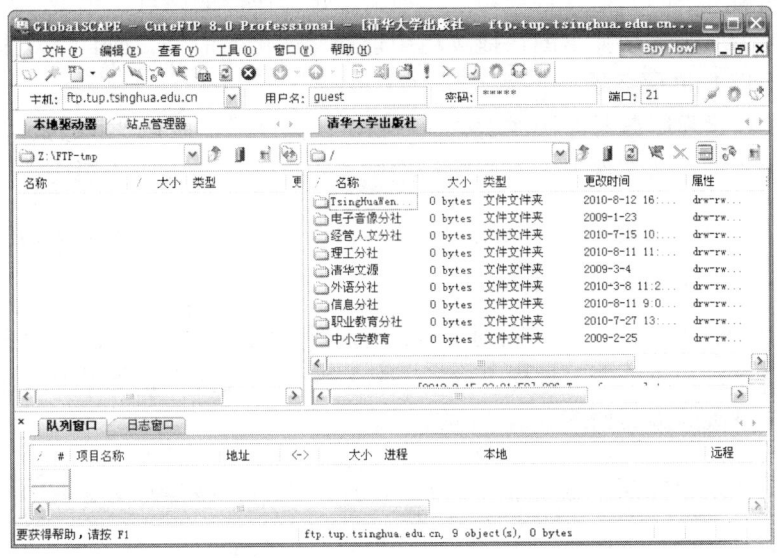

图 6-63　CuteFTP 操作主界面

2）修改站点

在"站点管理器"选项卡的列表中选择一个站点，在右击弹出的快捷菜单中选择"属性"命令，弹出"站点属性"对话框。在该对话框中更改站点资料后，单击"确定"按钮。或者通过单击主界面中的齿轮形状按钮进入，也可以通过菜单栏进入。

3）移除站点

在"站点管理器"选项卡的列表中选择一个站点，在右击弹出的快捷菜单中选择"删除"命令，如图 6-65 所示。

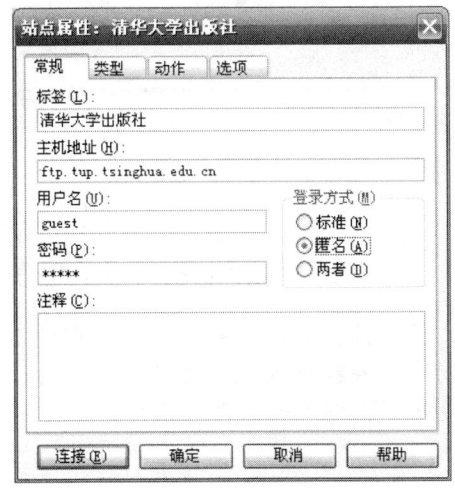

图 6-64　添加站点

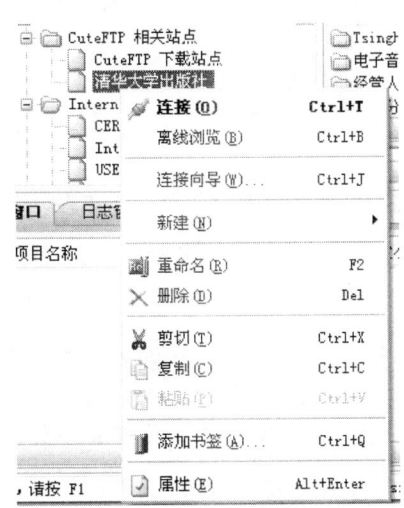

图 6-65　移除站点

3. 使用方法

1）连接站点

单击左侧窗口中的"站点管理器"选项卡，选择所需的站点，单击工具栏中的"连接"按钮，或者右击，从弹出的快捷菜单中选择"连接"命令，或直接双击站点标签，软件即开始连接 FTP 服务器。

当指定站点远程服务器连接成功后，左侧窗口会自动切换到"本地驱动器"选项卡，并且定位到设置的默认文件夹，右侧窗口中则显示已连接的服务器端文件夹或文件。

【小贴士】通过 F4 快捷键可快速切换"站点管理器"选项卡和"本地驱动器"选项卡。

2）下载文件

要把 FTP 服务器上的文件下载到本地，有多种方法。首先在右窗口中选择文件，然后将其拖到左窗口，或单击工具栏上的"下载"按钮，或从快捷菜单中选择"下载"命令。文件正在下载的画面如图 6-66 所示。

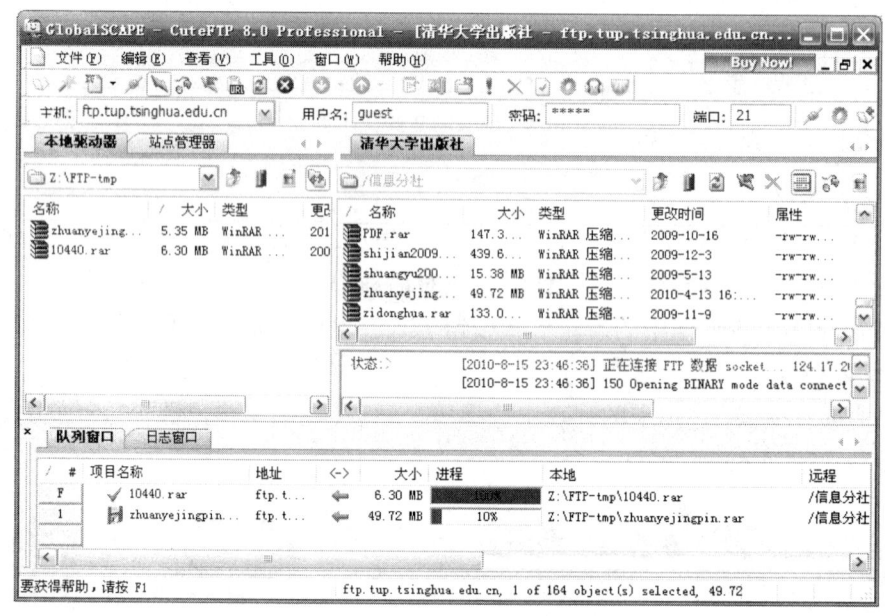

图 6-66  下载文件

3）上传文件

要把文件上传到 FTP 服务器上，也有多种方法。首先在左窗口中选择文件，按住鼠标按键，拖动文件到右窗口，或单击工具栏上的"上传"按钮，或从快捷菜单中选择"上传"命令。

【小贴士】执行操作前，务必设置好要下载的文件存放位置以及服务器端当前的上传目录是否正确。CuteFTP 有自动匹配功能，在操作左侧或右侧文件夹时，两边目录会同时自动对应，防止用户上传或下载对应关系出现错误。

4）断开连接

上传和下载完毕后，需要断开与 FTP 站点的连接。首先在"站点管理器"中选择站点，单击"文件/断开"命令，或单击工具栏上的"断开"按钮关闭连接。

当然，关闭 CuteFTP 程序，也会自动退出。

### 6.4.4　Serv-U 服务器的安装与配置

Serv-U 由两大部分组成，即引擎和管理控制台。

Serv-U 引擎是一个常驻后台的程序，也是 Serv-U 整个软件的心脏部分，它负责处理来自各种 FTP 客户端软件的 FTP 命令，也是负责执行各种文件传送的软件。Serv-U 引擎可以在任何 Windows 平台下作为一个本地系统服务来运行，系统服务随操作系统的启动而开始运行。在 Windows XP 系统中，Serv-U 会自动安装为一个系统服务。

Serv-U 管理控制台也就是 Serv-U 的管理员，它负责与 Serv-U 引擎之间的交互。它可以让用户配置 Serv-U，包括创建域、定义用户、并告诉服务器是否可以访问。

每个正在运行的 Serv-U 引擎可以被用来运行多个"虚拟"的 FTP 服务器，在管理员程序中，每个"虚拟"的 FTP 服务器都称为"域"，因此，可建立多个域。每个域都有各自的"用户"、"组"和相关设置。一般来说，"设置向导"会在你第一次运行应用程序时设置好一个最初的域和用户账号。

用 Serv-U 构建 FTP 服务器包括 Serv-U 的安装及对刚安装的 Serv-U 进行配置两个步骤。

1. Serv-U 的安装

（1）双击 Serv-U 的安装程序，弹出"选择安装语言"对话框，提示我们选择哪一种语言，根据自己的情况选择适合的语言，单击"确定"按钮。

（2）这时会弹出"安装向导欢迎画面"对话框，阅读后直接单击"下一步"按钮。

（3）在"许可协议提示"对话框中阅读版权许可协议，选择"我接受协议"，单击"下一步"按钮。

（4）选择 Serv-U 的安装路径，可以通过单击右侧"浏览"按钮更改系统选择的文件夹，如图 6-67 所示，单击"下一步"按钮。

（5）选择在"开始"程序创建快捷方式的目录，单击"下一步"按钮。

（6）根据自己的情况选择其他附加操作，如图 6-68 所示，单击"下一步"按钮。

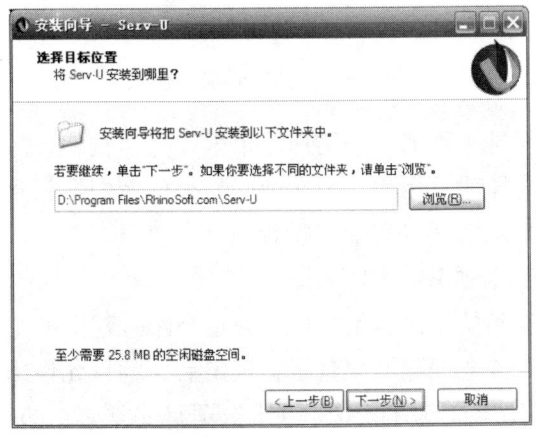
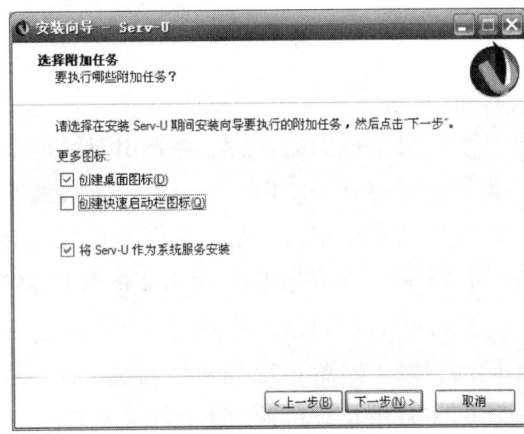

图 6-67　选择目标位置　　　　　　　　　　　　图 6-68　选择附加任务

（7）在进行以上的安装准备后，如果有更改，则通过单击"上一步"按钮完成，在确认前述所做的选择正确无误后，单击"安装"按钮，开始文件复制的安装过程。

（8）安装完成之后，会显示相关产品的信息，单击"关闭"按钮。

2. Serv-U 配置

当完成 Serv-U 的安装后，单击"完成"按钮，会自动启动 Serv-U 管理控制台。初次启动会弹出设定域的对话框，询问是否定义新域，选择"是"。接下来的工作就是按照向导指示，设置好一个最初的域和用户账号。

（1）域的作用有点类似于服务器上的虚拟机，即一个服务器有多个网站，每个网站的域名就相当于域。在图 6-69 所示的对话框中输入域名和域信息，单击"下一步"按钮。

（2）根据自己的需求情况开启端口，单击"下一步"按钮。

（3）如果自己有服务器，有固定的 IP，就输入服务器的 IP 地址，如果是动态的话就不填，直接单击"下一步"按钮，Serv-U 会自动确定你的 IP 地址。

（4）设置密码加密的模式，如图 6-70 所示，单击"完成"按钮。

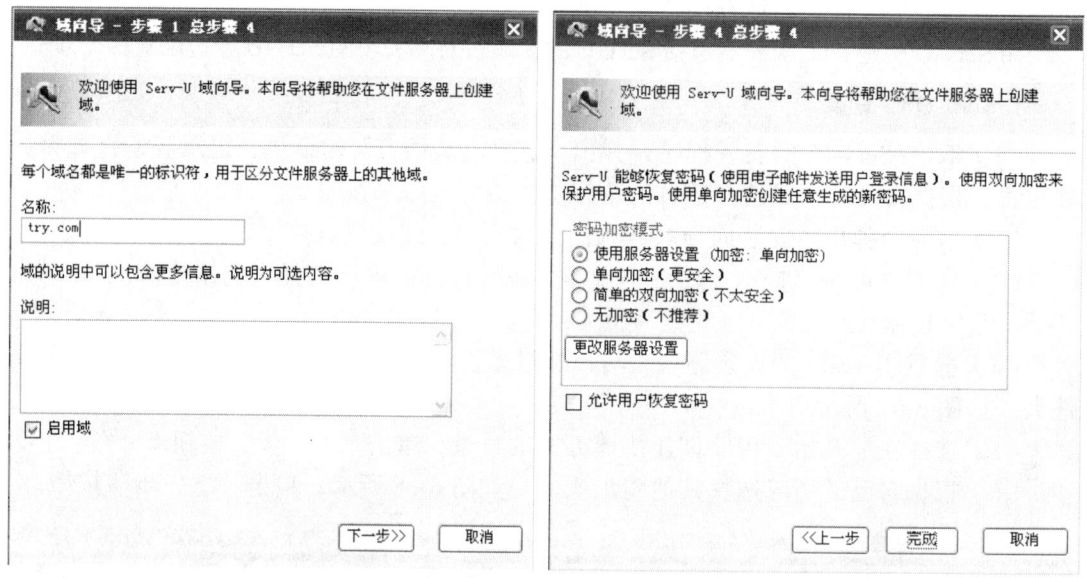

图 6-69　设定域名　　　　　　　　　　图 6-70　选择密码加密模式

当完成了域的配置后，将弹出对话框询问是否添加一个用户，单击"是"按钮。用户可以自己建立一个用户，也可以直接跟着向导建立用户，即在询问是否使用向导创建用户的对话框中单击"是"按钮，按照向导指示继续进行如下设置。

（5）输入在登录 FTP 时需要的账号和密码，如图 6-71 所示。

（6）设置根目录，即使用账号登录后所看到的目录，用户可以为每个账号建立一个不同的目录，如图 6-72 所示。勾选"锁定用户至根目录"复选框，锁定后，就只允许用户访问主目录及子目录，这个目录之外就不能访问。为了安全，这个选项是非常必要的。

（7）设置访问权限，如图 6-73 所示。

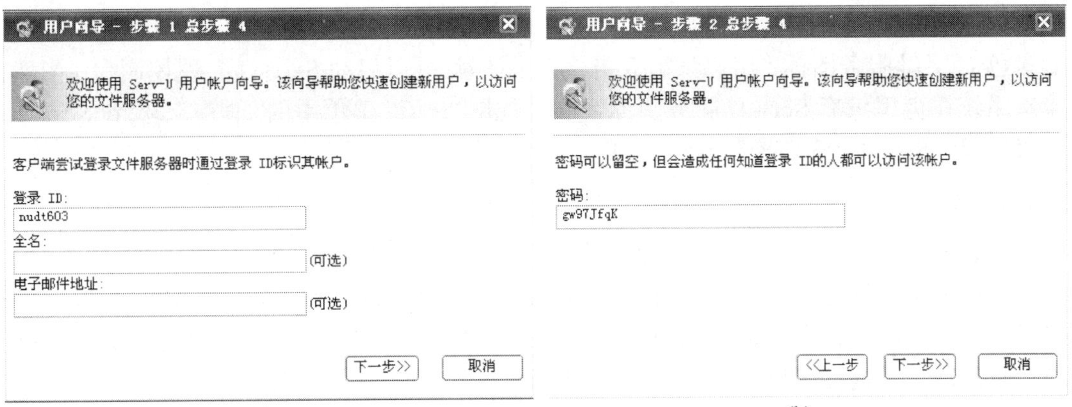

用户向导 - 步骤 1 总步骤 4
欢迎使用 Serv-U 用户帐户向导。该向导帮助您快速创建新用户，以访问您的文件服务器。
客户端尝试登录文件服务器时通过登录 ID标识其帐户。
登录 ID:
nudt603
全名:
(可选)
电子邮件地址:
(可选)
下一步>>
取消
用户向导 - 步骤 2 总步骤 4
欢迎使用 Serv-U 用户帐户向导。该向导帮助您快速创建新用户，以访问您的文件服务器。
密码可以留空，但会造成任何知道登录 ID的人都可以访问该帐户。
密码:
gw97JfqK
<<上一步
下一步>>
取消

(a)　　　　　　　　　　　　　　　　(b)

图 6-71　输入用户账号和密码

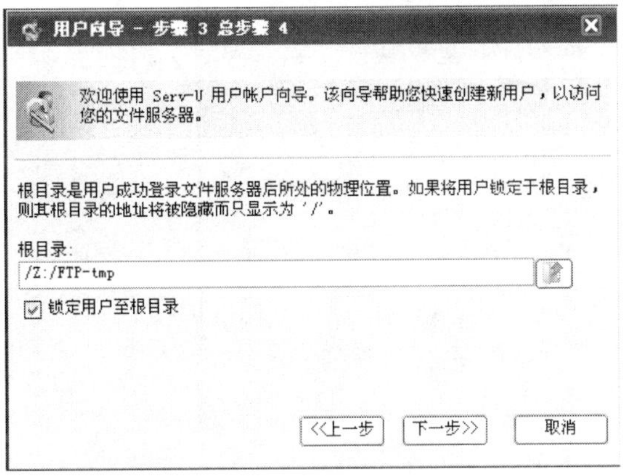

用户向导 - 步骤 3 总步骤 4
欢迎使用 Serv-U 用户帐户向导。该向导帮助您快速创建新用户，以访问您的文件服务器。
根目录是用户成功登录文件服务器后所处的物理位置。如果将用户锁定于根目录，则其根目录的地址将被隐藏而只显示为 '/'。
根目录:
/Z:/FTP-tmp
锁定用户至根目录
<<上一步
下一步>>
取消

图 6-72　设置根目录

用户向导 - 步骤 4 总步骤 4
欢迎使用 Serv-U 用户帐户向导。该向导帮助您快速创建新用户，以访问您的文件服务器。
选择要授予用户在其根目录的访问权限。只读访问允许用户浏览并下载文件。完全访问使用户能够完全掌控在其根目录内的文件和目录。
访问权限:
只读访问
<<上一步
完成
取消

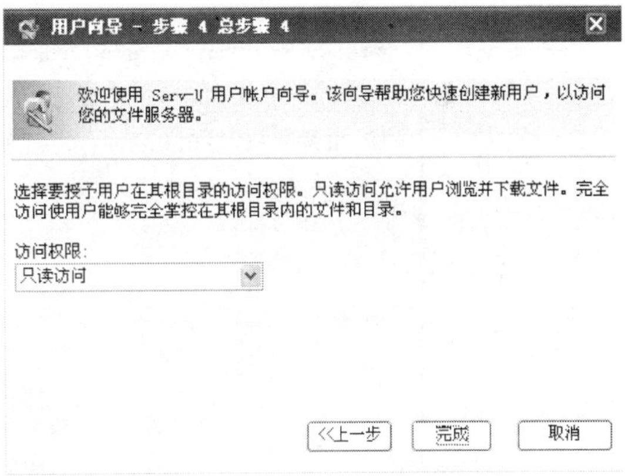

图 6-73　设置访问权限

（8）单击“完成”按钮，用户向导结束，返回 Serv-U 管理控制台的用户窗口，如图 6-74 所示。管理控制台是 Serv-U 的后台管理，在后台可以对 Serv-U 进行设置和配置，完成添加 FTP 账号等操作。

Serv-U 管理控制台 - 用户
File Server
Serv-U
管理域: (try.com)
登录: (本地管理)
帮助
管理服务器
try.com
域详细信息
用户
用户账户
数据库用户账户
Windows 验证
群组
目录
限制和设置
域活动
用户 - 创建、修改和删除该域的用户帐户。
域用户
数据库用户
Windows 验证
该列表显示了允许连接到活动域的用户帐户。使用此列表和列出的按钮对域用户进行维护。
选择用户集合
常规
添加...
导入...
导出...
登录 ID
全名
说明
nudt603
服务器正常运行时间：0 日，00:07:52
会话：当前 0；过去24小时 0；总计 0
上行：0 字节；下行：0 字节
域：

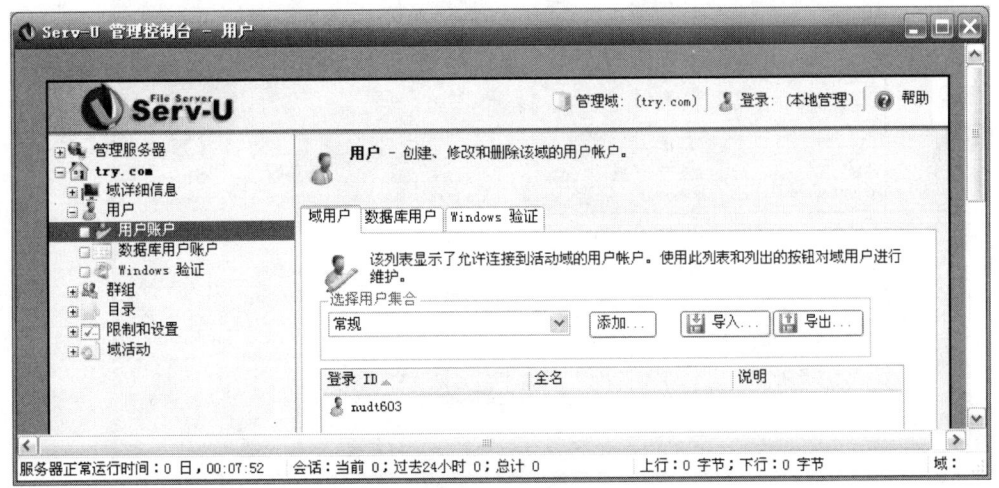

图 6-74　管理控制台的用户窗口

一般来说，安装好 Serv-U 之后，Serv-U 就会自动在桌面右下角系统托盘处显示一个绿色 U 字母服务图标，用户只需双击该 U 图标就可以启动 Serv-U 管理控制台。当然，如果系统托盘里没有 Serv-U 服务图标，可以单击"开始"菜单中的"程序"，找到 Serv-U，然后选择"Serv-U 管理控制台"即可。

3. 测试

FTP 服务器建好后，可以用前面介绍的两种方法测试一下。

在浏览器的地址栏中输入"ftp://"和服务器的 IP 地址，按 Enter 键或单击"转至"按钮，在弹出的对话框中输入用户名和密码，单击"登录"按钮，就可以访问刚建立的 FTP 服务器了。连接测试结果如图 6-75 所示。

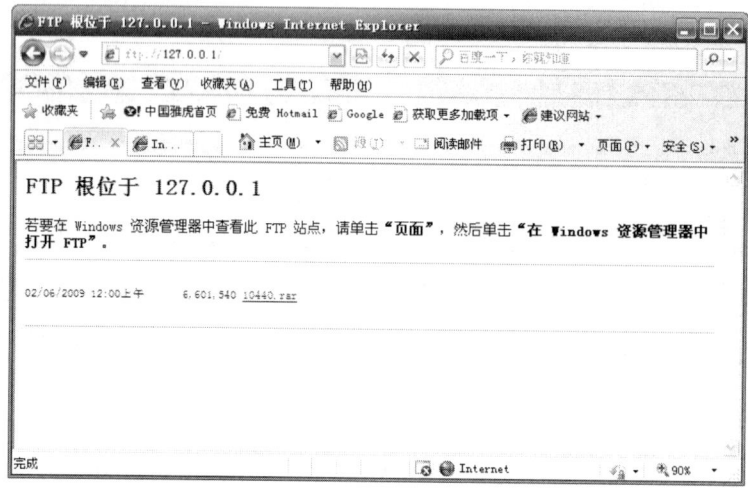

图 6-75　浏览器访问测试

在 CuteFTP 客户端软件中，在快速连接栏中填入主机、用户名和密码，单击"连接"按钮。连接测试结果如图 6-76 所示。

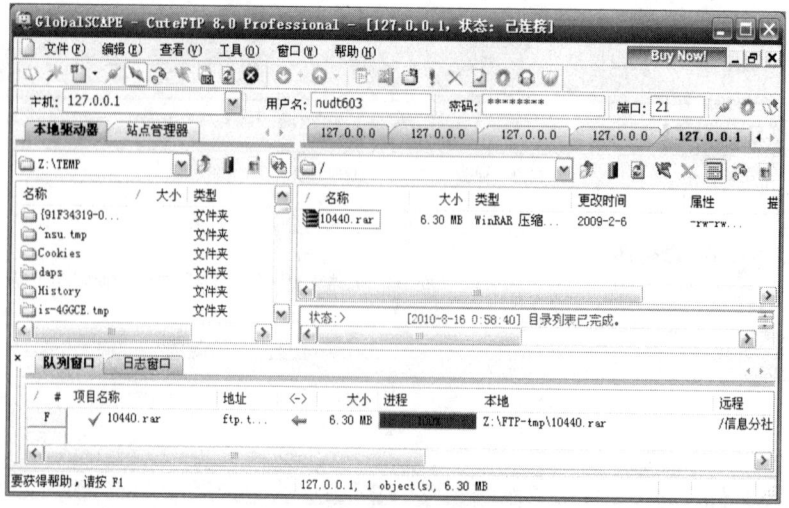

图 6-76　客户端访问测试

【小贴士】其实不用上网，就可以测试。不上网时，本地机的 IP 地址默认为 127.0.0.1，
　　　　　FTP 端口号为 21。

### 6.4.5　单元实验

单元实验 6-4-1：浏览器中的文件传输

【实验目的】

（1）掌握在浏览器中访问 FTP 服务器的方法。

（2）掌握在浏览器中上传与下载文件的方法。

【实验素材】

　　"单元实验 6-4-1 要求.doc"及"实验报告模板.doc"。

【实验要求】

（1）在浏览器中按照老师提供的学生用户名和口令，登录到指定地址的 FTP 服务器。

（2）下载本次上机实验的实验要求文档及实验报告模板。

（3）按要求进行实验，并将撰写的实验报告以自己的学号命名上传到 FTP 服务器的
指定文件夹中。

单元实验 6-4-2：FTP 客户端中的文件传输

【实验目的】

（1）掌握通过 FTP 客户端访问 FTP 服务器的方法。

（2）掌握从 FTP 服务器下载及上传资料的基本操作。

【实验素材】

　　"单元实验 6-4-2 要求.doc"及"实验报告模板.doc"。

【实验要求】

（1）通过 CuteFTP 的连接向导，按照老师提供的学生用户名和口令，连接到指定地
址的 FTP 服务器，并将"D:\FTP 练习"设置为默认的本地文件夹。

（2）将上述 FTP 站点添加到 CuteFTP。

（3）下载本次上机实验的实验要求文档及实验报告模板。

（4）按要求进行实验，并将撰写的实验报告以自己的学号命名上传到 FTP 服务器的
指定文件夹中。

单元实验 6-4-3：FTP 服务器的安装与配置

【实验目的】

（1）掌握 FTP 服务器的安装与配置方法。

（2）掌握从 FTP 服务器下载及上传资料的基本操作。

【实验要求】

（1）安装和配置 FTP 服务器软件 Serv-U，进行适当的截屏以及相应的文字描述以
记录你的操作过程，形成文档"FTP 服务器 Serv-U 安装指南.doc"。

（2）通过浏览器或 CuteFTP 工具，将"FTP 服务器 Serv-U 安装指南.doc"上传至 FTP 服务器的指定文件夹中。

# 6.5  综 合 实 验

综合实验 6-1
【实验目的】
（1）掌握网络信息的浏览、下载、保存方法。
（2）掌握文件的上传方法。
【实验要求】
（1）搜索有关列车时刻表的信息，列举出至少 3 趟从长沙至你家乡的列车车次、发车时间、到达时间等信息，保存到"列车时刻表.doc"中。
（2）搜索与军事机器人相关的文章，并选择其一，将其以网页形式保存，名字与搜索结果相关。
（3）搜索与军事相关的图片，并选择其一，以图片格式保存，名字与搜索结果相关。
（4）将上述搜索结果文件打包，以自己的学号命名，上传到指定的 FTP 服务器中。
综合实验 6-2
【实验目的】
（1）掌握信息检索的基本方法。
（2）掌握带附件邮件的发送方法。
【实验要求】
（1）搜索并下载邮件客户端软件 Foxmail 及其操作使用说明，在本机安装 Foxmail 并进行所需的配置，使其能进行邮件的收发。
（2）在 Foxmail 中撰写一封邮件，向朋友或同学推荐 Foxmail 软件，要求主题明确，在邮件正文中说明本邮件的附件内容，而附件则是有关 Foxmail 的操作使用说明文档。

# 6.6  辅助阅读资料

[1] PC 资讯网. 网络学院. http://www.pc286.com/default_study.html
[2] 微软. 技术网站. http://technet.microsoft.com/zh-cn/default.aspx
[3] 太平洋电脑网. IE 浏览器应用入门视频教程. http://www.pconline.com.cn/pcedu/soft/wl/brower/0509/704119.html
[4] 百度. 搜索从入门到精通. http://www.chinabaidu.com
[5] 雅虎. 邮箱帮助中心. http://help.cn.yahoo.com/property_pmail.html
[6] 微软. 如何设置 Outlook Express. http://www.microsoft.com/china/windows/ie/ie6/using/howto/oe/setup.mspx
[7] 太平洋电脑网. CuteFTP 使用技巧视频教程. http://www.pconline.com.cn/pcedu/soft/wl/ftp/0510/708293.html
[8] Serv-U 官方中文网站. Serv-U 使用技巧. http://www.rhinosoft.com.cn/tech.htm

# 第 7 章　数据库设计实例与实验

【实验目标】

本章通过基于微软 Access 的数据库设计与实现案例的学习与实践，使学生掌握 Access 的基本使用方法，掌握数据库基本概念、基本原理、基本开发过程和基本使用方法，培养学生开发数据库应用系统的基本能力。

【实验方法】

本章首先按小节介绍了数据库的基本概念，然后，以一个"学生成绩管理系统"开发为背景，从需求分析，到 E-R 图设计，再到关系表设计，最后在 Access 系统中完成表的创建、视图的创建、简单窗体的创建，介绍了完整的开发流程，其中穿插介绍了 E-R 图、关系模型、SQL 和 QBE 语言等知识点，并针对不同的部分分别设计了相关的实验，使学生在逐步掌握使用 Access 建立简单的数据库应用系统的同时，了解数据库基本概念、基本原理、基本方法。最后设计了一个综合实验，进一步强化学生对于基于 Access 的数据库开发方法与过程的掌握。

## 7.1　数据库与 Access 数据库管理系统

数据库是存储在计算机外存上的大容量、低冗余、可共享、可靠、安全并具有一定独立性的结构化数据集。从文件系统的角度看，数据库是一组文件；而从应用程序的角度看，数据库是一组二维表格，程序所访问的不是文件中的"数据流"，而是表格中的行、列和单元格中的数据。

数据库之所以能从文件"变成"应用程序可以使用的表格，原因在于数据库管理系统，它的作用简单地说就是实现一种特殊的"转换"，使应用程序与数据之间物理独立和逻辑独立。数据库管理系统(DataBase Management System)，简称 DBMS，是用于操作和管理数据库的大型软件，用户可以通过它创建、使用和维护数据库。

目前，数据库管理系统产品有很多，用户可以根据自己的应用需求选择合适的产品开发数据库应用系统。常用的 DBMS 有 Oracle、SQL Server、Access 等，它们都是关系型 DBMS。本实验部分基于 Access 2007 系统进行设计。

Access 是由微软发布的关系型数据库管理系统。Access 面向小型系统用户，系统较为简单，它将管理的对象，如表、查询、窗体、报表、页、宏和模块等都存放在一个文件中。同时，Access 提供了非常友好、易于操作的界面，它采用与 Windows 类似的风格，很多操作使用鼠标拖放即可，非常直观方便。此外，系统还提供了一系列的工具，如表生成器、查询生成器、报表设计器及数据库向导、表向导、查询向导、窗体向导、报表向导等，即便对数据库技术不是很了解的人，也可以使用这些工具建立一个小型数据库应用系统。正因为 Access 简单易用，所以很多的小型网站都采用它作为底层数据库。

　　但是，作为小型数据库管理系统，Access 局限性也是很明显的。首先，当数据量超过一定规模时，系统的性能会急剧下降；其次，它能支持的并发访问有限，当网站访问量迅速上升，读写数据库频繁时，往往会导致系统瘫痪；第三，安全性、可靠性差，Access 本身没有提供基于角色的访问控制机制，也没有完备的故障恢复机制。

# 7.2　数据库系统设计实验

## 7.2.1　数据抽象与数据模型

1. 根据需求画 E-R 图

　　软件开发的第一步是获取用户需求，即理解用户的基本问题和目标。需求分析文档对于软件的设计、开发、维护都具有十分重要的意义，不同的使用者有不同的目的。

- 需求分析人员和用户用需求来解释他们对系统功能与行为的理解。
- 系统的设计人员则将需求看做系统设计必须要考虑的约束条件，即，他提出的设计方案应该充分考虑需求中明确的要求。
- 测试人员将根据需求提出一套测试方案，以证明向用户交付的系统就是用户所需要的。
- 维护人员使用需求来确保对系统进行增强时并没有影响系统最初的实现目标。

　　可见，需求分析是软件开发十分重要的一环，因此，软件项目经理很重要的一部分工作就是对这些文档的收集与整理。关于需求分析文档的写作规范，读者可以参考相关软件工程书籍，这里只做一个非常简单的示例。

　　假设有一个教务秘书，想建一个非常简单的学生考试成绩管理系统，他希望通过系统可以完成以下功能：

- 能够查询某个学期选修某门课程的所有学生的信息。
- 能够查询某名学生已经修过的全部课程及成绩。
- 能够查询某名教师某个学期教授的全部课程。

　　这可以理解为一个非常简单的用户需求，它体现了用户，即这个教学秘书，对数据库应用系统功能的期望。

　　用自然语言描述用户需求并不直观，可以借助一些模型来帮助我们对用户需求进行理解。数据库设计初期阶段，可以根据用户需求构建概念模型，这种模型可以帮助我们确定数据库设计中关注的实体、实体的属性以及实体之间的关系，它与关系模型建立所需要确定的内容是相一致的。实体–联系图（Entity-Relationship Diagram, E-R Diagram）是一种最常用的表示概念模型的方法。

　　为了找出其中的实体、属性和联系，需要对用户需求做进一步的分析。直观地，用户需求中包含了"班级"、"课程"、"学生"、"教师"等可能的实体，但是，经过分析会发现，教学秘书关注的是学生的成绩与课程，而班级与学生的关系以及教师与课程的关系等都不是他所关心的重点，因此，班级与教师可以只作为属性，而不作为独立实体。

这样，用户需求就可以被细化为：

- 建立一个学生学习成绩管理系统，其中有学生和课程两类对象，一个学生可以选修多门课程，一门课程可以被多个学生选修。
- 学生的属性包括学号、姓名、性别、班级。
- 课程的属性包括课程号、课程名、授课教师。
- 学生选修课程会有选修时间、课程成绩。

对照用户需求可以发现，这些属性已经包含了获得用户期望功能所需要的全部信息，对应的 E-R 图如图 7-1 所示。

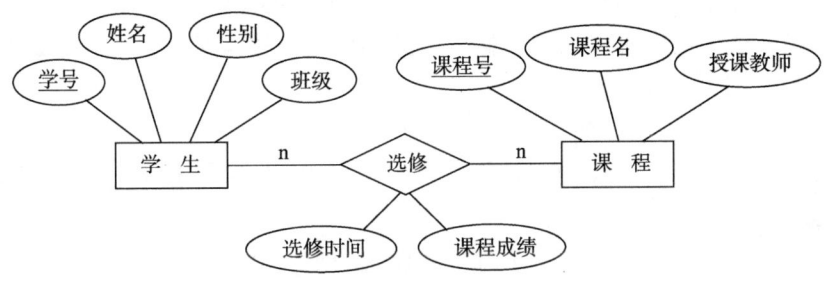

图 7-1　教务秘书需求分析产生的 E-R 图

**2. 根据 E-R 图设计关系表**

完成数据库的设计需要将 E-R 图进一步转化成一组二维表，由于本实验采用 Access 2007 关系数据库管理系统，因此，它们必须是符合关系模型的二维表。关系型数据库中，二维表不仅可以表示实体，还可以表示实体之间的联系。

将图 7-1 中的 E-R 图转换成关系型数据库表的结果如图 7-2~图 7-4 所示。

学生表：

| 学　号 | 姓　名 | 性　别 | 班　级 |
|---|---|---|---|
|  |  |  |  |
|  |  |  |  |

图 7-2　学生实体产生的学生表

课程表：

| 课程号 | 课程名 | 授课教师 |
|---|---|---|
|  |  |  |
|  |  |  |

图 7-3　课程实体产生的课程表

选修表：

| 学　号 | 课程号 | 选修时间 | 课程成绩 |
|---|---|---|---|
|  |  |  |  |
|  |  |  |  |

图 7-4　选修联系产生的选修表

**3. 数据类型——以 Access 为例**

完成数据库逻辑模型的设计后，进一步应考虑如何在数据库管理系统的帮助下建立相应的表，即创建真正的数据库。计算机表示数据都需要先给其定义一个数据类型，确定了数据类型，系统才能够在访问数据时为其分配必要的内存空间、进行与该类型相一致的操作。数据库中，每个关系表都是由一组属性构成，相应的，每一个元组也都是由一组属性值组成，记录这些属性值就需要考虑它们应该采用哪种数据类型表示。

在 Access 中，可以用于表示字段（属性）的数据类型有如下几种。

（1）文本：用于文本、文本与数字的组合或者不需要计算的数字，如地址、学号、课程号、电话号码、零件编号或邮编等。最多可以存储 255 个字符，也可以由用户设置输入的最多字符数。

（2）备注：用于长文本和数字，如注释或说明，最多可以存储 65536 个字符。

（3）数字：用于需要进行计算的数据，特殊的货币数据可以采用货币类型。数字类型有多种存储方式，用户可以设置存储一个数据所需的字节数（1、2、4 或 8 字节），相应的数据表示范围也不相同。

（4）日期/时间：用于日期和时间，存储 8 字节。

（5）货币：用于存储货币值，计算过程中禁止四舍五入，因此，计算精度更高，存储 8 字节。

（6）自动编号：用于在添加记录时自动插入的唯一顺序（每次递增 1）或随机编号，通常存储 4 字节。一些候选键比较复杂的表可以采取增加自动编号类型的 ID 属性作为主键。

（7）是/否：就是布尔类型，用于表示二选一类型的数据，如"是/否"、"真/假"、"开/关"等。不允许为空值，存储 1 位。

（8）OLE 对象：用于使用 OLE 协议在其他程序中创建的 OLE 对象，如 Microsoft Word 文档、Microsoft Excel 电子表格、图片、声音或其他二进制数据，一个对象最多可存储 1GB。

（9）超链接：用于超链接，超链接可以是 UNC 路径或 URL 统一资源定位符，最多可以存储 64 000 个字符。相关路径的表示方法，读者可以参考相关资料。

（10）查阅向导：用于创建具有可选项的字段（属性），它允许用户使用组合框选择值输入，被选值的来源既可以是其他表或查询的某个字段（如主键）的值，也可以是用户自己创建的值列表的值。当用户将某一字段定义为该类型时，Access 会自动启动向导帮助用户定义。如果被选值来自其他表或查询的某个字段，那么该字段数据类型也应与该字段一致。

可以将上一节设计的关系表中的属性用这些数据类型进行定义，得到表 7-1。

**表 7-1　字段的数据类型设计表**

| 字段（属性） | 数据类型 | 说　　明 |
|---|---|---|
| 学号 | 文本（12 字符） | 假设学号由 12 个数字构成 |
| 姓名 | 文本（8 字符） | 中文名字通常不超过 4 个汉字，每个汉字占 2 字节 |
| 性别 | 男/女 | - |
| 班级 | 查阅向导 | 假设有九个班，自建值列表，从"一班"到"九班" |
| 课程号 | 文本（8 字符） | 假设课程号由 8 个字母或数字构成 |

续表

| 字段（属性） | 数据类型 | 说　　　明 |
| --- | --- | --- |
| 课程名 | 文本（30 字符） | 假设课程名称最长不超过 15 个汉字 |
| 授课教师 | 文本（8 字符） | 中文名字通常不超过 4 个汉字，每个汉字占 2 个字节 |
| 选修时间 | 查阅向导 | 时间格式为****年*季学期，从 2009 年春季至 2014 年秋季 |
| 课程成绩 | 整数（字节） | 范围在 0 到 100 之间 |

### 7.2.2　Access 数据库实例

使用 Access 数据库管理系统创建的数据库由几类对象组成，分别是表、查询、窗体、报表、页、宏和模块，所有的对象都被保存在扩展名为 mdb 的同一文件中。Access 系统功能较为简单，没有专门的备份工具，可以通过复制转存该文件进行备份。

表是 Access 数据库的核心对象，表现为二维表格，它是结构化的数据集合，是创建其他 Access 对象的数据源，如查询、窗体、报表等。Access 数据库中的表就是数据库设计的关系表在 Access 中的体现。

查询是对一个或多个表进行查询操作的结果集，它的表现形式与表对象相似，也是二维表，但是，它不是真正的逻辑表，查询对象中没有数据，系统保存查询对象的查询方式，即如何从多个表中获取所需数据的运算规则，当用户单击查询对象时，系统就会再次按运算规则自动执行查询操作，并将结果用二维表的形式显示出来。虽然查询不是真正意义上的表，但是，与表类似，查询对象同样可以成为其他查询、窗体、报表的数据源。

窗体是主要用于数据库输入和显示数据的对象，简单地说，就是用户与系统的交互界面，用户使用窗体可以更方便地输入数据、显示数据。好的窗体不仅方便而且美观，如将窗体作为切换面板来实现不同窗体、报表等对象之间的切换操作，使系统更完整，用户也更容易掌握和使用。由于窗体只是用户界面，因此，通过窗体操作数据库，需要指定窗体的数据源，如表、查询，可以是一张表或一个查询，也可以是多个表或多个查询。窗体中显示的数据都来自数据源，被保存的数据也被存储到数据源中，而窗体上的其他信息，如标题、日期和页码等，则存储在窗体中。

报表是用打印格式显示数据的对象，用户可以设计报表内容的大小和外观用于显示与打印。报表是数据的一种展示形式，与窗体类似，它也需要指定数据源，如表、查询。报表中的数据来自数据源，其他装饰性的信息，如标题、日期、页码等则存储在报表中。

页，也称为数据访问页，就是用 Web 页的方式显示和操作数据，与窗体类似，它也可以在本地输入数据、显示数据。此外，它还可以被发布到网络上或通过电子邮件，通过网络输入数据、显示数据。创建页最简单的方式是将 Access 中的表、查询、窗体或报表另存为数据访问页。

宏是由一系列命令组成的程序，每个宏都有宏名，使用它可以简化需要经常重复的数据库操作，Access 提供了创建宏和运行宏的工具。用户可以单独使用宏，也可以将建立好的宏配合窗体使用。

模块是用 Access 提供的 VBA 语言编写的程序，是除宏以外 Access 提供给用户的又一种编写系统功能模块手段。模块通常与窗体、报表结合起来完成完整的应用功能。

根据本章的实验目标，这里只介绍前三种对象的基本操作。关于 Access 更为详细的功能与操作，请读者参考相关教材。

1. 创建数据表

Access 数据库中的表由表结构和记录两部分组成，表结构是对表中所含的字段（属性）、字段属性、主键等内容的定义，是关系框架在 Access 数据库中的体现，通常显示在表的第一行中；记录就是表中的数据行。

表是 Access 数据库的核心对象，创建表之前，应先创建一个数据库，Access 系统会为用户建立相应的数据库文件。

创建一个新的空白 Access 数据库的步骤如下：

（1）打开 Microsoft Access 窗口，单击"空白数据库"选项或左上角菜单中的"新建"按钮，如图 7-5 和图 7-6 所示。

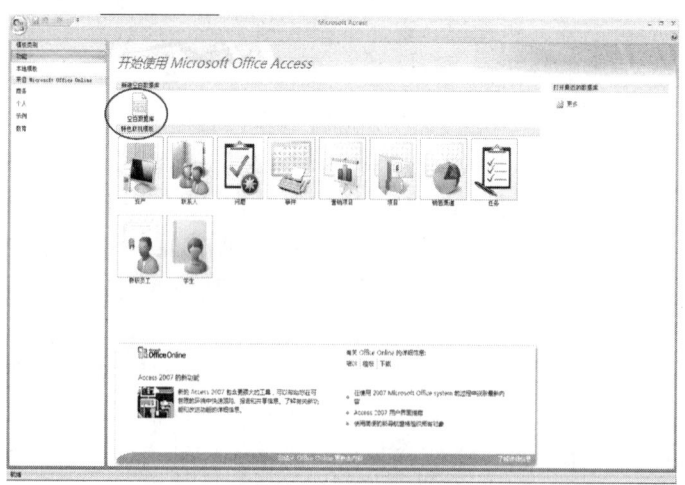

图 7-5　新建空白数据库操作示意图 1

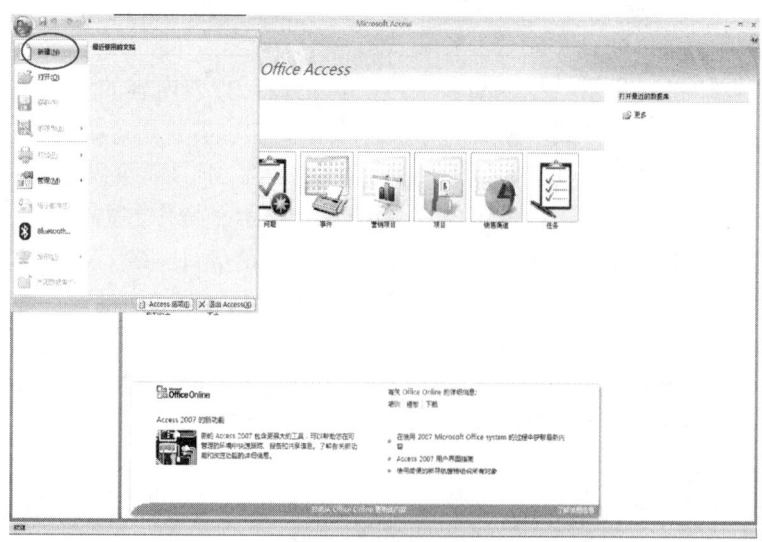

图 7-6　新建空白数据库操作示意图 2

（2）系统将在右侧展开界面，提示用户输入数据库文件名，如图 7-7 所示，默认的后缀名是.accdb。输入框后的文件夹标志可以单击以选择数据库文件的保存位置。本例中，数据库文件名被修改为"学生成绩管理系统.accdb"，文件保存位置设置为 C 盘根目录下。单击"创建"按钮，系统将完成一个新的空白 Access 数据库的最后操作。打开 C 盘根目录，将可以看到一个名字为"学生成绩管理系统.accdb"的文件，这就是刚创建的数据库文件。

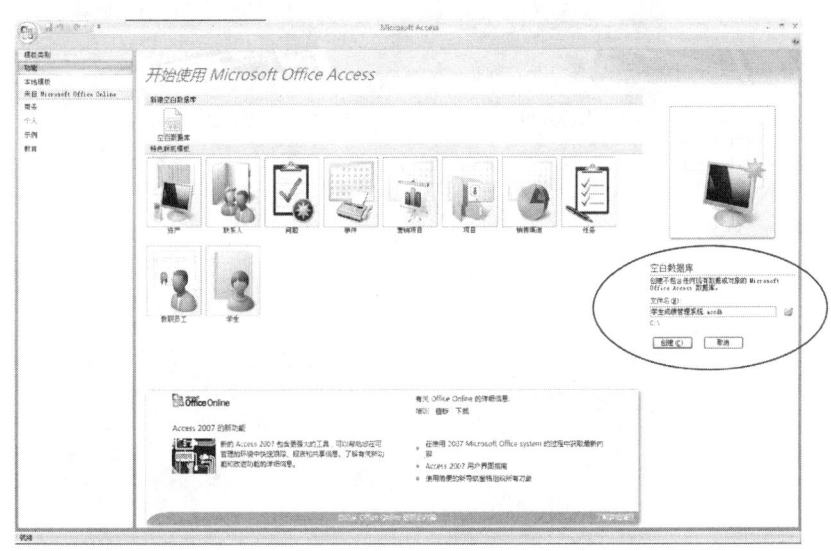

图 7-7　创建数据库操作示意图

尽管数据库文件已经被创建，但是，这是一个不包含任何数据或对象的空白数据库。如果要使得数据库可以用，还需要在文件中建立各种对象，如表、查询等，然后存入数据。为了方便，Access 提供了一些数据库模板，其中包含了针对特殊应用常用的对象，用户也可以根据需要选择相应的模板创建新数据库，简化工作。

关系数据库以二维表的形式管理数据，因此，要使空白 Access 数据库真正管理数据，首先需要创建表结构，然后再在表中输入数据记录。常用创建表结构的方式是利用设计视图建立表结构，用户可以根据需要添加字段，定义字段属性，设置主键等。具体步骤如下：

（1）单击 Access 图标，打开 Access 主窗口，如图 7-8 所示。由于是空白数据库，所以窗口右侧表对象框中显示空白。

（2）选择"创建"，单击"表"选项，如图 7-9 所示，则窗口进入"表 1"的数据视图，如图 7-10 所示。默认地，Access 会设定一个自动编号类型的字段作为新表的主键，用户在后面的字段中输入数据，Access 会自动为新表加入新字段并设置默认的字段类型，保存后产生新表。这里主要介绍利用设计视图来设计表结构的方法。也可以单击"表设计"选项，直接进入"表 1"的设计视图。

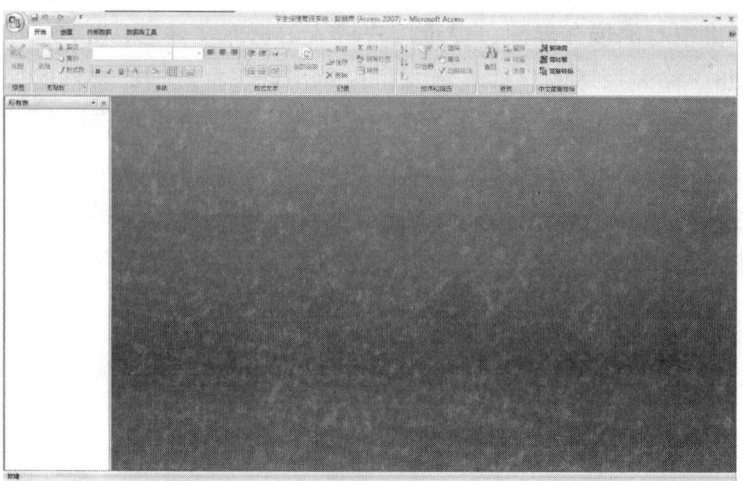

图 7-8　空白数据库文件打开视图

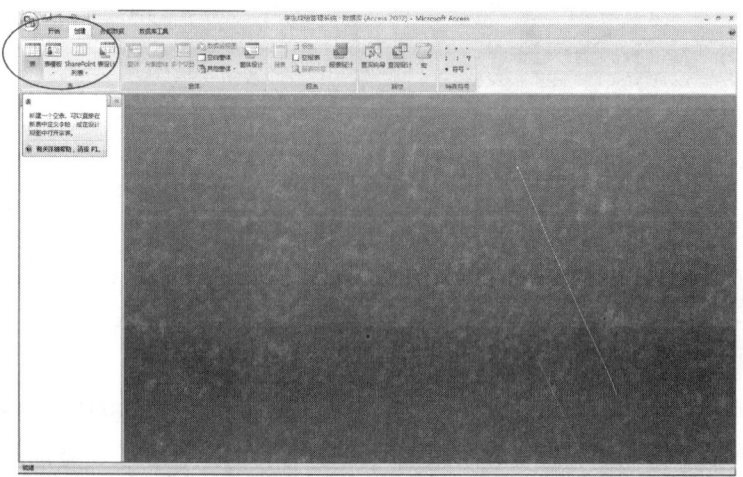

图 7-9　创建表结构操作示意图

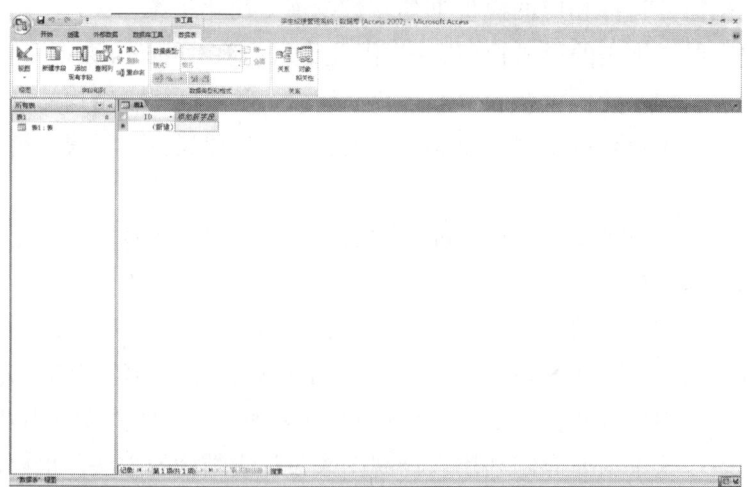

图 7-10　表的数据视图

（3）选择设计视图，如图 7-11 所示，系统将提示修改表名并保存。然后在设计视图中填写字段名称、数据类型，修改字段属性，如图 7-12 所示。

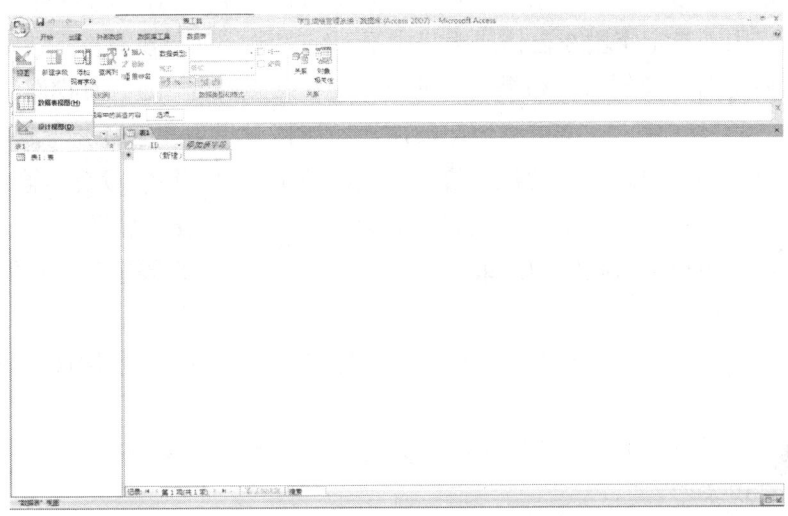

图 7-11　设计视图选择操作示意图

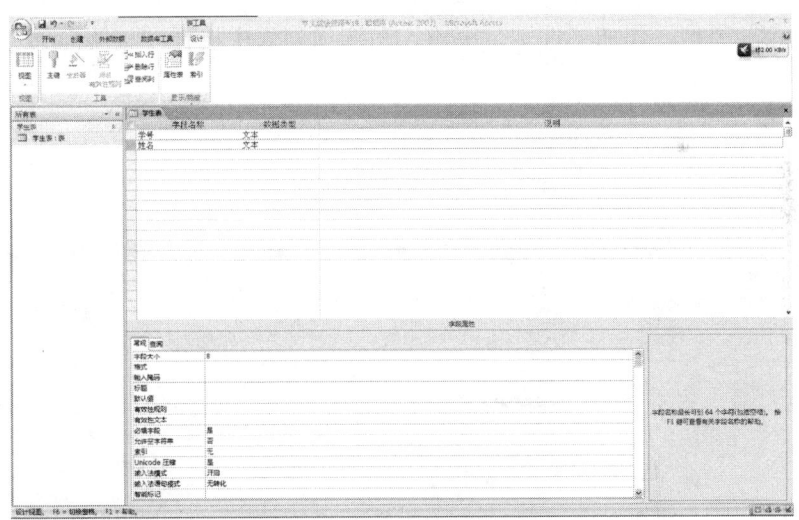

图 7-12　字段属性修改示意图

常用字段属性如下：

- 字段大小：对文本类型数据，指文字的长度（每个字符占一个字节，一个汉字是两个字符，占两个字节），大小范围在 0~255，默认为 50。图 7-12 中已经根据前面的设计，将字段大小设置为 8 字符。

对于数字类型字段，有多种数据类型可以选用，不同数据类型由于占用的字节数不同，因此，可以表示的数据范围也不同。常用的数据类型有字节、整型、长整型、单精度型和双精度型。

- 格式：格式属性用来指定数据显示或打印的格式，这种格式并不影响数据的实际存储格式，常用于数字格式、货币格式，可以选定显示的小数位数。
- 标题：用来指定字段在窗体或报表中显示的名称，如果没有设置，则默认字段名称为显示名称。例如，如果表中的第一个字段名称是 ID，而我们希望它在窗体中以"学号"显示，就可将该字段的标题属性设定为"学号"。
- 默认值：用于输入字段的默认值。当建立新记录时，该字段自动输入该值。
- 有效性规则：用于输入限制字段输入值的表达式。Access 提供了"表达式生成器"可以帮助用户生成相应的约束条件。如"0 or >100"，表示字段只能取 0 值或大于 100 的值。
- 有效性文本：用于输入出错消息文本，当字段输入违反有效性规则时，显示该出错消息。
- 必填字段：用于定义字段是否可以为空。选择"是"，表示不可为空，选择"否"，表示可以为空。
- 允许空字符串：用于文本类型或备注类型字段，定义是否可以输入空字符串。

数据类型中有一类特殊的类型"查阅向导"，根据前一节的设计，"性别"字段应选用"查阅向导"类型。添加"性别"字段，在选项列表中选择"查阅向导"类型，如图 7-13 所示。

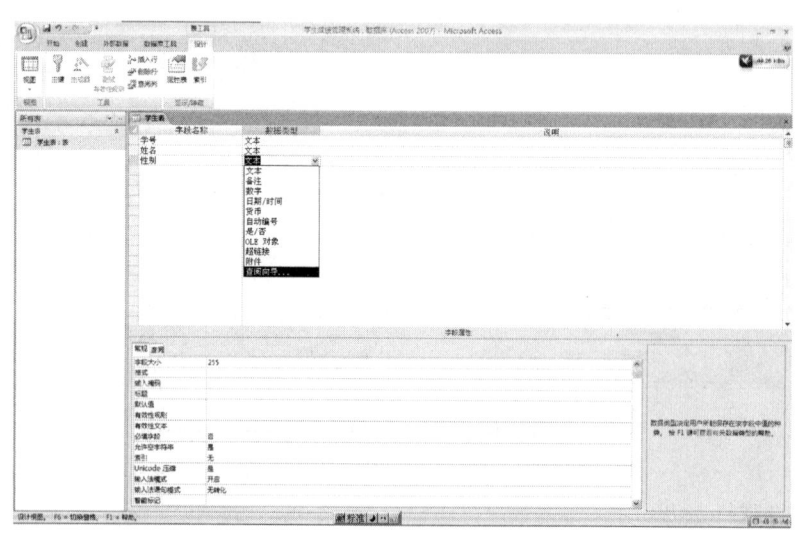

图 7-13　选择查阅向导类型示意图

系统将会打开"查阅向导"对话框，如图 7-14 所示。

"使用查阅列查阅表或查询中的值"是指从其他的表或查询中选择字段，作为本字段选项列表的数据源。如果选择的其他表的字段恰好是该表的主键，则新建的这个字段就是本表的外键。

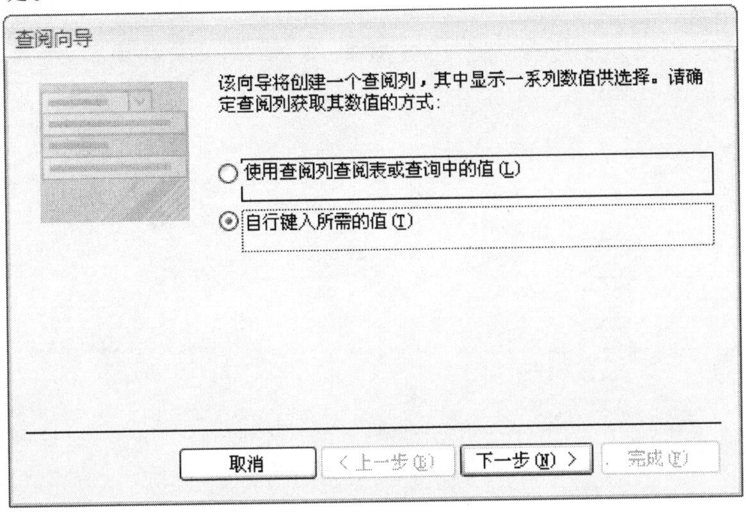

图 7-14　"查阅向导"对话框

　　"自行键入所需的值"由用户自己输入可选项的值，创建值列表。"性别"字段应选择"自行键入所需的值"单选按钮，单击"下一步"按钮，打开值列表编辑窗口图 7-15所示，输入"男"、"女"，单击"完成"按钮，完成设置。

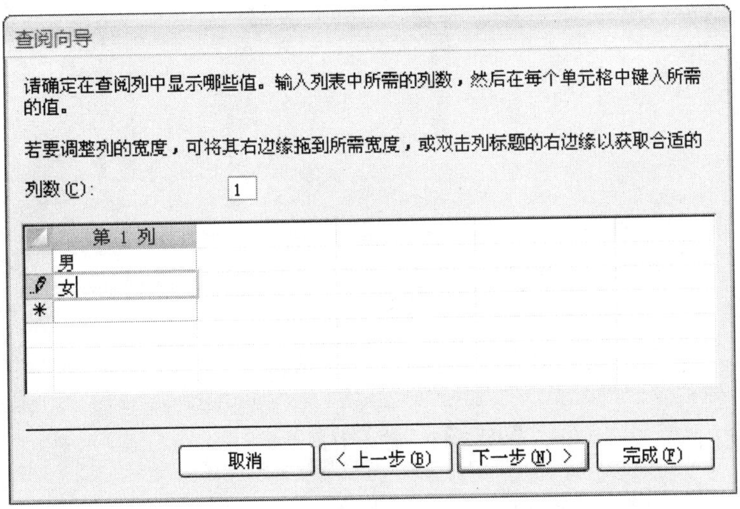

图 7-15　查询向导值列表编辑窗口

　　类似地，可以完成"班级"字段的创建。

　　（4）设置主键。根据设计，本表的主键是"学号"字段。选中"学号"字段，单击"主键"按钮，完成设置。有时候，主键可能不只一个属性，这时需要将多个属性同时选中，再单击"主键"按钮，如图 7-16 所示。

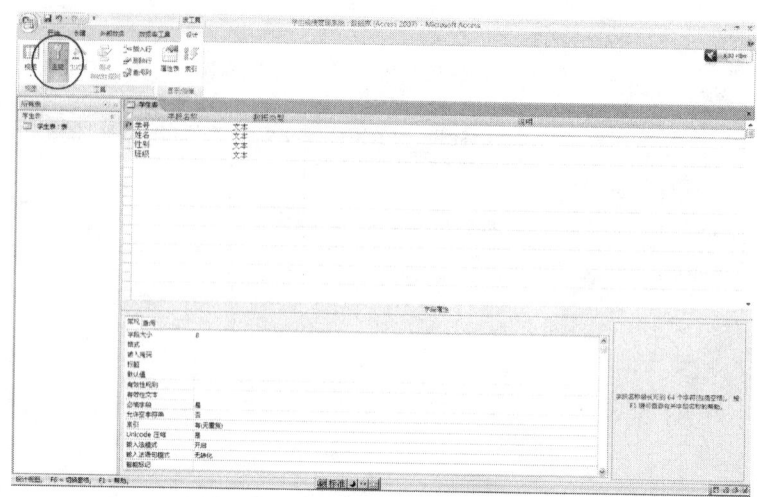

图 7-16　设置主键示意图

　　至此，学生表被创建完成，保存后，相关设置被加入数据库文件。

　　打开学生表数据视图，可以通过这种方式浏览、输入或修改表中数据。由于是新表，此时看到的只是一张空白表格，可以逐行输入数据，如图 7-17 所示。

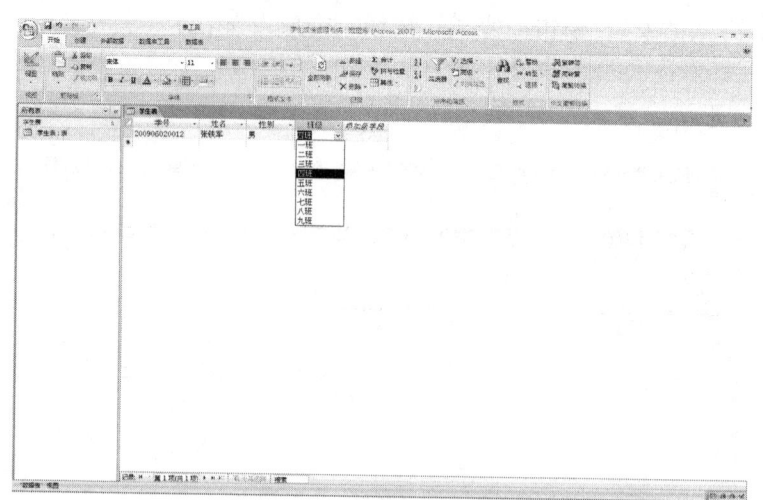

图 7-17　输入数据示意图

　　类似地，可以继续完成课程表和选修表的创建。

　　特别要指出的是，选修表中的"学号"和"课程号"字段，与学生表中的"学号"、课程表中的"课程号"是相对应的，即只有学生表中存在的"学号"和课程表中存在的"课程号"才可以被写入选修表中。此时，选修表的"学号"和"课程号"字段应该选择"查阅向导"类型，但是，它们获取其数值的方式应该选择"使用查阅列查阅表或查询中的值"，而不是"自行键入所需的值"，如图 7-18 所示。

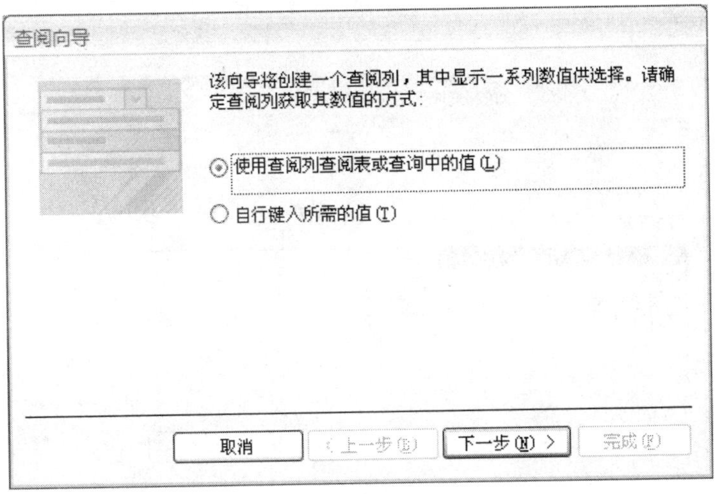

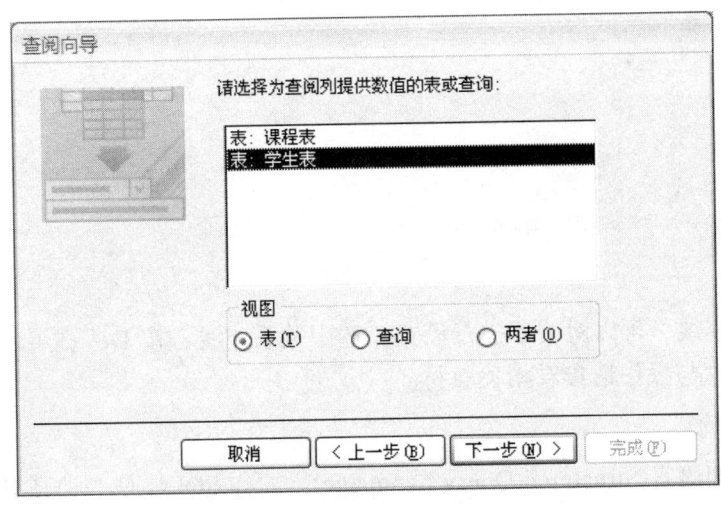

图 7-18　　"查阅向导"对话框

　　单击"下一步"按钮，打开选择提供数值的表或查询窗口，如果是对选修表中的"学号"进行类型设置，则选用"学生表"，如图 7-19 所示。继续单击"下一步"按钮，打开字段选定窗口，左侧窗口中字段是"学生表"中的全部字段，选择"学号"字段放到右侧作为选定字段，然后完成设置，如图 7-20 所示。类似地，可以设置"课程号"的字段类型。

图 7-19　　选择提供数值的表或查询窗口

　　显然，选修表的主键是"学号"和"课程号"字段的组合。选定该两字段，单击"主键"按钮，完成表的创建。由于"学号"是学生表的主键，"课程号"是课程表的主键，它们都不是选修表的主键，所以，它们只是选修表的外键。通过这种主外键关系，不同的表就被联系在一起，可以单击数据库工具的"关系"按钮查看和设置表之间的关系，如图 7-21 所示。

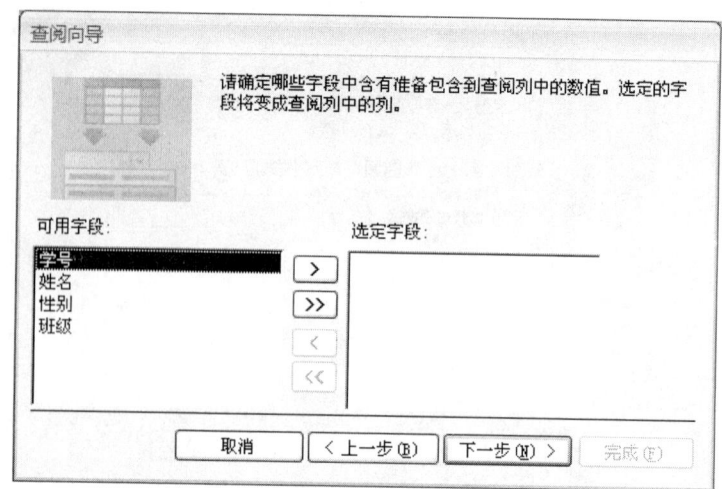

图 7-20　字段选定窗口

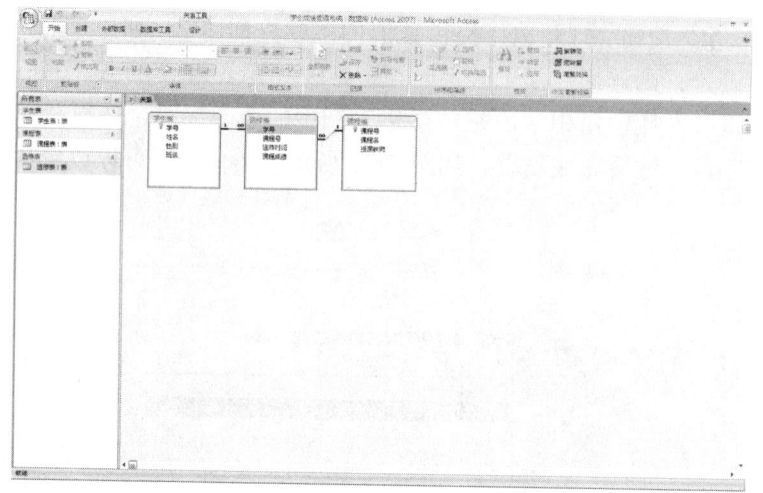

图 7-21　表关系图

双击关系连线，可以对关系进行设置。选中关系连线，按 Del 键可以删除表之间的关系。相关概念与操作请参看相关教材。

2. 创建查询

结构化查询语言(Structured Query Language)，简称 SQL，是一种高级的非过程化编程语言，它在高层数据结构上工作，用户既不要求了解数据具体的物理细节，也不需要描述数据的操作过程。因此，用 SQL 语句描述的访问操作可以用于多个底层结构完全不同的数据库系统上，具有很好的可移植性。

例如，如果想在"表 1"中查找高等数学成绩在 90 分以上的同学的学号、姓名，用 SQL 语句可以如下描述：

```
Select student.学号, student.姓名
From student,grade,course
```

```
Where course.课程名 = "高等数学" and grade.成绩>=90 and
course.课程号 = grade.课程号 and grade.学号 = student.学号
```

这个语句由三个部分组成，Select 子句描述了用户希望查询获得的数据，From 子句描述了查询所需要用到的表，Where 子句描述了查询条件以及表之间的连接条件。

SQL 语句是以记录集合作为操作对象的，结果也是记录集合，表格可以看成由许多条记录（行）组成的集合。因此，SQL 语句可以对表或查询进行操作，并且，SQL 语句也允许其他 SQL 语句的结果作为输入，即 SQL 语句可以嵌套，这意味着用 SQL 语言可以写出非常复杂的语句。

SQL 语言具有国际标准，目前流行的是 ANSI SQL-92 标准。不同的关系数据库使用的 SQL 版本存在一定差异，但大多数都遵循 ANSI SQL 标准。微软 SQL Server 对 ANSI SQL-92 进行了扩展，称为 T-SQL，Oracle 也进行了扩展，称为 PL/SQL。T-SQL 和 PL/SQL 都是过程化的 SQL 语言，在 SQL 语句的基础上增加了一些过程控制语句，可以编写一些简单的过程。

ANSI SQL 语言包含 4 个部分：

- 数据定义语言，如 CREATE、DROP、ALTER 等语句，主要用于数据库的创建、表结构的创建、删除和更改等。
- 数据操作语言，如 INSERT、UPDATE、DELETE 语句，主要用于表中记录的插入、更新、删除等。
- 数据查询语言，如 SELECT 语句，主要用于条件查询。
- 数据控制语言，如 GRANT、REVOKE、COMMIT、ROLLBACK 等语句，主要用于权限管理、事务管理等。

除了 SQL 语言，对数据库的查询还可以使用 QBE 语言。QBE 的全称是（Query By Example），它是一种关系数据库查询语言。自 20 世纪 70 年代被发明以来，一直与 SQL 语言并行发展。它最大的特点是一种图形化的查询语言，与一般语言不同，它不是字符型的，而是使用表格，用户通过填表来完成查询语句。现在，很多数据库的图形化前端都是沿自 QBE 的思想。相比 SQL 语言，QBE 更直观也更容易为用户掌握，Access 数据库管理系统既支持 SQL 语言，也支持 QBE 语言。

根据实验目标，本章重点介绍 Access 基于 QBE 语言的查询对象创建方法。Access 创建查询对象的方法主要有两种：一种是使用向导创建查询，另一种是在设计视图中创建查询。本教程重点介绍后者。

在用户需求阶段，我们已经明确了该教务秘书的应用需求，即：

- 能够查询某个学期选修某门课程的所有学生的信息。
- 能够查询某名学生已经修过的全部课程及成绩。
- 能够查询某名教师某个学期教授的全部课程。

针对第一个需求的查询对象创建的步骤如下。

（1）打开"学生成绩管理系统.accdb"文件，单击"创建"窗口中的"查询设计"按钮，如图 7-22 所示，弹出如图 7-23 所示的查询设计视图。查询设计视图的下半部分是类似表格的结构，这就是 Access 提供的图形化的 QBE 语言，用户通过填写"表格"来完成 QBE 语句，定义查询对象。

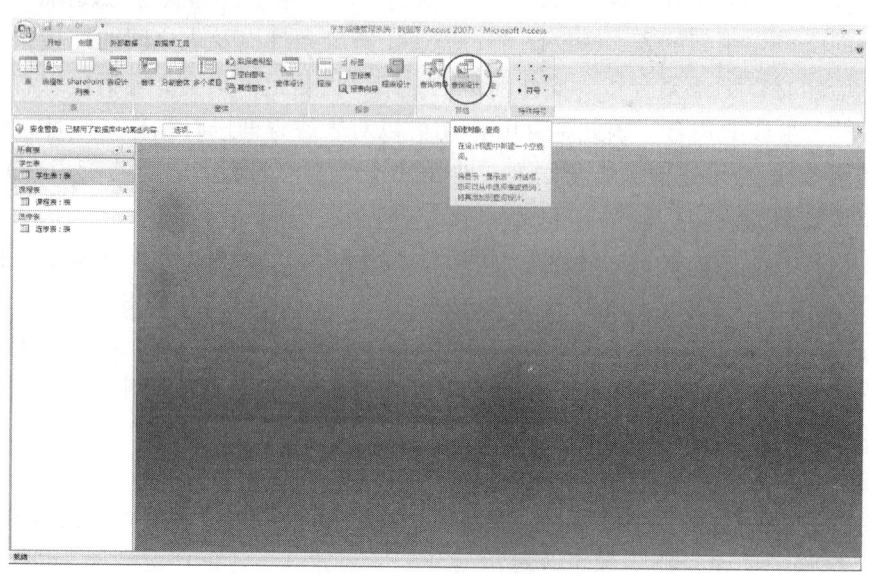

图 7-22　选择了表对象的数据库窗口

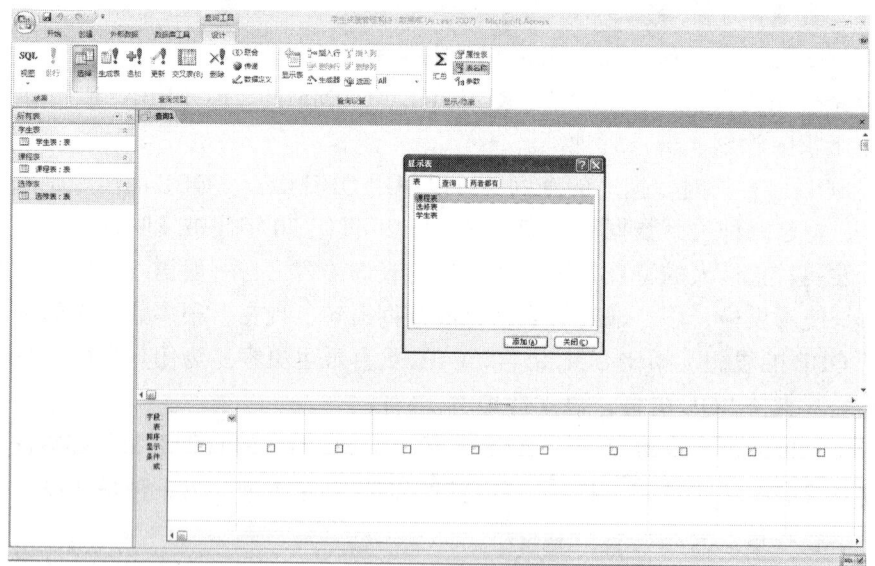

图 7-23　查询设计视图

（2）选择查询需要用到的表。"查询某个学期选修某门课程的所有学生的信息"需要用到学生信息（学生表）、课程名称（课程表）、某个学期（选修表），因此，必须将三个表都选上。事实上，即便只是"查询选修某门课程的全部学生的信息"，三个表仍然都要被选上，因为课程表与学生表之间是通过选修表联系在一起的。查询对象既可以基于表对象创建，也可以基于已经创建的查询对象创建。

（3）选择字段，完成 QBE 语句。选择字段包括两部分工作，一是选择用来设置查询条件的字段，并填写查询条件；二是选择需要显示字段。

查询的目标是 2010 年秋季学期选修高等数学课程的所有学生的全部信息，所以，查询的条件就是"选修时间 = 2010 年秋季"并且"课程名 = 高等数学"，需要显示的学生信息包括"学号"、"姓名"、"性别"、"班级"。

QBE 语言界面的每一列对应着一个被选的字段，它既可以是用来表示条件的字段，也可以是用来显示的字段。字段下的每一行定义了被选字段的一个属性，由用户填写来完成查询的定义（见图 7-24）。这些行的含义如下：

- 字段：用于选择所使用的字段，可以在可选列表中选择，也可以从选中的表中直接拖入，还可以直接双击被选择的表中相应的字段。
- 表：用于选择该字段所在的表或查询，选定字段时，系统会自动添加上相应的表。
- 排序：用来指定数据显示时是否按该字段的值进行排序，可以是升序或降序。排序通常只用在需要显示的字段中。
- 显示：用来定义该字段是否显示，选中表示要显示，不选则表示不需要显示。
- 条件：用来定义查询条件。
- 或：用来定义该字段上更多的查询条件，同一个字段不同行的查询条件之间是"或"的关系。

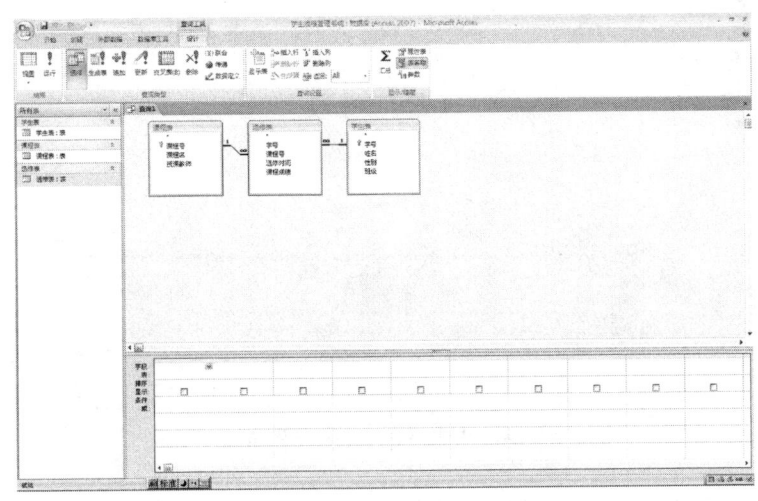

图 7-24　添加表后的查询设计视图

根据前面对查询的分析，在查询设计视图中完成如图 7-25 所示设置。

用 QBE 语言建立的查询与用 SQL 语言建立的查询是等价的。与标准 SQL 语句相比，QBE 语言中表的选择对应着 From 字句，显示字段的选择对应着 SQL 语句中的 Select 子句，条件字段的定义对应着 SQL 语句中的 Where 子句。QBE 语言中表之间的互连是隐含的，不需要用户说明互连条件。

Access 内部实现了两种语言之间的自动转换，可以在 Access 中直接查看用 QBE 语言创建的查询对象相应的 SQL 语句形式，如图 7-26 所示。Access 提供的 SQL 语言与标准 SQL 语言存在一定的区别，但它们也是等价的。

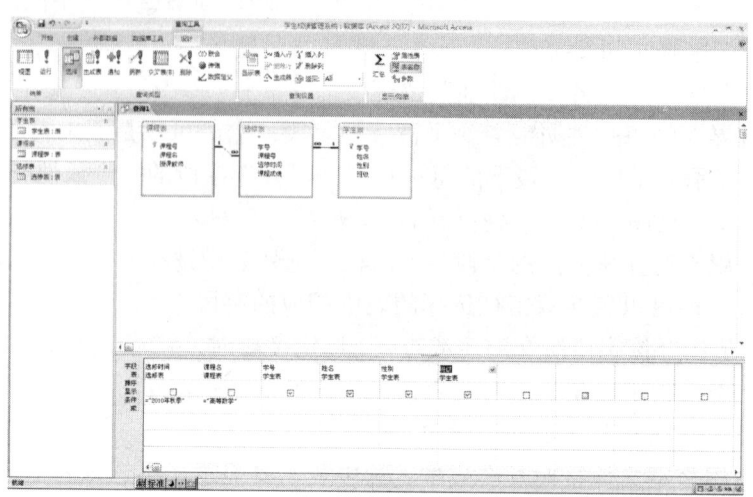

图 7-25　完成设置的查询设计视图

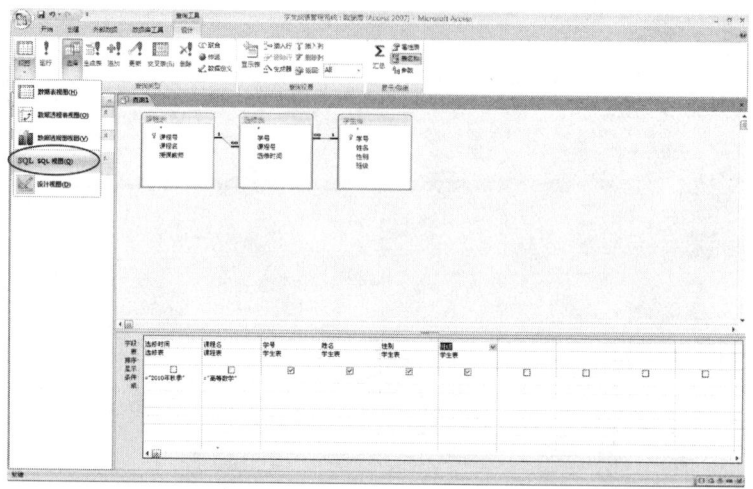

图 7-26　切换 SQL 视图操作示意图

（4）单击"保存"按钮，弹出"另存为"对话框，修改查询对象名称"选修 2010 秋季高数的学生"，单击"确定"按钮完成保存。至此，系统中有了一个叫做"选修 2010 秋季高数的学生"的查询对象。双击该查询对象，就会看到相应的查询结果。类似地，可以建立其他的查询。

3. 制作简单的窗体

窗体是用户与系统之间的界面，它提供了对数据表输入/输出和维护更为方便的方式。可以基于已经建立的表和视图创建窗体，也可以将窗体用作切换面板来打开数据库中的其他窗体和报表，或者用作自定义对话框来接收输入并根据输入执行操作。根据本实验的目标，这里只介绍简单窗体的制作，即将窗体作为数据输入和显示的界面。

Access 2007 中提供了很方便的窗体工具用来快速创建窗体。打开"创建"界面，可以看到有三种窗体工具按钮（见图 7-27）：

- 使用窗体工具创建新窗体。
- 使用分割窗体工具创建分割窗体。
- 使用多项目工具创建显示多个记录的窗体。

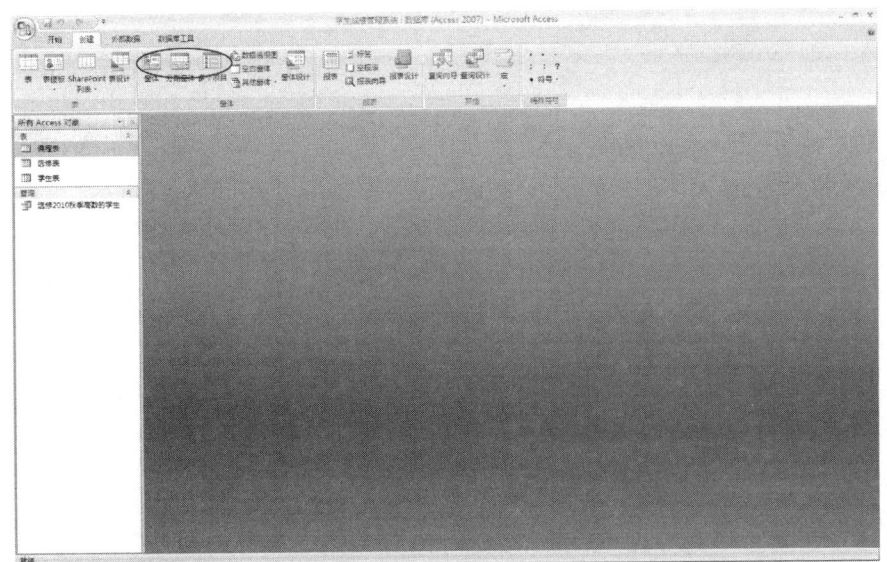

图 7-27　三种窗体工具按钮

选择一个表，单击不同的工具按钮就可以快速产生不同风格的窗体。

使用窗体工具创建新窗体会将当前表的所有字段显示在窗体内，同时将该表的从表以表格形式放在窗体下方，可以方便主从表数据的输入与显示。例如，以课程表为例，使用窗体工具创建窗体，如图 7-28 所示。

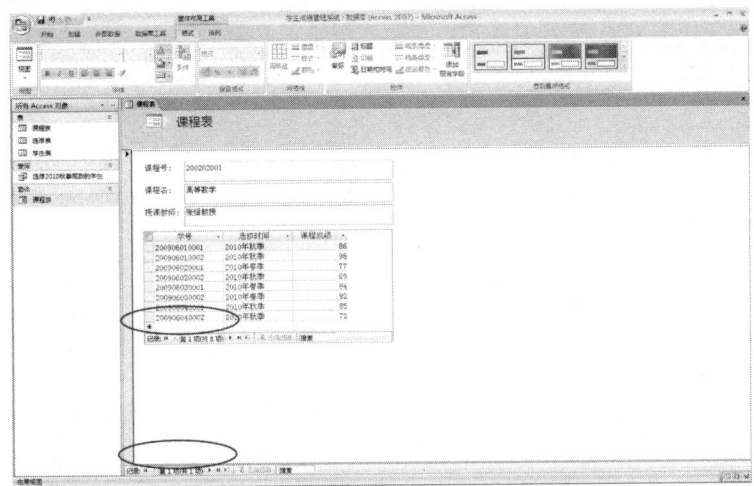

图 7-28　使用窗体工具创建课程表窗体

　　表格和窗体的下方都有可以用来浏览记录的控键，◄│是回到第一条记录，│►是跳到当前的尾记录，►是下一条记录，►*是新记录。当记录很多时，还可以使用"搜索"快速定位第一个符合要求的记录字段，按 Enter 键则定位下一个符合要求的记录字段。

　　使用分割窗体工具创建的窗体只包含本表的内容，窗体上半部显示一条记录的所有字段，下半部则以表格的形式显示本表的所有记录。例如，使用该工具创建选修表分割窗体，如图 7-29 所示。

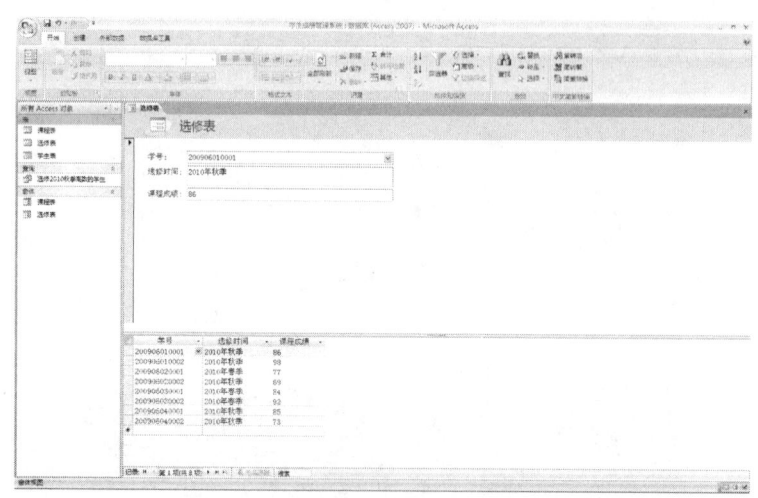

图 7-29　使用分割窗体工具创建选修表分割窗体

　　使用多项目工具创建显示多个记录的窗体可以形成类似表视图的窗体。

　　Access 2007 提供了多种视图来方便用户设计和使用窗体，根据本实验要求，这里只介绍窗体视图、布局视图和设计视图。视图可以通过"开始"窗口的"视图"菜单，也可以直接单击窗体右下角的快捷按钮进行切换，如图 7-30 所示。

图 7-30　窗体视图切换

　　窗体视图是在窗体中显示和输入数据的视图。

　　布局视图用于对正在运行的窗体中的元素进行修改，如窗体元素的大小、位置，字体的大小、样式、颜色等，是修改窗体最直观的视图。

　　设计视图用于设计和编辑窗体，用户可以在窗体中添加、修改任何需要显示的窗体元素，包括文本、控件、图片、窗体页眉和页脚等。Access 数据库管理系统提供了丰富的窗体元素，用户可以在设计视图下定制或修改具有自己风格的窗体。读者可参考相关教材学习更为丰富的窗体设计技巧，制作更为精美的窗体。

### 7.2.3　单元实验

单元实验 7-2-1：数据库设计

【实验目的】

　　（1）熟悉数据库的基本概念。

　　（2）掌握 E-R 图和关系表设计的基本方法。

【实验要求】

　　一个教务秘书想建立一个授课管理系统，需求如下：

- 能够通过老师查询他所上过的所有的课程信息。
- 能够通过课程查询所有上过该课程教师的信息。
- 能够查询一名老师上一门课程的授课时间与授课地点。

　　（1）画出 E-R 图。

　　（2）完成关系表的设计，表的属性不能少于 4 个。

　　（3）确定字段的数据类型，要求至少包含文本、数字、是/否、查阅向导类型。

　　提示：一名教师可能多次上同一门课程，联系表的主键应是什么？

单元实验 7-2-2：创建表和查询

【实验目的】

　　（1）熟悉 Access 数据库管理系统。

　　（2）掌握在 Access 数据库管理系统中创建表和查询的方法。

【实验要求】

　　（1）根据单元实验 7-2-1 的设计在 Access 数据库管理系统中创建关系表，并输入数据。要求每个实体表中的数据至少 5 条，联系表中的数据至少 25 条，授课时间从 2008 年秋季学期至 2010 年秋季学期。

　　（2）创建姓名为"李杰"的老师上过的所有课程的查询，查询的结果不少于 3 条。

　　（3）创建上过"大学计算机基础"课程的所有教师的查询，查询的结果不少于 3 条。

　　（4）创建"李杰"老师上"大学计算机基础"课的地点与时间的查询，查询的结果不少于 2 条。

单元实验 7-2-3：创建窗体

【实验目的】

（1）熟悉 Access 数据库管理系统。

（2）掌握在 Access 数据库管理系统中创建简单窗体的方法。

【实验要求】

使用窗体工具创建教师表窗体。

# 7.3 综 合 实 验

【实验目的】

综合应用数据库知识，利用 Access 设计一个小型的数据库管理系统。

【实验要求】

一个企业有多个仓库，想建立一个库存物资管理系统。假设一种物资可以存放在多个仓库，同时一个仓库也可以存放多种物资，一名供应商可以提供多种物资，一种物资也可以来自多名供应商，一个仓库内的同一种物资来自同一供应商并实行统一单价，需求如下：

- 能够通过物资名称查询所有物资的存放仓库、数量、价格、仓库电话、仓库保管员姓名等信息。
- 能够通过仓库名称查询存放的所有物资的名称、数量、价格、出产地、供应商信息。
- 能够通过物资名称查询到供应商的姓名、电话、地址信息。
- 能够通过供应商、物资名称查询到存放物资的存放仓库、数量、价格、仓库电话、仓库保管员姓名等信息。
- 能够通过仓库名称、物资名称查询到供应商的姓名、电话、地址信息。

（1）画出 E-R 图。

（2）完成关系表的设计。

（3）确定字段的数据类型。

（4）根据设计在 Access 数据库管理系统创建关系表。

（5）创建满足上列需求的查询。

（6）创建不少于两个窗体，要求美观、实用。

# 7.4 辅助阅读资料

郑阿奇. 2011. Access 实用教程（2007 版）. 北京：电子工业出版社.

# 第 8 章　多媒体应用技术体验

【实验目标】

　　本章通过对音频、图像、视频、动画等多媒体应用技术的学习、体验与实践，使学生掌握各种媒体在计算机内的存储格式和基本处理方法，了解几类常用多媒体编辑和制作工具的使用方法，能进行简单的媒体处理和应用，培养学生综合运用多种数字媒体表达信息的能力。

【实验方法】

　　本章包括音频、图像、视频、动画四种媒体的认知和处理实验单元，各单元基本按照媒体格式、常用软件功能和使用介绍、实验内容三个部分组织。实验内容以验证为主，目的是加深学生对多媒体基础理论知识的理解；采用案例引导，使学生能快速掌握多种工具的基本使用方法。最后设计了一个综合实验，融合了上述各种媒体的处理和应用，锻炼学生举一反三、创造性学习的能力。

## 8.1　音　频　处　理

### 8.1.1　常用音频文件格式

　　要在计算机内播放或处理音频文件，也就是要对声音文件进行数模转换，这个过程由采样和量化构成。而对于同样的音频信号，采用不同的音频编码方式相应地保存这些数据的文件也有不同的格式类型。了解常用的存储数字音频的文件格式，有利于在获得各种音频资料处理实际问题时可以灵活运用。根据存储时声音信号是否损失，可以分为有损压缩格式和无损压缩格式两类。下面简要列举一些最常用的格式类型：

- CD Audio：文件扩展名为 cda。唱片采用的格式，又叫"红皮书"格式，记录的是波形流，是目前音质最好的音频格式。但缺点是无法编辑，文件长度较大。

- WAV：文件扩展名为 wav。它是 Windows 操作系统下的最广泛使用的音频文件格式。该格式记录声音的波形，能够和原声基本一致，该文件主要用于自然声音的保存与重放。

- MPEG-3：文件扩展名为 mp3。MP3 是目前流行的音频文件格式，它是采用由国际标准化组织 ISO 的一个专门研究动态图像压缩技术的专家组 MPEG(Moving Picture Experts Group)制定的 MP3 算法压缩生成的音频数据文件。由于该文件的压缩比高（可达 10:1~12:1）及压缩后的音质效果基本不失真，所以受到广泛使用。

- Windows Media Audio（WMA）：文件扩展名为 wma。它是由 Microsoft 公司开发的。这种格式的特点是同时兼顾了音频质量的要求和网络传输需求。WMA 采用的压缩算法使音频数据文件比 MP3 文件小音质却不差，它的压缩比一般都可以达到 18:1 左右。

- RealAudio：文件扩展名为 ra 或 rm。它是由 Real Networks 公司开发的一种音乐压缩格式，压缩比可达 96:1，RealAudio 文件的最大特点是可以在网络上一边下载一边播放，而不必把全部数据下载完再播放，常用于网络的在线音乐欣赏。
- MIDI：文件的扩展名为 mid。MIDI（Musical Instrument Digital Interface，乐器数字接口）是由世界上主要的电子乐器制造厂商建立起来的一个通信标准，利用声音合成技术实现。MIDI 不是把音乐的波形进行数字化采样和编码，而是将数字式电子乐器的弹奏过程记录下来。因此，MIDI 文件记录的不是乐曲本身，而是一些描述乐曲演奏过程中的指令，因而它占用的存储空间比 WAV 文件要小得多。MIDI 文件适合应用在对资源占用要求苛刻的场合，如多媒体光盘、游戏制作等，较适合作为背景音乐。

此外，还有苹果公司开发的 AIFF、雅马哈公司开发的 VQF、杜比实验室开发的 AAC 等小众音频格式，以及如 OGG、APE、TAK 等新生代音频格式。

### 8.1.2　Windows XP 录音机的使用

了解了常用的音频格式之后，本节来学习使用 Windows XP 提供的附件工具"录音机"录制、播放、混合和编辑 WAV 类型的声音文件，体验音频处理的基本过程。

1. 基本操作

（1）单击"开始/所有程序/附件/娱乐/录音机"，就可打开"录音机"窗口，如图 8-1 所示。

（2）播放要录音的音乐或打开麦克风。

（3）单击"录音" ● 按钮，即可开始录音。录制完毕后，单击"停止" ■ 按钮即可。单击"播放" ▶ 按钮，即可播放所录制的声音文件。

（4）单击"文件/保存"命令，保存录制的波形 wav 文件，如图 8-2 所示。

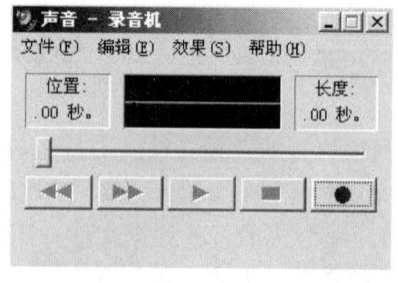

图 8-1　Windows XP "录音机"

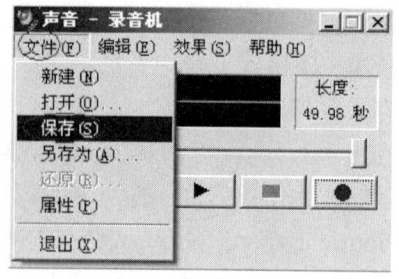

图 8-2　保存录制的声音文件

【小贴士】Windows XP 录音机默认最长录音长度为 60s。

2. 调整声音文件质量

（1）打开"录音机"窗口，单击"文件/打开"命令，如图 8-3 所示。

（2）双击要进行调整的声音文件，如图 8-4 所示。

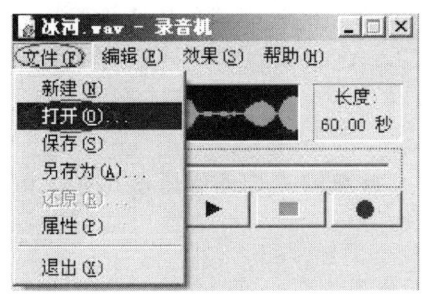

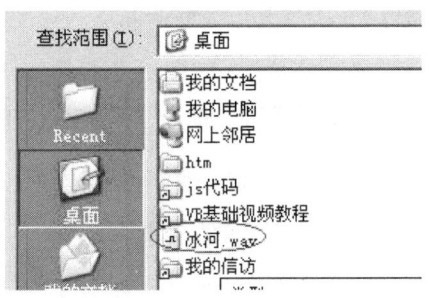

图 8-3　打开声音文件的菜单项　　　　　图 8-4　选择要调整的声音文件

（3）单击"文件/属性"命令，打开"声音文件属性"对话框，如图 8-5 所示。

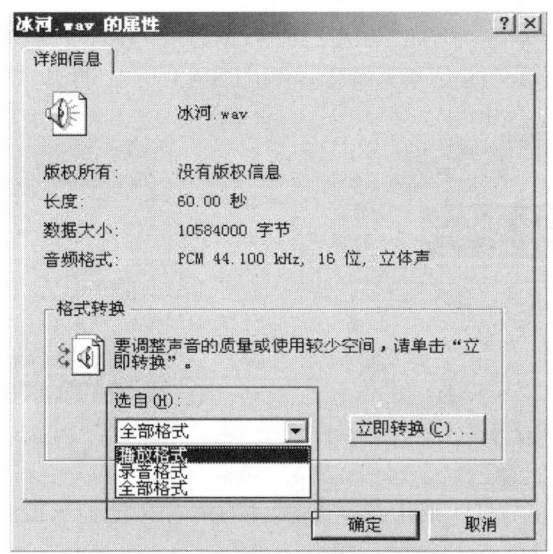

图 8-5　"声音文件属性"对话框

该对话框中显示了该声音文件的具体信息，在"格式转换"选项组中单击"选自"下拉列表，其中各选项功能如下：

- 全部格式：显示全部可用的格式。
- 播放格式：显示声卡支持的所有可能的播放格式。
- 录音格式：显示声卡支持的所有可能的录音格式。

（4）选择一种所需格式，单击"立即转换"按钮，打开"声音选定"对话框，如图 8-6 所示。

图 8-6　"声音选定"对话框

（5）在"声音选定"对话框的"名称"下拉列表中可选择"无题"、"CD 质量"、"电话质量"和"收音质量"选项，在"格式"和"属性"下拉列表中可选择该声音文件的格式和属性。

【小贴士】"CD 质量"、"收音质量"和"电话质量"具有预定义格式和属性（例如，采样频率和信道数量），不能更改。如果选定"无题"选项，则能够指定格式及属性。

（6）调整完毕后，单击"确定"按钮即可。

【小贴士】"录音机"不能编辑压缩的声音文件。更改压缩声音文件的格式可以将文件改变为可编辑的未压缩文件。

3．混合声音文件

混合声音文件就是将多个声音文件混合到一个声音文件中。操作步骤如下：

（1）打开"录音机"窗口，单击"文件/打开"命令。

（2）双击要混入声音的声音文件。

（3）将滑块移动到文件中需要混入声音的地方，如图 8-7 所示。

（4）单击"编辑/与文件混音"命令，如图 8-8 所示，打开"混入文件"对话框。

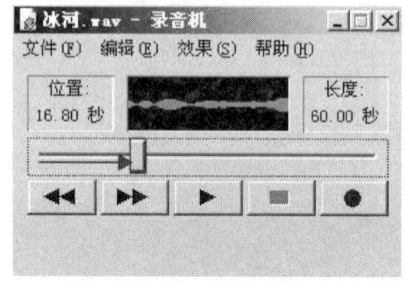
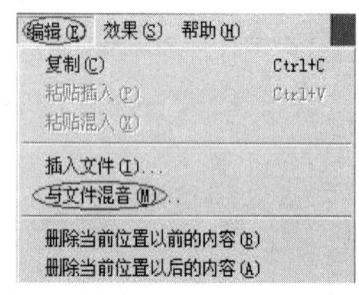

图 8-7  选择混入音乐的位置　　　　　图 8-8  混合音乐的菜单项

（5）在"混入文件"对话框中选择要混合的声音文件，双击声音文件即可，新的声音将与插入点后的原有声音混合在一起。

【小贴士】"录音机"只能混合未压缩的声音文件。如果在"录音机"窗口中未发现绿线，说明该声音文件是压缩文件，必须先调整其音质，才能对其进行修改。

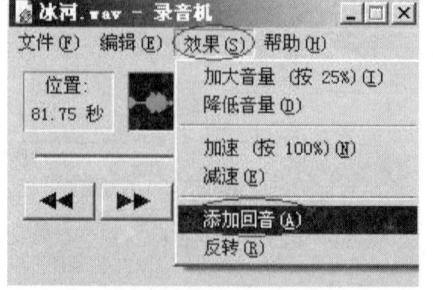

图 8-9  为当前声音文件添加回音效果

4．插入声音文件

若想将某个声音文件插入到现有的声音文件中，而又不想让其与插入点后的原有声音混合，可使用"编辑/插入文件"命令。方法与混合操作类似。

5．为声音文件添加回音效果

（1）打开"录音机"窗口，单击"文件/打开"

命令。

（2）双击要添加回音效果的声音文件。

（3）单击"效果/添加回音"命令即可，如图 8-9 所示。

### 8.1.3 单元实验

单元实验 8-1-1：声音质量测试

【实验目的】

理解与声音质量相关的技术指标。

【实验条件和素材】

给定的波形文件"起床号.wav"。

【实验要求】

用 Windows XP 的"录音机"工具，将该文件用 4 种不同的采样频率或不同的位深度进行另存，与原文件的大小进行比较。试听并填写表 8-1。

表 8-1 质量参数、声音质量及文件大小比较

| 声音文件名称 | 采样频率/kHz | 位深度/位 | 文件大小/KB | 声音质量描述 |
|---|---|---|---|---|
| | 8 | 8 | | |
| | 22.05 | 16 | | |
| | 44.1 | 8 | | |
| 起床号.wav | 44.1 | 16 | 1729 | |

单元实验 8-1-2：声音格式转换和处理

【实验目的】

了解常用音频文件格式，学会使用常用的格式转换软件，掌握音频处理的基本方法。

【实验条件和素材】

（1）一款通用音、视频格式转换软件，如商用软件"视频转换大师"、免费软件"格式工厂"等。

（2）给定或任选两段 mp3 音乐文件。

【实验要求】

（1）学习使用一款通用音、视频格式转换软件，利用实验素材提供的音乐文件练习各种音频格式之间的转换，学会根据个人需求设置与音质相关的参数。

（2）将实验素材提供的两段 mp3 音乐文件转换为 wav 文件，结合实验单元 8-1-1 提供的素材"起床号.wav"，用 Windows XP 的"录音机"对三段音乐进行剪辑、混音，生成一段新的时长不超过 60s 的音乐文件，并添加回音效果。

## 8.2 图 像 处 理

### 8.2.1 常用图像文件格式

用于描述图像的文件大致上可以分为两大类：一类为位图文件；另一类为矢量类文

件。前者以点阵形式描述图形图像；后者是以数学方法描述的一种由几何元素组成的图形图像（通常又称为图形文件）。本节所介绍的图像文件类型均是指狭义的位图文件。

存储同一幅图像可以有多种不同类型的文件格式，出现多种格式的原因是图像的应用目的以及处理图像所采用的计算机软硬件不同。不同格式的图像文件可通过图像处理软件进行转换。根据存储时图像信息是否损失，可分为有损压缩格式和无损压缩格式两类。下面介绍几种常见的图像文件格式。

- BMP：文件扩展名为 bmp。BMP 是 BitMap（位图）的缩写，是标准的 Windows 图像文件格式，在 Windows 环境下运行的图像处理软件都支持这种文件格式。BMP 文件一般不进行数据压缩，因此所占的存储空间较大。

- GIF：文件扩展名为 gif。GIF（Graphics Interchange Format）是由美国的 CompuServe 公司开发的图像文件格式，是网页上常用的图像文件格式。GIF 文件采用无损压缩技术进行存储，不丢失信息，同时减少存储空间。GIF 可以用 1~8 位表示颜色，因此最多表示 256 种颜色。一个 GIF 文件中可以存储多幅图像，而且这多幅图像可以按一定的时间间隔显示，形成动画效果。

- JPEG：文件扩展名为 jpg 或 jpeg。JPEG（Joint Photographic Experts Group）是联合图像专家组的英文缩写，这是一个由国际标准化组织（ISO）和国际电工委员会（IEC）联合组成的专家组，负责制定静态的数字图像压缩标准。该专家组制定的第一个静态数字图像数据压缩的国际标准，就称为 JPEG 标准。该标准采用一种有损压缩算法，但在一定分辨率下视觉感受并不明显，其压缩比可以达到 5:1~50:1。

- TIFF：文件扩展名为 tiff 或 tif。TIFF（Tag Image File Format）是标记图像文件格式，是由 Alaus 与 Microsoft 公司共同研制开发。它是一种灵活的跨平台的图像文件格式，它与计算机结构、操作系统以及图像处理硬件无关，适用于大多数的图像处理软件。

- PNG：文件的扩展名为 png。PNG（Portable Network Graphics）是可移植的网络图像格式。它是为适应网络数据传输而设计的一种图像文件格式。它采用无损的压缩算法来减少文件大小。存储彩色图像时，像素深度可多达 48 位。PNG 的缺点是不支持动画应用效果。

- EPS：文件的扩展名为 eps 或 epsf。EPS 是 Encapsulated PostScript 的缩写，是跨平台的标准格式，但苹果机的用户用得较多。EPS 格式采用 PostScript 语言进行描述，并且可以保存其他一些类型信息，如色调曲线、分色、剪辑路径等，因此常用于印刷或打印输出。

此外，还有许多最初是为某些图像处理软硬件专门设计开发的专用图像文件格式，如 PCX、PSD、CDR、TGA、EXIF、PCD、DXF、UFO 等，但随着软件的普及同时为了交流方便，逐步也成为较为通用的格式为用户所熟知。

一般的图像处理软件都能兼容多种图像文件格式，用户可根据不同的应用需求选择适合的格式进行存储和处理图像。例如，如果需要高质量图像打印输出，一般要存储成如 TIFF、EPS 格式；如果是三维制作或视频输出，则最好用 TGA 格式；JPEG 格式目前应用非常广泛，虽然是有损压缩，但只要不是用太高压缩比例，肉眼分辨不出图像的损失，在网络中普遍应用；PNG 格式虽然是最好的网络图像格式，可需注意的是较低版本的浏览器不支持；而如果需要网络活动图像可采用 GIF 格式。

## 8.2.2　ACDSee 的使用

了解了常用的图像格式之后，本节来学习使用一种常见的图像浏览和处理软件，体验和掌握图像处理的基本方法和过程。

用于处理数字图像的软件工具通常可以分为两类，一类是用于特殊的专业应用领域，如专门处理遥感影像、医学影像的专用软件，这类软件的功能会根据行业需求进行定制；另一类则是通用软件，提供各类增强图像视觉效果的功能和工具，随着数码摄影的普及和大众传媒的丰富，这类软件不断推陈出新，并又逐渐分化出面向普通用户和面向摄影专业人员的普通版和专业版，目前业界比较常用的包括 ACDSee、Photoshop、Turbo Photo、光影魔术手等。

ACD Systems 是全球图像管理和图像处理软件的先驱公司，其旗下的 ACDSee 是目前最流行的数字图像处理软件。ACDSee 能广泛应用于图片的获取、管理、浏览、编辑、优化，甚至和他人的分享。用户可以借助 ACDSee 从数码相机和扫描仪高效获取图片，并进行便捷的查找、组织、处理和预览，支持超过 50 种常用媒体格式，还能处理如 MPEG 之类常用的视频文件。ACDSee 现有 ACDSee Photo Manager 和 ACDSee Pro 两款软件，前者面向普通大众，后者面向专业用户。下面简要介绍一下 ACDSee Photo Manager 最基本的一些功能的使用方法，更丰富的功能请参考联机帮助，并在今后的实践中逐步熟悉和熟练。本节使用的软件版本为 ACDSee Photo Manager 12，是面向普通用户的最新版本。

1. 主界面介绍

启动 ACDSee Photo Manager 12 后，主界面如图 8-10 所示。

主界面默认有 5 个功能区，各部分功能描述如下：

1）菜单和工具栏：位于主界面顶部

第一排左侧的"文件"、"编辑"、"查看"、"工具"四个菜单项中包含了绝大多数软件功能的调用命令入口，可以完成图像文件的管理、组织、编辑、处理等功能，以及软件本身的一些设置，如处理模式、编辑模式和查看模式等。此外，"帮助"菜单项提供了该软件的帮助和产品信息。

第一排右侧提供"管理"、"视图"、"编辑"、"在线"四个选项卡，当前窗口默认显示"管理"界面。"视图"提供图片浏览界面，"编辑"提供图像处理界面，"在线"提供基于网络的图片共享机制。通过单击各选项卡可以方便快捷地切换使用视图。

第二排工具栏中的按钮和选项是一些常用功能的快捷入口，方便用户的操作（这些功能在第一排的下拉菜单中都可找到对应项目）。

2）文件夹和收藏夹：位于主界面的左上部

该功能区包括"文件夹"、"收藏夹"和"隐私文件夹"三个选项卡。"文件夹"选项卡中显示了目前系统中所有文件夹的组织结构，使用方式类似于 Windows 操作系统提供的资源管理器，单击任何一个文件夹，其中包含的内容就会在中部的文件列表区中显示出来。"收藏夹"选项卡用于保存个人特别珍藏的文件夹或文件的链接（不仅限于图片）。"隐私文件夹"选项卡用于保存仅限于当前用户可以访问的文件夹或文件，需要预先创建，并提供密码保护。默认情况下，该选项卡不显示，需浏览时从菜单栏的"查看"选项中点选并输入密码方可访问。

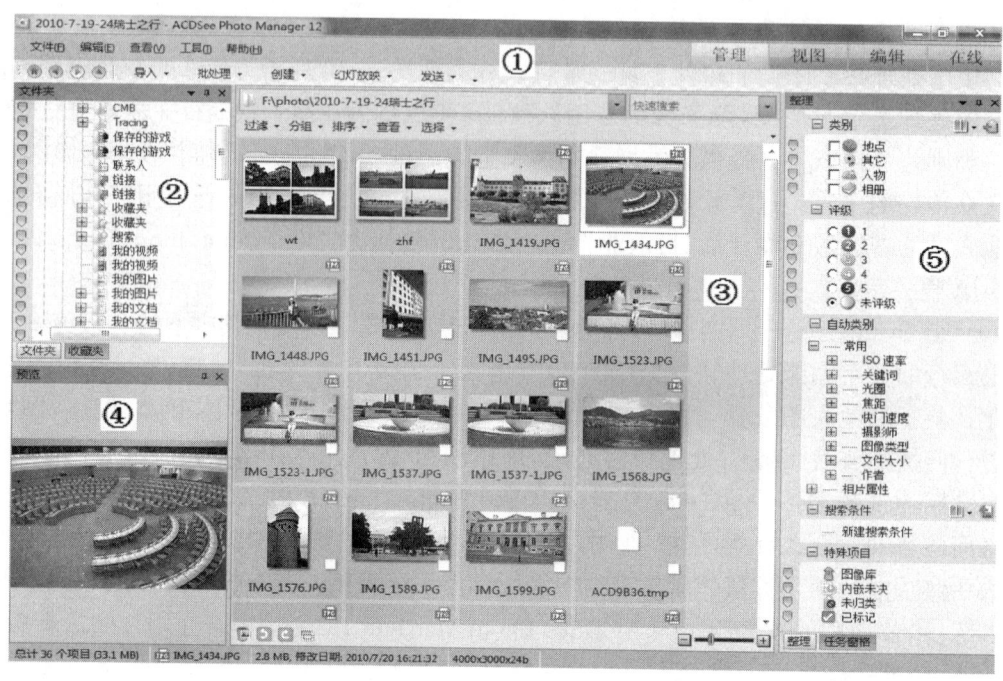

图 8-10　ACDSee Photo Manager 12 的主界面

3）文件列表区：位于主界面的中部

该功能区用于显示用户选中的文件夹中包含的图片或其他资源，并可对显示的图像进行过滤、分组、排序和标记。右击该区域中的任何文件或文件夹，可以将其加入到"收藏夹"或"隐私文件夹"中。此外，右击弹出的快捷菜单还提供如标记、分类、幻灯片、设置墙纸等丰富的快捷功能选项。

【小贴士】"收藏夹"中保存的是原文件的快捷访问链接，删除和移动该链接不影响原文件。而"隐私文件夹"中保存的则是原文件本身，当将文件添加到该文件夹中时，是将原文件从原来的位置剪切到隐私文件夹中，而该文件夹只有 ACDSee 可以访问。

4）图像预览区：位于主界面的左下部

该功能区用于放大显示在文件列表区中单击选中的图像。另外，在文件列表区中将鼠标提示符移至任意一幅图像上，该图像会在当前位置上自动放大显示。

　　5）整理、属性和搜索面板：位于主界面的右部

　　该功能区提供了组织和管理图像数据的各种方式和工具，包括"整理"、"属性"和"搜索"三个选项卡。"整理"选项卡中提供了对图像进行分类和评级功能；在"属性"选项卡中可以为每幅图像录入标题、作者、备注、关键词等信息，并可勾选类别、级别、标记等分类信息，所有这些信息将存入 ACDSee 的数据库中，便于图像的管理和检索；"搜索"选项卡则提供了根据文件和文本、类别和属性等信息的条件搜索方式，搜索结果的精确程度依赖于数据库中各图像信息的完整程度。这三个选项卡中的功能是相互依赖的，而默认情况下，当前窗口显示的是"整理"选项卡。

【小贴士】主界面中各功能区的布局和内容是可以根据个人的使用习惯进行选择和调整的，单击菜单栏中的"查看"选项，在弹出的下拉菜单中，可以任意勾选需要显示在主界面中的功能区或选项卡。而在当前主界面中的多数功能区的右上角也提供了窗口控制按钮 ▼ 中 ✕，通过它可以改变功能区的布局方式。

　　ACDSee 的使用界面非常简洁、直观，并在"帮助"菜单项中提供了"快速入门指南"，十分易学易用。本章对 ACDSee Photo Manager 12 图像管理功能的使用不做进一步指导，学生通过摸索自学的方式掌握。下面仅简要介绍该版本提供的幻灯片放映和制作以及图像编辑功能。

　　2. 幻灯片放映和制作

　　幻灯片文件是连续展示一组图像或照片的常用方式之一，还可以制作成屏幕保护程序，应用广泛。ACDSee 提供了十分便捷的幻灯片放映和制作功能。

　　1）幻灯片放映

　　在 ACDSee 中可以直接以幻灯片放映的形式展示一组图像，常用的操作步骤如下：

　　（1）在"文件夹"功能区中定位存放图像的文件夹，单击文件夹名，该文件夹下的图像则会以缩略图的形式出现在"文件列表"功能区中。

　　（2）配合 Shift 或 Ctrl 键，点选需要以幻灯片方式播映的图像文件（选中的文件会高亮显示），如图 8-11 所示，这里选中了 3 幅图像。

　　（3）单击工具栏上的"幻灯放映"选项，选择"幻灯放映配置"命令，如图 8-12 所示，弹出"相册属性"对话框，如图 8-13 所示。在该对话框中提供"选择文件"、"基本"、"高级"、"文本"四个选项卡，可分别对放映的图像文件范围、幻灯片切换转场效果、幻灯片放映方式（含插入音频）、插入页眉页脚文本等内容进行设置和选择（此步骤可忽略，如忽略，系统将采用默认的配置方式放映）。

　　（4）单击工具栏上的"幻灯放映"选项，选择"幻灯放映"命令，则会按照第（3）步设置的方式全屏播映第（2）步中选取的图像。移动鼠标，屏幕下方会出现图 8-14 所示的播放工具条，提供前进、后退、暂停、循环、随机、切换延时、声音等实时调整按钮。

图 8-11　文件列表区中选中了 3 幅待放映的图像文件

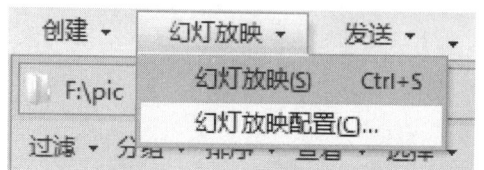

图 8-12　工具栏上"幻灯放映"选项

图 8-13　"相册属性"对话框对放映方式和效果进行配置

图 8-14　幻灯片放映时屏幕下方提供实时调整放映方式的工具条

【小贴士】利用图像筐，可以从不同文件夹的大量图片中甄选小部分精华图片制作和放映幻灯片。在"查看"菜单中选择"图像篮子"即会在文件列表区下方生成一个"图像筐"，将文件列表区中选中的图片拖进图像筐，然后将"图像筐"内的图片制成幻灯片或直接放映。

2）幻灯片制作

除了实时放映幻灯片以外，ACDSee 还可以方便地将选中的系列图像输出为独立的幻灯片文件，以便保存以及与他人分享。制作过程如下：

（1）单击工具栏上的"创建"选项，选择"幻灯放映文件"命令，如图 8-15 所示。在弹出的"创建幻灯放映向导"对话框中选择输出文件格式，该向导提供 exe、scr、swf 三种输出格式，如图 8-16 所示。

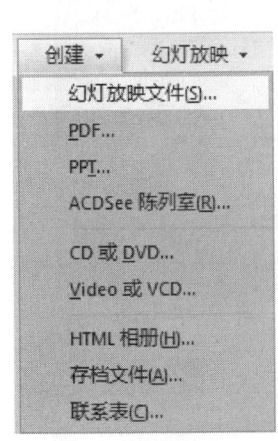

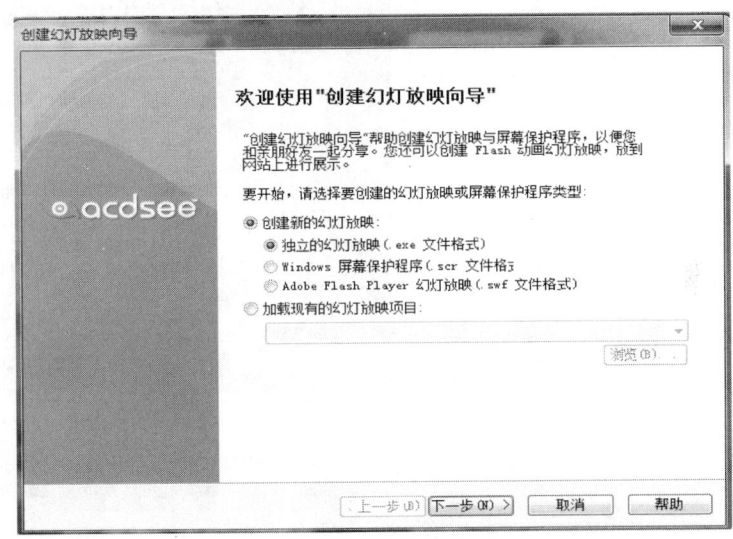

图 8-15　"幻灯放映文件"命令　　　　　图 8-16　"创建幻灯放映向导"对话框

- 如果选择"独立的幻灯放映"单选按钮，则将选中的幻灯片图像生成为一个独立的 EXE 文件，在任何位置双击即可直接打开并开始放映。
- 如果选择"Windows 屏幕保护程序"单选按钮，则将选中的幻灯片图像生成为一个独立的 SCR 文件（SCR 是 Windows 屏保程序的默认格式），右击该文件可选择"安装"命令将其装入当前系统作为 Windows 可选的屏保程序。此外，双击该文件也可以屏保方式观看。
- 如果选择"Adobe Flash Player 幻灯放映"单选按钮，则将选中的幻灯片图像生成为一个独立的 Flash 文件（扩展名为.swf），通过浏览器或 Flash 播放器即可放映。

（2）跟随向导添加用于制作幻灯片的图像，为每个图像设置转场效果、标题、背景音乐、背景颜色、放映方式、图像大小和输出文件保存路径等信息，就可以自动生成设定格式的幻灯片。

【小贴士】图 8-15 显示的"创建"选项还提供能直接生成 PDF 和 PPT 格式文件的向导，为资料的保存提供了十分丰富的形式。

3. 图像编辑

ACDSee Photo Manager 12 提供了十分实用的图像编辑工具。在文件列表区中选中要处理的图像，单击菜单栏右边的"编辑"选项卡，就会进入对该图像进行处理的编辑界面，如图 8-17 所示。

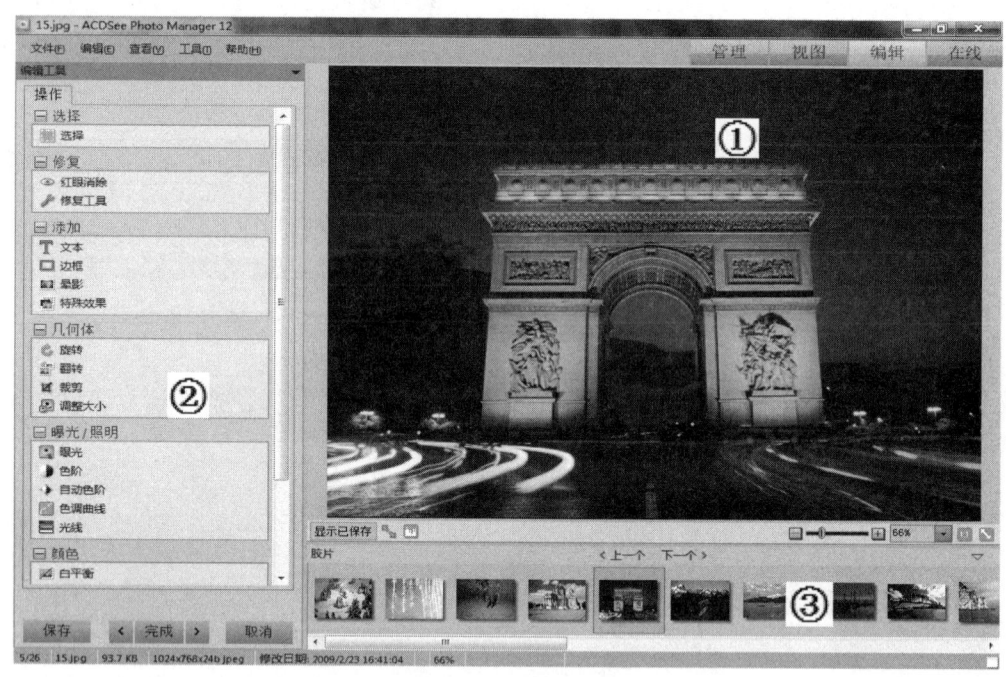

图 8-17　图像编辑界面

图像编辑界面主要包括 3 个功能区：

（1）显示区：显示当前处理的图像，所有操作的处理效果都会在该区域中实时显示。

（2）编辑工具列表区：提供了"选择"、"修复"、"添加"、"几何体"、"曝光/照明"、"颜色"、"详细信息"等七类工具，单击其中任意功能，如"修复"类工具中的"红眼消除"，则会进入"红眼消除"编辑界面。各种工具的操作界面都会有直观的操作提示和参数设置接口。

（3）其他图像缩略图显示区：这个区域以缩略图的形式展示当前文件夹中的所有图

像，便于重新选择需要处理的图像。

【小贴士】对当前图像的处理，在进行"保存"之前，所有操作都在内存中完成，并不
　　　　改变原始图像文件，可以通过单击显示区下方的"显示已保存"按钮来观察当
　　　　前操作产生的效果与原始图像之间的差异，以便调整操作参数达到最满意的效
　　　　果。对图像的编辑完成后，一定要进行"保存"或者"另存"，所有的操作才
　　　　能真正生效。

### 8.2.3  单元实验

单元实验 8-2-1：图像格式与图像质量

【实验目的】

　　理解数字图像的性能指标，比较不同的图像文件格式。

【实验条件和素材】

　　给定一个位图文件"彩色田野.bmp"。

【实验要求】

　　利用 Windows 的"画图"工具，将该图像文件另存为不同的文件格式，如 BMP、JPG、
GIF 格式，填写表 8-2。

表 8-2　不同格式图像文件的大小和质量比较

| 文件名称 | 文件类型 | 文件大小/KB | 质量描述 |
|---|---|---|---|
| | 二值黑白位图 | | |
| | 16 色位图 | | |
| | 256 色位图 | | |
| 彩色田野.bmp | 真彩色 24 位图 | 1407 | |
| | JPG 图像 | | |
| | GIF 图像 | | |

单元实验 8-2-2：制作幻灯片和屏保程序

【实验目的】

　　熟悉 ACDSee 的操作界面，学会利用 ACDSee 制作幻灯片和屏保程序。

【实验条件和素材】

　　（1）ACDSee Photo Manager 12。

　　（2）给定或任选一组图像文件（5 幅）和一个音频文件。

【实验要求】

　　（1）熟悉 ACDSee 的操作界面，利用实验素材提供的 5 幅图像文件学习和体验
ACDSee Photo Manager 12 提供的图像管理功能。

　　（2）将实验素材提供的图像文件分别制作成.exe 格式的幻灯片和.scr 格式的屏保程
序。要求：图像之间至少使用 3 种转场效果，转场和幻灯持续时间均设置为 3s；背景颜
色设为蓝色，将实验素材提供的音频文件作为幻灯片和屏保的背景音乐；添加页眉文字

"风光无限"（三号字，隶书，斜体，黄色）。完成后将生成的屏保文件安装到系统中，设置系统等待 1min 启动该屏保，预览效果。

单元实验 8-2-3：图像编辑

【实验目的】

学会利用 ACDSee 编辑和处理数字图像。

【实验条件和素材】

（1）ACDSee Photo Manager 12。

（2）给定一个图像文件"凯旋门.jpg"。

（3）自选一张个人相片。

【实验要求】

（1）熟悉 ACDSee Photo Manager 12 提供的图像编辑功能。

（2）处理"凯旋门.jpg"增强其艺术效果。要求：为原图添加"晕影"；运用选择工具，选取框设为"椭圆"，选取图像中央的凯旋门所在区域，为该区域添加"波纹"的特殊效果，"曝光"指数设为 25，"色彩平衡"中将绿色调设为-25；在图像中的合适位置添加文本"凯旋门"，样式自定；运用裁剪工具，裁去部分天空和地面，最终图像大小设置为 1024×600。将处理后的结果另存为"凯旋门-效果.jpg"。

（3）灵活运用 ACDSee Photo Manager 12 提供的图像编辑功能处理个人相片，效果自定。

# 8.3  视  频  编  辑

## 8.3.1  视频编辑基础知识

1. 常用视频文件格式

下面介绍几种常用的视频文件格式：

- AVI 格式。AVI 是 Audio Video Interfaced 的缩写，意思是音频和视频交错同步，是 Video for Windows 所使用的格式。这种视频格式的优点是图像质量好，可以跨多个平台使用，但是其缺点是体积过于庞大，而且压缩标准不统一。

- MPEG 格式。MPEG 是 Motion Picture Experts Group 的缩写。目前 MPEG 格式有三个压缩标准，分别是 MPEG-1、MPEG-2 和 MPEG-4，另外，MPEG-7 与 MPEG-21 仍处在研发阶段。其中，大部分的 VCD 都是用 MPEG-1 格式压缩的（刻录软件自动将 MPEG-1 转为 .DAT 格式）。使用 MPEG-1 的压缩算法，可以把一部 120 分钟长的电影压缩到 1.2 GB 左右大小。MPEG-2 则应用在 DVD 的制作，同时在一些 HDTV（高清晰电视广播）和一些高要求视频编辑、处理上面也有相当多的应用。使用 MPEG-2 的压缩算法可将一部 120 分钟长的电影压缩到 5~8 GB 的大小，但是 MPEG-2 的图像质量是 MPEG-1 无法比拟的。

- MOV 格式。MOV 格式是 Quick Time for Windows 视频处理软件所使用的文件格式，是 Apple 公司开发的一种视频文件压缩格式。

- RM/RMVB。RM 格式是由 Real Networks 公司所制定的音频视频压缩规范 Real Media 中的一种，是一种流式视频文件格式，也是目前主流的网络视频格式，它可以在数据传输过程中边下载边播放。RMVB 格式则是 RM 格式的一种升级，它打破了原先 RM 格式平均压缩采样的方式，在一些动作场面少的画面中采用较低的采样率，而对于复杂的动作场面，则采用较高的采样率，这样大幅提高了运动图像的画面质量。

- WMV 格式。WMV（Windows Media Video）格式是微软公司推出的采用独立编码方式的视频文件格式，是目前应用最广泛的流媒体视频格式之一。

- ASF 格式。它的英文全称为 Advanced Streaming Format，用户可以直接使用 Windows 自带的 Windows Media　Play 对其进行播放。由于它使用了 MPEG-4 的压缩算法，所以压缩率和图像质量都不错。

2. 常用视频编辑软件

视频编辑，简单地说，就是利用视频编辑软件对已有的图片、声音、视频素材进行切断、组接并加入一些特效、字幕等，构成一个完整场面的过程。　我们知道，数码相机及 DV 与人们的日常生活联系十分紧密，越来越多的人热衷于将自己生活中有趣的片段制作成完整的影片，供大家欣赏娱乐，同时自己留存回忆。现在，一些在线视频网站（如国外的 youtube、brightcove，国内的优酷、土豆等）上，你可以看到无数的视频，其中很大一部分都是由人们亲手录制及加工制作而成的，就像一些广告标语里说的：个人视频的新时代已经来临了。在这个时代里，任何人都可以只坐在自己的计算机前，制作出品质堪与摄影棚媲美的影片，而需要的只是一些影像素材、一个创作的欲望和一套合适的视频编辑软件。目前，市面上合适的编辑软件很多，下面介绍几款常用的视频编辑软件。

1）Windows Movie Maker

Movie Maker 是 Windows 自带的一款入门级视频编辑软件，它的操作非常简单，在它左侧，有一个"电影任务"窗口，其中将整个视频编辑过程分成了捕获视频、编辑电影、完成电影三个部分，按照每一步提示操作，就能基本完成一部电影的制作。另外，Windows Movie Maker 在转场、特效字幕方面也提供了简单的支持，它预置了 28 种视频效果和 60 种视频过渡，单击"收藏"下拉菜单，选择合适的视频效果或视频过渡，就可以在右侧的预览器窗口中看到相应效果的动画演示。

Windows Movie Maker 具有简单易操作、占用内存小的优点，然而由于它支持的特效过于简单且程序化，因此常被用于处理一些简单的视频裁剪和连接工作，适合视频编辑入门者使用。

2）Ulead Video Studio（会声会影）

友立公司推出的 Video Studio（会声会影）则相比 Movie Maker 功能齐全的多，它不仅适用于家庭娱乐、个人纪录片制作等简便型的视频编辑，甚至可以挑战专业级的视频编辑软件。Video Studio 在设计上非常人性化，它为使用者提供了"会声会影影片向导"

和"会声会影影片编辑器"两种制作方式，初次接触 Video Studio 可以选择"会声会影影片向导"制作影片，其中有 14 种样式模板供用户选择。最新版本 Video Studio X3 提供了 128 种转场特效、37 组视频滤镜、76 种标题动画等丰富效果，让影片精彩有趣。

3）Adobe Premiere

Premiere 是 Adobe 公司推出的一款专业的视频编辑软件，由最初 1993 年推出的 Premiere for Windows 到目前最新的 Adobe Premiere Pro CS5，功能不断完善，已经在影视制作领域取得了巨大的成功，被广泛地应用于电视台、广告制作、电影剪辑等领域，成为 PC 和 MAC 平台上应用最为广泛的视频编辑软件。

Adobe Premiere 预置了众多的特效，并用树形菜单进行了分类组织，每一个特效都允许用户进行详细的参数设置进而达到精确控制的目的，并且 Premiere 6.0 以后的版本新增了关键帧的功能，用户可以通过引入关键帧，对片段的具体某一部分进行调节控制。另外，Adobe Premiere 具有很好的兼容性，可以与 Adobe 公司推出的其他软件相互协作，实现你能想象出的几乎所有效果。

### 8.3.2　Premiere 简单视频编辑和输出

1. 新建项目

（1）启动 Premiere Pro CS3 软件，选择"新建项目"按钮。

（2）有效预置模式默认为"标准 48kHz"，如图 8-18 所示，在"名称"文本框中输入项目名称，单击"确定"按钮，进入 Premiere 编辑界面，如图 8-19 所示。其中各窗口的作用如下：

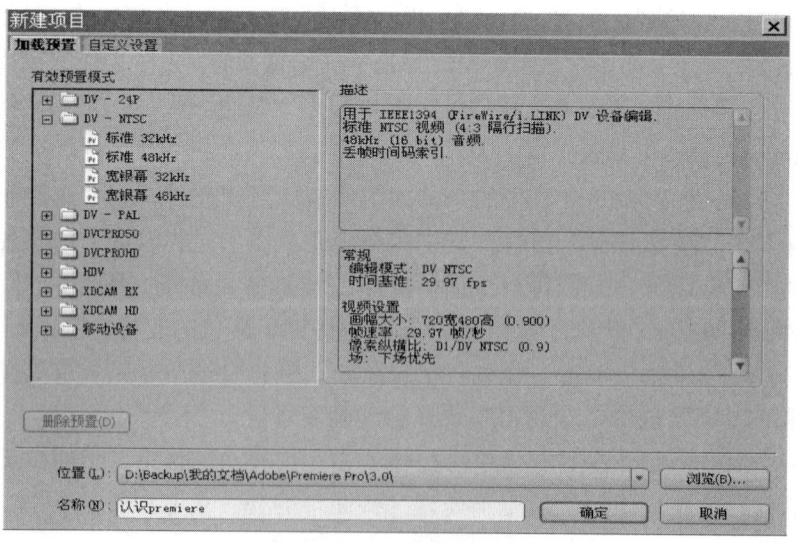

图 8-18　新建项目

- 项目窗口：用来输入、管理和保存原始素材，主要由预览区域、素材列表区域与工具栏区域组成。
- 特效控制面板：主要用于设置添加素材中的特效，如运动、透明度、转场等功能。

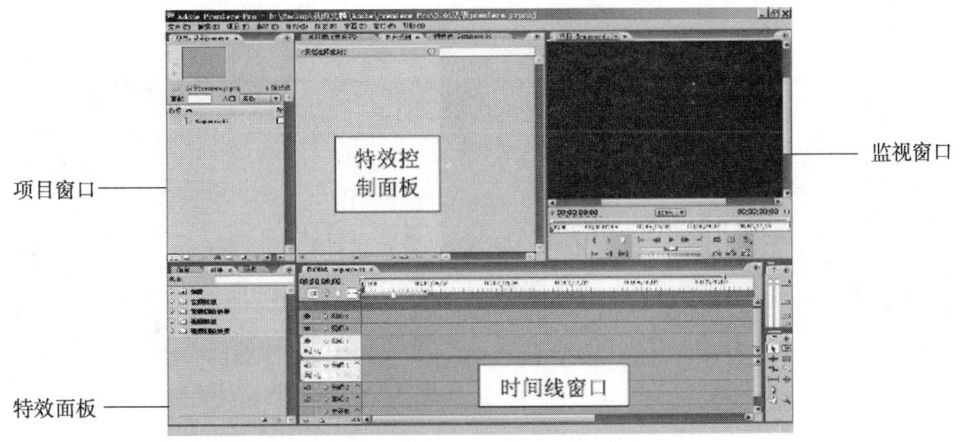

图 8-19 Premiere 编辑界面

- 监视窗口：对编辑的素材进行实时预览。
- 特效面板：特效面板中对特效类型进行了分组，其中包含了所有特效。
- 时间线窗口：是 Premiere 最为核心的部分，视频编辑的大部分工作都是在时间线窗口完成的。由节目的工作区、视频轨道、音频轨道和各种工具组成。

2. 导入素材

（1）单击"文件/导入"命令，在弹出的"导入"对话框中找到需要导入的文件并选中，如图 8-20 所示。

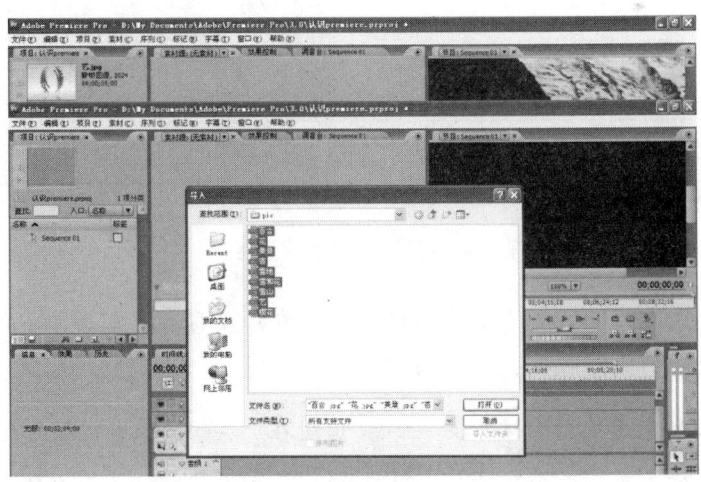

图 8-20 导入素材

（2）单击"打开"按钮，将素材导入到项目窗口，如图 8-21 所示。

3. 在时间线上编辑影片

（1）用鼠标按住项目窗口中的素材，直接拖动到时间线的视频轨道上，并按播放先后次序排列好，如图 8-22 所示。如果该素材包含音频，则音频轨道会自动加入该音频，且片段名相同。

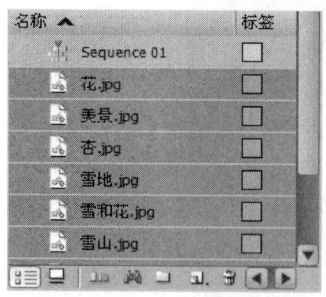

图 8-21　素材列表

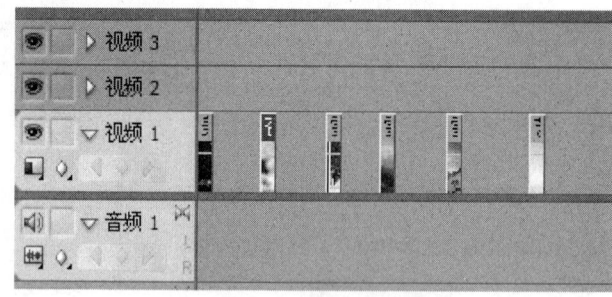

图 8-22　素材载入时间轴

（2）将选择工具 放在片段的边缘，鼠标箭头将变为拉伸工具，拖动拉伸工具可将片段缩短或延长，用以改变片段的播放持续时间。

【小贴士】另一种方法，右击片段，在快捷菜单中选择"速度/持续时间"命令，在弹出的"素材速度/持续时间"对话框中，可以精确设置片段的播放时长和速度，如图 8-23 所示。

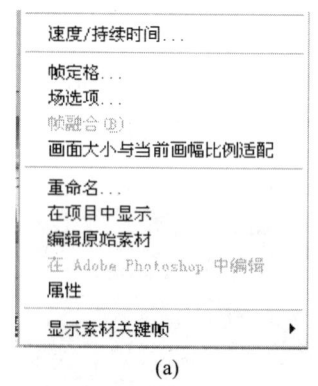

(a)

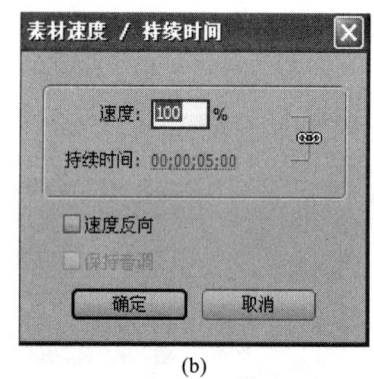

(b)

图 8-23　设置播放速度

（3）将两片段在时间线上拖至首尾相连，如图 8-24 所示，实现画面的无缝拼接。若两片段之间有空隙，则空隙处会显示为黑屏。

【小贴士】也可以跨轨道拖动素材片段，但是，出现在上层的图像或视频会遮盖下层的内容。

（4）在时间线上也可以将一连续的片段剪断，变成相互独立的几个片段。方法是选择工具栏中的剃刀工具 ，然后在片段需要剪断的位置单击，则片段从单击处被剪成两段，从此可以对它们分别进行删除、移动、特效处理等操作而不影响到其他片段。

4. 添加声音

（1）单击"文件/导入"命令，导入需要的声音素材，并将其拖放至音频轨道，如图 8-25 所示。

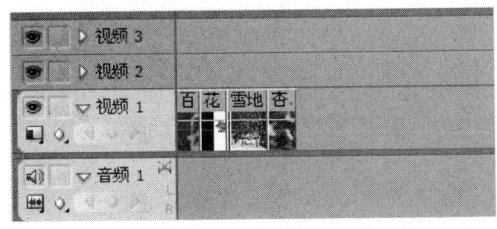

图 8-24　视频拼接

图 8-25　添加声音

（2）选择工具栏中的剃刀工具　，将音频轨道上的声音素材裁切至与视频对齐，如图 8-26 所示。

（3）按 Del 键，去掉多余部分的声音。

5．制作字幕

（1）单击"文件/新建/字幕"命令，在弹出的"新建字幕"对话框中，输入字幕名称，如图 8-27 所示，单击"确定"按钮，进入字幕编辑窗口。

图 8-26　剪断声音

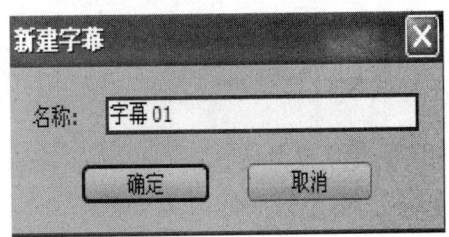

图 8-27　"新建字幕"对话框

（2）选择下方的字幕样式，使用文字编辑工具输入字幕，在右侧的字幕属性栏中对字幕进行设置，如图 8-28 所示。

图 8-28　编辑字幕

（3）关闭字幕编辑窗口，新建的字幕将出现在项目窗口中。

（4）拖动字幕片段到时间线的视频 2 轨道上，并拉伸至视频 1 的结束位置，字幕添加完成，如图 8-29 所示。

6. 预览影片

将时间线窗口的播放头按钮 移动至影片起始位置，按 Enter 键或者监视窗口的"播放/停止"开关 ，预览影片。

7. 输出影片

（1）单击"文件/导出"命令，在弹出的"导出影片"对话框中输入影片名称，选择保存路径，如图 8-30 所示。

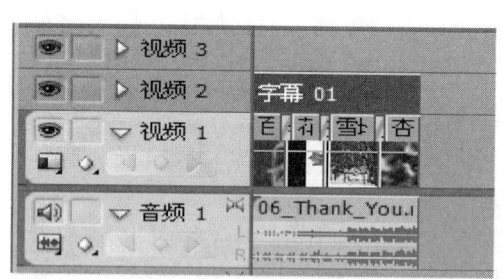

图 8-29　添加字幕

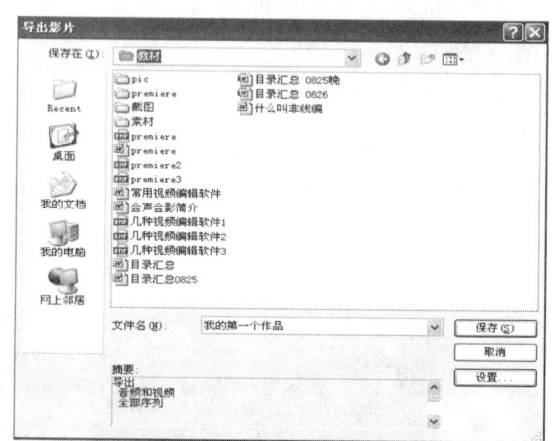

图 8-30　"导出影片"对话框

（2）单击"设置"按钮，将"视频"选项卡中的像素纵横比选为 D1/DV NTSC 宽银幕 16:9（1:2），其他选项为默认设置，如图 8-31 所示。

（3）单击"确定"和"保存"按钮，出现影片输出进度条，当影片在磁盘上保存完后，它就是一个包含所有影片信息的单独影片文件了，可以使用任一种可以播放该影片格式的软件对其进行打开播放，也可以作为素材导入到 Premiere 中。

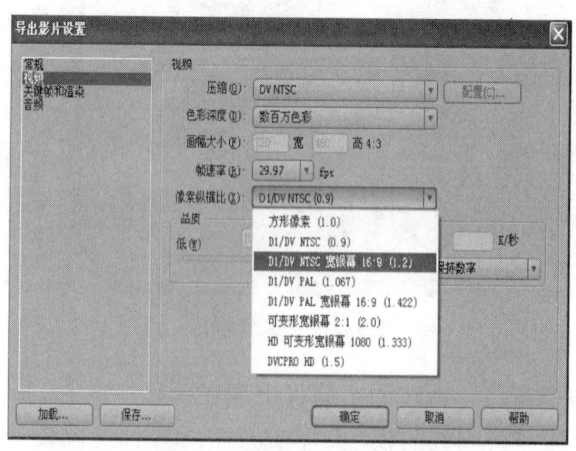

图 8-31　像素纵横比设置

### 8.3.3　视频特技制作

#### 1. 转场特效

通常片段之间的过渡称为转场，如果没有转场效果，两个素材之间的拼接则被称为卡接，卡接在两个片段过渡比较大时，会显得突兀不流畅，添加转场效果会起到缓冲的作用，同时使视频内容更丰富。

（1）在时间线上拖入几个片段并前后衔接，在特效面板中选择一种视频切换效果，将其拖放至时间线上各片段的交接处。

（2）单击时间线上的特效，对该特效进行参数设置，如双击持续时间，将持续时间改为 3s，如图 8-32 所示。用同样的方法为其他片段添加不同转场特效。

（3）反复试验不同的转场特效，并在监视窗口中预览影片，体会各种转场特效的播放效果。

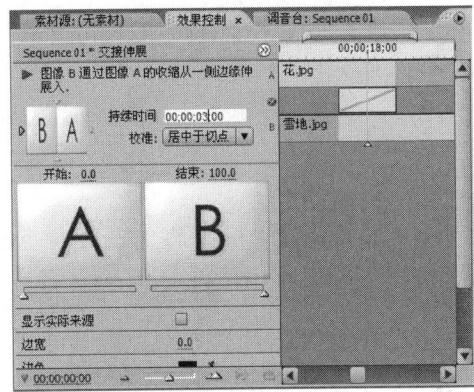

图 8-32　转场特效控制

#### 2. 淡入淡出效果

（1）按照上一小节中制作字幕的方法，制作三个字幕片段，如图 8-33 所示。

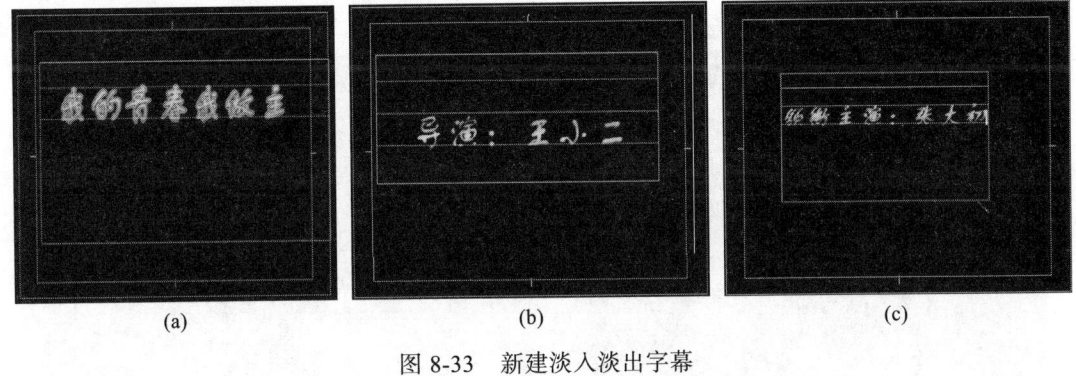

图 8-33　新建淡入淡出字幕

（2）将字幕片段按顺序排列在视频 1 轨道上，并将持续时间都设置为 5s。

（3）将播放头按钮 移至第一个片段的开始位置，单击效果控制面板中透明度选项前面的三角展开按钮 ，在 00:00 秒处添加关键帧，并将透明度设为 0.0%，如图 8-34 所示。

【小贴士】可以通过设置视频 2 轨道上片段的透明度，实现视频 1 轨道和视频 2 轨道中素材的叠加。

（4）在第一个片段的中间位置和结束位置均添加关键帧，并将透明度分别设置为 100.0% 和 0.0%。其他两个片段与第一个片段设置相同。

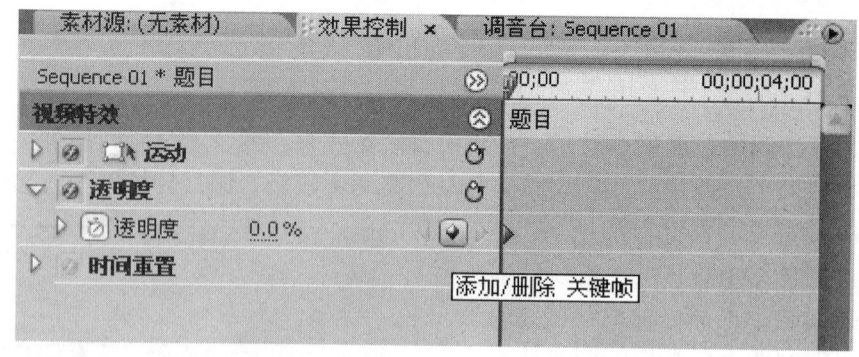

图 8-34 添加关键帧

（5）预览影片，字幕将出现淡入淡出效果，与平常看到的电影开头部分效果一样。

【小贴士】也可以通过添加时间重置选项里的速度关键帧，实现影片中的快放慢放特效。同样可以编辑音频、图片片段，实现声音和图片的淡入淡出效果。

3. 制作滚动字幕

（1）按照前面添加字幕的方法，编辑字幕，如图 8-35 所示。

（2）单击字幕窗口左上角的"滚动/游动选项"按钮 ，在弹出的"滚动/游动选项"对话框中，将字幕类型设置为滚动，并勾选"开始于屏幕外"、"结束于屏幕外"复选框，如图 8-36 所示。

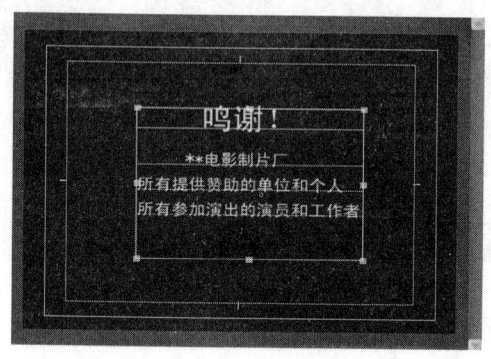

图 8-35 新建滚动字幕

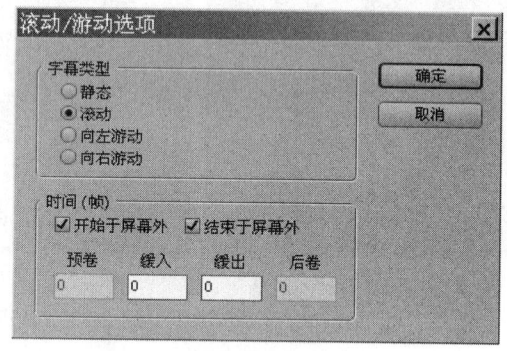

图 8-36 设置滚动效果

（3）关闭字幕编辑窗口，将制作好的字幕拖动至时间线并在监视窗口中预览，字幕将从下往上滚动，如图 8-37 所示。

4. 运动效果

（1）导入素材"树.jpg"、"苹果.psd"，并分别拖至视频 1 轨道和视频 2 轨道。

（2）设置两个素材的播放长度为 20s。

（3）选中视频 1 轨道上的树片段，单击"素材/视频选项/画面大小与当前画幅比例适配"命令，如图 8-38 所示。

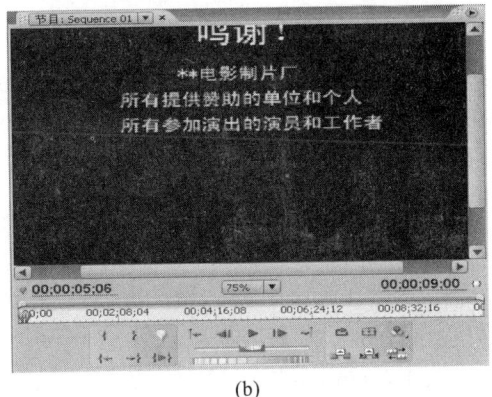

(a)　　　　　　　　　　　　　　　　　(b)

图 8-37　预览滚动字幕

（4）选中苹果片段，单击监视窗口中的苹果画面，将苹果缩放至合适大小，并移动到中间位置，如图 8-39 所示。

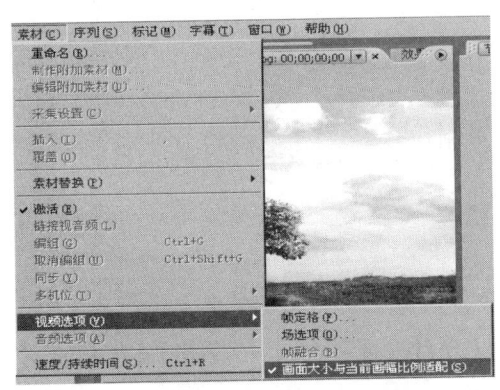

图 8-38　调整画幅比例　　　　　　　　图 8-39　调整苹果大小和位置

（5）选中苹果片段，单击效果控制面板中运动属性前的三角展开按钮 ▷，单击位置设置前的切换动画按钮 ⚙，在苹果素材的起点位置添加关键帧，如图 8-40 所示。

（6）将播放头移动至苹果片段的 15s 位置，添加位置关键帧，并将苹果移动至地面，如图 8-41 所示。

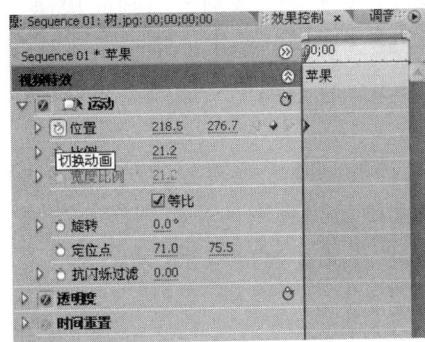

图 8-40　起点位置关键帧　　　　　　　图 8-41　终点位置关键帧

（7）预览影片，苹果将沿着预置路径运动。

【小贴士】可按照同样的方法创建比例、旋转、定位点等关键帧，控制视频的运动。

### 8.3.4 单元实验

单元实验 8-3-1：电子相册制作

【实验目的】

熟悉 Premiere 视频编辑的基本工作流程。

【实验条件和素材】

（1）Premiere Pro CS3 软件。

（2）给定数张图片及声音素材。

【实验要求】

（1）将给定素材进行组接，并设置片段持续时间。

（2）配置背景音乐和字幕，并将相册输出成 AVI 影片。

单元实验 8-3-2：电影制作

【实验目的】

运用所学视频编辑技术，创造性地完成电影制作。

【实验条件和素材】

（1）Premiere Pro CS3 软件。

（2）给定或自拍若干段视频文件。

【实验要求】

（1）自主构思设计剧本，利用给定视频素材或自拍视频完成一部时长不超过 5 分钟的电影制作。

（2）电影需包含片头和片尾部分，适当加入字幕。

（3）制作过程中至少用到三种以上特效。

# 8.4 动 画 制 作

动画由一组连续的画面组成，它的每一张画面都有一些细微的差别，当画面快速、连续地播放时使人感觉到是一个连续的动作，而产生动感。动画的基本原理是基于人眼具有"视觉暂留"的特性，利用这一特性，在一幅画面还没有从视觉里消失，立即播放出下一幅画面，就给人造成一种流畅的视觉变化效果。

传统动画的每一帧都是由动画师手工绘制的。一分钟的动画大概需要 720~1800 帧的图像，所以手工制作动画是一项艰巨的工作。计算机动画是指利用计算机创作的动画，利用先进的计算机绘制技术能大幅提高制作效率，同时产生更丰富的效果。

### 8.4.1 常用动画制作软件简介

根据视觉空间的不同，计算机动画可分为二维动画和三维动画。二维动画是指平面的动画表现形式，通过平面上物体的运动或变形来实现动画的过程。常用的二维动画制作软件有 Director、Flash、ImageReady、GIF Animator 等。三维动画是采用计算机模拟真实的三维空间，构造三维的几何造型，并赋予它表面颜色、纹理，然后设计三维形体的运动、变形，涉及灯光的强度、位置以及移动，最后生成一系列可供动态实时播放的连续图像。常用的三维动画制作软件有 3D MAX、MAYA、Sumatra、Lightwave、Rhino、Cool 3D 等。

　　Macromedia 公司的 Flash 是伴随着互联网高速发展，专门针对网络应用而设计的一款动画制作软件，其先进的矢量动画和流式播放技术解决了交互动画在互联网上传播的问题，获得了极大的成功。利用它可以将文字、图画、声音和视频融为一体，实现具有交互功能的动画效果。Flash 与 Dreamweaver 和 Fireworks 一并被称为网页设计三剑客。

### 8.4.2　Flash 制作体验

　　Macromedia 公司开发的 Flash 软件功能十分强大，本节仅通过两个实例的制作过程介绍其最基本的功能及其使用方法（软件版本为 Flash 8）。学生可以通过重演制作过程快速入门，并在课下通过不断尝试和摸索达到熟练和灵活运用的目标。

　　1. Flash 8 入门

　　动画是由一张张静止的画面连续地播放形成的。Flash 可以自动地生成位移、简易变形、淡入淡出等动画效果，免去了绘制大量动画的过程，可以使用户高效地完成动画的创作。Flash 动画分为逐帧动画和补间动画，其中补间动画又分为动作动画和变形动画。

　　1）窗口介绍

　　Flash 8 的 用户窗口有 6 个主要部分，如图 8-42 所示。各部分功能描述如下。

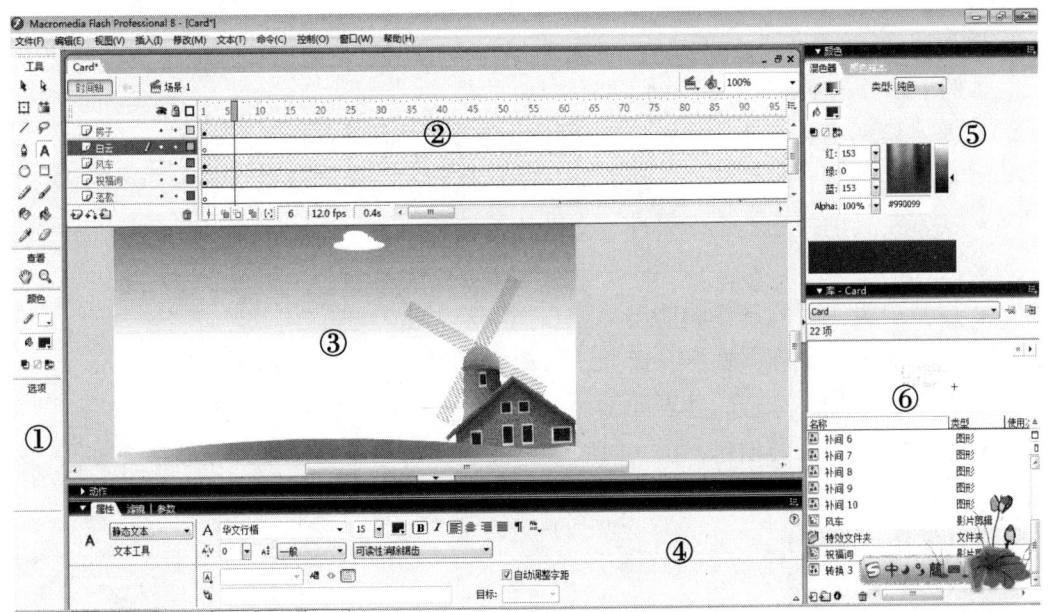

图 8-42　Flash 8 窗口

（1）工具面板：使用工具面板中的工具可以绘图、上色、选择和修改插图，并可以更改舞台的视图。工具面板分为4个部分：

- "工具"区域包含绘图、上色和选择工具。
- "查看"区域包含在应用程序窗口内进行缩放和移动的工具。
- "颜色"区域包含用于笔触颜色和填充颜色的功能键。
- "选项"区域显示用于当前所选工具的功能键。功能键影响工具的上色或编辑操作。

（2）时间轴：用于组织和控制文档内容在一定时间内播放的图层数和帧数。

（3）舞台：是用于存放 Flash 文档图形内容的矩形区域。Flash 创作环境中的舞台相当于 Flash 播放器或者 Web 浏览器窗口中回放显示 Flash 文档的矩形空间。

（4）属性面板：用于查看及修改舞台或者时间轴上当前选定项的最常用属性。

（5）颜色面板：提供了更改笔触和填充颜色以及创建多色渐变的选项。

（6）库面板：用于存储用户创建或导入的媒体资源，如视频剪辑、声音剪辑、位图、导入的矢量插图和各种元件等。

2）Flash 文档的建立

有两种方法可以建立新的 Flash 文档：

（1）启动 Macromedia Flash 8，弹出引导窗口，选择"创建新项目/Flash 文档"命令，新建一个 Flash 文档，默认文件名为"文档 1.fla"；从主菜单选择"文件/保存"命令，在"保存"对话框中输入文件名，并指定保存的文件夹，单击"保存"按钮，新文档建立完毕。

（2）在主菜单中选择"文件/新建"命令，在弹出对话框的"常规"选项卡上选择"Flash 文档"，单击"确定"按钮，新建一个 Flash 文档。文档的保存同第一种方法。

2. 案例 1——制作电子贺卡

本例中涉及的 Flash 8 功能点主要包括：

- 基本绘图工具的使用，矩形、椭圆和直线等工具的使用。
- 颜色的处理，笔触颜色、填充颜色中纯色和渐变色的处理。
- 文本工具的使用，文本属性、文本特效等。
- 位图的导入。
- 影片剪辑元件的制作和使用。
- 图形对象的处理，选择、组合、移动、复制、叠放、变形等。
- 声音的添加，声音的导入和添加。
- 运动补间动画的创建，层、时间轴、关键帧、空白关键帧、帧频率等。
- Flash 电影的发布。

设计制作步骤如下：

1）Flash 文档的建立

（1）新建一个 Flash 文档，并存储为 Card.fla。

（2）设置文档属性。选择"修改/文档"命令，在弹出的对话框中设置文档"尺寸"为 610px（宽）×400px（高），"帧频"为 12fps，"背景颜色"为默认的白色。

2）静态背景的制作

（1）绘制蓝天。

步骤 1，设置矩形工具的属性。在工具面板中选择矩形工具，然后展开右侧颜色面板，在混色器中设置颜色参数。单击"笔触颜色" 🖉 ▦▾，将其透明度 Alpha 值设置为 100%；"填充颜色"类型选择"线性"，颜色参数设置如图 8-43 所示。

步骤 2，绘制矩形。在舞台编辑区域拖出一个任意大小的矩形。

步骤 3，选择矩形并旋转。步骤 2 绘制的矩形呈现从左到右的颜色渐变效果，但是由于蓝天是从上到下的渐变，因此需要将矩形旋转 90°。在主菜单中依次选择"修改/变形/顺时针旋转 90 度"命令。

步骤 4，调整矩形的大小和位置，使其覆盖整个舞台区域。在属性面板中设置矩形大小为"宽" 610 和"高" 258，位置为 $x = 0$，$y = 0$。

步骤 5，将图层重命名。双击时间轴的"图层 1" 🗋 图层 1 🖉 • • ▫，使得该图层变得可编辑，然后输入"蓝天"以重命名该层。至此，蓝天背景已经创建成功。

步骤 6，在第 150 帧处右击，插入关键帧。

（2）绘制绿地。

步骤 1，建立新图层。单击时间轴左下角的 🖫 图标新建图层，并命名为"绿地"。

步骤 2，设置椭圆参数。从工具面板中选择椭圆工具，然后在颜色面板中设置颜色参数，"笔触颜色"仍设为空，填充类型选择"放射状"，具体设置如图 8-44 所示。

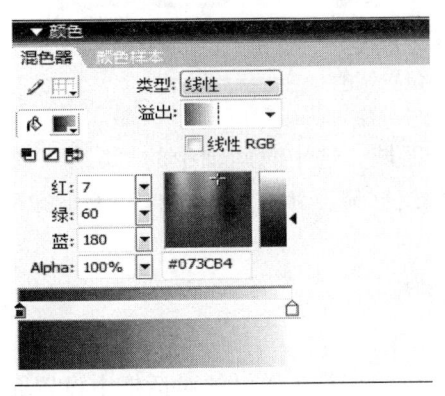

图 8-43　蓝天颜色设置

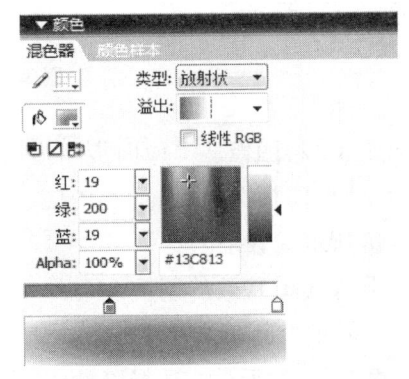

图 8-44　绿地颜色设置

步骤 3，绘制椭圆。选中时间轴上"绿地"图层的第一帧，在舞台编辑区域拖出一个大而扁的椭圆，如图 8-45 所示。

步骤 4，调整椭圆的大小和位置。可通过工具面板中选择工具 ▸ 选中椭圆，然后用变形工具 🔯 对椭圆大小位置进行调整，最后可利用工具面板下方"选项"栏中的紧贴

至对象工具  、封套工具 等进行微调，使其达到图 8-46 所示的效果。

图 8-45 椭圆绘制

图 8-46 蓝天绿地绘制后效果

步骤 5，在第 150 帧处右击，插入关键帧。

（3）导入图像对象——house.gif。

步骤 1，将外部图像导入到 Flash 库中。在主菜单中选择"文件/导入/导入到库"命令。选择 house.gif（由配套的实验素材提供），这是一幅用图像处理软件处理好的具有透明背景的图像。

步骤 2，新建图层并调整图层的次序。新建图层并命名为"房子"，选定"房子"图层，将其拖动到"绿地"图层的下一层，如图 8-47 所示。

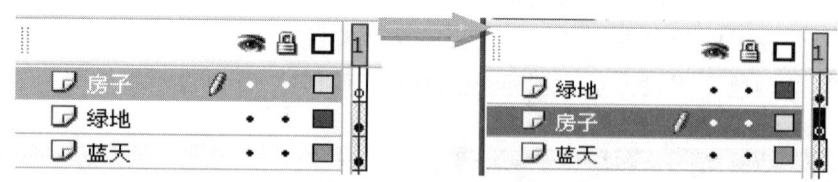

图 8-47 图层位置调整

步骤 3，将图像从"库面板"拖放到舞台区域。选中时间轴中的"房子"图层的第一帧，将"库面板"中 house.gif 拖放到舞台编辑区域，并调整该图片的大小和位置，达到图 8-48 所示的效果。

3）风车转动特效的制作

（1）创建"风车"元件。

步骤 1，新建元件。选择"插入/新建元件"命令，在弹出的对话框中设置元件"类型"为"影片剪辑"，并将元件"名称"改为"风车"，进入元件编辑环境。

步骤 2，设置直线属性。从工具面板中选择线条工具 ，然后在属性面板中设置"笔触颜色"为紫色，单击"自定义"按钮，在弹出的对话框中设置"笔触样式"，如图 8-49 所示。

步骤 3，绘制直线并调整直线位置。在舞台中央绘制两条完全相同的直线，并使二者中心重叠且垂直相交，效果如图 8-50 所示。

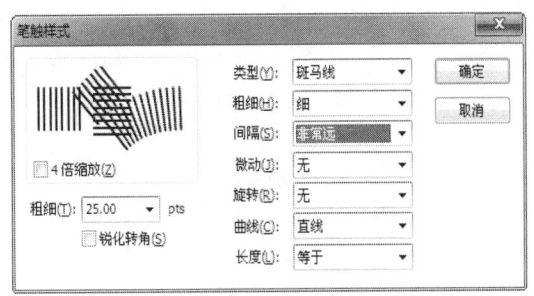

图 8-48　静态背景绘制后效果　　　　　　　　图 8-49　设置直线属性

步骤 4，组合对象。选中两条直线，在主菜单中选择"修改/组合"命令，使之成为一个对象。

步骤 5，旋转对象。选中图 8-50 组合直线对象，选择"修改/变形/缩放与旋转"命令，"旋转"设置为 30 度，如图 8-51 所示。

步骤 6，应用时间轴特效。选中组合直线对象，右击，在弹出的快捷菜单中选择"时间轴特效/变形与转换/变形"命令，设置顺时针"旋转"90 度，"效果持续时间"为 30 帧，如图 8-52 所示。

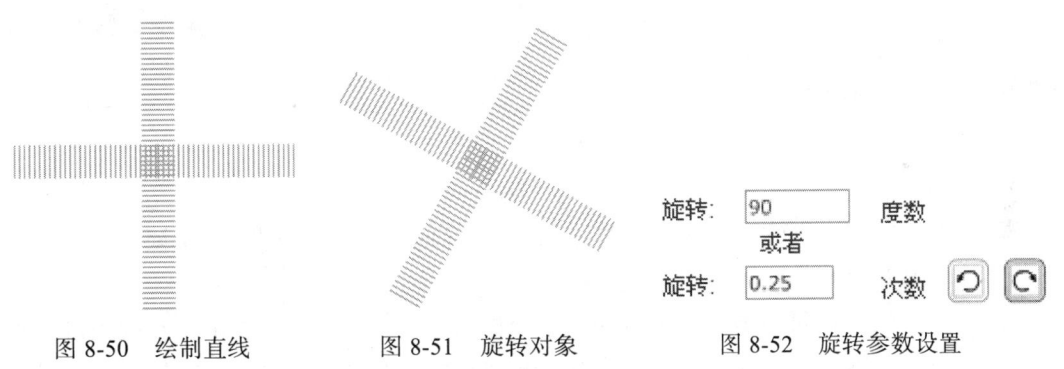

图 8-50　绘制直线　　　　图 8-51　旋转对象　　　　图 8-52　旋转参数设置

（2）添加"风车"元件的实例到舞台区域。

步骤 1，新建一个专门放置"风车"实例的图层。单击时间轴上的"场景 1"，如图 8-53 所示，返回到"场景 1"，然后新建一个名为"风车"的图层，该图层置于"房子"图层之下。

步骤 2，拖放"风车"实例到舞台区域。选中时间轴的"风车"图层的第一帧，选中库面板中"风车"元件，并将其拖放到舞台编辑区域。

步骤 3，调整"风车"实例大小、位置及透明度，直到达到图 8-54 所示的效果。按 Ctrl+Enter 键，可以测试风车转动效果。

步骤 4，在第 150 帧处右击，插入关键帧。

4）白云飘动效果的制作

（1）创建"白云"元件。

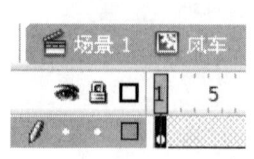

图 8-53　新建风车图层

图 8-54　添加风车效果

步骤 1，新建名为"白云"的"影片剪辑"元件，进入"元件"编辑环境。

步骤 2，绘制白云。从工具面板中选择钢笔工具 ✎，然后在颜色面板中设置"笔触颜色"和"填充颜色"均为白色，绘制白云的轮廓。

步骤 3，为白云创建"运动补间动画"。

- 首先，插入关键帧。在时间轴的第 30 帧处右击，在弹出的快捷菜单中选择"插入关键帧"命令，用同样的方法在第 60、90、120 和 150 帧处也分别插入"关键帧"。时间轴如图 8-55 所示。

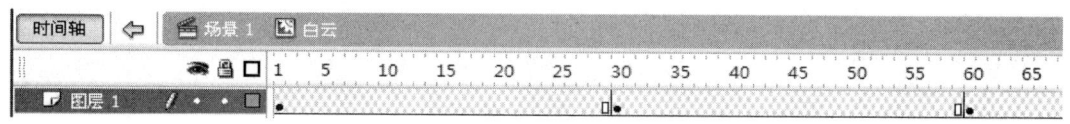

图 8-55　插入关键帧

- 其次，编辑关键帧。在工具面板中单击选择工具 ▶，修改第 30 帧中白云的位置，向左平移一段距离（如 150px）。
- 然后，创建补间动画。选中时间轴上"图层 1"的第 1 帧，右击，在弹出的快捷菜单中选择"创建补间动画"命令，可以看到两个"关键帧"之间的这个区域变成了淡蓝色，并且由一条带箭头的线段贯通，这就是运动补间动画在时间线上的表示。
- 以此类推，在每个"关键帧"处，将白云顺序向左位移，直到 150 帧；然后建立相邻两个"关键帧"之间的运动补间动画。时间轴显示如图 8-56 所示。

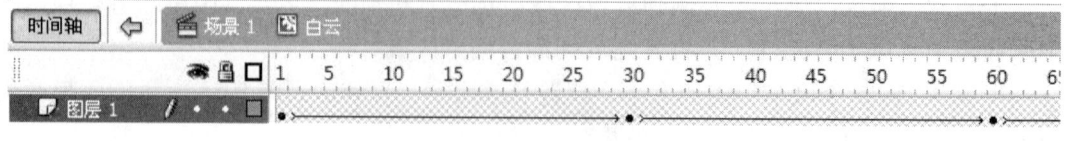

图 8-56　创建补间动画

（2）添加"白云"元件的实例到舞台区域。

步骤 1，新建一个专门放置"白云"实例的图层。返回"场景 1"，新建图层，命名为"白云"。

步骤 2，拖放"白云"元件的一个实例到"白云"图层的第 1 帧。

步骤 3，调整该实例的大小和位置。

步骤 4，重复以上操作，一共拖放 3 个"白云"元件的实例到舞台区域。效果如图 8-57 所示。

5）文本祝福语特效的制作

（1）创建"祝福词"。

步骤 1，新建名为"祝福词"的"影片剪辑"元件，进入"元件"编辑环境。

步骤 2，制作文本淡入淡出特效。

图 8-57　添加白云后效果

- 首先，设置文本属性。在工具画板中选择文本工具 **A**，在属性面板中设置文本的颜色为紫色，其他属性如图 8-58 所示。

图 8-58　文本属性设置

- 其次，用文本工具输入以下信息："愿这个幸运的风车/吹走你所有的不愉快/把快乐的风/都吹到你的身边/愿你 2009 年/365 天/8760 个小时/时时开心！"（其中"/"表示换行）。

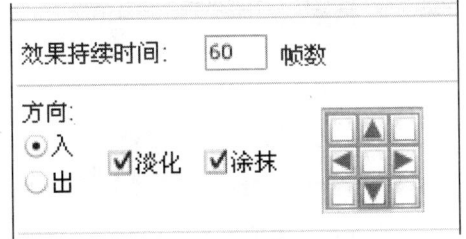

图 8-59　文本时间轴特效设置

- 然后，对文本应用时间轴特效。选中输入的文本，右击，在弹出的快捷菜单中选择"时间轴特效/变形与转换/转换"命令，从弹出的对话框中设置文本特效。详细设置如图 8-59 所示。

- 在时间轴的第 150 帧创建一个"关键帧"。

步骤 3，添加"祝福词"元件的实例到舞台区域

- 新建一个专门放置"祝福词"实例的图层。返回"场景 1"，新建图层，命名为"祝福词"。

- 拖放"祝福词"元件的一个实例到"祝福词"图层的第 1 帧。

- 调整该实例的大小和位置。

（2）制作文本翻转效果。

步骤 1，新建一个名为"新年快乐"的图层。

步骤 2，编辑起始关键帧。在该图层第 60 帧处右击，在弹出的快捷菜单中选择"插

入空白关键帧”命令，并在舞台上输入“新年快乐”。

步骤 3，编辑结束关键帧。在第 90 帧处插入一个“关键帧”，修改“新年快乐”的文本属性。图 8-60(a)和图 8-60(b)分别显示了该文本在第 60 帧和第 90 帧的变化。

新年快乐
新年快乐

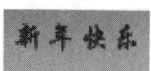

(a)第 60 帧　　(b)第 90 帧

图 8-60　文本时间轴上的变化

步骤 4，创建补间动画。在第 60 帧上右击，在弹出的快捷菜单中选择“创建补间动画”命令，并在属性面板中设置翻转效果，如图 8-61 所示。

步骤 5，在“新年快乐”图层的第 150 帧创建一个“关键帧”。

（3）增加新文本。

步骤 1，新建一个图层并命名为“落款”。

步骤 2，插入关键帧。并在该图层第 120 帧处插入一个“空白关键帧”。

步骤 3，编辑关键帧。输入“——你的老友”，并调整文本的大小和位置。效果如图 8-62 所示。

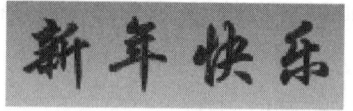

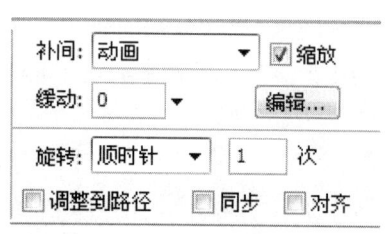

补间: 动画
缩放
缓动: 0
编辑...
旋转: 顺时针
1
次
调整到路径
同步
对齐

图 8-61　创建补间动画

新年快乐
——你的老友

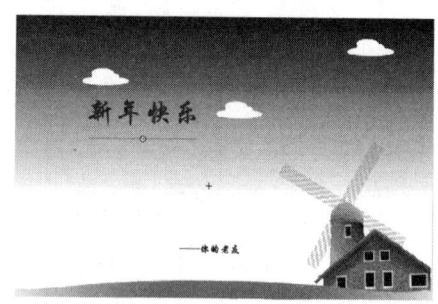

图 8-62　增加新文本

步骤 4，在该图层的第 150 帧插入一个关键帧。

6）声音的添加

（1）新建一个专门放置声音的图层。返回“场景 1”，新建一个名为“音乐”的图层。

（2）将声音文件导入到库。依次选择“文件/导入/导入到库”命令，从弹出的对话框中选择 wav 或 mp3 格式的声音文件，然后单击“打开”按钮，声音文件将出现在库面板中。

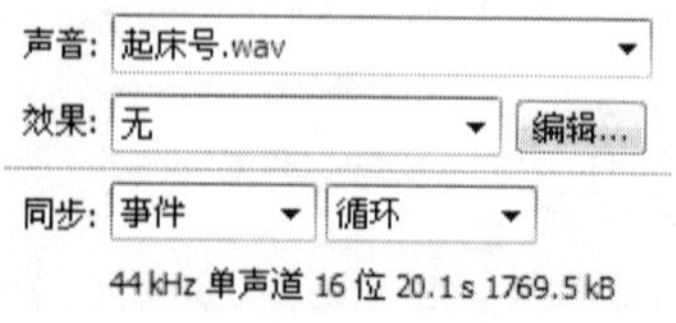

声音: 起床号.wav
效果: 无
编辑...
同步: 事件
循环
44 kHz 单声道 16 位 20.1 s 1769.5 kB

图 8-63　设置声音属性

（3）将声音文件从库面板拖放到舞台上。此时，在时间轴的“音乐”层的第 1 帧中出现一个小横杠，这表示舞台上存在这声音。

（4）设置声音的属性。默认情况下，声音只播放一遍就停止，如果希望声音循环播放，可以在特性面板中进行设置，如图 8-63 所示。

7）测试影片

影片到此已经制作完成，按 Ctrl+Enter 键，可以测试影片效果。

8）Flash 电影的发布

（1）设置发布的命令。在主菜单中选择"文件/发布设置"命令，在弹出的对话框的"格式"选项卡中查看是否仅选中了 HTML 和 Flash 复选框，这会使 Flash 仅发布 SWF 文件和 HTML 文件，以便在网络浏览器中显示。

（2）设置播放器版本。切换到 Flash 选项卡，选择 Flash Player 8。

（3）设置模板。切换到 HTML 选项卡，在"模块"下拉菜单中选择"仅限 Flash"命令，单击"确定"按钮。

（4）发布。选择"文件/发布"命令，Flash 会在包含工作 FLA 文件的文件夹中保存文档的一个 SWF 文件副本和一个 HTML 文件。

3. 案例 2——制作宣传海报

本例中涉及的 Flash 8 功能点主要包括：

- 运动补间动画中缩放和旋转效果的应用。
- 逐帧动画的创建。
- 形状补间动画的创建。

设计制作步骤如下：

1）Flash 文档的建立

方法同案例 1。新建一个 Flash 文档，并设置文档属性为 300px（宽）×200px（高），"帧频"为 20fps。

2）制作文字缩放效果

（1）制作背景。

步骤 1，绘制矩形。将"图层 1"重名为"背景 1"，用矩形工具 拖出一个矩形，并设置其"填充颜色"为蓝色，"笔触颜色"为空。

步骤 2，调整矩形框大小和位置，使其覆盖整个舞台。大小设置为 300px(宽)×200px（高），位置 $x = 0$，$y = 0$。

步骤 3，输入标题。新建一个图层并重命名为"标题"，在舞台区域输入以下文字信息："国防科大/第二届 IT 形象大师评比"（其中"/"表示换行）。

步骤 4，分别在"背景 1"和"标题"两个图层的第 70 帧各插入一个"关键帧"。

（2）创建补间动画。

步骤 1，新建一个图层并命名为"报名"。

步骤 2，制作起始关键帧。在"报名"图层的第 20 帧插入一个"关键帧"，选择"文本工具" A，输入"火热报名中"，文字大小设置为 90，此时显示的文字已经超出舞台边界，可以调整文字位置，如图 8-64 所示。

步骤 3，制作结束关键帧。在第 40 帧插入一个"关键帧"，修改"火热报名中"的字体大小为 50，并调整其位置，如图 8-65 所示。

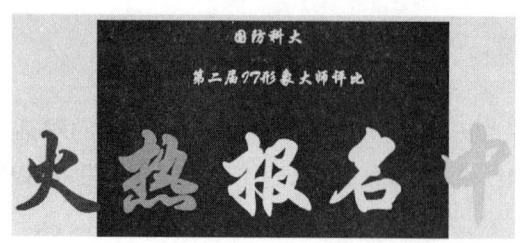

图 8-64　起始关键帧

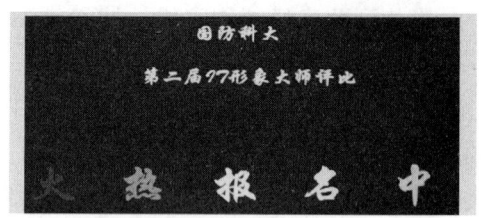

图 8-65　结束关键帧

步骤 4，打散文字。选中第 20 帧的文字，右击，在弹出的快捷菜单中选择"分离"命令，再次右击，在弹出的快捷菜单中选择"分离"命令，可以看到文字被"打散"了（或者按两次快捷键 Ctrl+B）。用同样方式打散第 40 帧文字。

步骤 5，创建补间。在第 20 帧处，右击，从弹出的快捷菜单中选择"属性/补间"命令，设置为"形状"。则 20 帧和 40 帧之间产生形状补间，如图 8-66 所示。

【小贴士】制作形状补间效果时，需要将两端的关键帧内容打散，否则图 8-66 两帧的连线将呈虚线，这时形状补间效果无效。

步骤 6，保持效果。在第 70 帧插入一个"关键帧"，使第 40 帧的文字效果保持30 帧。

3）数字跳动效果的制作

（1）制作背景。

步骤 1，在"背景 1"图层的上一层新建一个图层并重命名为"背景 2"，在该图层的第 190 帧插入关键帧。

步骤 2，绘制矩形框。在第 70 帧处绘制一个矩形，并设置其"填充颜色"为黄色，"笔触颜色"为空，大小为 300px（宽）×200px（高），位置 $x = 0$，$y = 0$。

步骤 3，添加文本。在"报名"图层的第 70 帧插入一个"空白关键帧"，选择"文本工具" **A**，输入"报名热线"四个字，右击，将其转换为元件，如图 8-67 所示。

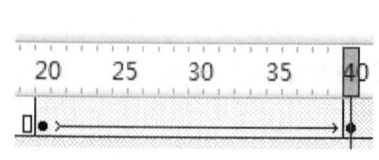

图 8-66　创建形状补间动画　　　　　　　图 8-67　背景 2 效果

（2）创建逐帧动画。

步骤 1，新建一个图层并重命名为"电话"。

步骤 2，制作第 1 个关键帧。在第 70 帧插入一个"空白关键帧"，选择"文本工具"**A**"，输入 12345678，文本字体 50，将其转换为元件，如图 8-68 所示。

步骤 3，分别在"电话"层和"报名"层的第 85 帧插入"关键帧"，将"报名热线"和 12345678 移至背景中间，并创建从第 70 帧到 85 帧的补间动画。效果如图 8-69 所示。

步骤 4，在"报名"层的第 145 帧插入一个"关键帧"，将效果保持到 145 帧。

图 8-68　逐帧动画的第 1 帧

步骤 5，在"电话"图层的第 90 帧插入关键帧，并按一次快捷键 Ctrl+B，将数字分离。

步骤 6，从"电话"层的第 95 帧到 130 帧，每隔 5 帧插入一个关键帧，在第 90 帧将 12345678 中 1 的字体大小设置为 65（其余字的大小不变），效果如图 8-70 所示。在第 95 帧将 12345678 中 2 的字体大小设置为 65，效果如图 8-71 所示。以此类推，依次将数字大小设置为 65，第 130 帧不变。

| | | |
|---|---|---|
| 图 8-69　文字居中关键帧 | 图 8-70　文字跳动关键帧 1 | 图 8-71　文字跳动关键帧 2 |

步骤 7，在第 145 帧插入一个"关键帧"，将效果保持 15 帧。

4）文本位移和旋转效果的制作

（1）制作文本位移的效果。

在"报名"图层第 155 帧插入"关键帧"，选中"报名热线"文本框，将其向左平移，并创建从第 145 帧到 155 帧的补间动画，同时"电话"图层分别在第 170 帧插入"关键帧"保持效果，如图 8-72 所示。

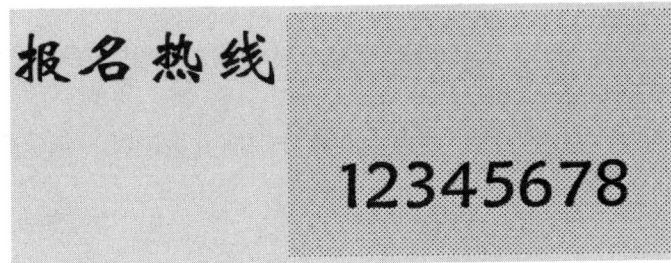

图 8-72　文本平移

（2）制作文本旋转效果。

步骤 1，制作起始关键帧。在"报名"图层的第 160 帧插入"空白关键帧"，输入文字"登录网址"。效果如图 8-73 所示。

步骤 2，制作结束关键帧。在第 170 帧插入"关键帧"。选中"登录网址"文本框，其位置调整如图 8-74 所示。

图 8-73　文字旋转起始位置

图 8-74　文字旋转结束位置

步骤 3，创建从第 160 帧到第 170 帧的"运动补间动画"。

步骤 4，设置旋转效果。在属性面板设置补间的属性为顺时针旋转 1 次，如图 8-75 所示。

图 8-75　旋转效果设置

5）形状补间动画的制作

（1）将起始关键帧的文字打散。在"电话"图层的第 170 帧插入关键帧，选中内容 12345678 的文本框，打散文字。效果如图 8-76(a)所示。

（2）将结束关键帧的文字打散。在第 180 帧插入"空白关键帧"，选择文本工具，输入 www.it.com，然后将文字打散。效果如图 8-76(b)所示。

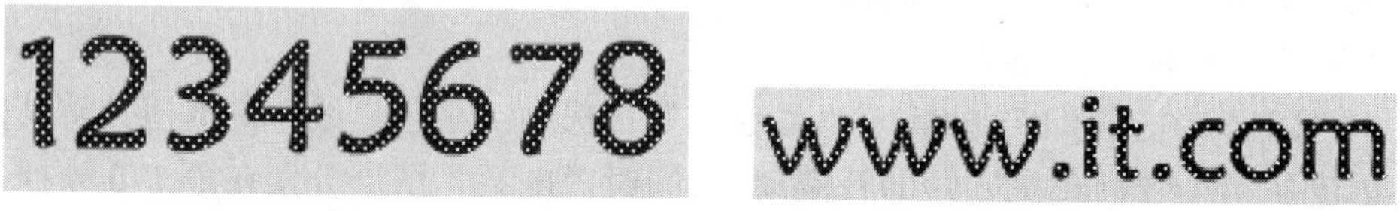

**12345678**

(a)

**www.it.com**

(b)

图 8-76　文字打散效果

（3）创建补间动画。选中第 170 帧，右击，从弹出的快捷菜单中选择"属性/补间"命令，设置为"形状"。

（4）在"电话"、"报名"图层的第 190 帧分别插入关键帧，预览影片。

6）发布 Flash

方法同案例 1。

### 8.4.3　单元实验

单元实验 8-4-1：Flash 制作体验

【实验目的】

熟悉 Macromedia Flash 8 的操作界面，掌握制作 Flash 的基本过程。

【实验条件和素材】

（1）Macromedia Flash 8。

（2）电子贺卡制作素材 house.gif。

（3）任意一段 mp3 音频文件。

【实验要求】

按照 8.4.2 节给出的两个案例制作步骤，自行完成一次"电子贺卡"和"宣传海报"Flash 动画的制作，可适当自由发挥，掌握运用 Macromedia Flash 8 制作简单 Flash 的基本方法。

单元实验 8-4-2：Flash 创作

【实验目的】

灵活运用动画制作软件进行 Flash 作品创作。

【实验要求】

自拟主题（可结合综合实验要求一并考虑），搜集必要素材，自由创作一个 Flash 作品。要求：含图形、图像和文字等媒体形式，灵活运用文字打散、形状补间和运动补间等制作技巧。

# 8.5 综 合 实 验

【实验目的】

多媒体处理技术的综合应用。

【实验要求】

（1）自拟主题（如"我的家乡"、"我的校园生活"、"×××的故事"、"信息安全"等），搜集素材，构思内容。

（2）制作一个主题鲜明、内容丰富、图文并茂、意义深刻的演示文稿（PPT）作品。

（3）作品中要求嵌入经过处理的图像、音频、视频、Flash 动画等四种媒体形式以增强作品的表现力。

（4）认真排练作品的演播时间，并保存为可自动播放的文档，时长 5~8 分钟，作品压缩后大小需控制在 80MB 以内。

# 8.6 辅助阅读资料

[1] 天极网–设计在线.Premiere 视频教程连载. http://design.yesky.com/premiere_pro.

[2] 百度百科. http://baike.baidu.com/view/2795688.htm.

[3] 孙军. 2008. Premiere Pro CS3 基础与典型范例. 北京：电子工业出版社.

[4] 中华网. 网络教室. http://tech.china.com/zh_cn/netschool/homepage/flash.

[5] 硅谷动力网. Flash 教程. http://www.enet.com.cn/eschool/includes/zhuanti/flash1130.

[6] 郭开鹤. 2010. Flash CS4 中文版基础与实例教程（第 4 版）. 北京：机械工业出版社.

# 第 9 章　程序设计初步

【实验目标】

通过本章学习，使学生了解计算机程序员和软件工程师的角色，掌握程序设计的编码和测试过程，体验编程过程中使用的普通文本编辑器、程序编辑器和可视化开发环境，理解程序设计的三种基本控制结构。

【实验方法】

本章通过编写简单程序，使学生了解程序设计的编码、测试以及执行过程，从而充分理解程序是计算机的灵魂；通过集成开发环境下的程序编辑和运行实例体验编程，重点体验使用计算机进行问题求解的过程。

## 9.1　程序设计基础

### 9.1.1　程序设计基础概述

本节介绍程序设计的基础知识，包括常见的语言种类及程序设计的一般过程。

从广义上看，程序是计算机执行某种任务操作的一系列步骤的总和。

程序的设计需要用某种语言实现，计算机的语言有：

- 面向硬件的机器语言，它是二进制语言。
- 汇编语言，它用英文单词或缩写表示机器指令，因此基本上也是面向机器的。
- 面向过程的高级语言，这种语言接近数学描述求解问题的过程。
- 面向对象的高级语言，它用对象的观点来编制程序，是今后语言的发展方向。

编程语言的低级和高级是根据它们和机器的密切程度划分的：越接近机器的语言级别越低，越远离机器的语言越"高级"。

用高级语言编写的程序通称为"源程序"，必须被翻译成机器语言程序才能被计算机执行，它有两种翻译方式：编译和解释。

编译是将整个源程序代码文件一次性翻译成目标程序代码，最终生成可执行文件。

解释是对源代码中的程序进行逐句翻译，翻译一句执行一句，翻译过程中并不生成可执行文件。

程序的控制结构有顺序、选择、循环三种结构。

算法是程序中为了解决问题而形成的思路方法。一个算法的表示可有不同的方法，常用的有自然语言、流程图、伪代码等。

一个程序大致的步骤为分析、形成算法、编写代码、程序测试、编写程序文档、程序的运行和维护。对于大型的编程工作，可用软件工程的方法来管理。

数据表达是数据的符号化表示，而数据结构在计算机中的表示称为数据的物理结构或存储结构。

软件工程是运用工程管理的方法进行软件开发的管理。软件生命周期包括软件需求分析、设计、实现和维护直到软件不再使用的全过程。有多种模型用于软件开发。软件项目管理是把各种知识、技能、手段和技术应用于软件项目之中以达到完成项目的要求。

通过本章的实验，加深理解和掌握以上要点。

### 9.1.2 编程工具

计算机程序的编码过程取决于所使用的编程语言、所选择的编程工具和最适合所要解决问题的编程范式。程序员通常使用文本编辑器、程序编辑器、集成开发环境或可视化开发环境进行计算机程序编码工作。

#### 1. 文本编辑器

文本编辑器（有时也称为"通用文本编辑器"）是可以处理基本的文本编辑任务（如写电子邮件、创建文档或编写程序代码）的任何一种文字处理器。微软公司的 Windows 操作系统中附带的"记事本"程序就是可以用来编程的最常用的文本编辑器之一。使用文本编辑器编写计算机程序代码时，只需简单地输入每一行程序指令。

#### 2. 程序编辑器

程序编辑器是一种专门用来输入计算机程序代码的文本编辑器。这种编辑器有商业软件、共享软件和免费软件等多种发布形式。这些编辑器具有不同的特性，但都提供包含有益的编辑帮助，如关键字用彩色显示、单词补全、键盘宏和查找/替换。

程序编辑器主要适合程序员使用，常用的程序编辑器有：

1）Notepad++ (适用于 Windows)

Notepad++是 Windows 操作系统下的一个程序编辑器，免费且开源，对于不同的编程语言可以实现语法高亮、代码折叠以及宏等功能，支持多种程序设计语言，如图 9-1 所示。

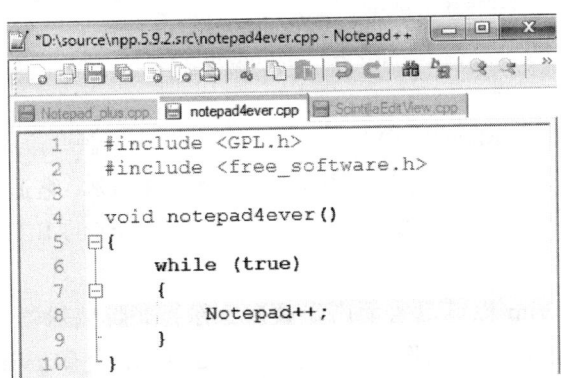

图 9-1　Notepad++

2）Emacs（适用于所有平台）

Emacs 程序编辑器深受一些高级程序员的喜爱，具有内置的宏功能、键盘命令，这对于编辑代码来说很方便，这个程序几乎被移植到了每一种计算机平台，并有多个发行版本，其中最流行的是 GNU Emacs 和 XEmacs，它们是跨平台、完全免费并且开源的，如图 9-2 所示。

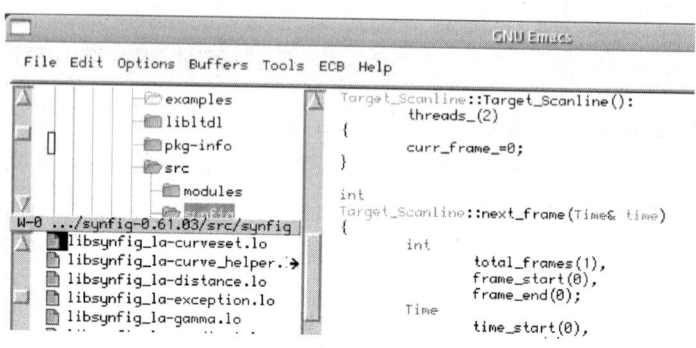

图 9-2　Emacs

3）UltraEdit（适用于 Windows）

UltraEdit 是共享软件，界面友好，支持语法高亮、代码折叠和宏等功能，内置了对于 HTML、PHP 和 JavaScript 等语法的支持，如图 9-3 所示。

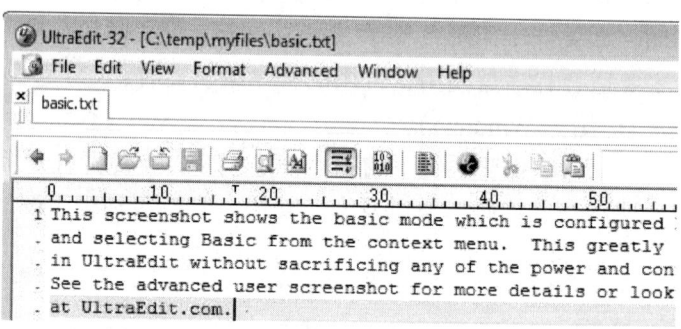

图 9-3　UltraEdit-32

4）TextMate（适用于 MacOS X）

TextMate 的界面很有吸引力，爱好者众多，如图 9-4 所示。它适用于苹果机，Windows用户如果喜欢 TextMate 的话可以尝试用一下类似 TextMate 的 E Text Editor。

5）Vim（适用于所有平台）

和 Emacs 一样，Vim 以键盘宏而广受欢迎，作为老牌编辑器 Vi 的后代，Vim 较适合键盘操作的程序员的口味，如图 9-5 所示。Windows 用户有 gVim 或 gVim Portable，Mac 用户则有 MacVim。如果只是需要 Vim 最有特色的部分的轻量型编辑器，可以试试Cream。

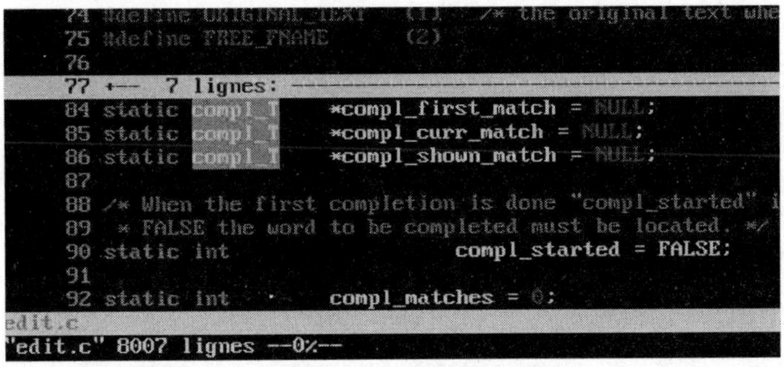

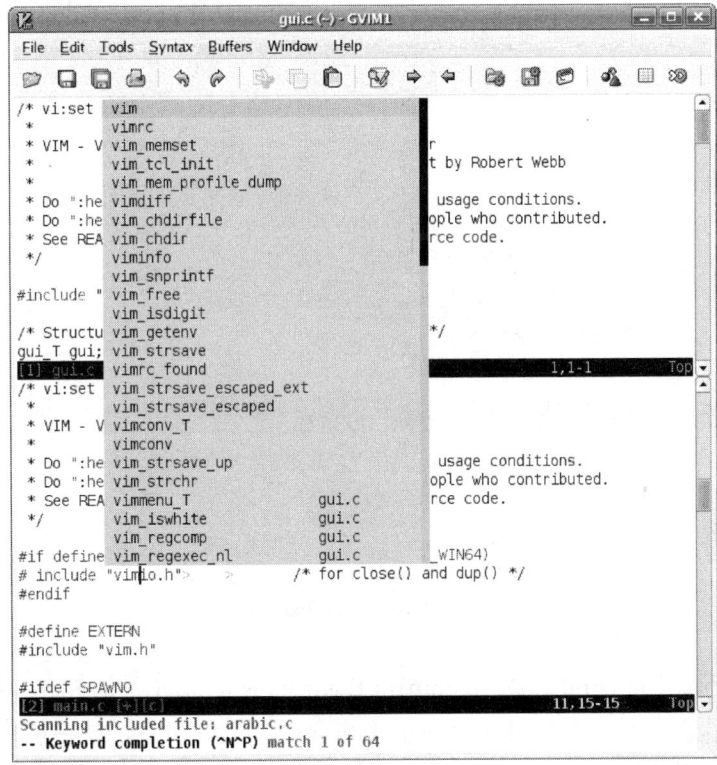

图 9-4　TextMate

图 9-5　Vim

6）TextPad（适用于 Windows）

TextPad 是基于 Windows 的共享软件，它同样具有语法高亮、代码拦截以及宏等功能，TextPad 具有不错的搜索能力和易用性，如图 9-6 所示。

3. 集成开发环境(IDE)

SDK（Software Development Kit，软件开发包）是一种语言相关的工具集，使得程序员可以为特定的计算机平台开发应用程序。一个基本的 SDK 包括编译器、关于语言和语法的文档以及安装说明。更复杂的 SDK 可能还会包括编辑器、调试器、可视化用户界面设计模块以及 API。API 是 Application Program Interface（应用程序接口）的缩写。API 是程序员在自己编写的程序中可以访问的一组应用程序或操作系统的功能。例如，Windows API 包括了对话框控件分类的代码。API 通常是作为 SDK 的一部分提供给程序员。

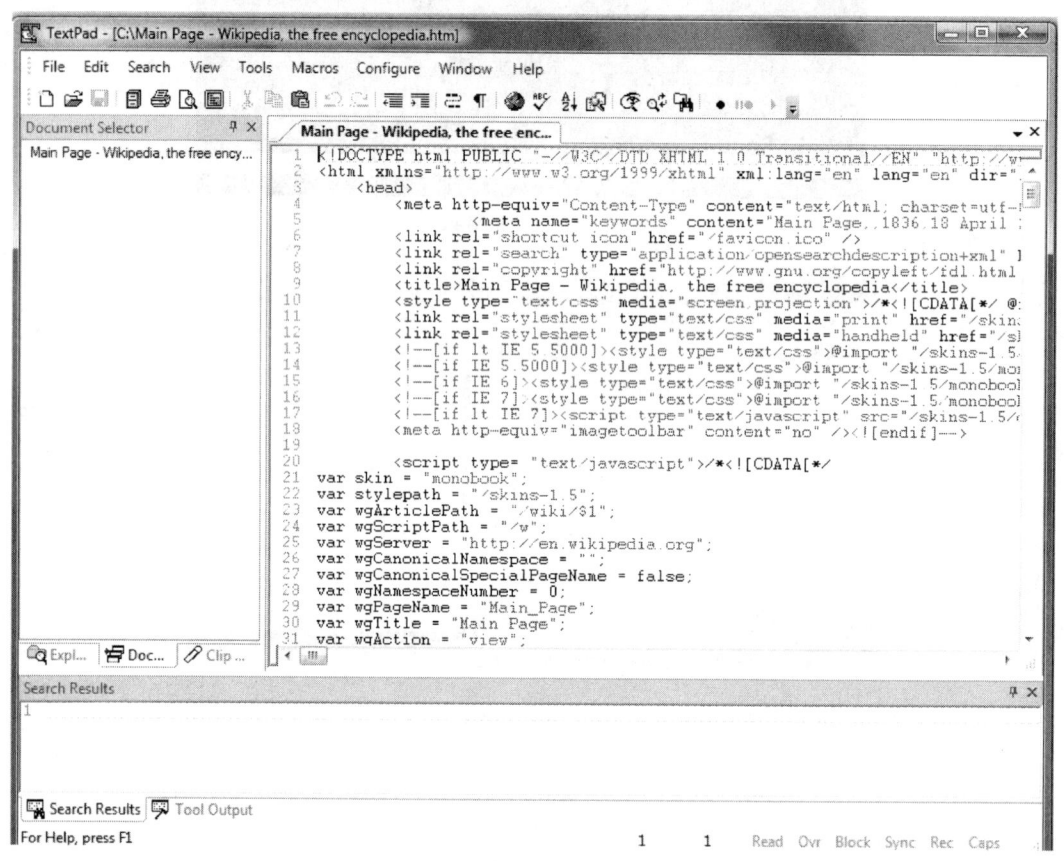

图 9-6　TextPad

集成开发环境（Integrated Development Environment，IDE）是 SDK 的一种，它将一系列的开发工具整合到一个功能强大的用于编程的应用程序中，是一种辅助程序开发人员开发软件的应用软件。应用程序中的模块（编辑器、编译器、调试器以及用户界面开发工具）有统一的菜单和控件，使编程更加方便。

IDE 通常包括编程语言编辑器、编译器／解释器、自动建立工具，一般还包括调试器。有时还会包含版本控制系统和一些可以设计图形用户界面的工具。许多支持面向对象的现代 IDE 还包括了类浏览器、物件检视器、物件结构图。虽然目前有一些 IDE 支持多种编程语言（如 Eclipse、NetBeans、Microsoft Visual Studio），但是一般而言，IDE 主要还是针对特定的编程语言而量身打造（如 Visual Basic）。

Eclipse 和 NetBeans 这类开放源代码 IDE 的出现和流行，结合了开放源代码的开放、可扩展精神，激发了人们成立社群以延伸这些 IDE 的能力，让这些 IDE 也能支持其他编程语言和其他的应用，如图 9-7 所示。

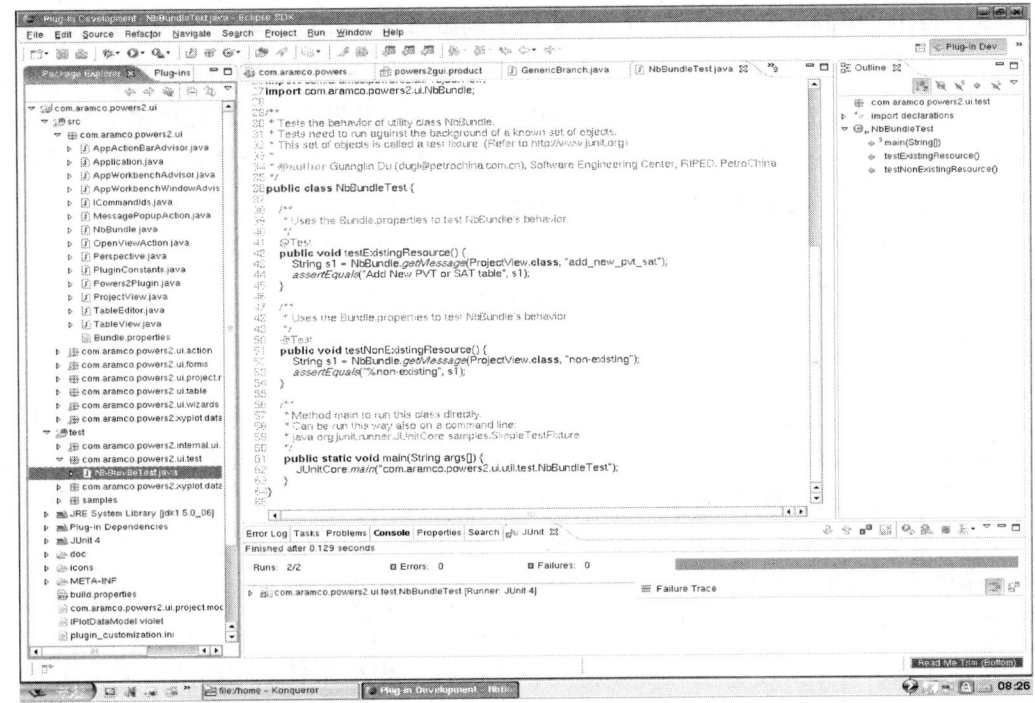

图 9-7　Eclipse

### 4. 可视化开发环境(VDE)

可视化开发环境（Visual Development Environment，VDE）为程序员提供了通过单击鼠标而不是输入多行代码来构建程序重要部分的工具。典型的 VDE 以程序员用来为程序创建用户界面的图表设计网格为基础。

通过使用 VDE 提供的多种工具，程序员可以在图表设计网格中添加对象，如控件和绘图组件。在可视化开发环境中，控件指的是屏幕上的一个组件，它的行为可以由程序员指定。经常会被用到的控件包括菜单、工具栏、列表框、文本框、按钮、复选框和图形框。可以通过一系列内嵌属性的值对控件进行定制。

可视化开发环境的特点是控件组装。很多控件都是自己像搭积木一样组装起来的，开发环境解决了很多例行的、标准化的代码，比起非可视化的开发环境来说，更加直观，开发速度快，效率高。

以 Delphi 为例：Delphi 包含了程序代码文件(.PAS)和控件布局文件（.dfm），当开发人员在画布（FORM）上拖放一个按钮（BUTTON）时，Delphi 开发环境会自动创建一个 DFM 文件标明 BUTTON 位置，并且自动把 PAS 文件中最基本的完整代码写出来，开发人员只需要在需要修改的地方修改或者增加就可以完成很多功能。

可视化开发环境(VDE)还被用于开发基于 HTML 的应用软件。例如，许多人在设计网站时使用 VDE（如 HomeSite、DreamWeaver、FrontPage 等）。

文本编辑器和程序编辑器一般用于开发用户界面不多的程序，许多后台应用程序如设备驱动程序、中间件和内嵌在 HTML 文档中的脚本等，都只需要很少或根本不需要用户交互，所以可以使用编辑器进行编写。对编写图形用户界面的应用程序来讲，可视化开发环境是功能非常强大的工具。当这些程序运行后，其界面会出现在屏幕上并等待用户通过单击菜单、拖曳对象、输入文字或单击按钮来触发事件。无法预测用户行为的顺序这一事实带来了一定的复杂性。在可视化程序设计中，程序员通过选择用户界面元素并为其指定事件处理流程来编写程序。不要求程序员处理程序的整体顺序，因为 VDE 能够自动将用户界面元素和事件处理流程合并成一个文件。

### 9.1.3　单元实验

批处理（Batch）是一种简化的脚本语言，应用于 DOS 和 Windows 系统中，由 DOS或者 Windows 系统内嵌的命令解释器（通常是 COMMAND.COM 或者 CMD.EXE）解释运行。批处理文件的扩展名为.bat 或者.cmd。复杂的批处理程序同样需要使用 if（判断）、for（循环）、goto（转移）等命令控制程序的运行过程，如同 C、Basic 等高级语言一样。

使用批处理文件（也被称为批处理程序或脚本），可以简化日常或重复性任务。批处理文件是无格式的文本文件，它包含一条或多条命令。某些命令，如 for、goto 和 if 等，允许对批处理文件中的命令作条件处理。例如，if 命令根据条件语句的结果来执行命令。下面介绍一些常见的批处理命令。

1）回显 echo

打开或关闭请求回显功能，或显示消息。如果没有任何参数，echo 命令将显示当前回显设置。语法格式为：

```
echo [{on|off}] [message]
```

message 是指要在屏幕上显示的文本。

如果要关闭回显并且不需要回显 echo 命令，请在命令之前包含 at 符号 (@)，如下所示：

```
@echo off
```

2）REM

REM 是个注释命令，一般用来给程序加上注解，该命令后的内容在程序执行时，将不会被显示和执行。

3）GOTO

GOTO 是跳转的意思。在批处理中允许以 ":XXX" 来构建一个标号，然后用 GOTO XXX 直接来执行标号后的命令。

4）PAUSE

PAUSE 指暂停，就是暂停系统命令的执行并显示下面的内容。

5）IF

IF 是条件判断语句，语法格式如下：

```
IF [NOT] string1==string2 command; 检测当前变量的值做出判断
IF [NOT] EXIST filename command; 发现特定的文件做出判断
```

单元实验 9-1-1：简单批处理程序

【实验目的】

编写简单批处理程序，体验程序及相关概念。

【实验要求】

请按照下面的步骤动手编一个简单程序，程序功能是根据当时时间改变显示颜色。如果是在中午 12 点之前，DOS 窗口的文字颜色会变成黄色（E）；如果是在中午 12 点之后，那么 DOS 窗口的文字颜色会变成蓝色（9）。

实验步骤如下：

（1）启动计算机并使用“开始”按钮访问“所有程序”菜单，选择“附件”，然后单击“记事本”。

【小贴士】记事本应用程序名为 notepad.exe，可以单击“开始”按钮，在“所有程序/附件/运行”的输入框中输入 notepad 直接打开记事本。

（2）“记事本”窗口打开后，输入图 9-8 所示程序。

（3）将程序以文件名 first.bat 保存在 C 盘上，确定使用 bat 作为文件扩展名。如果不能访问 C 盘的根文件夹，就将文件保存在其他地方并记下完整路径（如 C:\user\first.bat）。

first - 记事本
文件(F)　编辑(E)　格式(O)　查看(V)　帮助(H)
REM Program to change display colors
@echo off
set time = %time%
echo %time%
if %time% lss 12 color E
if %time% gtr 12 color 9
pause
color

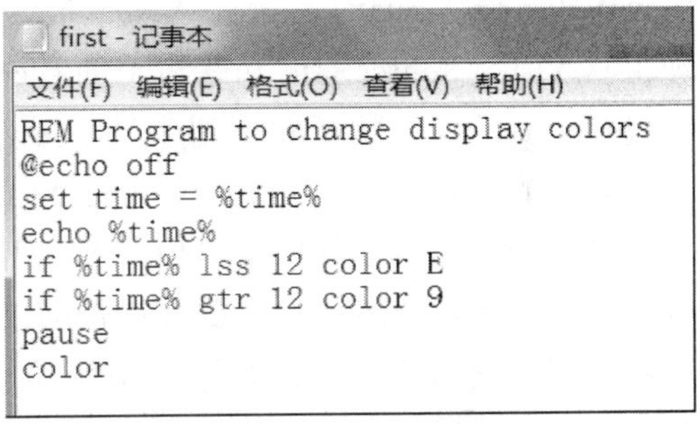

图 9-8　简单批处理程序

（4）打开 DOS 的命令解释器。

【小贴士】打开命令解释器有很多种方法：单击“开始”按钮，指向“所有程序”，然后单击“附件”，选择“命令提示符”；单击“开始”按钮，选择“运行”，然后在空白框输入 cmd 后按 Enter 键。

（5）在打开黑色的“命令提示符”窗口后，输入“CD\”进入 C 盘的根目录。如果将 first.bat 文件存储在其他地方（不是 C 盘根目录），那么输入“CD\”后还需要带上在第 3 步中所记下的完整路径。

（6）输入 first 并按下 Enter 键，程序开始执行显示时间，屏幕文字颜色变成黄色或蓝色，并显示出“请按任意键继续”信息，如图 9-9 所示。在任意按下某个键之后，显

管理员: C:\Windows\system32\cmd.exe - first
Microsoft Windows [版本 6.1.7600]
版权所有 (c) 2009 Microsoft Corporation。保留所有权利。
C:\Users\Administrator>cd\
C:\>first
C:\>REM Program to change display colors
10:17:44.26
请按任意键继续. . .

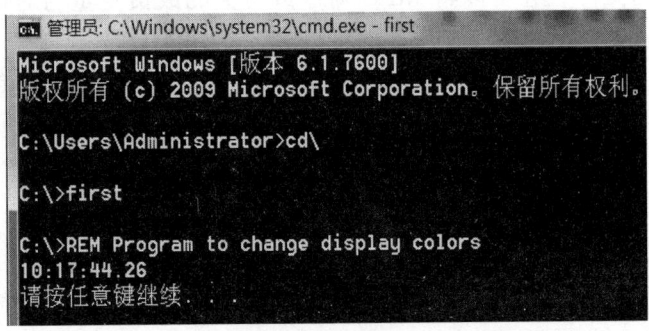

图 9-9　简单批处理程序实例的运行

示的内容就会变回原来的颜色。

（7）关闭“命令提示符”窗口。

【小贴士】关闭“命令提示符“窗口可以直接单击该窗口中的关闭按钮，也可以在 DOS 命令行窗口中直接输入“exit”。

## 9.2　Visual C++入门

### 9.2.1　集成开发环境 VC6.0

Visual C++是 Microsoft 公司的 Visual Studio 开发工具箱中的一个 C++程序开发包。Visual Studio 提供了一整套开发 Internet 和 Windows 应用程序的工具，包括 Visual C++、Visual Basic、Visual Foxpro、Visual InterDev、Visual J++以及其他辅助工具，如代码管理工具 Visual SourceSafe 和联机帮助系统 MSDN。Visual C++包中除包括 C++编译器外，还包括所有的库、例子和为创建 Windows 应用程序所需要的文档。

Visual C++软件包中的 Developer Studio 就是一个集成开发环境，它集成了各种开发工具和 VC 编译器。程序员可以在不离开该环境的情况下编辑、编译、调试和运行一个应用程序。IDE 中还提供大量在线帮助信息协助程序员做好开发工作。Developer Studio 中除了程序编辑器、资源编辑器、编译器、调试器外，还有各种工具和向导（如 AppWizard 和 ClassWizard），以及 MFC 类库，这些都可以帮助程序员快速而正确地开发出应用程序。

向导是一个通过一步步的帮助引导用户工作的工具。Developer Studio 中包含三个向导，用来帮助程序员开发简单的 Windows 程序。

- AppWizard：用来创建一个 Windows 程序的基本框架结构。AppWizard 向导会一步步向程序员提出问题，询问所创建的项目的特征，然后 AppWizard 会根据这些特征自动生成一个可以执行的程序框架，程序员可以在这个框架下进一步填充内容。AppWizard 支持三类程序：基于视图/文档结构的单文档应用、基于视图/文档结构的多文档应用程序和基于对话框的应用程序。也可以利用 AppWizard 生成最简单的控制台应用程序（类似于 DOS 下用字符输入/输出的程序）。
- ClassWizard：用来定义 AppWizard 所创建的程序中的类。可以利用 ClassWizard 在项目中增加类、为类增加处理消息的函数等。ClassWizard 也可以管理包含在对话框中的控件，它可以将 MFC 对象或者类的成员变量与对话框中的控件联系起来。
- ActiveX Control Wizard：用于创建一个 ActiveX 控件的基本框架结构。ActiveX 控件是用户自定义的控件，它支持一系列定义的接口，可以作为一个可再利用的组件。

MFC 库（Library）是可以重复使用的源代码和目标代码的集合。MFC（Microsoft Fundamental Classes）是 Visual C++开发环境自带的类库，在该类库中提供了大量的类，可以帮助开发人员快速建立应用程序。这些类可以提供程序框架、进行文件和数据库操作、建立网络连接、进行绘图和打印等各种通用的应用程序操作。使用 MFC 库开发应用程序可以减少很多工作量。

在一个集成的开发环境中开发项目相对容易。一个用 C++ 开发的项目的通用开发过程包括：

（1）利用编辑器建立程序代码文件。

（2）启动编译程序，编译程序对用户源程序进行词法和语法分析，建立目标文件，该文件中包括机器代码、链接指令、外部引用以及从该源文件中产生的函数和数据名。

（3）连接程序将所有的目标代码和用到的静态连接库的代码连接起来，为所有的外部变量和函数找到其提供地点，最后产生一个可执行文件。

下面将对 Visual C++ 6.0 集成开发环境的使用进行介绍。

**1. 工具栏按钮的使用**

Visual C++ 6.0 集成开发环境提供了许多有用的工具栏按钮。工具栏中包含如下按钮：

　　：代表 Compile 编译操作。

　　：代表 Build 链接操作。

　　：代表 Execute 执行操作。

**2. 常用的快捷键**

在编写程序时，使用快捷键会加快程序的编写进度。在此建议读者对于常用的操作最好使用快捷键进行。

- Ctrl+N：创建一个新文件。
- Ctrl + ]：检测程序中的括号是否匹配。
- F7：Build 操作。
- Ctrl+F5：Execute（执行）操作。
- Alt+F8：整理多段不整齐的源代码。
- F5：进行调试。

### 9.2.2　单元实验

单元实验 9-2-1：简单 C 程序——Hello World!
【实验目的】

熟悉 VC 编程环境，学会编写简单的 C 语言程序。
【实验条件和素材】

Visual C++ 6.0 或以上。
【实验要求】

按下述指导编写完成"Hello World!"程序和一个简单应用程序。

Visual C++ 6.0 是一个功能强大的可视化软件开发工具，它将程序的代码编辑、程序编译、链接和调试等功能集于一身。Visual C++ 6.0 操作方便，界面友好，使得开发过程更快捷、方便。本章中大部分程序都是在 Visual C++ 6.0 开发环境中进行编写的。

安装 Visual C++ 6.0 之后，选择"开始"菜单，就可以打开 Visual C++ 6.0 开发环境。

1. 创建一个简单的 C 程序编译环境

（1）选择 File/New/Projects 命令，可以看到利用 VC 能创建多达 17 种编译环境，而此时我们所要关心的是 Win32 Console Application，这里的 Console（控制台）主要是指像 DOS 一样的命令行式应用程序。

（2）填写工程名称后，可以看到 VC 提供了 4 种类型，分别是：

- An empty project
- A simple application
- A "Hello, World!" application
- An application that supports MFC

这里选择第三个，创建一个能够直接运行的，并且能够在屏幕上打印"Hello, World!"字符串的应用程序，一路确定，完成工程的创建。

（3）编译并运行程序（单击 VC6.0 工具栏中的感叹号），就可以看到结果了。

2. 创建自己的程序

（1）打开 Visual C++ 6.0 开发环境后，进入到 Visual C++ 6.0 的界面，如图 9-10 所示。

（2）在编写程序前，首先要创建一个新的文件。具体方法为：在 Visual C++ 6.0 界面上方的菜单栏中选择 File/New 命令，或者使用快捷键 Ctrl+N，这样就可以创建一个新的文件，如图 9-11 所示。

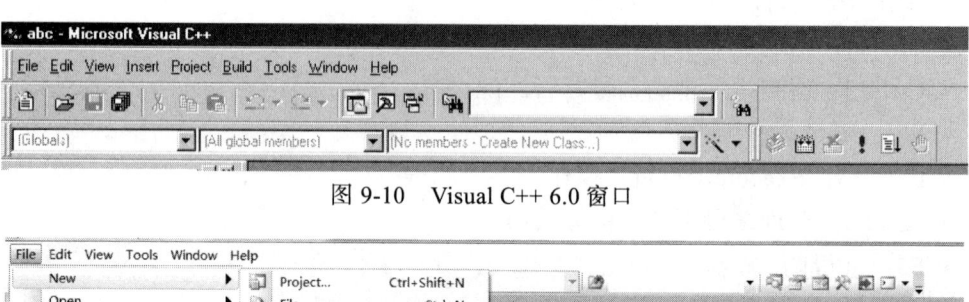

图 9-10　　Visual C++ 6.0 窗口

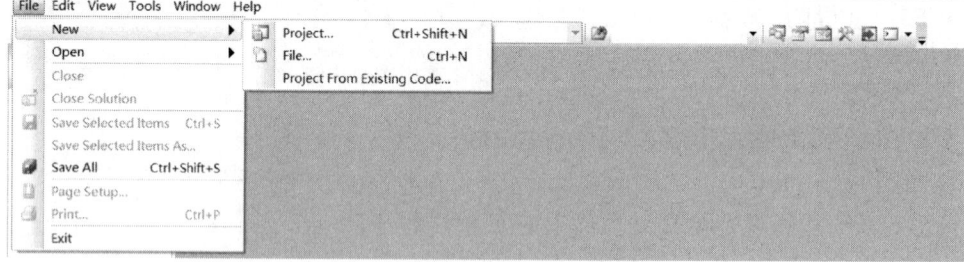

图 9-11　　Visual C++ 6.0 创建文件

（3）选择 New 命令后，会出现一个选择创建文件的对话框。在这个对话框中可以选择要创建的文件类型。

要创建一个 C 源文件，首先选择 Files 选项卡，这时会在列表中显示可以创建的不同文件。选择其中的 **C++ Source File** 选项，在右边的 File 文本框中输入要创建的文件名称。

因为要创建的是 C 源文件，所以在文本框中要将 C 源文件的扩展名一起输入。例如，创建名称为 Hello 的 C 源文件，则应该在文本框中输入 Hello.c。

File 文本框的下面还有一个 Location 文本框，该文本框中是源文件的保存地址，可以通过右边的按钮修改源文件的存储位置。

选择创建文件操作的示意图如图 9-12 所示。

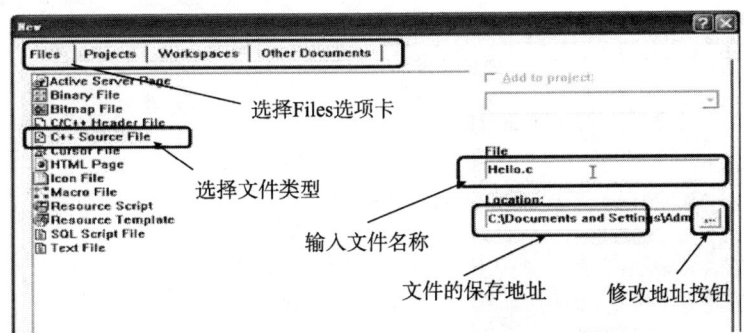

图 9-12　Visual C++ 6.0 创建文件窗口

（4）当指定好源文件的保存地址和文件的名称后，单击 OK 按钮，创建一个新的文件。此时可以看到在开发环境中指定创建的 C 源文件。

（5）C 源文件此时已经创建完成了，现在将一个简单的程序代码输入其中，如图 9-13 所示。

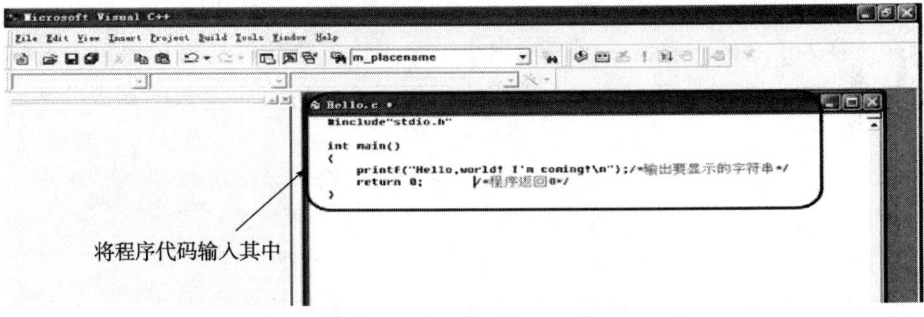

图 9-13　输入简单 C 程序

（6）此时程序已经编写完成，可以对写好的程序进行编译。选择 Build/Compile 命令，如图 9-14 所示。

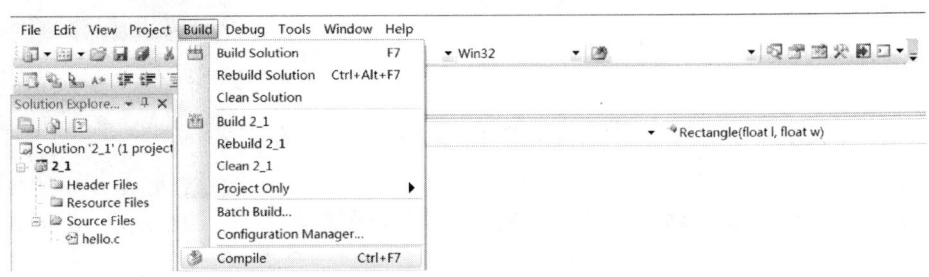

图 9-14　Compile 和 Build

（7）单击"是"按钮后，编译程序。如果程序没有错误，即可被成功编译，虽然此时代码已经被编译但是还没有链接生成.exe可执行文件，因此如果此时要执行程序，会出现"提示"对话框，询问是否要创建.exe可执行文件。此时如果单击"是"按钮，则会链接生成.exe文件，即可执行程序并观察程序的显示结果。

【小贴士】编译程序时可以直接选择 Build 或 Rebuild All 命令进行编译、链接，这样就不用单独进行上面的 Compile 操作，而可以直接将编译和链接操作一起执行。

单元实验 9-2-2：求素数并验证哥德巴赫猜想

【实验目的】

理解算法的概念，练习分支、循环等控制结构。

【实验条件和素材】

Visual C++ 6.0。

【实验要求】

（1）设计一个算法，求解小于某整数的所有素数。

（2）编写 C 程序，从键盘输入任意正整数，屏幕输出小于该整数的所有素数。

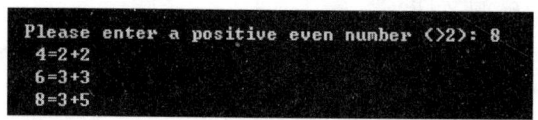

图 9-15　哥德巴赫猜想验证

（3）在（2）的基础上，编写一个哥德巴赫猜想的验证程序，即"任意正偶数都能分解为两个素数之和"。要求：将判断一个整数是否为素数的过程写成一个函数；键盘输入任意大于 2 的正整数，屏幕输出小于等于该正整数的所有正偶数的素数分解，如图 9-15 所示，例如输入正整数 8，输出小于等于 8 的所有正偶数的素数分解。

# 9.3　综 合 实 验

【实验目的】

通过编程求解应用问题，体验运用计算机求解问题的过程和方法。

【实验要求】

应用问题：在一个矩形游泳池的周围建一个环形过道，并在过道外围围上栅栏，如图 9-16 所示。

如果游泳池的长和宽由键盘输入，过道宽度为 3m，栅栏造价为 5 元/m，过道造价为 3 元/$m^2$，要求计算整个工程的造价。

请按下述提示和步骤，编程体验求解该实际应用问题的不同方法。

完成这个功能需求的算法可用如下的 C 语言程序描述：

图 9-16　应用问题

```
#include <stdio.h>
void main(void)
```

```
{
    /*定义长和宽*/
    float length, width;
    float FenceCost, ConcreteCost, TotalCost;

    /*输入游泳池的长和宽*/
    printf("Enter the length of the pool:");
    scanf("%f", &length);
    printf("Enter the width of the pool:");
    scanf("%f", &width);

    /*计算栅栏造价*/
    FenceCost=(length + 6 + width + 6) * 2 * 5;
    printf("Fencing Cost is %f\n",FenceCost);

    /*计算过道造价*/
    ConcreteCost= ((length+6) * (width +6) - length * width)*3;
    printf("Concrete Cost is %f\n",ConcreteCost);

    /*计算总造价*/
    TotalCost=FenceCost+ConcreteCost;
    printf("Total cost is %f\n",TotalCost);
}
```

这是最直接的解法，请大家对比思考如下程序来求解这个问题有何不同：

```
#include <stdio.h>
struct rectangle
{
    float length;
    float width;
};
typedef struct rectangle Rectangle;

void main(void)
{
    /*定义两个矩形*/
    Rectangle Pool, PoolRim;
    float FenceCost, ConcreteCost, TotalCost;

    /*输入游泳池的长和宽*/
    printf("Enter the length of the pool:");
    scanf("%f",&Pool.length);
    printf("Enter the width of the pool:");
    scanf("%f",&Pool.width);

    PoolRim.length = Pool.length + 6;
    PoolRim.width = Pool.width + 6;

    /*计算栅栏造价*/
    FenceCost=(PoolRim.length + PoolRim.width) *2 * 5;
    printf("Fencing Cost is %f\n",FenceCost);

    /*计算过道造价*/
    ConcreteCost=(PoolRim.length  *  PoolRim.width  -  Pool.length  *
```

```
Pool.width)*3;
printf("Concrete Cost is %f\n",ConcreteCost);

/*计算总造价*/
TotalCost=FenceCost+ConcreteCost;
printf("Total cost is %f\n",TotalCost);
}
```

最后，我们引入这个问题的面向对象程序。以下为用面向对象程序设计方法求解该问题的 C++程序。

【小贴士】创建源程序文件时，C++程序的扩展名为 ".cpp"。

```cpp
#include<iostream.h>

class Rectangle
{
        private:
                float length, width;
        public:
                Rectangle(float l, float w);
                float Area(void) const;
                float Perimeter(void) const;
};

Rectangle::Rectangle(float l, float w):length(l),width(w){};

float Rectangle::Area(void) const
{
        return length*width;
}

float Rectangle::Perimeter(void) const
{
        return 2*(length+width);
}

void main(void)
{
        float a, b;
        float FenceCost, ConcreteCost, TotalCost;
        cout<<"请输入游泳池的长和宽:";
 cin>>a>>b;

        Rectangle Pool(a,b);
        Rectangle PoolRim(a+6,b+6);

        FenceCost=PoolRim.Perimeter()*50;
        cout<<"Fencing Cost is "<<FenceCost<<endl;

        ConcreteCost=(PoolRim.Area()-Pool.Area())*30;
        cout<<"Concrete Cost is "<<ConcreteCost<<endl;

        TotalCost=FenceCost+ConcreteCost;
        cout<<"Total cost is "<<TotalCost<<endl;
}
```

请大家通过以上综合实验加深对程序设计基础内容的理解。

# 9.4　辅助阅读资料

[1] 批处理简单技术教程. http://hi.baidu.com/zgq666/item/c1a4ee9d732451cbb725310f.

[2] RobotC 编程指南. www.leleban.cn:8080/lego/指南资料/RobotC 编程入门.pdf.

[3] 吴文虎程序设计基础课程网站. http://course.jingpinke.com/details?uuid=8a833996-18ac928d-0118-ac9291b9-05de&objectId=oid:8a833996-18ac928d-0118-ac9291b9-05df&courseID=A030014.

# 第 10 章　网页制作与发布

【实验目标】

本章通过对网站建设与网页制作的学习与实践，使学生对网页与网站的基本概念、原理与技术有一个清晰的认识，了解网站建设的基本过程和方法，会用 HTML 语言制作简单的网页，掌握一种网页制作工具软件的基本操作和使用，培养学生一定的自主设计和建设网站的基本素质与能力。

【实验方法】

本章按照网站建设的基本步骤首先设计了 6 组单元实验：第 1 组单元实验是基本网页浏览实验，在第 2 组中制作基本的网页，通过这两个实验，使学生对网站与网页的概念有一个直观的认识，了解 HTML 语言的结构特征，了解和熟悉网站建设的基本过程，掌握简单网页的制作方法与技术。第 3 ~ 5 组单元实验，主要针对网页的具体制作技术设计，包括网页中的多媒体元素、超链接、表格的处理，使学生掌握网页中图像、音频、动画、视频等多媒体元素的添加、设计方法，掌握网页中内部链接、外部链接、锚点链接、邮件链接、图像热点链接的添加、设计方法，掌握网页中表格的添加、设计方法，学会通过表格进行网页版面设计的方法。最后一组单元实验，关于 Web 服务器的安装与配置，使学生了解 Web 服务器的主要作用，掌握一种 Web 服务器软件的安装与配置方法。

在完成了 6 组单元实验之后，本章设计了两个综合实验，让学生自主设计、建设一个网站，其实验内容包括网站规划、网站结构设计、具体网页制作、网站发布等。

## 10.1　概　　述

### 10.1.1　网页设计基础

#### 1. 网页的基本元素

网页是一种网络信息传递的载体，网页上可以包含文本、图像、动画、声音以及其他任何信息，可以含有指向其他网页或其本身内部特定位置的超级链接（Hyper Link），超级链接使得网页交织成网状。用户只需要通过浏览网页，就可以了解到相关信息。

1）文字

文字是网页的重要组成元素，是网页上发布信息最直接的形式，在页面中主要以标题、正文、链接等形式出现。在 DHTML 技术的支持下，文本可以按照用户的要求放置到页面的任何位置，其摆放位置决定了整个页面布局的可视性。由文字制作出的网页占用内存小，可以加快网页的浏览速度。

　　网页上的文字通常要进行合理的格式编排，便于用户阅读，提升网页可读性。文字的大小应根据网页内容统筹规划、大小适当，不能太松散或用太大的字，使之既能提供一定的信息量又不能使用户感到阅读困难；根据具体内容及在网页中所处的位置采用不同的字体，使网页生动而吸引用户的注意。而对于表明网页主要内容的网页的标题，则除了字号、字体的设置外，还应适当地设置不同的颜色以更好地体现内容的层次性。而篇幅太长的一页可以使用内部链接解决。

　　2）图像等多媒体

　　网页中除了传达网页重要信息的文字内容外，图像、绘制图形、动画、声音、视频等多媒体的表现对页面的整体布局、网页信息的传达等起着至关重要的作用。多媒体信息适时适地的展现，可以使网页界面美观、生动活泼，对用户产生良好的视觉效果。

　　图像是网页最主要的元素之一，网页中最常使用的图像格式包括 JPEG、GIF、PNG等。图像所占空间大，传输速率慢。

　　网页中的动画可以为网页添加灵气，给用户以美的享受。动画一般有两种方式，一种是 GIF 动画，由若干 JPEG 或 GIF 图片叠加而成；另一种是由 Flash 软件制作的 Flash动画，其体积小、兼容性好、支持 MP3 音乐、效果炫丽，能生成矢量动画，在网页制作中最为流行。

　　在网页中音频应用也比较普遍，在网页中可以嵌入一段音频，或设置一段音乐为背景音乐，与网页搭配得当的音频可以让网页声形并茂，吸引来访者，增添了网站的艺术性。网页中常用的音频格式主要有 MIDI、WAV、MP3 等。添加音乐后会让网页文件容量变大，增加了网页下载的时间，因而要注意背景音乐的大小，适时适度地增加。

　　很多网站中都有可以让用户直接观看的视频，如视频直播、播放影像文件等，视频文件的格式非常丰富，包括 DAT 格式、AVI 格式、MPEG 格式、RM 格式、WMV 格式等。

　　目前有很多图形图像处理软件可以帮助用户设计网页图片、制作动画、优化图像等，如 Photoshop、Flash、Fireworks 等。

　　3）超链接

　　超链接是网页中最根本的元素之一，在网页中起着举足轻重的作用。网页文件中的超链接可以指向其他文件或图片，将用户引导到网站内的其他网页或 Internet 的其他网站，突破了地域和时间的限制，让互联网上的信息传播四通八达，遍布世界每一个角落。

　　超链接可以是一段文字、一幅图像，也可以是一幅图像的一部分，它在不同的页面、不同的站点之间建立关联。用户只要单击超链接，就可以从一个网页转到其他网页中，阅读相关信息。Internet 的信息主要就是通过超链接结合在一起的。

　　4）特殊组件

　　为了增添网页的效果，网页上有时会加上一些特殊组件，如 Java Applets、滚动字幕、计数器、ActiveX 控制等。

　　5）页眉和页脚

　　页眉一般位于页面顶部，其作用是定义页面的主题，在页眉上通常放置站点名字的图片和公司标志等网站标识以及横幅广告等信息。访问者通过页眉能很快知道这个站点的性质和内容。页脚一般位于页面底部，通常放置网站制作者的版权信息、用于提供服务的邮箱地址和服务热线、站点地图等。

### 2. 网页的基本构成

网页页面一般都由网站标识、网站横幅、网页导航菜单、网页标题、网页内容、网站版权等构成。

#### 1）网站标识 Logo

网站标识 Logo 是代表站点形象或栏目内容的标志性图片，其表现形式一般为特色图案或特色合成字体的组合，便于用户识别。在网站中，Logo 一般放置在网页的左上角，起着站点标识的作用。其还有可能出现在其他网站的友情网站链接区中，可以方便用户快速进入其所代表的网站主页。

#### 2）网站横幅

网站横幅上一般是以动画的形式播放宣传网站某个栏目或举行的某个活动的广告，其文字简练、动画精巧，主要作用是宣传。网站横幅一般位于网页的上部，若一个页面内容较多，也会设计多个横幅。穿插在页面中，还可起到网页内容分隔的作用。

#### 3）网站导航

网站导航为网站用户提供一个操作提示，帮助用户在网站各个栏目之间、各个网页之间进行跳转，访问所需内容。网站导航的主要表现形式是栏目菜单，根据网站栏目的多少形成多级菜单，一般放置在网页的上部或左部。网站一般会从不同的角度设计多个网站导航。

#### 4）网页内容

网页内容是页面的主要构成，也是网站发布信息的主体。主要以文字为主，辅以图像、动画等元素。网页内容中必不可少的是位于其最前端的网页标题，而这一标题还会出现在浏览器的标题栏或支持多标签的浏览器的页面标签中。

#### 5）网站版权

在网络上发布的信息也是受到版权保护的，网站的版权信息主要包括版权所有者信息、许可证信息，一般放置在页面底端页脚处。

### 3. 网页的分类

按照在网站中位置的不同，网页可以分为以下几种：

#### 1）引导页/入口页/形象页

入口页又称 Coverpage，是一个网站的欢迎页面，其作用相当于一个网站的封面。在该页面上通常放置站点的名称、站点的 Logo、表现站点形象的背景图片、宣传语、首页链接、其他语种页面链接等信息，以突出体现站点形象。入口页应该画面简洁、图文布局合理，给用户一个亮丽的视觉效果。

#### 2）首页/主页

进入网站首先浏览到的页面称为主页，主页是一个网站最基本的网页，其作用就是使用户了解网站概貌，很好地引导其调阅网站的重点内容。

主页设计应该在保证网站风格整体一致的前提下，用线条、颜色、图片等元素将导航条、各功能区以及内容区进行适当的分隔，并协调好各区域的主次关系，达到人机交互界面易用、视觉舒适并举的目的。

3）内容页

内容页是网站的内部页面，放置网站要发布的具体信息。通过主页上的链接可以访问到内容页，如果要发布的相关信息较多，不能放在一个页面上，可以按照层次、线性、网状等关系进行组织，网页之间通过超链接进行连接。

4. 网页布局的类型

网页上的元素丰富多彩，除了进行文字的变化、图片的处理、色彩的搭配等设置外，这些元素在网页上的位置、它们之间的关联也是需要重点考虑的问题，即网页的布局。网页布局大致可分为"国"字型、拐角型、标题正文型、左右框架型、上下框架型、综合框架型、封面型、Flash 型、变化型等。

1）"国"字型

也可以称为"同"字型，是一些大型网站所喜欢的类型，即最上面是网站的标题以及横幅广告条，接下来就是网站的主要内容，左右分列两小条内容，中间是主要部分，与左右一起排列到底，最下面是网站的一些基本信息、联系方式、版权声明等。这种结构是我们在网上见到的最多的一种结构类型。

2）拐角型

其结构与"国"字型很相近，只是形式上有点区别，上面是标题及广告横幅，接下来的左侧是一窄列链接等，右列是很宽的正文，下面也是一些网站的辅助信息。在这种类型中，一种很常见的类型是最上面是标题及广告，左侧是导航链接。

3）标题正文型

这种类型即最上面是标题或类似的一些东西，下面是正文，如一些文章页面或注册页面等就是这种类型。

4）左右框架型

这是一种左右分为两页的框架结构，一般左面是导航链接，有时最上面会有一个小的标题或标志，右面是正文。我们见到的大部分的大型论坛都是这种结构的，有一些企业网站也喜欢采用。这种类型结构非常清晰，一目了然。

5）上下框架型

与左右框架型类似，区别仅仅在于是一种上下分为两页的框架。

6）综合框架型

综合框架型是结合上面两种结构，相对复杂的一种框架结构，较为常见的是类似于拐角型结构的，只是采用了框架结构。

7）封面型

这种类型基本上是出现在一些网站的首页，大部分为一些精美的平面设计结合一些小的动画，放上几个简单的链接或者仅是一个"进入"链接，甚至直接在首页的图片上做链接而没有任何提示。这种类型大部分出现在企业网站和个人主页，如果处理的好，会给人带来赏心悦目的感觉。

### 10.1.2  网站建设

#### 1. 网站与网页

网页也称为 Web 页，是在浏览器上看到的一个页面，是 Web 服务器上的一个文档。网页是用 HTML 或 DHTML、XML 等语言写成的文本文件。网站是由若干相关网页组成的一个站点，有独立的域名。网站中的网页通过超链接有机地连接在一起，网页之间形成一种逻辑关系，便于浏览，用户通过网页上的超链接即可浏览到网站内的网页。网站的第一个网页叫做主页。

网页设计的目的就是建立网站，将设计好的一系列网页保存在 Web 服务器上，构成一个网站。终端用户发出服务请求后，Web 服务器根据用户输入的 URL 信息，将用户所需网页传输给用户。

#### 2. 网站建设基本流程

1）网站规划与定位

网站建设的第一步就是进行网站的总体设计，给出一个最适合的网页架构。

网页制作者首先要对网站有个清晰的定位，比如是资源网、学习网或其他，明确网站建设的目的与功能、需要解决的问题、访问者对象、要提供的信息等，收集整理相关资料、准备素材、组织网站内容，设计各个网页的内容以及网页之间的关联，以确保网站文件内容条理清楚、结构合理。

网站中网页之间可以是层次关系，由网站文件的主页开始，依次划分为一级标题、二级标题等，逐级细化，形成树型结构；可以是线性关系，网站中的网页顺序连接，形成线性结构；也可以是网状关系，各网页之间交叉连接，形成网状结构。实际设计时，往往是多种结构相结合，充分利用不同结构的特点，才能既能使网站内容条理性强、规范性好，又能满足设计者和用户的要求。

网页上的元素丰富多彩，除了进行文字的变化、图片的处理、色彩的搭配等设置外，这些元素在网页上的位置、它们之间的关联也是需要重点考虑的问题。

2）网页设计与制作

在这个阶段，选择一套网页编辑软件来进行基本网页的制作是非常重要的，并且还要根据需要选取适当的图形图像处理软件辅助进行网页背景、标题、按钮、GIF 动画等制作。

在进行网页设计开发时，一般都先进行静态网页的制作。静态网页是主要用于发布信息，而不具有任何交互功能的网页，是 Web 网页的重要组成部分。静态网页制作完成后，再为网页添加交互功能、动态效果等，如一些脚本语言程序、表单、数据库程序的设计以及加入动画效果等。

3）网站测试与发布

当网页设计人员制作完成所有网站页面之后，就要从功能性和完整性两个方面对所设计的网页进行测试检查。功能性测试的目的就是要保证网页的可用性，达到最初的内容组织设计目标，实现所规定的功能，用户可以方便快速地寻找到所需的内容。而完整性测试则是检查页面内容是否显示正确，链接是否准确，是否无差错无遗漏等，尤其要对各个组件如计数器、Scripts、Java Applets、广告横幅、滚动字幕、动态显示按钮等是否能正确显示与运行进行检查。如果在测试过程中发现了错误，就要及时修改，测试准确无误后，才可正式发布到互联网上。

要发布网站，首先要申请独立的域名和网页空间，有了域名，网站在 Internet 中才会有标识。有了空间，才能通过 CuteFTP 或 FlashFXP 等 FTP 软件将包括图片、网页文件、Flash 动画、视频等内容的网站中的所有内容全部上传至 Web 服务器。目前许多 ISP 均提供商用的网页空间服务。

网站上传完成后，用户即可在 Internet 上访问网站。为了进一步对网站进行推广，还可到各大搜索引擎站点如网易、Yahoo 等进行登录。

4）网站运行与管理

在将网站上传到 Internet 之后，要建立一个维护、运行的工作流程，对网站进行经常性的维护与更新工作。内容的更新是最重要的，另外可以通过网上调查问卷、自我评估、Web 访问数据挖掘等多种形式了解用户的习惯与需求，发现网站存在的问题，有针对性地对网站实施改版与重建。

3. 网页设计语言

1）HTML

HTML（HyperText Markup Language，超文本标记语言）是一种专门用于设计网页的程序语言，由文本、格式化代码和指向其他文档的超链接组成，扩展名为.htm 或.html，为 W3C 协会所制定。HTML 原始文件为纯文本文件，通过格式化代码设置文本的显示格式，通过指向图像、图片、音乐等多媒体组件的指针嵌入多媒体元素，只要通过纯文本编辑程序便可以进行编辑。在用浏览器打开 HTML 文件时，浏览器根据文件中的格式描述以及与其他文本、图像、网页的链接点给用户展现网页的实际效果。

2）XML

XML（Extensible Markup Language，可扩展标记语言）的作用是弥补 HTML 的不足，对 HTML 进行功能扩充，扩展名为.xml。例如，XML 允许用户自订控制标记，而 HTML 做不到。

3）VRML

VRML（Virtual Reality Modeling Language，虚拟实境描述模块语言）的主要用途是描述物体的三维空间信息，让网页的用户可以看到 3D 物体的旋转、拉近、拉远等效果。

4）CSS

CSS（Cascading Style Sheets，层叠样式表）的主要用途是定义网页数据的编排、显示、格式化及特殊效果，由 W3C 协会制定。

5）DHTML

DHTML（Dynamic HTML，动态 HTML）技术的引入是为了解决 HTML 存在的如果网页上有任何信息需要更新，浏览器就必须从服务器重新下载整个网页的问题。DHTML 能够在网页下载完毕之后插入、删除或取代网页的某些 HTML 原始代码，浏览器会自动根据更新过的 HTML 原始代码显示新的网页内容，而不必从服务器重新下载整个网页，这样一来便可以大量减少浏览器存取服务器的次数，达到减轻网络负荷的目的。

6）Script

前面介绍的网页设计语言 HTML、XML、VRML 或 CSS 等所撰写的网页都属于静态网页，静态网页页面上的内容和格式一般不会改变，只有网络管理员可以根据需要更新页面。这样不能满足用户的动态响应及网上交互的要求。

Script（网页脚本语言）是一种简单的、类似于 Java 编程语言的描述性语言，并且是一种基于对象的、面向 Internet 或 Intranet 的编程语言，嵌入在 HTML 文档中，主要用于解决 HTML 语言不能很好地动态交互这个问题，用于设计动态网页。动态网页的内容会随着用户、时间、数据修正等变化而改变，会随着用户的输入和互动而有所不同，是由服务器动态生成的网页。

动态网页的设计可以通过使用客户端脚本语言 JavaScript、VBScript、JScript 等来改变，或是由服务器端的脚本语言 ASP、PHP、JSP、Perl 等进行编译。无论客户端还是服务器端的改变都需要使用较为复杂的应用软件。

Netscape 公司开发的 JavaScript 是第一个在 WWW 上使用的脚本语言，用它可以方便地编排 HTML 网页，同时还可以控制动态 HTML；Microsoft 公司则在 Visual Basic 编程语言的基础上设计了 VBScript。

ASP（Active Server Pages，动态服务器网页）是微软公司开发的一种超文本标识语言，是服务器端的脚本编写开发环境。ASP 文件的扩展名为.asp，包括文本、HTML 标记、ASP 脚本命令等，在网络服务端中执行。ASP 执行的执行结果都是标准的 HTML 格式，适用于不同的浏览器，其结果可以直接体现在浏览器上。

### 10.1.3　HTML 语言简介

1. HTML 语言的结构

HTML（超文本标记语言）是一种描述文档结构的标记语言，它使用一些约定的标记对 Web 上的各种信息进行标注。当用户浏览 Web 上的信息时，浏览器会自动解释这些标记的含义，并按照一定的格式在屏幕上显示这些被标记的文件。HTML 的优点是其跨平台性，任何可以运行浏览器的计算机都能阅读并显示 HTML 文件，并且显示结果相同，而尽管其操作系统可能不同。

从表 10-1 可以看出，一个 HTML 文件就是由 HTML 标记和除标记外的内容组成的整合体，我们不妨将它保存在 d\dw 文件夹的 test.htm 文件中。其在浏览器中显示的结果如图 10-1 所示。

**表 10-1　HTML 文件示例 1（d\dw\test.htm）**

```
<HTML>
    <HEAD>
        <TITLE>大学计算机基础之网页设计</TITLE>
    </HEAD>
    <BODY   bgcolor= yellow>
        <P>这是一个 HTML 的测试文件</P>
    </BODY>
</HTML>
```

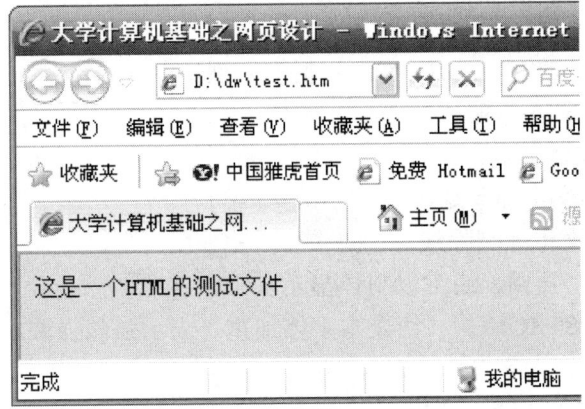

图 10-1　HTML 文件示例 1 的运行结果

HTML 文件中的标识格式为：<标签名> 标识内容 </标签名>

构成 HTML 文件的标签有多种，用于组织文件的内容和指导文件的输出格式。绝大多数标签有起始标记和结尾标记。标签的起始标记叫做起始链接签（start tag），标签的结束标记叫做结尾链接签（end tag），在起始链接签和结尾链接签中间的部分是要标识的内容。每一个标签都有名称和可选择的属性，标签的名称和属性都在起始链接签内标明。

2. 网页的标签

下面对 HTML 中的主要标签进行简单介绍。

1）基本标签

所有的 HTML 文件都包括：

<HTML>…</HTML>：用于定义此份文件的类型是 HTML 文档，放在文档的开头与结尾，包括整个 HTML 文档。

<HEAD>…</HEAD>：用于描述 HTML 页的头部区，是文件的描述信息，此标签可以省略。

<TITLE>…</TITLE>：用于定义网页主题。例如，表 10-1 所示的 HTML 文件中"<TITLE>大学计算机基础之网页设计</TITLE>"定义了将在浏览器标题栏中显示标题"大学计算机基础之网页设计"。

<BODY>…</BODY>：用于括住 HTML 文档的主体内容，定义 HTML 的正文。例如，表 10-1 所示 HTML 文件中的"<P>这是一个 HTML 的测试文件</P>"。

2）文本标签

<H1>…</H1>到<H6>…</H6>：分别代表六级标题，用于表示文章中的各种题目。字体大小从<H1>到<H6>顺序减小。

<Hi　ALIGN=LEFT|CENTER|RIGHT>…</Hi>：标题对齐，其中 i=1~6。

<FONT　COLOR="***">…</FONT>：用于修改字的颜色。COLOR 属性指定文字颜色，颜色的表示可以用 6 位十六进制代码，如<FONT COLOR = #00FF00>。

<FONT　SIZE=i>…</FONT>：用于修改字的大小，SIZE 属性指定相对尺寸，其中 i=1~7。

<FONT　FACE="***">…</FONT>：指定字型。

<B>…</B>：使文本加粗。

<I>…</I>：使文本倾斜。

<U>…</U>：给文本加下划线。

<S>…</S>：给文本加删除线。

<EM>…</EM>：强调，通常以斜体显示。

<STRONG>…</STRONG>：使文本字体加重，表示强烈强调。

<BIG>…</BIG>：大字。

<SMALL>…</SMALL>：小字。

3）段落标签

<P>…</P>：表示一个段落的开始，结束标签</P>是可选的。

<P　ALIGN=LEFT|CENTER|RIGHT>…</P>：文字对齐方式。

<BR>…</BR>：强制换行。

<HR>…</HR>：水平尺线。

<HR　ALIGN=LEFT|RIGHT|CENTER>：水平线位置。

<HR　SIZE=?>：水平线宽度（向下），以 pixels 为单位。

<HR　WIDTH=?>：水平线长度（向右），以 pixels 为单位。

<HR　NOSHADE>：实线，无立体效果。

4）图形标签

<IMG　SRC="URL">：显示图形。

<IMG　SRC="URL" ALIGN=TOP|BOTTOM|MIDDLE|LEFT|RIGHT>：图形位置。

<IMG　SRC="URL" WIDTH=?　HEIGHT=?>：图形尺寸，以 pixels 为单位。

<IMG　SRC="URL" ALT="***">：如果图形无法显示，则显示此文字信息。

5）链接标签

<A　HREF="URL">…</A>：链接到指定位置。

<A　HREF="URL#***">…</A>：链接到另一个档案中的锚点。

<A　HREF="#***">…</A>：链接到当前档案中的锚点。

<A　NAME="***">…</A>：设定锚点。

6）列表

<OL>…</OL>：有序（编号）列表。

<UL>...</UL>：无序（圆点）列表。

<MENU>...</MENU>：菜单式列表。

<DIR>...</DIR>：目录列表，目录长度一般小于 20 个字符。

3. 一个简单的网页示例

表 10-2 给出了一个 HTML 文件，其显示结果如图 10-2 所示。

**表 10- 2　HTML 文件示例 2（d\dw\nudt603.htm）**

```
<HTML>
    <HEAD>
        <TITLE>大学计算机基础之网页设计的第一个主页!</TITLE>
    </HEAD>
    <BODY BGCOLOR=#00FF00>
        <H2><I>NUDT603 欢迎您!</I></H2><BR>
        <FONT SIZE=6><B>欢迎来访，请多指教</B></FONT><BR><BR>
        更多的信息请访问    <A HREF="http://www.nudt.edu.cn">国防科技大学主页</A>
    </BODY>
</HTML>
```

其中：

- 换行：<BR>。
- 背景：背景色为#00FF00，如果想用一幅画作为背景，可将之替换为<BODY BACKGROUND ="pic1.jpg">。
- 字体格式及大小：用 H2 标题格式、斜体表示"NUDT603 欢迎您!"；用 SIZE=6 的字体大小、粗体来表示"欢迎来访，请多指教"。
- 链接：设置到"国防科技大学主页"链接，如果想让图像成为链接点，只需将"国防科技大学主页"替换成<IMG SRC="pic2.jpg">。

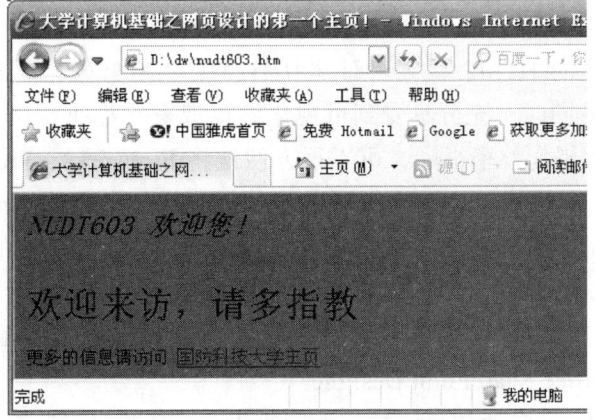

图 10-2　HTML 文件示例 2 的运行结果

### 10.1.4　主流网页制作软件

用于制作网页的工具软件非常丰富，从最基本的 HTML 编辑器到所见即所得的互动网页制作工具，以及各种各样的网页制作辅助工具。下面做一个简要介绍。

1. HTML 编辑器

HTML 代码复杂，使用 HTML 编辑器设计网页要花费大量的时间用于 HTML 代码的编辑和调试。但由于 HTML 所具有的稳定性，以及编辑器能创建复杂页面、支持高级 HTML 规范等特点，HTML 编辑器仍受高级网页制作人员的青睐。

较为常用的包括 HotDog 等。

2. 所见即所得的网页编辑器

所见即所得网页编辑器的突出优点就是直观性、高效率、使用方便、操作简单，它具有如 Word 一样的操作界面，熟知 Word 功能的用户，只要稍加培训就能轻松编制网页。

较为常用的包括 Adobe Dreamweaver、Microsoft Office SharePoint Designer 等。

1）Adobe Dreamweaver

Adobe Dreamweaver 是美国 Adobe 公司开发的集网页制作和网站管理于一身的所见即所得的网页编辑器，用户不必编写复杂的 HTML 源代码就可以生成跨平台、跨浏览器的网页，不仅适合于专业网页编辑人员的需要，同时也受到业余网友们的喜爱。Dreamweaver 界面简单直观、操作方便快捷、效率高且功能强大。

Dreamweaver 对网站的管理方便快捷，通过网站地图可以快速制作网站雏形，设计、更新和重组网页，改变网页位置或档案名称，并自动更新所有链接。通过使用支援文字、HTML 码、HTML 属性标签和一般语法的搜寻及置换功能使得复杂的网站更新变得迅速又简单。

Dreamweaver 支持动态 HTML 的设计，可以轻松地设计复杂的交互式网页，轻而易举地做出很多眩目的页面特效，并且可以不需要通过浏览器就能预览设计的动态网页的效果。Dreamweaver 采用了 Roundtrip HTML 技术，使得设计者的网页可以在 Dreamweaver 和 HTML 代码编辑器之间进行自由转换，HTML 句法及结构不变。这样，初学者可以阅读设计的网页所对应的 HTML 代码，对学习 HTML 大有好处，而专业设计者可以在不改变原有编辑习惯的同时，充分享受到可视化编辑带来的益处。

Dreamweaver 的制作效率很高，可以很方便地将 Fireworks、FreeHand 或 Photoshop 等文档移至网页上，并通过单击操作便可在 Dreamweaver 中启动 Fireworks 或 Photoshop 等来进行相关内容的编辑，使之图文效果最佳。多个网页制作工具的整体运用流程自然顺畅。

诸多功能和特点，不逐一枚举，本章将重点介绍 Dreamweaver 的使用方法。

2）Microsoft Office SharePoint Designer

Microsoft FrontPage 是微软公司的一款网页设计、制作、发布、管理的软件。FrontPage 继承了 Microsoft Office 产品系列的良好的易用性，操作简单、上手容易，能够方便、快捷地创建和发布网页，是优秀的入门级网页编辑工具，非常适合初、中级网页制作人员。

2006 年，微软公司用 Microsoft Office SharePoint Designer 和 Microsoft Expression Web 两款新产品替代了 Microsoft FrontPage。

SharePoint Designer 是一种全新的 Web2.0 产品，提供了多种可使业务流程实现自动化的专业品质的设计工具，利用这些工具，用户在 SharePoint 平台上无须编写代码即可快速创建和部署交互式解决方案、定制 SharePoint 网站；通过高质量的所见即所得编辑器享受直观的设计体验，方便地创建外观精美且与多种浏览器兼容的 SharePoint 页面；使用层叠样式表（CSS）工具快速设置 SharePoint 页面的格式；使用数据视图和表单创建报告和跟踪应用程序，可从网站外以及网站上的 SharePoint 列表和文档库中轻松收集和聚合数据；通过构建高级交互式 ASP.NET 页来轻松更改网站的版式和格式；使用以前只在 Visual Studio 2005 等开发工具中才能找到的活动菜单和控件属性网格来插入和编辑控件。

3）HotDog

HotDog 是较早基于代码的、功能强大的网页设计工具，提供了许多向导工具，能帮助设计者制作页面中的复杂部分，适合那些希望在网页中加入 CSS、Java、RealVideo 等复杂技术的高级设计者。

3. 其他网页制作辅助软件

在制作网页过程中常常需要用到一些工具软件对网页进行美化，使制作的网页更为美观。

Fireworks 是第一款专门为制作网页图形而设计的网页图形设计软件，具有动画制作、图像优化、生成光标动态感应的 JavaScript 程序、文件导入和导出等功能，是辅助进行网页设计与开发，创建与优化网页图像的理想工具。

Flash 是一款功能非常强大的交互式矢量多媒体网页制作工具。不需要特别繁杂的操作，能够将音乐、声效、动画以及富有新意的界面融合在一起，制作出高品质的网页动态效果，主要应用于网页设计和多媒体创作等领域。Flash 编制的网页文件比普通网页文件要小得多，浏览速度快，是一款十分适合动态网页制作的工具。

Photoshop 是一款图像处理软件，它功能完善、性能稳定、使用方便，广泛应用于广告、出版等平面美术设计。

Ulead GIF Animator 是一款速度快、容易使用的 GIF 动画制作软件，它提供了强大的动画的编排、编辑、特效和优化功能。GIF Animator 支持主要的文件格式，包括视频文件，并允许输出为 Windows AVI、QuickTime 电影、Autodesk 动画或图像序列。用户可以生成适当的 HTML 代码，以方便将动画嵌入到网页中，并且可以将动画打包成独立的 EXE 文件，便于通过电子邮件发布和在任何地方来查看。

【小贴士】Dreamweaver、Fireworks 和 Flash 三个软件一起组成"网页三剑客"，相互之间能无缝合作。

## 10.1.5　单元实验

单元实验 10-1-1：认识 HTML 网页

【实验目的】

（1）了解网站与网页的区别及它们之间的联系。

（2）认识各种网页元素，了解网页的基本构成。

【实验要求】

（1）在 Internet 上访问一些著名网站，如新浪、雅虎、新华网等。

（2）分析这些网站的构成、版式及设计特点。

单元实验 10-1-2：编写简单的 HTML 网页

【实验目的】

（1）了解 HTML 语言的基本语法规则。

（2）尝试用 HTML 语言制作一个简单的网页，并对 HTML 文件进行测试。

【实验要求】

（1）浏览国防科技大学主页（www.nudt.edu.cn）的源代码。（操作提示：在浏览网页的状态下，单击"查看/源文件"命令）

（2）参照表 10-2 中的 HTML 代码，编写一个简单的网页，以"Html 初探.htm"为名保存。要求以一幅图像为背景，可通过图片超级链接到国防科技大学主页，并对网页进行适当的格式设置。

（3）在浏览器中浏览网页"Html 初探.htm"。

（4）在浏览器中浏览网页"Html 初探.htm"的源文件。

# 10.2　简单网页的制作

Adobe Dreamweaver CS4 是一款可视化的网页编辑工具，其功能强大、操作方便、支持多种浏览器，可以帮助网页设计和开发人员快速、轻松地完成设计、开发和维护网站及 Web 应用程序的全过程。设计师可以根据自己的使用习惯选择在直观的可视布局界面中或在简化的编码环境中进行 Web 站点的页面及程序的开发和设计。

Adobe Dreamweaver CS4 与 Adobe Photoshop CS4、Adobe Illustrator CS4、Adobe Fireworks CS4、Adobe Flash CS4 Professional 和 Adobe Contribute CS4 等工具软件紧密集成，可以方便地进行网页设计与开发的所有工作，效率高。

## 10.2.1　界面简介

首次启动 Dreamweaver CS4 时会弹出"默认编辑器"对话框，如图 10-3(a)所示。在此，用户可以将 Dreamweaver 设置为一些文件类型的默认编辑器。例如，若想让 Dreamweaver 成为 PHP 的默认编辑器，则选中 PHP 复选框。

设置完成后，随之出现一个欢迎窗口，如图 10-3(b)所示。勾选欢迎窗口左下角的"不再显示"复选框，则下次启动 Dreamweaver 时将不再显示此画面。用户也可以单击"编辑/首选参数"命令，打开"首选参数"对话框，勾选"常规"选项卡中的"显示欢迎屏幕"复选框重新设置。

Dreamweaver CS4 的工作界面如图 10-4 所示。工作界面中包括菜单栏、插入面板、文档工具栏、文档编辑区、状态栏、属性面板和浮动面板组等几个主要部分。

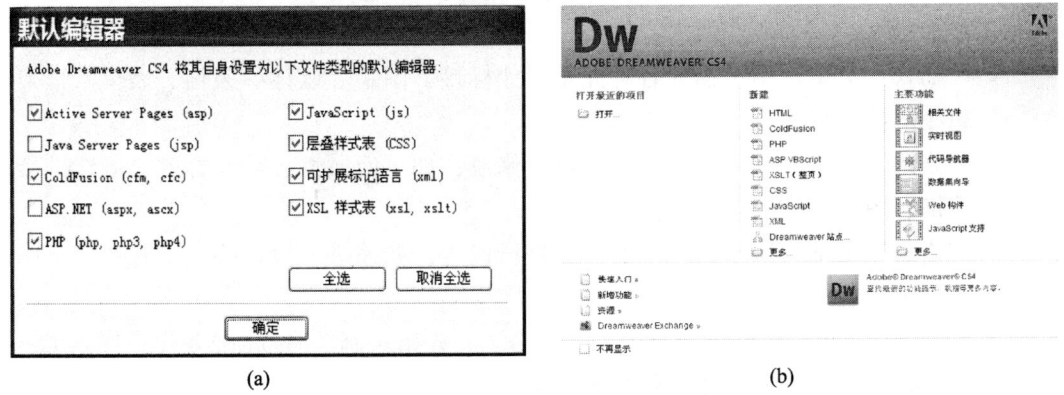

(a)　　　　　　　　　　　　　(b)

图 10-3　启动 Dreamweaver CS4

图 10-4　Dreamweaver CS4 的工作界面

### 1. 菜单栏

菜单栏共包括"文件"、"编辑"、"查看"、"插入"、"修改"、"格式"、"命令"、"站点"、"窗口"和"帮助"等 10 个类别。选择这些菜单，将弹出其所属命令的下拉菜单，可以实现不同的设计功能。

- "文件"菜单：用于对文档进行管理，如新建、打开、保存、打印文档，导入、导出等。
- "编辑"菜单：用于对文本进行编辑，如剪切、复制、粘贴文本，撤销、重做、查找和替换操作，参数设置等。

- "查看"菜单：设置显示比例、切换视图模式、隐藏标尺、网格线等辅助视图功能。
- "插入"菜单：用于插入各种元素，如标签、图像、媒体、表格、表单、框架、超级链接、日期、注释、HTML 等。
- "修改"菜单：用于对页面元素进行修改，如页面属性、编辑标签、创建链接、表格、图像、排列顺序等。
- "格式"菜单：用于对文档的对象进行设置，如缩进、段落格式、对齐、字体、样式等。
- "命令"菜单：提供了所有的附加命令，如开始录制、编辑命令列表、扩展管理、检查拼写、清理 HTML、优化图像、排序表格等。
- "站点"菜单：用于创建和管理站点，如新建和管理站点、上传、检查站点范围的链接等。
- "窗口"菜单：用于显示和隐藏属性面板。
- "帮助"菜单：提供了诸多帮助功能，如在线查看 Dreamweaver 的帮助文件、进入 Dreamweaver 交流中心交流学习等。

2. 插入面板

与之前版本的插入栏不同，Dreamweaver CS4 版本将所有可以在网页应用的对象如图像、声音、多媒体动画、表格、图层、框架、表单、Flash 和 ActiveX 等，集成到了插入面板中。插入面板包括"常用"、"布局"、"表单"、"数据"、Spry、InContext Editing、"文本"、"收藏夹"、"颜色图标"、"隐藏标签"等 10 个类别。

- "常用"：用于创建和插入最常用的对象，如图像、表格、媒体、超级链接等。
- "布局"：用于显示可控制网页布局的元素，如 div 标签、表格、框架和 Spry 构件等。另外，还可以选择表格的两种视图：标准（默认）表格和扩展表格。
- "表单"：用于创建表单，插入表单元素，如文本字段、复选框、单选按钮等。
- "数据"：用于插入 Spry 数据对象和其他动态元素，如记录集、重复项、插入记录等。
- Spry：用于插入构建 Spry 页面的数据对象和构件，如 Spry 验证文本域、Spry 验证复选框、Spry 菜单栏等。
- InContext Editing：使用模板时用于创建重复区域、可编辑区域，管理可用的 CSS 类操作等。
- "文本"：用于插入各种文本格式和列表格式的标签，如粗体、斜体、段落、标题 1、项目列表、缩写等。
- "收藏夹"：右击可以自定义收藏夹对象，例如可以将插入面板中最常用的命令添加到收藏夹对象中，方便以后的操作使用。
- "颜色图标"：设置插入面板中所有命令前面的图标是否以彩色方式显示，默认是选中状态，即彩色显示。

- "隐藏标签/显示标签"：设置插入面板中所有命令文本显示还是隐藏，如果选择了隐藏，则插入面板中的所有命令只显示图标。

3．文档工具栏

文档工具栏中提供了多种"文档"窗口视图按钮，如"代码"视图、"设计"视图、同时显示"代码"和"设计"视图的"拆分"视图，用户可以通过单击这些按钮在视图之间快速切换。工具栏中还包含了各种查看选项和一些常用操作，如"实时视图"、"实时代码"、"标题设置"、"文件管理"、"浏览查看"、"视图选项"、"可视化助理"、"验证标记"等命令。

单击"查看/工具栏/文档"命令可以设置文档工具栏的显示与否。

4．文档编辑区

文档编辑区是用于创建或编辑网页文件的工作区，我们可以在这个区域中完成输入文字、插入表格和编辑图片等操作。在文档编辑区中可以有多种显示文档的方式：

- "设计"视图：是一个用于可视化页面布局、可视化编辑和快速应用程序开发的设计环境。在该视图中，Dreamweaver 显示文档的完全可编辑的可视化表示形式，类似于在浏览器中查看页面时看到的内容。在设计视图中编辑区默认是空白的。
- "代码"视图：是一个用于编写和编辑 HTML、JavaScript、服务器语言代码以及任何其他类型代码的手工编码环境，在左侧有竖直的代码工具箱及代码行数显示。
- "拆分"视图：则可以在单个窗口中同时看到同一文档的"代码"视图和"设计"视图。

5．状态栏

状态栏显示与当前文档有关的其他信息。

- 标签选择器：用于显示环绕当前选定内容的标签的层次结构。单击该层次结构中的任何标签可以选择该标签及其全部内容，例如单击<body>可以选择文档的整个正文。
- 选取工具：用于选取文档中的内容。
- 手形工具：用于拖曳页面。
- 缩放工具：设置当前页面的缩放比率。
- 窗口大小：用于编码调整窗口的自定义尺寸。
- 文档编码：用于显示当前文档的默认编码。

6．属性面板

属性面板帮助用户检查和编辑当前选定页面元素如文本、图像等的最常用属性。属性面板并不是将所有的属性加载在面板上，而是根据选定的对象来动态显示其对应的属性。属性面板的状态完全是随当前在文档中选择的对象来确定的。例如，如果选择了页面上的一幅图像，那么属性面板上就出现该图像的相关属性；如果选择了一个表格，那么属性面板会相应地变化成表格的相关属性。

如果选择了一段文字，则系统提供了两种方式的属性面板：

- HTML 方式：设置"格式"、"类"、"粗体"、"斜体"、"项目列表"、"编号列表"、"文本缩进"、"文本凸出"、ID、"链接"、"页面属性"等。
- CSS 方式：用于选择"目录规则"、创建或更改 CSS 规则、打开 CSS 面板，设置"字体"和"大小"、"粗体"、"斜体"、"对齐方式"、"页面属性"等。

【小贴士】默认情况下，属性面板位于工作区的底部，可以取消其停靠设置并使其成为工作区中的浮动面板。

### 7. 浮动面板组

Dreamweaver CS4 将各种工具面板集成到面板组中，如"插入"、"CSS 样式"、"文件"、"标签检查器"、"行为"、"历史记录"、"框架"等。这些面板都浮动于编辑窗口之外，可以通过选择"窗口"菜单中的不同命令显示或隐藏某个面板。

使用"文件"面板可查看和管理 Dreamweaver 站点中的文件。使用"CSS 样式"面板可以跟踪影响当前所选页面元素的 CSS 规则和属性，或影响整个文档的规则和属性。使用"CSS 样式"面板顶部的切换按钮可以在两种模式之间切换。

实际上，浮动面板根据其类型或功能被分成了若干组，如"文件"、"资源"、"代码片段"是一个组，"CSS 样式"、"AP 元素"、"标签检查器"则是另一个组。

## 10.2.2 站点创建与管理

要制作一个能够被用户浏览的网站，首先需要在本地磁盘上创建这个网站，然后再把这个网站传到互联网的 Web 服务器上。放置在本地磁盘上的网站被称为本地站点，位于互联网 Web 服务器里的网站被称为远程站点。Dreamweaver 提供了对本地站点和远程站点强大的管理功能。

### 1. 规划站点结构

网站是多个网页的集合，包括一个首页和若干个内容页。在创建任何 Web 站点页面之前，要对站点的结构进行设计和规划。决定要创建多少页，每页上显示什么内容，页面布局的外观以及各页是如何互相连接起来的。可以通过把文件分门别类地放置在各自的文件夹里，使网站的结构清晰明了，便于管理和查找。

### 2. 创建站点

在 Dreamweaver 中可以有效地建立并管理多个站点。创建站点的方法有两种：一是使用站点设置向导来完成，二是直接设置来完成。下面介绍通过设置向导建立站点的步骤：

（1）在创建站点前，先在自己的计算机硬盘上创建一个以英文或数字命名的空文件夹，如 nudt603 FirstWeb。

（2）单击"站点/新建站点"命令，出现"…的站点定义为"对话框。在该对话框中有"基本"和"高级"两个选项卡。通过"基本"选项卡，可以按照站点设置向导的提示进行操作；通过"高级"选项卡，可以直接设置本地文件夹、远程文件夹等。

（3）在"基本"选项卡相应的文本框中输入一个站点名字，如 nudt603 FirstWeb，在站点的 URL 地址中输入网站的域名或 IP 地址，如果是创建本地站点，可以不填，如图 10-5 所示，单击"下一步"按钮。

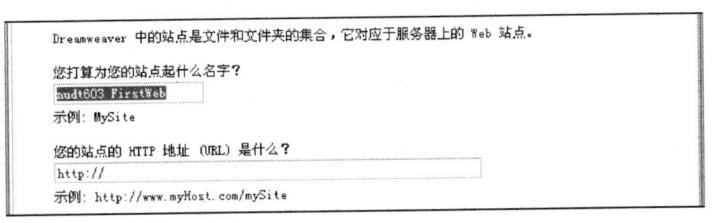

图 10-5　　"…的站点定义为"对话框

（4）在出现的向导的下一个界面中，询问是否要使用服务器技术。现在建立一个静态网站，所以选择"否"，单击"下一步"按钮。

（5）在出现的向导的下一个界面中，在文本框中设置本地站点根文件夹的地址，即本地磁盘上存储站点文件、模板和库项目的文件夹的名称。可以在硬盘上创建一个文件夹，或者单击文件夹图标浏览到所需文件夹。当 Dreamweaver 解析根目录相对链接时，它是相对于该文件夹来解析的，如图 10-6 所示，单击"下一步"按钮。

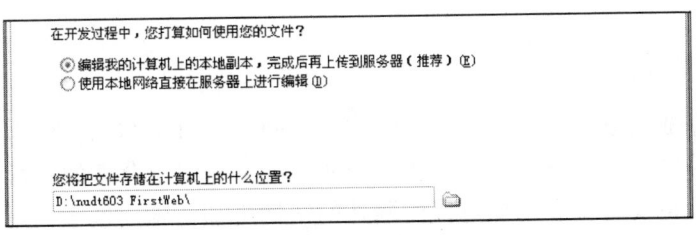

图 10-6　本地站点根文件夹设置对话框

（6）在进一步的连接到远程服务器设置对话框中，如果想在站点建设完成后再与 FTP 连接，此时不希望将站点上传到服务器，可以选择"无"；如果使用 FTP 连接到 Web 服务器，可选择 FTP；如果要在访问网络文件夹或在本地计算机上存储文件或运行测试服务器，可选择"本地/网络"，单击"下一步"按钮。

（7）在总结对话框中，可以看到完成的站点的设置，单击"完成"按钮，即完成一个站点的创建。

（8）此时，单击"站点/管理站点"命令，在出现的"管理站点"对话框中即可看到新建的站点的名称，如图 10-7 所示。

（9）站点创建完成后，单击"窗口/文件"命令，在打开的"文件"面板上可以看到刚才建立的站点，如图 10-8 所示。

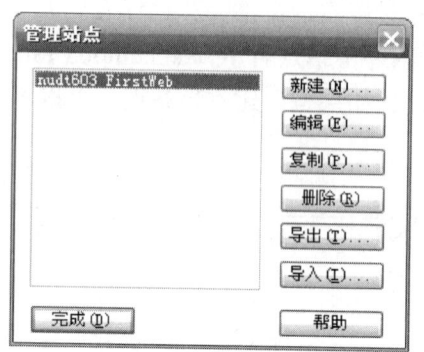

图 10-7　"管理站点"对话框中新增的站点

图 10-8　文件面板上新增的站点

### 3. 管理站点

**1）多站点的切换**

如果建立了多个站点，在图 10-7 所示的"管理站点"对话框的左侧列表中选择一个站点，单击"完成"按钮，即切换到所需站点。

**2）修改站点**

在图 10-7 所示的"管理站点"对话框中，单击"新建"按钮，可以创建一个新的站点；单击"编辑"按钮，可以对选择站点的信息进行编辑修改；单击"复制"按钮，可以对选择站点进行复制；单击"删除"按钮，可以删除所选站点；单击"导入"或"导出"按钮，可以打开"导入"或"导出"对话框，实现从.ste 文件的导入或导出到.ste 文件。

### 4. 管理网站的目录结构

站点创建完成后，就要根据网站的内容设计网站的目录结构，即为这个站点添加文件和文件夹。将站点的所有文件都放在一个文件夹下是很不合适的，可以根据网站所设的栏目建立对应的文件夹，这样可以使网站的结构更加清晰，便于网站的维护。

**1）新建文件夹**

在"文件"面板的站点根目录下右击，从弹出的快捷菜单中选择"新建文件夹"命令。这里创建 3 个文件夹，分别命名为 images、flash、media。建好一级目录后，可以创建二级目录。

**2）新建文件**

在"文件"面板的目标目录下右击，从弹出的快捷菜单中选择"新建文件"命令，然后输入文件名，如图 10-9 所示，在 images 文件夹下添加了一个名字为 note.html 的网页文件。

实际上，用户也可以在 Dreamweaver 中首先创建一个网页文件，编辑完成后保存到所属站点的对应文件夹中。

3）编辑文件与文件夹

对建立的文件和文件夹，可以进行移动、复制、删除、重命名等基本的管理操作。选中需要管理的文件或文件夹，然后右击，在弹出的快捷菜单中选择"编辑"命令，即可进行相关操作，如图 10-10 所示。

【小贴士】单击"文件"面板中的"展开/折叠"按钮，在打开的站点管理器中，同样可实现文件夹、文件的管理操作。

图 10-9　新建文件

图 10-10　编辑文件与文件夹

### 10.2.3　基本网页制作

下面介绍如何在 Dreamweaver 中新建网页、在网页中进行文本处理，快速制作一个图文混排的简单页面。

1. 新建和打开网页

在 Dreamweaver 中单击"文件/新建"命令，弹出"新建文档"对话框，其中有 5 个选项卡，用户进行不同的选择可以创建不同的页面。

- 空白页：用于创建一个指定页面类型和布局的空白页。
- 空模板：用于创建一个指定模板类型和布局的页面。
- 模板中的页：根据已经存在的站点的模板创建一个页面。
- 示例中的页：用于创建"示例文件夹"指定示例的一个页面。
- 其他：创建指定页面类型的页面。

若要打开和编辑已经存在的网页，则只需在"文件"面板中双击所需文件即可。

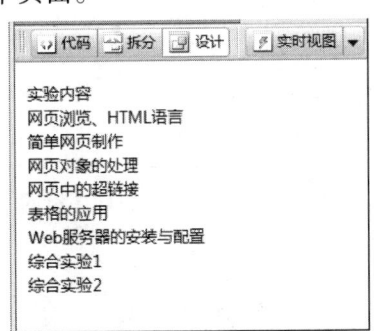

图 10-11　输入文本

2. 添加文本

1）输入基本文字信息

要向文档中添加文本，可以直接在其"文档"窗口中输入文本，也可以通过"复制/粘贴"的方式，从其他文本素材文件中取用，还可以通过"文件/导入"命令从其他文档如 Word 中导入文本。如图 10-11 所示，在网页中输入了一小段文本。

【小贴士】一般按 Enter 键进行文本换行，其在代码区生成<p></p>标签，若希望行间距小一点，则可按 Shift + Enter 键。

2）插入特殊字符

如果要向网页中插入如换行符、破折线、版权、注册商标等的一些特殊字符，在"插入"面板中，选择"文本"类别，单击"文本"插入栏的最后一个图标，在弹出的特殊符号列表中选择所需，即可向网页中插入相应的特殊符号。

【小贴士】"不换行空格"符号为英文字符的空格，其代码为" "，通常可以通过在行首插入多个空格的方法实现首行缩进。如果想通过按"空格"键给文本添加空格，可进行如下设置：选择"编辑/首选参数"命令，在弹出的对话框左侧的分类列表中选择"常规"，然后在右边勾选"允许多个连续的空格"复选框即可。

3）插入水平线

在页面的设计中，水平线起到分隔文本或其他对象的排版作用，可以使用一条或多条水平线。

在"插入"面板中，选择"常用"类别，单击"水平线"图标，即可向网页中插入一条水平线。选中插入的这条水平线，可以在属性面板对水平线的属性进行设置。

- 水平线下的文本框：设置水平线的 ID。
- "宽"文本框：设置水平线的宽度，可设置为百分比或具体的像素值。
- "高"文本框：设置水平线的高度，数值为像素。
- "对齐"弹出式列表：设置水平线的对齐方式，如"左对齐"等。
- "阴影"复选框：设置是否有阴影。

4）插入时间

在对网页更新后，可在页面中标注更新的时间。在"文档"编辑区中，将鼠标光标移动到要插入日期的位置，在"插入"面板中，选择"常用"类别，单击"日期"图标，在弹出的"插入日期"对话框中选择相应的星期格式、日期格式、时间格式即可。图 10-12 显示了完成上述插入操作后的结果画面：插入了一条水平线、一个自动更新的日期、日期之前插入了一条破折线等。

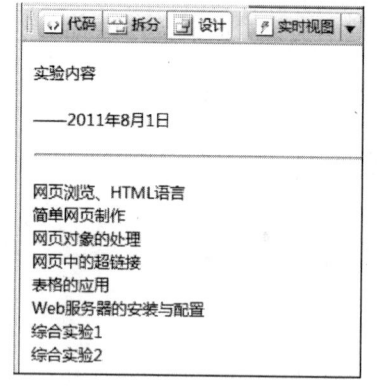

图 10-12　插入了一些特殊字符的画面

3. 格式设置

文本的排版直接决定网页的视觉效果，主要包括字体大小、颜色、文字效果、行距、字距等。

1）文字格式设置

在 HTML 方式的属性面板中，可以定义文字的加粗、斜体、项目列表、编号列表、文本凸出、文本缩进等内容。在 CSS 方式的属性面板中，可以设置文字的字体、大小、对齐方式等内容。需要注意的是，如果文档中还没有任何 CSS 样式，则在进行上述设置时，会弹出"新建 CSS 规则"对话框，要求输入新的样式的名称。关于 CSS 样式的内容随后介绍。

在"字体"下拉列表中可以进行字体设置，但系统预设的可供选择的字体组合均为英文字体组合，如图 10-13(a)所示，如果要使用中文字体，则必须添加新的字体组合。

在列表中选择"编辑字体列表…"，弹出"编辑字体列表"对话框，如图 10-13(b)所示。单击"+"按钮，在"可用字体"列表中选择所需的字体，单击"<<"按钮将其添加到左侧的"选择的字体"列表中，可添加多个字体以构成字体组合。如果要从字体组合中去除某个字体，则首先在"字体列表"中选择字体组合，在"选择的字体"列表中选择字体，单击">>"按钮。如果要删除某个字体组合，则在"字体列表"中选择字体组合后，单击"-"按钮。

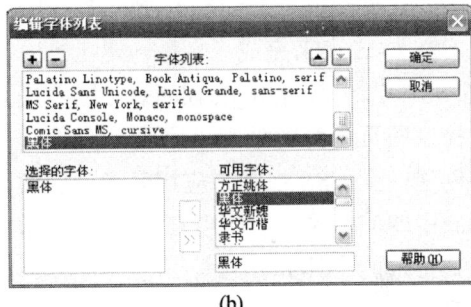

(a)　　　　　　　　　　　　　　　　(b)

图 10-13　字体列表管理

在图 10-12 的基础上，对前 6 项设置项目编号、粗体，最后 2 项设置项目符号、斜体、文本缩进。其结果画面如图 10-14(a)所示。

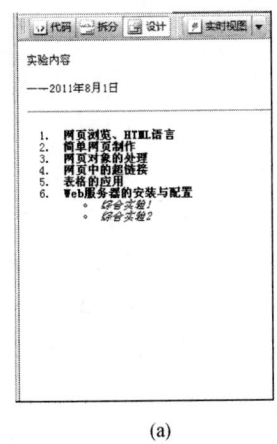
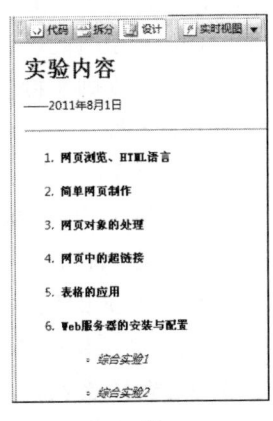

(a)　　　　　　　　　　　　　　　　(b)

图 10-14　设置了文字格式、标题和段落格式的画面

2）标题格式设置

"标题 1"到"标题 6"分别表示各级标题，应用于网页的标题部分。对应的字体由大到小，同时文字全部加粗。

在文档编辑区中选中一段文本，在属性面板"格式"下拉列表框中选择"标题 1"到"标题 6"中之一，即可把选中的文本设置成标题格式。

3）段落格式设置

网页文本内容较多时，通过对页面的文本进行段落格式设置，可以控制全局的文本显示效果。

在文档编辑区中选中一段文本，在属性面板"格式"下拉列表框中选择"段落"，即可把选中的文本设置成段落格式。

在图 10-14(a)的基础上，对文字内容设置"段落"格式，将"实验内容"设置为"标题 1"格式。其结果画面如图 10-14(b)所示。

4. CSS 样式

网页中的文档页面和格式都是用 HTML 标记来定义的，如表格<table>、单元格<td>、行<tr>、图像<img>、表单<form>等，当应用这些标记不能满足更多的样式需求时，就要用 CSS 样式表来完成。

CSS（Cascading Style Sheets，层叠样式表）简称样式表，是一系列格式设置规则，它们控制网页内容的外观。层叠是指对同一个元素或页面应用多个样式的能力。例如，可以创建一个 CSS 规则来应用颜色，创建另一个规则来应用边距，然后将两者应用于一个页面中的同一文本。使用 CSS 可以非常灵活并更好地控制页面的外观，从精确的布局定位到特定的字体和样式等。

使用 CSS 设置页面格式时，内容与表现形式是相互分开的。页面内容（HTML 代码）位于自身的 HTML 文件中，而定义代码表现形式的 CSS 规则位于另一个文件（外部样式表）或 HTML 文档的另一部分（通常为<head>部分）中。

1）新建 CSS 样式

新建一个 CSS 样式的步骤如下：

（1）单击"窗口/CSS 样式"命令，打开"CSS 样式"面板。单击"CSS 样式"面板右下角的"新建 CSS 规则"按钮，打开"新建 CSS 规则"对话框，如图 10-15 所示。

（2）在"选择器类型"选项中选择创建 CSS 样式的方法，包括以下四种：

- 类：可以在文档窗口的任何区域或文本中应用类样式，如果将类样式应用于一整段文字，那么会在相应的标签中出现 CLASS 属性，该属性值即为类样式的名称。
- 标签：重新定义 HTML 标记的默认格式。可以针对某一个标签来定义层叠样式表，也就是说定义的层叠样式表将只应用于选择的标签。例如，为<body>和</body>标签定义了层叠样式表，那么所有包含在<body>和</body>标签的内容将遵循定义的层叠样式表。
- ID：为特定的组合标签定义层叠样式表，用 ID 作为属性，以保证文档具有唯一可用的值。

- 复合内容：是一种特殊类型的样式，可以设置文档默认的链接的 4 个状态样式。
  a:link 设定正常状态下链接文字的样式，a:active 设定鼠标单击时链接的外观，
  a:visited 设定访问过的链接的外观，a:hover 设定鼠标放置在链接文字之上时文字
  的外观。

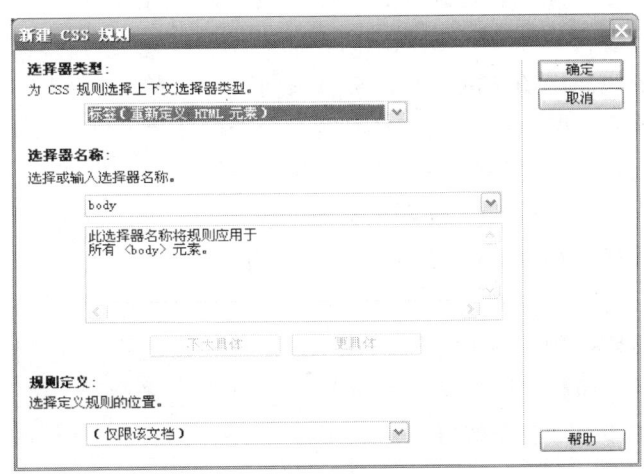

图 10-15　"新建 CSS 规则"对话框

（3）根据上面选择器类型的不同，在"选择器名称"中为新建 CSS 样式输入或选择名称、标记或选择器，其中：

- 对于自定义样式，其名称必须以点"."开始，如果没有输入该点，则 Dreamweaver
  会自动添加上。自定义样式名可以是字母与数字的组合，但"."之后必须是字母。
- 对于重新定义 HTML 标记，可以在"标签"下拉列表中输入或选择重新定义的
  标记。
- 对于 CSS 选择器样式，可以在"选择器"下拉列表中输入或选择需要的选择器。

（4）在"规则定义"区域中选择定义的样式位置：

- 如果选择了"新建样式表文件"，会弹出"将样式表文件另存为"对话框，给样
  式表命名，保存后，会弹出"CSS 规则定义"对话框。
- 如果选择了"仅限该文档"，则单击"确定"按钮后，直接弹出"CSS 规则定义"
  对话框。

（5）在"CSS 规则定义"对话框中根据需要设定 CSS 规则，定义完毕后，单击"确定"按钮，即可完成 CSS 样式的创建。

【小贴士】网页中的 CSS 样式，可以在创建文档时新建，也可以通过"CSS 样式"面板
　　　　　中的"附加样式表"按钮直接从外部导入已经创建好的 CSS 样式。

2）CSS 规则定义

在图 10-16 所示的"CSS 规则定义"对话框中，可以通过类型、背景、区块、方框、边框、列表、定位和扩展的设置，来美化页面。当然，在定义某个 CSS 样式的时候，不

需要对每一个项都进行设置，每个选项可以对所选标签做不同方面的定义，需要什么效果，选择相应的项进行设置就可以了。

- 背景样式设置：在 CSS 规则定义的类型中选择"背景"，可以设置背景的样式。
- 区块样式设置：在分类中选择"区块"，可以设置区块中的样式。区块在网页的文本段落排版中经常要用到，如首行缩进、文字间距等。
- 方框样式设置：选择 CSS 规则定义左侧类型为"方框"，在设置图像距离所在单元格四周的距离或图文混排时，常会用到这一设置。
- 边框样式设置：在 CSS 规则定义左侧的分类中选择"边框"，通过边框样式设置，可以设置对象的边框的颜色、粗细等各项参数。
- 列表样式设置：应用 CSS 规则定义的列表样式，可以设置多种列表的外观样式，在分类中选择"列表"，在右侧可以设置列表样式。
- 定位样式设置：定位样式在实际中是对于层的设置使用。
- 扩展样式设置：用 CSS 样式还可以实现一些扩展功能，通过扩展样式设置实现。"扩展样式"面板主要包括 3 种效果："分页"、"光标"、"过滤器"。在对话框左侧选择"扩展"项，可以在右边区域设置 CSS 样式的扩展格式。

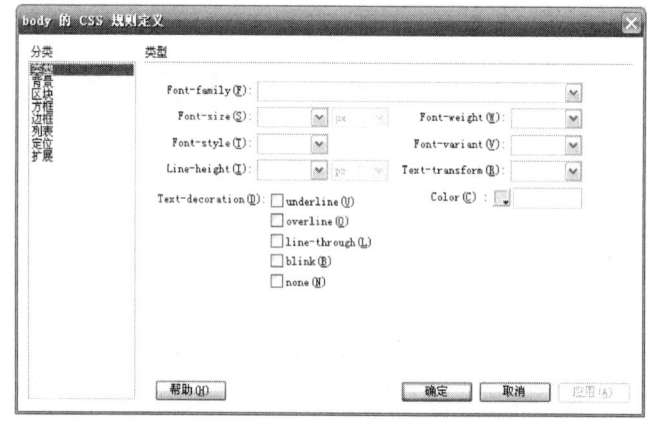

图 10-16　"CSS 规则定义"对话框

【小贴士】通过"CSS 样式"面板右上角的"扩展"按钮可以进行更多的 CSS 样式的操作。

3）CSS 样式冲突

在网页中，如果同时调用多个 CSS 样式，多个 CSS 样式均对其进行样式的改变，这样一来，几个样式之间就产生了冲突，浏览器中遇到这种情况时，显示 CSS 样式一般依照"相加原则"或"就近原则"来进行优先级的分配。

例如，当页面中两个样式应用于同一文本对象时：

- 如果这两个样式所定义的文本样式没有重叠，浏览器将显示该文本对象的所有属性，此为"相加原则"。

- 如果这两个样式所定义的文本样式有冲突,浏览器即以离文本关系的远近决定显示的属性,此即为"就近原则"。

【小贴士】CSS 样式遵循的是就近原则,理论上讲,离对象越近优先级越高。但是,如果是用"!Important"声明的,则优先级最高,同一方式定义的 CSS 则以最后定义的为准。

5. 页面属性设置

单击属性面板中的"页面属性"按钮,打开"页面属性"对话框,在其中可以进行如下几个方面的设置。

1)外观设置

可以进行两个类别的外观设置:"外观(CSS)"类别设置页面中的默认文本字体、文本大小、文本颜色、背景颜色、背景图像、页边距等,此处选取 pic26.jpg 文件作为页面的背景;"外观(HTML)"类别设置页面中的背景图像、背景颜色、文本颜色、不同链接状态的颜色、页边距等。

2)链接设置

"链接(CSS)"类别用于进行与页面的链接效果有关的设置。例如,"链接颜色"定义超链接文本默认状态下的字体颜色,"变换图像链接"定义鼠标放在链接上时文本的颜色,"已访问链接"定义访问过的链接的颜色,"活动链接"定义活动链接的颜色。"下划线样式"可以定义链接的下划线样式。

3)标题设置

"标题(CSS)"类别设置标题字体的一些属性。例如,可以定义"标题字体"以及从"标题 1"到"标题 6"的标题字体样式,包括粗体、斜体、大小和颜色等。

4)网页标题和编码设置

"标题/编码"类别设置网页的标题和网页的编码。在"标题"文本框中输入的网页标题,将出现在浏览该网页时的标题栏上,网页标题可以是中文、英文或符号;而在"编码"下拉列表中选择了正确的编码,才能避免网页中出现乱码或文字混乱等现象。

6. 文件头设置

文件头的内容在网页中是不可见的,但是文件头的设置在设计网页中至关重要,因为文件头携带着网页的重要信息,如关键字、描述文字等,还可以实现一些非常关键和重要的功能,如自动刷新功能。在"插入"面板中,选择"常用"类别,单击"文件头"图标,弹出下拉菜单,其中列出了文件头的设置内容,如图 10-17 所示。

1)插入 META

META 标记用于记录当前网页的相关信息,如编码、作者、版权等,也可以用于给服务器提供信息。单击图 10-17 所示的 META 命令,弹出 META 对话框,在"属性"列表框中选择"名称"属性,在"值"文本框中输入相应的值,如 author 为作者信息、copyright 为版权声明、generator 为网页编辑器等,在"内容"文本框中输入相应的信息,如图 10-18

所示。

2）设置关键字

关键字用于引导和协助网络上的搜索引擎找到网页，因此设置合适的网页关键字，将使百度、Google 等搜索引擎更容易搜索网站的内容，从而获得较好的排名，提高网站的流量和知名度。单击图 10-17 所示的"关键字"命令，弹出"关键字"对话框，输入关键字即可，如图 10-19 所示。

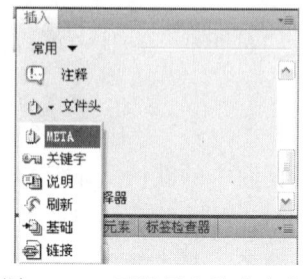

图 10-17　可设置文件头内容

图 10-18　META 对话框

3）添加说明

可以用一段文字描述使用户了解网页的相关信息，如作者、来源等。单击图 10-17 所示的"说明"命令，弹出"说明"对话框，输入一段描述文字即可，如图 10-20 所示。

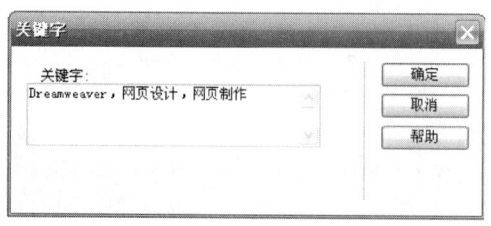

图 10-19　"关键字"对话框

图 10-20　"说明"对话框

4）设置网页刷新

可以设置网页的刷新方式为定时自动刷新或在指定时间内跳转到指定的页面，如图 10-21 所示。

5）删除文件头内容

如果要删除一个已经设置好的文件头对象，可以直接在代码中删除，也可以在文件头快捷方式中选择文件头对象，如图 10-22 所示，按 Del 键进行删除。如果文件头没有显示出来，只需勾选"查看/文件头内容"命令即可。

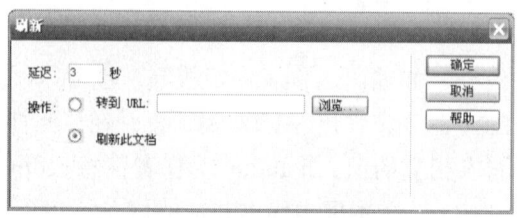

图 10-21　"刷新"对话框

图 10-22　文件头快捷方式

### 10.2.4　网页文件的管理

#### 1. 保存网页

选择"文件/保存"命令，弹出"另存为"对话框，在"文件名"文本框中输入文件的名称，如 index.html，选择保存的路径为站点的根目录，单击"保存"按钮，这样即在对应路径中生成了 HTML 文件。

#### 2. 网页预览

单击文档工具栏右侧的"在浏览器中预览/调试"按钮旁的下三角，在浏览器列表的下拉菜单中选择浏览器类型，如果选择"预览在 IExplore.exe"，则使用 IE 浏览器运行刚保存的网页。显示画面如图 10-23 所示。

【小贴士】按 F12 键即可在浏览器中打开当前网页。

图 10-23　浏览制作完成的网页

#### 3. 关闭网页

选择"文件/关闭"命令，或按 Ctrl+W 键，可关闭当前页面。如果要关闭当前窗口打开的所有文档，则选择"文件/全部关闭"命令，或按 Ctrl+Shift+W 键。

### 10.2.5　单元实验

单元实验 10-2-1：认识 Dreamweaver

【实验目的】

（1）熟悉 Dreamweaver 的菜单和面板。

（2）掌握网站创建的方法。

【实验要求】

（1）启动 Dreamweaver，依次打开主界面上的菜单和面板，重点了解"菜单栏"、"插入面板"、"文档工具栏"、"文档编辑区"、"状态栏"、"属性面板"和"浮动面板组"等的功能及其使用方法。

（2）建立一个名为 FirstWeb 的本地站点，位置在 D:\MyWebSite 目录下，并完成相应的设置。

（3）在 FirstWeb 站点中建立名为 images、music 和 flash 的 3 个文件夹，并在根目录中创建一个名为 index.html 的文件。

单元实验 10-2-2：简单网页的制作

【实验目的】

（1）熟悉网页的创建、编辑、保存、预览等操作。

（2）掌握文本等基本网页元素的添加和编辑方法。

（3）掌握网页的简单格式编排方法。

【实验要求】

（1）在 FirstWeb 站点的根目录下建立一个名为 FirstPage.html 的网页文件。

（2）在该网页文档中输入或粘贴一段文字，添加合适的标题，在标题的下方插入一条水平线。

（3）设置标题文本的格式为"标题 2"、居中对齐。

（4）设置正文的对齐方式为"两端对齐"并进行适当的左右两侧的缩进。

（5）设置网页的标题为"我的第一个网页"，上下左右 4 个页边距均为 10px，为网页设置一幅背景图像，并将该图像文件保存到 images 文件夹中。

# 10.3  网页对象的处理

一个优秀的网站应该不仅仅是由文字组成的，而是多媒体的、动态的。为了增强网页的表现力，丰富文档的显示效果，可以在网页中添加图像、Flash 动画、Java 小程序、音频播放插件等多媒体内容。

## 10.3.1  图像

图像是网页中不可或缺的元素，其与文本的结合能使界面更为生动，表现力更强。目前互联网上支持的图像格式主要有 GIF、JPEG 和 PNG。其中使用最为广泛的是 GIF 和 JPEG。

1. 插入图像

在制作网页时，先构想好网页布局，在图像处理软件中将需要插入的图片进行处理，然后存放在站点根目录下相应的文件夹中。例如，可存入前面所建站点 nudt603 FirstWeb 的 images 文件夹中。插入图像时，将光标放置在文档窗口需要插入图像的位置，在"插入"面板中，选择"常用"类别，单击"图像"图标，在弹出的下拉菜单中单击"图像"命令，如图 10-24 所示。在弹出的"选择图像源文件"对话框中选择所需的图像文件，单击"确定"按钮，弹出"图像标签辅助功能属性"对话框，在"替换文本"文本框中输入"花卉 10"，如图 10-25 所示，单击"确定"按钮，即可将图像插入到网页中。

如果在插入图片的时候，所选图片不是保存在站点根目录下，系统会弹出对话框，提醒我们把图片保存在站点根文件夹以内，这时单击"是"按钮。然后在新的"复制文件为"对话框中选择本地站点的路径将图片保存，图像同时也被插入到网页中。

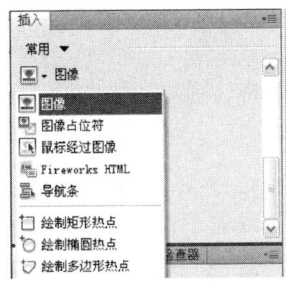
图 10-24　可插入的图像元素

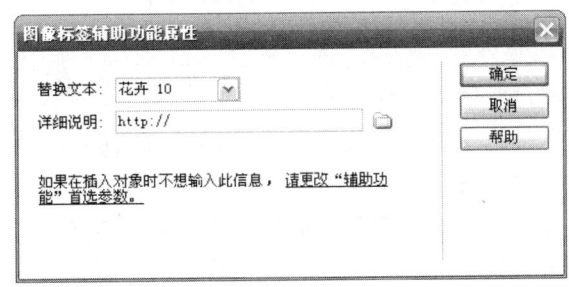
图 10-25　"图像标签辅助功能属性"对话框

### 2. 设置图像属性

选中图像后，在属性面板中显示出了图像的属性，如图 10-26 所示。

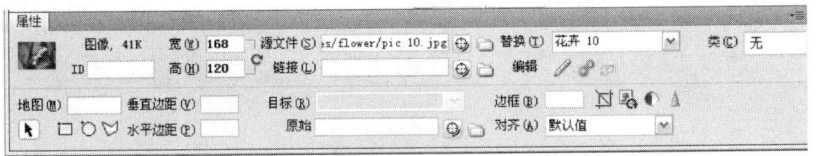
图 10-26　图像的属性设置

- 在属性面板的左上角显示了当前图像的缩略图，同时显示图像所占存储空间的大小。可以在缩略图右侧的文本框中输入图像标记的名称，方便以后在代码脚本中对其进行引用。
- "宽"和"高"文本框：设置图像的大小，数值表示了图像的大小。如果通过图像四周的控点调整了图像的大小，其值将以粗体显示，并在旁边出现一个弧形箭头，单击弧形箭头可以恢复图像的原始大小。也可以直接在"宽"和"高"文本框中修改图像的大小。
- "源文件"文本框：设置图像源文件位置，其中给出了当前图像的源文件地址，单击文本框后面的文件夹图标可以选择新的图像文件。
- "链接"文本框：设置图像的链接地址。
- "替换"下拉列表框：设置图像的替换文本，可在其中输入一段图像的说明文字，当图像无法显示时，将显示这段文字。
- "地图"区域：输入地图的名称，进行热区的设置。
- "水平边距"和"垂直边距"文本框：设置边距，可在其中输入数值，设置图像的左右和上下边与其他页面元素的距离。
- "边框"文本框：设置边框，可在其中输入图像边框的宽度值，默认的边框宽度为 0。

- "对齐"下拉列表框：设置图文混排方式，单击"对齐"下拉列表框可以设置图像与文本的相互对齐方式，如基线对齐、顶端对齐、居中对齐、文本上方对齐、右对齐等，可以灵活地实现文字与图片的混排效果。

3. 插入其他图像元素

通过"插入"面板中的"常用"类别，单击"图像"图标，除了可以插入图像外，还可以插入"图像占位符"、"鼠标经过图像"、"导航条"等。

1）图像占位符

在进行页面布局时，如果要在网页中插入一张图片，可以先不制作图片，而是使用占位符来代替图片位置。单击下拉列表中的"图像占位符"命令，打开"图像占位符"对话框，如图 10-27 所示。输入待插入图像的名称，设置图片的宽度和高度，占位符的颜色，替换文本，单击"确定"按钮即可。插入 pic10.jpg 图像以及 pic11.jpg 图像占位符的画面如图 10-28 所示。

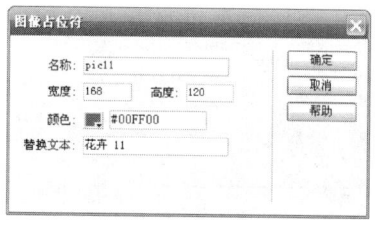

图 10-27　"图像占位符"对话框

图 10-28　插入了图像和图像占位符

2）鼠标经过图像

在浏览网页时经常可以遇到当鼠标移过或单击图像时，图像变成另外一幅图像的情况，这样可以使图像更能吸引用户的关注。这样的图像变换实际上是由两个图像组成：首次载入页时显示的图像和当鼠标指针移过原图像时显示的图像。这两张图片要大小相等，如果不相等，系统将进行自动调整。

单击下拉列表中的"鼠标经过图像"命令，打开"插入鼠标经过图像"对话框，如图 10-29 所示。选择原始图像、鼠标经过图像，输入如果图像打不开时所显示的替换文本，确定单击图像时的链接目标，单击"确定"按钮。

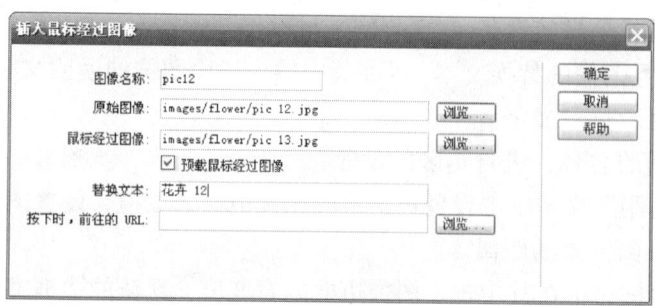

图 10-29　"插入鼠标经过图像"对话框

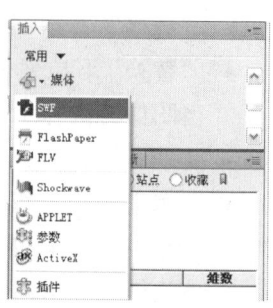

图 10-30　可插入 Flash 对象

### 10.3.2　Flash

在"插入"面板中，选择"常用"类别，单击"媒体"图标，弹出快捷菜单，如图 10-30 所示。在弹出的菜单中选择不同的命令，进行相应的设置，即可在网页中适当的位置插入 Flash 动画、FlashPaper、Flash 视频等对象。

1. 插入 Flash 动画

在图 10-30 所示的快捷菜单中选择 SWF 命令，弹出"选择文件"对话框，在其中选择要插入的 Flash 动画文件，单击"确定"按钮后，页面的目标位置中出现一个带有字母 F 的灰色方框，此即为刚插入 Flash 动画的占位符，如图 10-31 所示。单击这个 Flash 动画占位符，就可以在属性面板中设置它的属性了，如图 10-32 所示。

图 10-31　Flash 动画的
　　　　　占位符

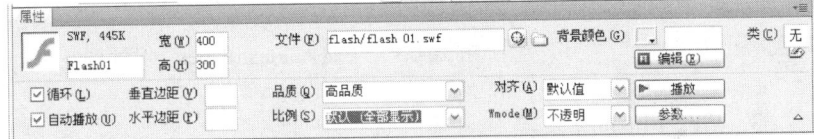

图 10-32　Flash 动画的属性设置

在属性面板的左上角，显示了当前 Flash 动画的占位符图标，同时显示出其所占存储空间的大小。在缩略图右侧有一个文本框，在其中可以输入 Flash 动画标记的名称，方便以后在代码脚本中对其进行引用。

- "文件"文本框：用于进行 Flash 动画文件位置的设置。其中给出了当前 Flash 动画的源文件地址，单击文本框后面的文件夹图标可以选择新的 Flash 动画文件。
- "背景颜色"方框：设置动画的背景颜色，当动画还没有显示出来时，在动画的位置显示背景色。
- "循环"复选框：决定影片是连续播放，还是影片在播放一次后自动停止。
- "自动播放"复选框：设定 Flash 动画是否在页面加载时就播放。
- "水平边距"和"垂直边距"文本框：在其中输入数值，可以设置 Flash 动画的左右和上下边与其他页面元素的距离。
- "品质"下拉列表：可以选择 Flash 动画的画质，包括"低品质"、"高品质"等 4 个选项，如果想以最佳状态显示，就选择"高品质"。
- "对齐"下拉列表：设置 Flash 动画的对齐方式。
- Wmode 下拉列表：设置 Flash 动画是否透明显示。
- "播放"按钮：用于在文档编辑区播放插入的 Flash 动画。

2. 插入 FlashPaper

FlashPaper 是一种电子文档类工具，可将文档通过简单的设置转换为 Flash 文档或 PDF 文档。在网页中插入 FlashPaper 文档后，在浏览器中打开包含 FlashPaper 文档的页面时，在顶端将出现一个控制栏，用于对 FlashPaper 文档进行缩放、搜索、打印等操作。

在图 10-30 所示的快捷菜单中选择 FlashPaper 命令，弹出"插入 FlashPaper"对话框，在其中选择要插入的 FlashPaper 文档，输入宽度和高度以指定 FlashPaper 对象在网页上的尺寸，FlashPaper 将缩放文档以适合宽度，如图 10-33 所示，此处的 flash 05.swf 文档是由一个 Word 文档转换而来。单击"确定"按钮，可看到页面上出现一个 Flash 占位符，此即代表该 FlashPaper 文档。如果需要，可以在其对应的属性面板中设置其他属性。

图 10-33    "插入 FlashPaper"对话框

3. 插入 Flash 视频

在图 10-30 所示的快捷菜单中选择 FLV 命令，弹出"插入 FLV"对话框，在其中的 URL 文本框中输入要插入的 Flash 视频文件，设置视频类型、外观等，单击"确定"按钮后，页面中的目标位置中出现一个带有字母 F 和摄像机的组合方框，此即为刚插入 Flash 视频的占位符，如图 10-34 所示。单击这个 Flash 视频占位符，就可以在属性面板中设置它的属性，如图 10-35 所示。

图 10-34    Flash 视频的          图 10-35    Flash 视频的属性设置
         占位符

### 10.3.3  声音

在网页中常见的声音格式有 WMA、MP3、MIDI、AIF、RA 或 Real Audio 格式，可在网页中添加背景音乐或音频。

1. 添加背景音乐

在网页中最常用的就是嵌入背景音乐，下面介绍两种方法。

1）直接输入代码

在 HTML 语言中，通过<BGSOUND>这个标签可以嵌入多种格式的音乐文件。打开要添加背景音乐的网页，切换到"代码"或"拆分"视图，将光标定位到</body>之前的位置，在光标的位置输入下面这段代码<bgsound src="media/music 10 Angel.mp3">，如图 10-36 所示。在浏览器中浏览该网页时，就可以听见背景音乐了。如果希望循环播放音乐，则将刚才的源代码修改为<bgsound src="media/music 10 Angel.mp3" loop="true">。

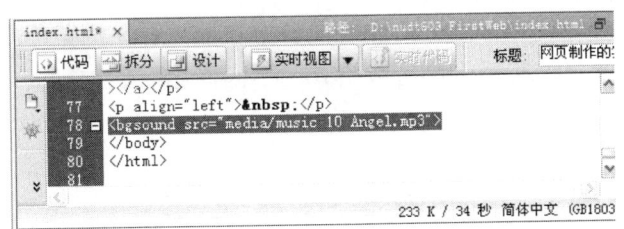

图 10-36　添加背景音乐的代码

2）插入标签

在"插入"面板中，选择"常用"类别，单击"标签选择器"图标，弹出"标签选择器"对话框，选择"HTML 标签"中的"浏览器特定"项目，在右边的列表中选择 bgsound 元素，如图 10-37 所示。单击"插入"按钮，弹出"标签编辑器"对话框，在"源"文本框中添加音乐文件，选择"循环"方式，单击"确定"按钮，即可完成背景音乐的设置。

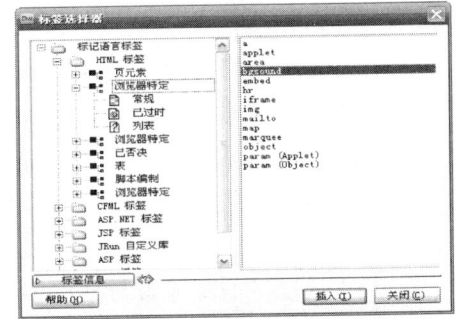

图 10-37　"标签选择器"对话框

2．插入音频

嵌入音频可以将声音直接插入页面中，但只有用户在浏览网页时具有所选声音文件的适当插件后，声音才可以播放。插入音频的步骤如下：

（1）打开要添加音乐的网页，将光标放置于我们想要显示播放器的位置。

（2）在图 10-30 所示的快捷菜单中选择"插件"命令，弹出"选择文件"对话框，在其中选择要插入的音频文件，单击"确定"按钮后，插入的插件在文档编辑区中以图标的形式显示出来，如图 10-38 所示。单击这个图标，就可以在属性面板中设置它的属性，如图 10-39 所示。

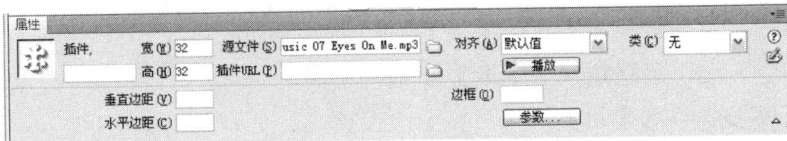

图 10-38　音频文件的
　　　　　　占位符

图 10-39　音频文件的属性设置

（3）单击属性面板中的"参数"按钮，在弹出的"参数"对话框中设置音频播放的参数。要实现循环播放音乐的效果，在"参数"列中输入 loop，并在"值"列中输入 true 后，单击"确定"按钮；要实现自动播放，单击"+"按钮新增一行，在"参数"列中输入 autostart，并在值中输入 true，如图 10-40 所示，单击"确定"按钮。

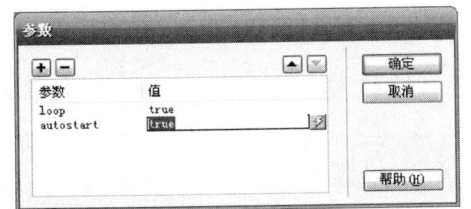

图 10-40　设置循环播放音乐和自动播放音乐

在浏览器中浏览网页时，可看到插入音频的效果，且在浏览器中将显示出播放音频的插件，插件的外观根据所插入的音频格式的不同而会有所差别。

### 10.3.4　单元实验

单元实验 10-3-1：网页中的图像处理

【实验目的】

（1）掌握网页中图像的基本处理方法。

（2）掌握在网页中设置鼠标经过图像的方法。

【实验条件和素材】

一组图像文件。

【实验要求】

（1）将所提供的图像素材文件存入 FirstWeb 站点的 images 文件夹中。

（2）在 FirstWeb 站点的根目录下建立一个名为 Material.html 的网页文件。

（3）在该网页文档的最上面的水平区域放置一个横幅图片，当鼠标经过时变换为对应的另一幅图片。

（4）从提供的图像素材文件中，按"绮丽风光"、"美丽花卉"、"美味佳肴"3 个类别各挑选 4 幅图片，按照分类的顺序插入到网页文件中，每张照片的前面输入该照片的名称，可自取或用文件名，名称与图片位于同一行，居中对齐。

（5）设置图像的替代文本为所选图片的文件名，图像的大小为 80×60，图像的水平和垂直边距为 5。

（6）设置合适的网页文字的颜色及背景色。Material.html 的设计参考页面如图 10-48 所示。

单元实验 10-3-2：网页中的动画、音频处理

【实验目的】

（1）掌握在网页中插入 Flash 动画的方法。

（2）掌握在网页中设置背景音乐的方法。

【实验条件和素材】

一组音频、动画文件。

【实验要求】

（1）将所提供的素材文件按文件类型分别存入 FirstWeb 站点的 music 和 flash 文件夹中。

（2）打开 Material.html 网页文件。

（3）在横幅图片的右侧插入一个 Flash 动画，设置其为连续播放，且在页面加载时就播放。

（4）在横幅图片之后插入文本"图像素材分类"，设置为"标题 1"的格式。

（5）在下一行内以适当的间隔插入 4 个内容分别为"绮丽风光"、"美丽花卉"、"美

味佳肴"、"更多……"的文本，设置为"标题 4"的格式。

（6）为该网页设置背景音乐，循环播放。Material.html 的设计参考页面如图 10-48 所示。

# 10.4　网页中的超链接

超链接是指站点内不同网页之间、站点与 Web 之间的链接关系，它可以使站点内的网页成为有关联的整体，还能够使不同站点之间建立联系，是网页制作的基础。

超链接主要由链接载体和链接目标组成。链接载体可以是文本、图像、图像热区、动画等页面元素；链接目标可以是任意网络资源，如页面、图像、声音、程序、其他网站、E-mail，甚至页面中的某个位置——锚点。

要创建超链接，必须要清楚链接路径。链接路径可分为相对路径和绝对路径，其中相对路径可分为和根目录相对的路径及和文档相对的路径。

绝对路径是包含服务器协议如 http://或 ftp://的完全路径。绝对路径包含的是精确位置而不用考虑源文档的位置。但是如果目标文档被移动，则链接无效。创建对当前站点以外文件的链接时必须使用绝对路径，如 http://www.ddvip.com 或 ftp://202.136.254.1/。

和根目录相对的路径是指从站点根文件夹到被链接文档经由的路径，以前斜杠开头。例如，/tmp/test.html 将链接到站点根文件夹下的 tmp 子文件夹中的 test.html 文件。在使用与根目录相对的路径时，包含链接的文档在站点内移动，链接不会中断。

和文档相对的路径是指和当前文档所在的文件夹相对的路径，适合网站的内部链接。如果要链接到同一目录下，则只需要输入要链接文件的名称，如，test.gif 是指当前文件夹内的 test.gif 文档；要链接到下一级目录中的文件，只需要输入目录名，然后输入"/"，再输入文件名，如"/tmp/test.gif"是指当前文件夹下 tmp 文件夹中的 test.gif 文档；要链接到上一级文件夹中的文件，则先输入"../"再输入目录名和文件名，如"../test.gif"是指当前文件夹上一级文件夹内的文档。和文档相对的路径通常是最简单的路径，可以用于链接总是和当前文档在同一文件夹中的文件。

超链接按链接目标可分为"超文本链接"、"内部链接"、"外部链接"、"锚点链接"、"图像链接"、"热区链接"、"邮件链接"、"空链接"等。下面简要介绍几个主要链接的建立方法。

## 10.4.1　创建超级链接

创建链接的方法：可以直接输入地址也可以使用"超级链接"对话框。

### 1. 在属性面板中建立链接

在文档编辑区选中要建立链接的对象，在其对应的属性面板中进行设置，如图 10-41 所示。在"链接"列表框设置图像或文字的超链接，可直接输入要链接的路径和文件名，也可单击其右侧的文件夹图标进行选择；在"目标"列表框设置链接的打开方式，有多项选择，如"_blank"是在一个新的未命名的浏览器窗口中打开链接，"_self"是用新打开的目标网页替换当前网页的内容。

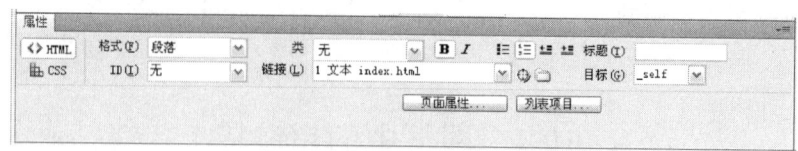

图 10-41　链接的属性设置

【小贴士】按住"链接"列表框右侧的"指向文件"图标,直接拖到目的地,可以快速建立链接,如图 10-42 所示。

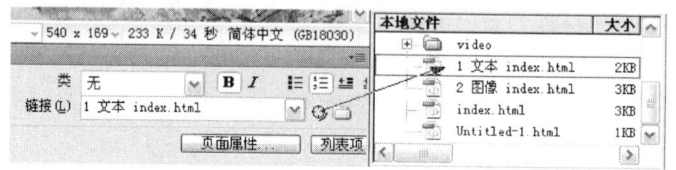

图 10-42　"指向文件"图标的使用

## 2. 使用"超级链接"对话框

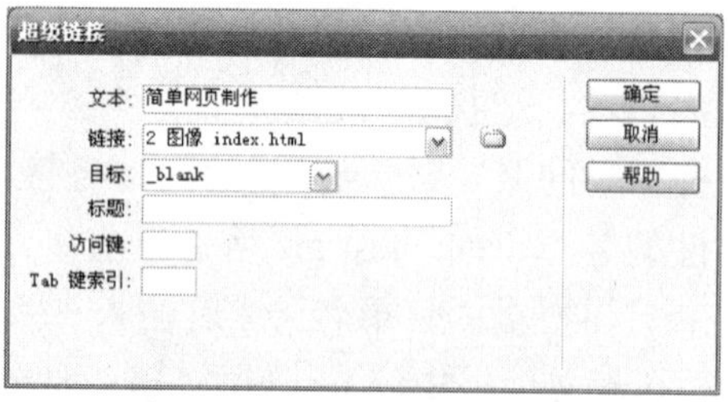

图 10-43　"超级链接"对话框

在文档编辑区选中要建立链接的对象,在"插入"面板中,选择"常用"类别,单击"超级链接"图标,弹出"超级链接"对话框,如图 10-43 所示。在该对话框中可以进行所需的设置。

- "文本"文本框:设置超链接选中的文本。
- "链接"列表框:设置超链接链接到的路径。
- "目标"列表框:设置超链接的打开方式。
- "标题"文本框:设置超链接的标题。

## 10.4.2　邮件链接

在网页中,常常会在网站上浏览到 E-mail 的联系方式,单击这个邮件地址,即可使用默认的本地邮件客户端直接给该电子邮件地址发送邮件,这种链接称为邮件链接。创建邮件链接的方法有多种:

（1）在文档编辑区选中要建立链接的文本,在"属性"面板的"链接"文本框中输入"mailto:邮件地址",如 mailto:nudt603@yahoo.com.cn,即可创建邮件链接。

（2）在"插入"面板中,选择"常用"类别,单击"电子邮件链接"图标,弹出"电子邮件链接"对话框,在"文本"文本框中输入要链接的文本,然后在 E-Mail 文本框内

图 10-44　"电子邮件链接"对话框

输入邮箱地址即可，如图 10-44 所示。

### 10.4.3　锚点链接

超链接不仅可以在网页之间进行链接，在本页也可以进行链接，在同一个页面中的不同位置的链接就是锚点链接。锚点链接一般在篇幅较长的文档中使用，使用锚点链接到文章的某个特殊的段落，这样可以方便用户阅读。

#### 1. 定义"锚点"

将光标放置在文档编辑区要插入锚点的位置，在"插入"面板中，选择"常用"类别，单击"命名锚记"图标，打开"命名锚记"对话框，如图 10-45(a)所示，在"锚记名称"文本框中输入锚点名，网页中的锚点名必须唯一，单击"确定"按钮即可。在图 10-45(b)所示的画面中，文本"单元实验 1"前面出现了定义的锚点标记。

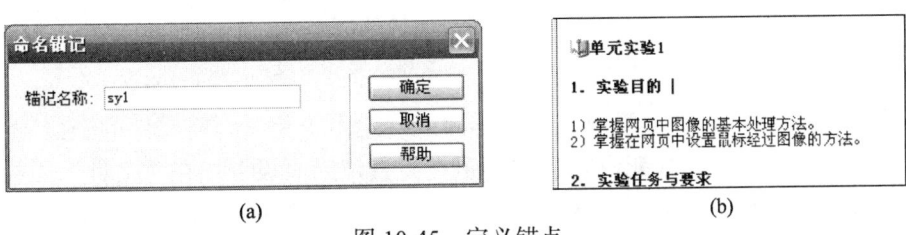

图 10-45　定义锚点

#### 2. 创建指向当前文档中锚点的链接

在文档编辑区选中需要链接到锚点的文字或图像等网页元素，在属性面板的"链接"文本框中输入链接到的锚点名称，并在名称的前面加上"#"，如"#sy1"，如图 10-46 所示，或直接拖动"链接"文本框后面的"指向文件"图标到已经定义的锚点上。

图 10-46　链接到锚点

【小贴士】如果在链接地址中只输入"#"，则该链接将自动返回到页面首页，方便用户对当前文档的阅读。"#"称为空链接或虚拟链接。

#### 3. 创建指向其他文档中锚点的链接

如果要链接的目标锚点不在当前文档中，而是在其他文档中，则在链接地址的"#"之前需添加该文档的路径及名称。

例如，有文件 file1.html 和 file2.html 在同一个路径中，在文件 file1.html 中要建立到文件 file2.html 中的锚点 m2 的链接，则应在"链接"文本框中输入 file2.html#m2。

#### 10.4.4　图像热点链接

　　一幅图像可以作为一个完整对象链接到目标，也可以在图像中定义一定形状的区域，这些区域称为热点，然后给这块图像热点区域设置链接，此即为图像热点链接。热区的形状有三种：矩形、圆形、多边形。在网页中选择一幅图片，在属性面板中，选择所需形状的一个热区按钮，然后在图像上需要创建热区的位置拖动鼠标，即可创建热区，如图 10-47(a)所示，其中创建了一个圆形热点链接区。选中这个图像热点，在属性面板上为这个图像热点设置超链接即可，如图 10-47(b)所示。

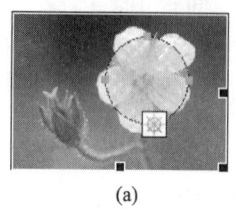
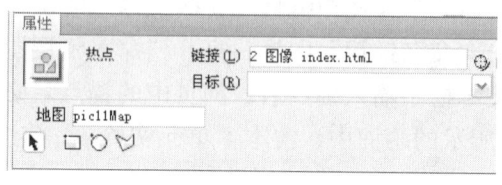

(a)　　　　　　　　　　　　　　　　　　(b)

图 10-47　定义热区及热区属性的设置

　　在站点制作完成以后，通过链接检查器可以对站点中相对当前文件的链接进行检查，如果有错误链接或不存在的死链将直接显示在检查结果面板上。在"文件"面板中，选择一个文件，右击，在弹出的快捷菜单中选择"检查链接/整个本地站点"命令。另外，也可以在浏览器中通过单击超链接，查看链接是否正确。

#### 10.4.5　单元实验

单元实验 10-4-1：基本链接与锚点链接的设置

【实验目的】

　　（1）掌握网页中链接的设置方法。

　　（2）掌握网页中锚点链接的设置方法。

【实验要求】

　　（1）打开 Material.html 网页文件。

图 10-48　Material.html 的设计参考页面

　　（2）在网页中每个类别的第一张图片左侧的图片文件名处插入 3 个锚点，分别命名为 m1、m2、m3。

　　（3）分别设置 3 个文本"绮丽风光"、"美丽花卉"、"美味佳肴"到上述 3 个锚点的链接。

　　（4）设置文本"更多……"到国防科技大学主页（http://www.nudt.edu.cn）的超级链接，使之在新窗口中打开新的网页。Material.html 的设计参考页面如图 10-48 所示。

单元实验 10-4-2：图像热点链接、邮件链接的设置

【实验目的】

　　（1）掌握网页中图像热点链接的设置方法。

　　（2）掌握网页中邮件链接的设置方法。

【实验要求】

　　（1）打开 FirstWeb 站点根目录下的 index.html 网页文件。

　　（2）在网页文档的一行中以一定的间隔输入"图像素材"、"习作赏析"。

　　（3）分别设置文字"图像素材"、"习作赏析"到文件 Material.html、FirstPage.html 的链接。

　　（4）插入一幅图片到网页中，并进行适当的大小调整。

　　（5）选取图片上的一个矩形区域为图像热点，将其链接到文件 Material.html，选取一个圆形区域为图像热点，将其链接到文件 FirstPage.html。

　　（6）在图片的下面输入作者、版权等信息，设置作者到 nudt603@yahoo.com.cn 的邮件链接。

# 10.5　表格的应用

　　在网页设计中，需要对页面进行布局规划，对文本、图像等网页元素进行科学的、合理的定位，表格在网页设计中占有重要的地位。

　　表格是网页设计制作不可缺少的元素，它以简洁明了和高效快捷的方式将图片、文本、数据和表单的元素有序地显示在页面上，可以设计出漂亮的页面，使用表格排版的页面在不同平台、不同分辨率的浏览器里都能保持其原有的布局，在不同的浏览器平台有较好的兼容性，所以表格是网页中最常用的排版方式之一。

## 10.5.1　表格编辑

　　表格由行、列、单元格组成，横向为"行"，竖向为"列"，行与列围成的区域称为"单元格"。使用表格也可以组织表格化数据、设计页面版式。一般是先在文档中插入表格，然后按照页面的布局，对表格进行拆分、合并、添加等操作。

　　1. 插入表格

　　在文档编辑区中，将光标放在需要创建表格的位置，在"插入"面板中，选择"常用"类别，单击"表格"图标，弹出"表格"对话框，如图 10-49 所示。在该对话框中指定表格的属性后，即可插入表格。图 10-50 给出了设置表格所用部分参数的图示。

　　● "行数"文本框：设置表格的行数。

　　● "列"文本框：设置表格的列数。

　　● "表格宽度"文本框：设置表格的宽度，可以填入数值，紧随其后的下拉列表框设置宽度的单位，有"百分比"和"像素"两个选项。当宽度的单位选择百分比

时，表格的宽度会随浏览器窗口的大小而改变。

- "边框粗细"文本框：设置表格边框的宽度。
- "单元格边距"文本框：设置单元格中的内容与单元格边框的距离。
- "单元格间距"文本框：设置单元格与单元格之间的距离。
- "标题"区域：设置表格标题在表格中的位置，有四种可选布局。
- "标题"文本框：用于输入表格的标题。
- "摘要"文本框：用于输入表格的一些注释信息。

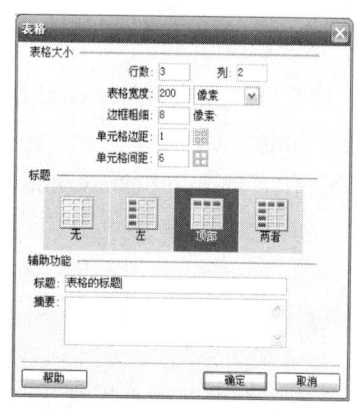

图 10-49　"表格"对话框

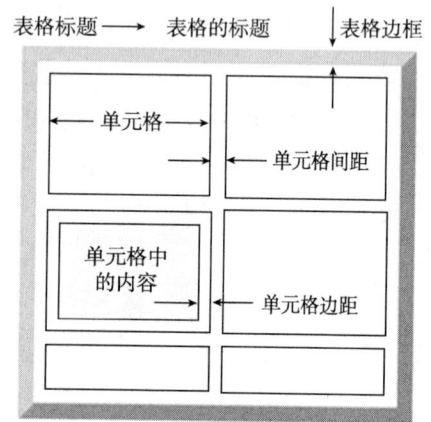

图 10-50　表格设置参数图示

## 2. 选择对象

对于表格、行、列、单元格属性的设置是以选择这些对象为前提的。

- 选择整个表格：把鼠标放在表格边框的任意处，当鼠标右下角出现一个表格小图标时单击即可选中整个表格；或在表格内任意位置单击，然后在状态栏选中 \<table\>标签；或在单元格任意位置右击，在弹出的快捷菜单中选择"表格/选择表格"命令。
- 选择某一单元格：按住 Ctrl 键，单击需要选中的单元格；或者选中状态栏中的\<td\>标签。
- 选择连续单元格：按住鼠标左键从一个单元格的左上方开始向要连续选择单元格的方向拖动。
- 选择不连续的几个单元格：按住 Ctrl 键，单击要选择的所有单元格。
- 选择某一行或某一列：将光标移动到表格的行左侧或列上方，当鼠标指针变为向右或向下的箭头图标时单击。

## 3. 行/列的添加与删除

选择要进行行或列操作的单元格，右击，在弹出的快捷菜单中选择所需命令，如图 10-51 所示。

- "插入行"：在选择行的上方插入一个空白行。
- "插入列"：在选择列的左侧插入一列空白列。
- "插入行或列"：将弹出"插入行或列"对话框，可以设置插入行还是列、插入的数量，以及是在当前选择的单元格的上方或下方、左侧或右侧插入行或列。
- "删除行"：删除选择的行。
- "删除列"：删除选择的列。

4. 单元格的合并与拆分

如果要合并单元格，选择要合并的多个单元格，单击属性面板左下角的"合并"按钮即可。

如图 10-52 所示，如果要拆分单元格，将光标放在待拆分的单元格内，单击属性面板上的"拆分单元格为行或列"按钮，在弹出的"拆分单元格"对话框中，按需要进行设置，如选择拆分列，输入要拆分的列数。

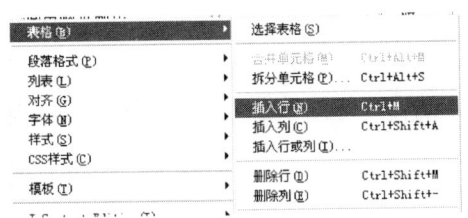

图 10-51　插入行或列的快捷菜单

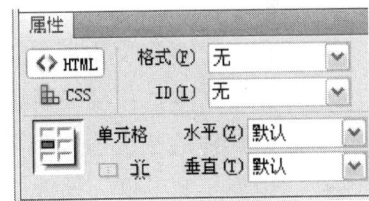

图 10-52　"合并"与"拆分"按钮

### 10.5.2　表格格式化

1. 单元格的属性设置

把光标移动到某个单元格内，可以通过单元格的属性面板对单元格以及其中的内容进行格式设置，如图 10-53 所示。

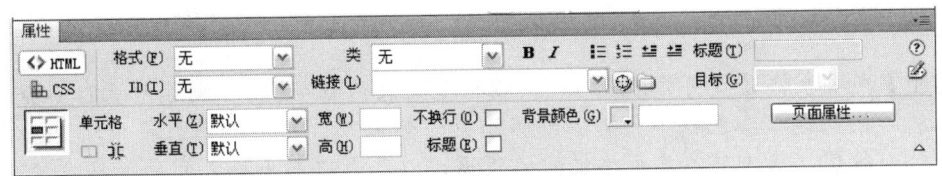

图 10-53　单元格的属性面板

- "水平"下拉列表框：设置单元格内元素的水平排版方式，包括"左对齐"、"居中对齐"、"右对齐"。
- "垂直"下拉列表框：设置单元格内元素的垂直排版方式，包括"顶端"对齐、"底端"对齐、"居中"对齐、"基线"对齐。
- "宽"、"高"文本框：设置单元格的宽度和高度。
- "不换行"复选框：可以防止单元格中较长的文本自动换行，默认单元格中的文本是"换行"的，如果内容较长且要求相对完整，那么就要设置为"不换行"。

- "标题"复选框：设置光标所在的单元格为标题单元格，其中的文字自动以标题格式显示，加粗并自动居中。
- "背景颜色"色块：设置单元格的背景颜色。

2. 表格的属性设置

选择表格，在其对应的属性面板中对表格的对齐方式、间距与边距等进行格式设置，如图 10-54 所示。

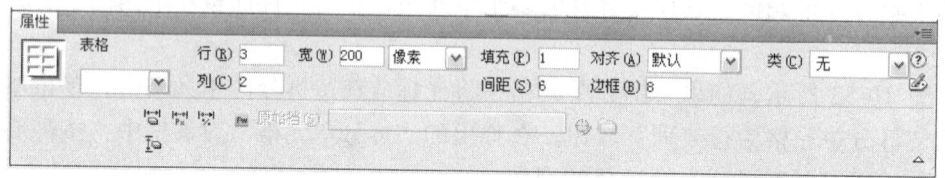

图 10-54　表格的属性面板

- "行"、"列"文本框：设置表格的行数与列数。
- "宽"文本框：设置表格的宽度，可以设置表格与浏览器宽度的百分比，或输入数据具体的宽度值，其单位为像素。
- "填充"文本框：设置单元格边距，边距是指单元格中文本与单元格边框之间的距离，默认值为 2 像素，参见图 10-50。
- "间距"文本框：设置单元格间距，间距是指单元格之间的距离，默认值为 1 像素，数值越大，各单元格之间的距离也就越大，参见图 10-50。
- "对齐"下拉列表框：设置表格在文档中的对齐方式，包括"左对齐"、"居中对齐"、"右对齐"，默认的对齐方式一般为左对齐。
- "边框"文本框：设置表格边框的宽度，默认值是 1。增大数值可使边框宽度增加，形成立体边框，若输入的数值为 0，则在浏览网页时不显示表格的边框，只显示其中的内容。

【小贴士】在用表格进行网页排版时，一般将边框设为 0，这样在浏览网页时不会看到表格的边框，也就不会影响到界面的整体效果；巧妙利用表格中填充和间距的数值，来调整各单元格之间的距离，以及表格与表格之间的距离。

3. 表格的背景设置

选择表格后，单击其属性面板右侧的"快速标签编辑器"按钮，弹出"编辑标签"窗口，在其中输入<bgcolor="#33CCCC">，如图 10-55 所示，即可将表格的背景设置为指定的颜色。如果是要以一幅图片作为表格的背景，只需将背景色的设置代码改为<background="images/flower/pic 12.jpg">即可。

【小贴士】在"编辑标签"窗口中按空格，将弹出图 10-56 所示的列表，其中给出了诸多设置表格属性的标签。参照上述方法，可以直接在代码中进行相关的设置。

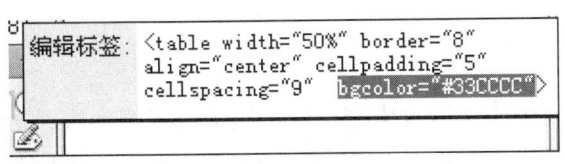

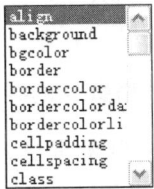

图 10-55　表格背景的设置　　　　　　　图 10-56　更多的标签列表

### 10.5.3　表格的排序

表格中如果有大量的数据，则就存在排序的问题，即将表格中的元素按照一定的顺序进行排序。

选择要进行排序的表格，单击"命令/排序表格"命令，弹出"排序表格"对话框。首先选择排序的列，再确定排序的方式是按"字母"或"数字"进行"升序"或"降序"，还可以进行"排序是否包含第一行"等设置。

### 10.5.4　表格嵌套

网页的排版有时会很复杂，通常在外部需要一个表格来控制总体布局，如果内部排版的细节也通过总表格来实现，容易引起行高列宽等的冲突，给表格的制作带来困难。例如，在图10-57(a)所示的表格中插入两幅图片后，会发现表格中第一列单元格的宽度会随着插入图片的大小一同发生变化，如图10-57(b)所示。

为了实现更加复杂的页面元素的布局，需要引入嵌套表格，即表格之中嵌入表格。由总表格负责整体排版，由嵌套的表格负责局部内容的排版，并插入到总表格的相应位置中，各司其职，互不冲突。如果要创建嵌套表格，可将光标置于要插入嵌套表格的单元格中，按照前述插入表格的方法插入一个表格。在图10-57(a)所示表格中，首先合并第一行的两个单元格，再在其中插入一个一行两列的表，得到嵌套表格，如图10-57(c)所示。再插入图片，得到图10-57(d)所示的结果，单元格的宽度可以随着其中内容的大小而分别进行调整。

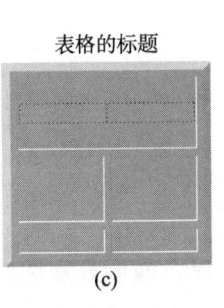

图 10-57　使用嵌套表格前后的效果

【小贴士】表格是影响浏览器对页面解析的因素之一，浏览器对表格的解析时间与表格的大小、复杂程度成正比。因此在使用表格时，表格的嵌套尽量控制在 3 层以内。

### 10.5.5　表格数据的导入与导出

通过外部数据导入/导出功能可以快速在网页中制作数据量大的表格内容，也可以将系统中的数据导出，方便在其他软件中的使用，节省了数据处理时间，实现了数据的共享。

#### 1. 表格数据的导入

系统与 Excel 等软件紧密结合，通过数据的导入，可以将 Excel 等软件处理的数据直接加入到网页中。已有 Excel 文件"实施建议.xls"，其中的内容如图 10-58 所示。单击"文件/导入/Excel 文档"命令，打开"导入 Excel 文档"对话框，在其中选择要导入的 Excel 文件，单击"确定"按钮，即可完成数据的导入，其结果如图 10-59 所示。

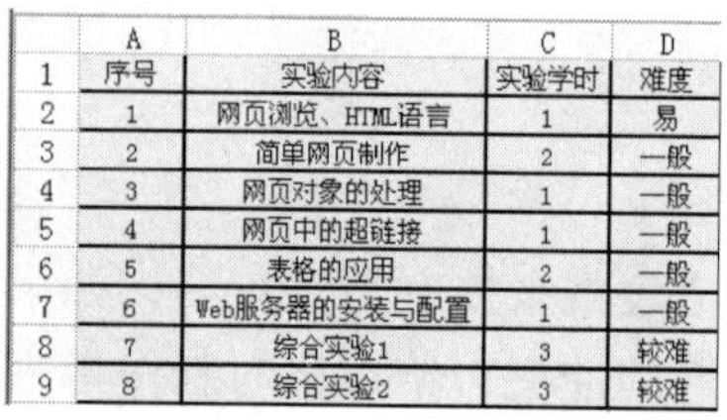

图 10-58　Excel 文档中的数据　　　　　　　图 10-59　导入到网页中的数据

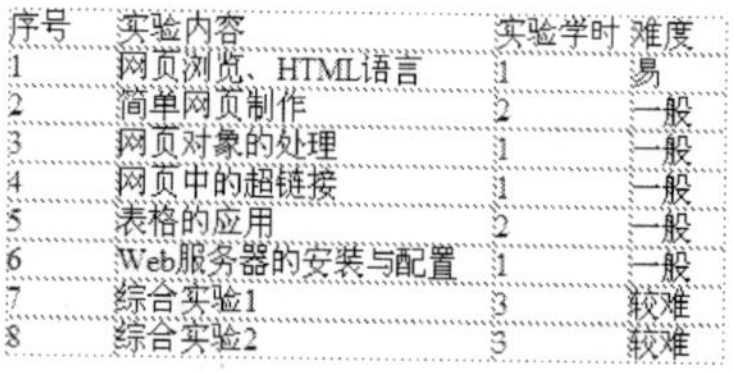

【小贴士】通过"文件/导入"命令，还可以导入其他格式文档的数据。

#### 2. 表格数据的导出

系统可以将数据以一定的格式导出。选择要导出的数据，单击"文件/导出/表格"

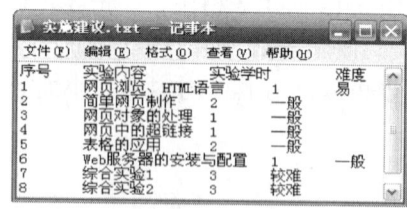

图 10-60　导出后的数据

命令，打开"导出表格"对话框，在其中选择数据的分隔符，如 Tab、"逗号"、"空格"等，再选择导出的表格所适用的操作系统，如 Windows、UNIX 等，单击"导出"按钮，即可完成数据的导出。将图 10-59 所示的数据以 Tab 分隔、适用 Windows 环境的方式导出后保存在"实施建议.txt"中，其结果如图 10-60 所示。

### 10.5.6　单元实验

单元实验 10-5-1：建立基本的表格
【实验目的】
（1）掌握表格的创建、编辑等基本操作方法。
（2）掌握表格及表格中文本的格式编排方法。

【实验要求】

（1）在 FirstWeb 站点的根目录下建立一个名为 Plan.html 的网页文件。

（2）设置该网页的标题为"课程计划"，格式为"标题 1"、居中对齐。

（3）在标题的下方插入时间。

（4）在该网页文档中制作一个如表 10-3 所示的表，并按照样例进行单元格的合并和拆分、格式设置。

表 10-3　表格应用样例 1

| 类型 | 编号 | 实验内容 | 实验学时 | 难度 | 说明 |
|---|---|---|---|---|---|
| 验证 | 1 | 网页浏览、HTML 语言 | 1 | 易 | |
| | 2 | 简单网页制作 | 2 | 一般 | |
| | 3 | 网页对象的处理 | 1 | 一般 | |
| | 4 | 网页中的超链接 | 1 | 一般 | |
| | 5 | 表格的应用 | 2 | 一般 | |
| | 6 | Web 服务器的安装与配置 | 1 | 一般 | |
| 设计 | 1 | 综合实验 1 | 3 | 较难 | |
| | 2 | 综合实验 2 | 3 | 较难 | |

单元实验 10-5-2：表格中文本、图像的处理

【实验目的】

掌握通过表格对网页中的文本、图像进行定位的方法。

【实验要求】

（1）在 FirstWeb 站点的根目录下建立一个名为 Button.html 的网页文件。

（2）在 Dreamweaver 的插入面板的"常用"和"布局"类别中各选取所熟悉的 4 个功能按钮，通过截屏的方式，得到其按钮小图标。

（3）在网页文档中制作一个布局如表 10-4 所示的表，填入类别及按钮图标，进行简单的功能描述，并给出其所对应的菜单位置。

表 10-4　表格应用样例 2

| 类别 | 按钮 | 功能 | 对应的菜单项 |
|---|---|---|---|
| 常用 | | 命名锚记 | 插入、命名锚记 |
| | …… | …… | …… |
| 布局 | | 在上面插入行 | 插入、表格对象、在上面插入行 |
| | …… | …… | …… |

（4）进行适当的格式设置。

单元实验 10-5-3：利用表格进行网页布局

【实验目的】

（1）掌握通过表格进行网页布局的方法。

（2）进一步掌握外部链接的设置方法。

（3）掌握邮件链接的设置方法。

【实验要求】

（1）打开 FirstWeb 站点根目录下的 index.html 网页文件，删除在单元实验 10-4-2 中所完成的全部内容，尝试用表格来进行网页布局设计。

（2）设置网页的标题为"网页制作学习园地"。

（3）在网页文档中插入一个结构如表 10-5 所示的表，设置表格宽度为 500 像素、表格的边框宽度为 0。在提供的素材文件中选取喜欢的图片，进行适当的裁剪，插入到第 1 行中；将"实验计划"、"常用按钮"、"图像素材"、"习作赏析"、"联系我们"分别输入到第 2 行的单元格中。

表 10-5　表格应用样例 3

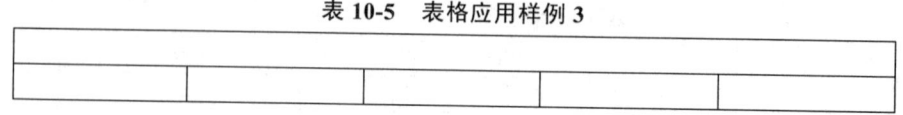

（4）在表 10-5 的下方再插入一个结构如表 10-6 所示的表格，设置表格宽度为 600 像素、表格的边框宽度为 0。在第 1 行的两列中分别插入 Dreamweaver 的 logo 图标和文本"Adobe Dreamweaver CS4 简介"，从 Dreamweaver 的联机帮助文档中选取适量的文字信息插入到第 2 行中，篇幅以网页一屏为准。

表 10-6　表格应用样例 4

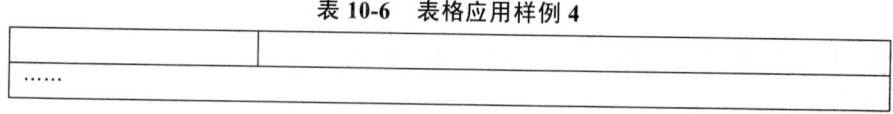

（5）设置文字"实验计划"、"常用按钮"、"图像素材"、"习作赏析"的超链接，分别链接到文件 Plan.html、Button.html、Material.html、FirstPage.html。

（6）设置文字"联系我们"的超链接，链接到电子邮件地址 nudt603@yahoo.com.cn。index.html 的设计参考页面如图 10-61 所示。

图 10-61　index.html 的设计参考页面

## 10.6　Web 服务器的安装与配置

网站的客户端软件主要包括操作系统和浏览器等，服务器端软件主要包括网络操作系统、Web 服务器、数据库系统、安全防火墙软件和网络管理软件等。

下面简要介绍 Web 服务器的基本概念、几种主流 Web 服务器软件，以及 IIS 的安装和配置方法。

### 10.6.1　Web 服务器概述

Web 服务是 Internet 上发展最快、应用最广泛的服务之一，提供 Web 服务的计算机称为 Web 服务器，是因特网的重要组成部分。Web 服务器运行 Web 服务器软件模块，使用 HTTP 协议接收和发送基于 HTTP 的网页请求，并把数据反馈给客户浏览器。

Web 服务器在因特网上提供音频、视频、通信和协作服务，在客户输入的基础上动态地产生内容，并下载组件和软件。对 Web 服务器最基本的要求是运行安全、可靠，具有可伸缩性。

下面介绍几种常用的 Web 服务器软件。

1. Microsoft IIS Server

Internet Information Services（IIS，互联网信息服务），是一款微软的 Web 服务器产品，　IIS 是允许在公共 Intranet 或 Internet 上发布信息的 Web 服务器，是目前最流行的 Web 服务器产品之一，很多著名的网站都是建立在 IIS 的平台上。IIS 提供了一个图形界面的管理工具，称为 Internet 服务管理器，可用于监视配置和控制 Internet 服务。

IIS 是一种 Web 服务组件，其中包括 Web 服务器、FTP 服务器、NNTP 服务器和 SMTP 服务器，分别用于网页浏览、文件传输、新闻服务和邮件发送等，它使得在网络（包括互联网和局域网）上发布信息成了一件很容易的事。它提供 ISAPI（Intranet Server API）作为扩展 Web 服务器功能的编程接口；同时，它还提供一个 Internet 数据库连接器，可以实现对数据库的查询和更新。

IIS 的一个重要特性是支持 ASP。IIS 3.0 版本以后引入了 ASP，可以很容易地粘贴动态内容和开发基于 Web 的应用程序。对于诸如 VBScript、JScript 开发软件，或者由 Visual Basic、Java、Visual C++开发系统，以及现有的 CGI 和 WinCGI 脚本开发的应用程序，IIS 都提供强大的本地支持。

2. Apache HTTP Server

Apache HTTP Server（简称 Apache）是 Apache 软件基金会（ASF）的一个开放源码的、强大的、灵活的网页服务器，具有高度的可配置性和使用第三方模块的可扩展性，可以在大多数计算机操作系统中运行，由于其多平台和安全性被广泛使用。

Apache 的特点是简单、快速、性能稳定，是世界上使用最多的 Web 服务器之一，世界上很多著名的网站都是 Apache 的产物。它的最大特色在于它的源代码开放，一支开放的开发队伍不断为它开发新的功能、新的特性、修改原来的缺陷。

3. iPlanet Application Server

iPlanet Application Server 是 Sun、Netscape 和 AOL 公司联合生产的 Web 产品，是一种完整的网页服务器应用解决方案，它允许企业以便捷的方式开发、部署和管理关键任务。该解决方案集高性能、高度可伸缩和高度可用性于一体，可以支持大量的具有多种客户机类型与数据源的事务。

iPlanet Application Server 的基本核心服务包括事务监控器、多负载平衡选项、对集群和故障转移全面的支持、集成的 XML 解析器和可扩展格式语言转换（XLST）引擎以及对国际化的全面支持。iPlanet Application Server 企业版所提供的全部特性和功能，得益于 J2EE 系统构架，拥有更好的商业工作流程管理工具和应用集成功能。

### 10.6.2 IIS 的安装与配置

由于 IIS 与 Windows 系列操作系统紧密地集成在一起，IIS 的系统资源消耗很少，且其安装、管理和配置都非常简单。

IIS 是 Windows 操作系统自带的组件，默认情况下，Windows 2000 Server 安装了 IIS 的系统，而 Windows 2000 Pro、Windows XP、Windows Server 2003 等没有安装 IIS。下面介绍在 Windows XP Professional SP3 操作系统中安装 IIS 的方法。

1. IIS 的安装

1）安装 IIS

安装 IIS 的步骤如下：

（1）打开"控制面板"，单击"添加/删除程序"图标，在弹出的对话框中选择"添加/删除 Windows 组件"按钮，系统会启动 Windows 组件向导。

（2）在弹出的"Windows 组件向导"对话框的"组件"列表框中勾选"Internet 信息服务(IIS)"，如图 10-62 所示。单击"详细信息"按钮可以查看 IIS 可选组件的列表，选择要安装的可选组件，如图 10-63 所示，单击"确定"按钮返回到"Windows 组件向导"对话框。

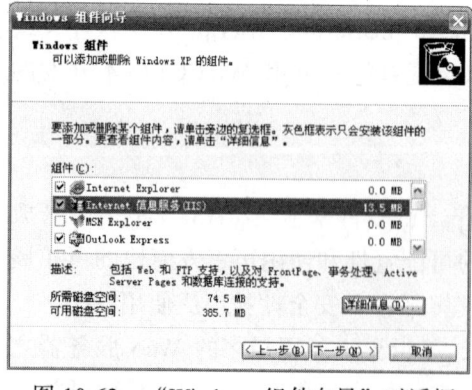

图 10-62　"Windows 组件向导"对话框

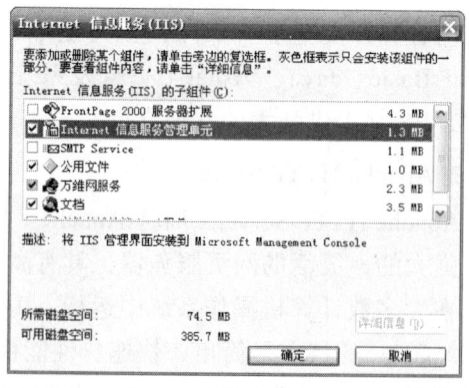

图 10-63　"Internet 信息服务(IIS)"对话框

（3）单击"下一步"按钮，按向导指示，指定 Windows XP 系统的安装源文件路径，自动完成 IIS 的安装。用这种方法添加的 IIS 组件中将包括 Web、FTP、NNTP 和 SMTP 等全部四项服务。

2）启动 IIS

选择"控制面板"中的"管理工具"图标，再选择"Internet 信息服务"，即可启动
"Internet 信息服务"管理工具。

2. IIS 的配置

IIS 安装成功后，系统自动创建了一个默认的 Web 站点，该站点的主目录默认为
C:\\Inetpub\\wwwroot。

在打开的窗口中的"默认网站"上右击，在弹出的快捷菜单中选择"属性"命令，
此时就可以打开"默认网站 属性"对话框，如图 10-64 所示。在该对话框中，可完成对
站点的全部配置。

1）网站标识设置

"TCP 端口"是 Web 服务器端口，默认值是 80，不需要改动。

"IP 地址"是 Web 服务器绑定的 IP 地址，默认值是"全部未分配"，建议不要改动。
默认情况下，Web 服务器会绑定在本机的所有 IP 上，包括拨号上网得到的动态 IP。

2）设置主目录、启用父路径

主目录是网站根目录，即网站文件在硬盘中存放的位置，默认路径是
c:\inetpub\wwwroot。如果想把网站文件存放在其他地方，可修改这个路径。

在图 10-64 所示的"默认网站 属性"对话框中，选择"主目录"选项卡，在"本地
路径"文本框中对主目录进行更改和设置，或单击"浏览"按钮可以从弹出的对话框中
选择一个文件位置，如图 10-65 所示，将主目录设置为 D:\nudt603 FirstWeb。单击"配
置"按钮，弹出"应用程序配置"对话框，选择"选项"选项卡，勾选"启用父路径"
复选框。

图 10-64 "默认网站 属性"对话框

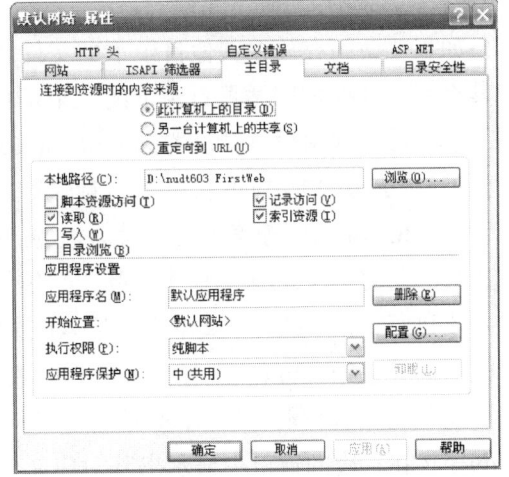

图 10-65 "主目录"的设置

3）设置主页文档

主页文档是在浏览器中输入网站域名而未指定所要访问的网页文件时，系统默认访

问的页面文件。常见的主页文件名有 index.htm、index.html、index.asp、index.php、index.jap、default.htm、default.html、default.asp 等。在浏览器里输入一个地址访问 IIS 的时候，IIS 会在网站根目录下查找默认的首页文件，如果找到就打开，否则就显示"该页无法显示"。

在属性窗口中选择"文档"选项卡，可以看到 IIS 默认主页文档，如 default.htm、default.asp、index.htm 等。用户可根据需要为站点设置所能解析的主页文档，单击"添加"按钮，在弹出的"添加默认文档"对话框中输入文件名，如 index.html，如图 10-66 所示，单击"确定"按钮，可看到文件 index.html 已添加到"启用默认文档"列表中，如图 10-67 所示。

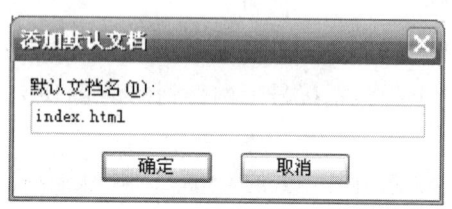

图 10-66　"添加默认文档"对话框

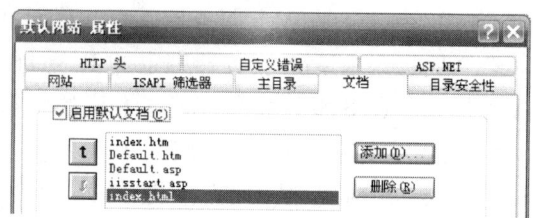

图 10-67　添加了默认文档

通过左边的向上或向下的两个箭头，可以调整这些文件在列表中的顺序。最主要的文件应放置于列表的顶端。

4）建立虚拟目录

在地址栏中输入网址 http://127.0.0.1/tmp/test.htm，即能访问服务器上网站根目录下的 tmp 子目录中的 test.htm 文件。

如果要访问存放在其他目录下的文件或目录，就需要建立虚拟目录。虚拟目录可以把某个目录映射成网站根目录下的一个子目录。

前面已将网站根目录设置为 D:\nudt603 FirstWeb，如果要把 D 盘上的 d:\dw 目录映射到 D:\nudt603 FirstWeb 目录下，且映射后的名字为 d_dw，可如下操作。

在"Internet 服务管理器"对话框的"默认 Web 站点"上右击，在弹出的快捷菜单中选择"新建/虚拟目录"命令，弹出"虚拟目录创建向导"对话框，按照向导的提示一步一步进行：在"别名"文本框中输入映射后的名字如 d_dw，在"目录"文本框中输入要映射的目录如 d:\dw，选择正确的访问权限，如勾选"读取"和"运行脚本"复选框。

设置完成后，在"Internet 信息服务"对话框中可看到默认网站下新增了一个目录 d_dw，且在右边的窗口中显示出其对应文件夹下的所有文件和文件夹，如图 10-68 所示。从图中可以看出，在 d:\dw 文件夹中有两个文件 nudt603.htm 和 test.htm。建立了虚拟目录后，可通过 URL http://127.0.0.1/d_dw/test.htm 访问 d:\dw 目录下的 test.htm 文件，访问结果如图 10-69 所示。

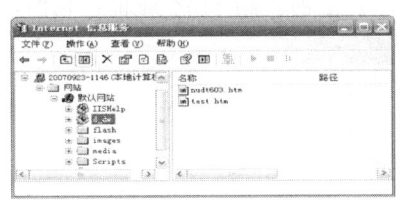

图 10-68　新增了虚拟目录 d_dw

图 10-69　访问虚拟目录 d_dw 中文件

### 10.6.3　对 IIS 进行 Web 服务访问测试

将单元实验 10-5-3 所完成的实验文档 index.html 复制到主目录 D:\nudt603 FirstWeb 中，用下面介绍的两种方法之一进行 Web 服务访问测试。

1. 在本地主机上通过一个通用的 IP 地址进行访问测试

启动浏览器，在地址栏中输入一个测试用的 IP 地址：http://127.0.0.1　或 http://Localhost。

测试结果是一个 IIS 默认的主页，如图 10-70 所示。由于一般的 Web 服务器都会在主页的发布目录中安排若干个默认主页，一旦用户请求的 URL 中只有主机 IP 或主机域名（也就是一个相对的 URL）时，服务器将自动以默认主页应答。

【小贴士】（1）127.0.0.1 是一个通用的 IP 地址，任何一台安装了 TCP/IP 协议服务软件的主机都可以使用该地址对安装在本地主机（Local host）上的服务器程序进行测试。注意：测试虽然是在同一台主机上进行，但测试任务仍然是在 B/S（浏览器/服务器）模式下完成的。

（2）如果此时还没有做好网站，可在网站发布主目录下新建一个 htm 文件，命名为 testIIS.htm，用记事本打开这个文件，输入"Hello！"，保存。在浏览器地址栏中输入 URL http://127.0.0.1/testIIS.htm，如图 10-71 所示。

图 10-70　访问主目录下的主页

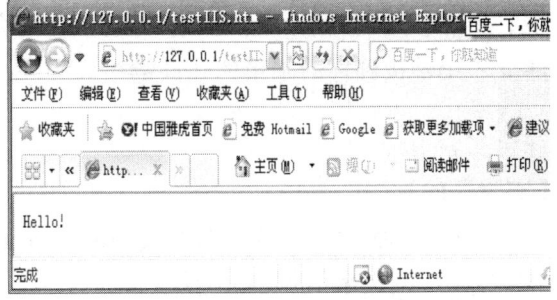

图 10-71　访问 testIIS.htm

2. 在网络上的其他主机上使用本地主机的 IP 地址进行访问测试

如果希望从网络中的其他主机上进行测试，则需要知道服务器的 IP 地址，可通过

ipconfig 命令获取。只需在其他主机的浏览器地址中输入本地主机的 IP 地址，这时，本地主机就会把默认的主页发送出去。

### 10.6.4　单元实验

单元实验 10-6-1：Web 服务器的安装与配置
【实验目的】

　　（1）熟悉 Web 服务器的基本概念。

　　（2）掌握 IIS 的安装配置与使用方法。

【实验要求】

　　（1）安装与配置 Web 服务器软件 IIS。

　　（2）在本地主机上对安装的 IIS 进行访问测试。

# 10.7　综 合 实 验

综合实验 10-1
【实验目的】

　　（1）掌握网站建设与网页制作的基本方法、原理和技术。

　　（2）掌握网页制作软件的操作与使用。

【实验要求】

　　（1）建立一个个人 Web 站点，主要包括自我简介、兴趣爱好、亲朋好友等栏目，要求页面布局合理、美观大方，色彩协调，图文声并茂。

　　（2）对网站进行整体规划设计，至少建立 2 个文件夹、4 个网页文件，准备适量的素材文件，并按照素材文件类型分别保存到网站的相应子目录中。

　　（3）在网页制作中，要求在主页上有一个导航结构及网页制作者的版权信息；要求使用表格进行页面的布局排版；在网页中使用背景颜色或图案，在适当的位置插入水平线、图片等网页元素，设置背景音乐；在网页中通过超链接建立网页文件之间的联系，建立一个链接到你的邮箱的邮件链接。

综合实验 10-2
【实验目的】

　　（1）掌握 Web 服务器的安装与配置方法。

　　（2）掌握网站的发布方法。

【实验要求】

　　（1）安装 Web 服务器软件 IIS，并进行相应的配置与测试。

　　（2）将综合实验 10-1 中建好的个人网站上传到 Web 服务器。

　　（3）在浏览器中浏览建立的个人网站。

# 10.8　辅助阅读资料

[1]　太平洋电脑网. Dreamweaver 视频.http://pcedu.pconline.com.cn/videoedu/dreamweaver.

[2]　天极网. Dreamweaver 教程专区. http://homepage.yesky.com/dreamweaver.

[3]　68design 网. 网页教程. http://www.68design.net/Web-Guide.

[4]　完美者精品论坛. http://www.wmzhe.com.

# 参 考 文 献

《编程之美》小组. 2008. 编程之美——微软面试心得. 北京: 电子工业出版社

创锐文化. 2010. PowerPoint 幻灯片制作从入门到精通. 北京: 中国铁道出版社

冯博琴等. 2005. 大学计算机基础. 2 版. 北京: 清华大学出版社

耿国华等. 2007. 大学计算机应用基础实验指导. 北京: 清华大学出版社

郭爱章, 潘岩, 李爱民. 2008. 计算机网络基础与 Internet 应用. 北京: 中国水利水电出版社

恒盛杰资讯. 2007. Excel 2007 完全自学手册+办公实例. 北京: 中国青年出版社

黄冬梅, 王爱继. 2006. 大学计算机应用基础案例教程. 北京: 清华大学出版社

李少勇, 刘铮, 张云. 2009. Office 2007 完全自学手册. 北京: 兵器工业出版社, 北京希望电子出版社

李秀等. 2005. 计算机文化基础上机指导. 北京: 清华大学出版社

梁维娜. 2009. 网页设计与制作技术. 北京: 清华大学出版社

林福宗. 2005. 多媒体技术基础. 北京: 清华大学出版社

刘瑞新. 2009. 计算机组装与维修实训. 3 版. 北京: 机械工业出版社

宁洪, 赵文涛, 贾丽丽. 2005. 数据库系统原理. 北京: 北京邮电大学出版社

潘荷新. 2009. 网络技术应用与实训教程. 北京: 科学出版社

强锋科技, 杨纪梅, 肖志强. 2010. Dreamweaver CS4 网页设计与制作指南. 北京: 清华大学出版社

青年·学习频道. 2009. Word 2007 教程. http://www.tech-ex.com/learning/swdiy

商晓航, 安继芳, 宋昊文. 2010. Internet 技术与应用教程. 北京: 清华大学出版社

宋翔. 2008. PowerPoint 2007 办公专家从入门到精通（多媒体版）. 北京: 兵器工业出版社, 北京科海
电子出版社

王珊, 萨师煊. 2006. 数据库系统概论. 4 版. 北京: 高等教育出版社

网冠科技. 2007. Windows XP 安装、重装、提速、故障排除四合一百例. 北京: 机械工业出版社

吴文虎. 2007. 程序设计基础. 2 版. 北京: 清华大学出版社

吴文虎, 经彤. 2008. 程序设计基础习题解答与上机指导. 北京: 清华大学出版社

熊春, 余洋. 2008. Windows XP 入门与提高. 北京: 人民邮电出版社

杨国清等. 2009. Access 数据库应用基础. 北京: 清华大学出版社

张爱华. 2005. 多媒体技术与应用教程. 北京: 清华大学出版社

钟树成, 汪宗健, 陈腾. 2007. Windows XP 操作系统傻瓜书. 北京: 清华大学出版社

Lippman S B. 2008. C++ Primer 中文版. 李师贤等译. 北京: 人民邮电出版社

Parsons J J. 2008. 计算机文化（影印版）. 10 版. 北京: 机械工业出版社

Russinovich M, Solomon D. 2007. 深入解析: Windows 操作系统. 4 版. 潘爱民译. 北京: 电子工业出版
社